网络空间安全学科系列教材

密码学中的可证明安全性

（第2版）

杨　波
杨启良　编著

清華大學出版社
北京

内 容 简 介

本书全面介绍可证明安全性的发展历史、基础理论和实用算法，内容分为 6 章，第 1 章介绍可证明安全性涉及的数学知识和基本工具，第 2 章介绍语义安全的公钥密码体制的定义，第 3 章介绍语义安全的公钥密码体制，第 4 章介绍基于身份的密码体制，第 5 章介绍基于属性的密码体制，第 6 章介绍抗密钥泄露的公钥加密系统。

本书可作为高等学校相关专业本科生和研究生的教材，也可作为通信工程师和计算机网络工程师的参考读物。

图书在版编目(CIP)数据

密码学中的可证明安全性/杨波，杨启良编著. —2 版. —北京：清华大学出版社，2024.2
网络空间安全学科系列教材
ISBN 978-7-302-65562-6

Ⅰ. ①密… Ⅱ. ①杨… ②杨… Ⅲ. ①密码学—教材 Ⅳ. ①TN918.1

中国国家版本馆 CIP 数据核字(2024)第 020484 号

责任编辑：张 民 战晓雷
封面设计：常雪影
责任校对：刘惠林
责任印制：杨 艳

出版发行：清华大学出版社
网 址：https://www.tup.com.cn，https://www.wqxuetang.com
地 址：北京清华大学学研大厦 A 座 **邮 编**：100084
社 总 机：010-83470000 **邮 购**：010-62786544
投稿与读者服务：010-62776969，c-service@tup.tsinghua.edu.cn
质量反馈：010-62772015，zhiliang@tup.tsinghua.edu.cn
课件下载：https://www.tup.com.cn，010-83470236
印 装 者：三河市人民印务有限公司
经 销：全国新华书店
开 本：185mm×260mm **印 张**：13.5 **字 数**：313 千字
版 次：2017 年 5 月第 1 版 2024 年 2 月第 2 版 **印 次**：2024 年 2 月第1 次印刷
定 价：49.90 元

产品编号：100559-01

网络空间安全学科系列教材

编委会

出版说明

21 世纪是信息时代，信息已成为社会发展的重要战略资源，社会的信息化已成为当今世界发展的潮流和核心，而信息安全在信息社会中将扮演极为重要的角色，它会直接关系到国家安全、企业经营和人们的日常生活。随着信息安全产业的快速发展，全球对信息安全人才的需求量不断增加，但我国目前信息安全人才极度匮乏，远远不能满足金融、商业、公安、军事和政府等部门的需求。要解决供需矛盾，必须加快信息安全人才的培养，以满足社会对信息安全人才的需求。为此，教育部继 2001 年批准在武汉大学开设信息安全本科专业之后，又批准了多所高等院校设立信息安全本科专业，而且许多高校和科研院所已设立了信息安全方向的具有硕士和博士学位授予权的学科点。

信息安全是计算机、通信、物理、数学等领域的交叉学科，对于这一新兴学科的培养模式和课程设置，各高校普遍缺乏经验，因此中国计算机学会教育专业委员会和清华大学出版社联合主办了“信息安全专业教育教学研讨会”等一系列研讨活动，并成立了“高等院校信息安全专业系列教材”编委会，由我国信息安全领域著名专家肖国镇教授担任编委会主任，指导“高等院校信息安全专业系列教材”的编写工作。编委会本着研究先行的指导原则，认真研讨国内外高等院校信息安全专业的教学体系和课程设置，进行了大量具有前瞻性的研究工作，而且这种研究工作将随着我国信息安全专业的发展不断深入。系列教材的作者都是既在本专业领域有深厚的学术造诣，又在教学第一线有丰富的教学经验的学者、专家。

该系列教材是我国第一套专门针对信息安全专业的教材，其特点是：

① 体系完整、结构合理、内容先进。

② 适应面广。能够满足信息安全、计算机、通信工程等相关专业对信息安全领域课程的教材要求。

③ 立体配套。除主教材外，还配有多媒体电子教案、习题与实验指导等。

④ 版本更新及时，紧跟科学技术的新发展。

在全力做好本版教材，满足学生用书的基础上，还经由专家的推荐和审定，遴选了一批国外信息安全领域优秀的教材加入系列教材中，以进一步满足大家对外版书的需求。“高等院校信息安全专业系列教材”已于 2006 年年初正式列入普通高等教育“十一五”国家级教材规划。

2007年6月,教育部高等学校信息安全类专业教学指导委员会成立大会暨第一次会议在北京胜利召开。本次会议由教育部高等学校信息安全类专业教学指导委员会主任单位北京工业大学和北京电子科技学院主办,清华大学出版社协办。教育部高等学校信息安全类专业教学指导委员会的成立对我国信息安全专业的发展起到重要的指导和推动作用。2006年,教育部给武汉大学下达了"信息安全专业指导性专业规范研制"的教学科研项目。2007年起,该项目由教育部高等学校信息安全类专业教学指导委员会组织实施。在高教司和教指委的指导下,项目组团结一致,努力工作,克服困难,历时5年,制定出我国第一个信息安全专业指导性专业规范,于2012年年底通过经教育部高等教育司理工科教育处授权组织的专家组评审,并且已经得到武汉大学等许多高校的实际使用。2013年,新一届教育部高等学校信息安全专业教学指导委员会成立。经组织审查和研究决定,2014年,以教育部高等学校信息安全专业教学指导委员会的名义正式发布《高等学校信息安全专业指导性专业规范》(由清华大学出版社正式出版)。

2015年6月,国务院学位委员会、教育部出台增设"网络空间安全"为一级学科的决定,将高校培养网络空间安全人才提到新的高度。2016年6月,中央网络安全和信息化领导小组办公室(下文简称"中央网信办")、国家发展和改革委员会、教育部、科学技术部、工业和信息化部及人力资源和社会保障部六大部门联合发布《关于加强网络安全学科建设和人才培养的意见》(中网办发文〔2016〕4号)。2019年6月,教育部高等学校网络空间安全专业教学指导委员会召开成立大会。为贯彻落实《关于加强网络安全学科建设和人才培养的意见》,进一步深化高等教育教学改革,促进网络安全学科专业建设和人才培养,促进网络空间安全相关核心课程和教材建设,在教育部高等学校网络空间安全专业教学指导委员会和中央网信办组织的"网络空间安全教材体系建设研究"课题组的指导下,启动了"网络空间安全学科系列教材"的工作,由教育部高等学校网络空间安全专业教学指导委员会秘书长封化民教授担任编委会主任。本丛书基于"高等院校信息安全专业系列教材"坚实的工作基础和成果、阵容强大的编委会和优秀的作者队伍,目前已有多部图书获得中央网信办与教育部指导和组织评选的"网络安全优秀教材奖",以及"普通高等教育本科国家级规划教材""普通高等教育精品教材""中国大学出版社图书奖"等多个奖项。

"网络空间安全学科系列教材"将根据《高等学校信息安全专业指导性专业规范》(及后续版本)和相关教材建设课题组的研究成果不断更新和扩展,进一步体现科学性、系统性和新颖性,及时反映教学改革和课程建设的新成果,并随着我国网络空间安全学科的发展不断完善,力争为我国网络空间安全相关学科专业的本科和研究生教材建设、学术出版与人才培养做出更大的贡献。

我们的E-mail地址是zhangm@tup.tsinghua.edu.cn,联系人:张民。

"网络空间安全学科系列教材"编委会

前言

信息安全是一个综合、交叉的学科领域，要利用数学、电子学、信息技术、通信技术、计算机科学等诸多学科的长期知识积累和最新发展成果。密码学是信息安全的核心技术，密码技术中的加密方法包括单钥密码体制和公钥密码体制。而刻画公钥密码体制的安全性包括两部分：一是刻画敌手的模型，说明敌手访问系统的方式和计算能力；二是刻画安全性概念，说明敌手攻破了方案的安全性意味着什么。公钥加密方案语义安全的概念由 Goldwasser 和 Micali 于 1984 年提出，它以一种思维实验的模型说明了敌手通过密文得不到明文的任何部分信息，即使是 1 比特的信息。这一概念的提出开创了可证明安全性研究的先河，将密码学建立在计算复杂性理论之上，奠定了现代密码学理论的数学基础，从而将密码学从一门艺术变为一门科学。所以说，可证明安全性是密码学和计算复杂性理论的天作之合。

本书全面介绍可证明安全性的发展历史及研究成果，第一版自 2017 年出版以来，已被数十所高校作为本科生或研究生教材。作者根据读者反馈的意见及近几年本领域的发展，对第一版做了全面修订。本书内容分为 6 章。第 1 章介绍可证明安全性涉及的数学知识和基本工具，包括密码学中常用的数论知识和代数知识、计算复杂性、陷门置换、零知识证明、秘密分割方案与张成方案、归约。第 2 章介绍语义安全的公钥密码体制的定义，包括公钥加密方案在选择明文攻击下的不可区分性、公钥加密方案在选择密文攻击下的不可区分性、公钥加密方案在适应性选择密文攻击下的不可区分性。第 3 章介绍语义安全的公钥密码体制，包括语义安全的 RSA 加密方案、Paillier 公钥密码系统、Cramer-Shoup 密码系统、RSA-FDH 签名方案、BLS 短签名方案、分叉引理。第 4 章介绍基于身份的密码体制，包括基于身份的密码体制定义和安全模型、随机谕言机模型的 IBE 方案、无随机谕言机模型的选定身份安全的 IBE 方案、无随机谕言机模型的完全安全的 IBE 方案、密文长度固定的 HIBE 方案、基于对偶系统加密的完全安全的 IBE 和 HIBE 方案、从选择明文安全到选择密文安全。第 5 章介绍基于属性的密码体制，包括基于属性的密码体制的一般概念、基于模糊身份的加密方案、基于密钥策略的属性加密方案、基于密文策略的属性加密方案、基于对偶系统加密的完全安全的 CP-ABE 方案。第 6 章介绍抗密钥泄露的公钥加密系统，包括抗泄露密码体制介绍、密钥泄露攻击模型、基于哈希证明系统的抗泄露攻击的公钥加密方案、基于推广的 DDH 假设的抗泄露攻击的公钥加密方案、抗选择密文的密钥泄露攻击的公钥加密方案和抗弱密钥泄露攻击的公钥加密方案。

本书得到国家自然科学基金项目(批准号：U2001205，61272436，61572303)的资助,作者在此表示感谢。

限于作者水平,书中不妥之处在所难免,恳请读者批评指正。

作　者

2023年12月

目录

第1章 基本概念和工具

本章介绍可证明安全的密码学中常用的数学知识和基本工具。

1.1 密码学中常用的数学知识

1.1.1 群、环和域

群、环和域都是代数系统(也称代数结构)。代数系统是对要研究的现象或过程建立的一种数学模型,其中包括要处理的数学对象的集合以及集合上的关系或运算,运算可以是一元的也可以是多元的,可以有一个也可以有多个。

设 $*$ 是集合 S 上的运算。若对 $\forall a,b\in S$,有 $a*b\in S$,则称 S 对运算 $*$ 是封闭的。若 $*$ 是一元运算,对 $\forall a\in S$,有 $*a\in S$,则称 S 对运算 $*$ 是封闭的。

若对 $\forall a,b,c\in S$,有 $(a*b)*c=a*(b*c)$,则称 $*$ 满足结合律。

定义 1-1 设 $\langle \mathbb{G},*\rangle$ 是一个代数系统,若 $*$ 满足以下条件:

(1) 封闭性;

(2) 结合律。

则称 $\langle \mathbb{G},*\rangle$ 是半群。

定义 1-2 设 $\langle \mathbb{G},*\rangle$ 是一个代数系统,若 $*$ 满足以下条件:

(1) 封闭性;

(2) 结合律;

(3) 存在元素 e,对 $\forall a\in\mathbb{G}$,有 $a*e=e*a=a$,其中 e 称为 $\langle \mathbb{G},*\rangle$ 的单位元;

(4) 对 $\forall a\in\mathbb{G}$,存在元素 a^{-1},使得 $a*a^{-1}=a^{-1}*a=e$,其中 a^{-1} 称为元素 a 的逆元。

则称 $\langle \mathbb{G},*\rangle$ 是群。若其中的运算 $*$ 已明确,有时将 $\langle \mathbb{G},*\rangle$ 简记为 $\mathbb{G}$。

如果 $\mathbb{G}$ 是有限集合,则称 $\langle \mathbb{G},*\rangle$ 是有限群;否则是无限群。在有限群中,$\mathbb{G}$ 的元素个数称为群的阶数。

如果群 $\langle \mathbb{G},*\rangle$ 中的运算 $*$ 还满足交换律,即对 $\forall a,b\in\mathbb{G}$,有 $a*b=b*a$,则称 $\langle \mathbb{G},*\rangle$ 为交换群或阿贝尔(Abel)群。

群中的运算 $*$ 一般称为乘法,称该群为乘法群。若运算 $*$ 改为 $+$,则称该群为加法群,此时逆元 a^{-1} 写成 $-a$。

【例 1-1】

(1) $\langle \mathbb{I}, + \rangle$ 是阿贝尔群,其中 $\mathbb{I}$ 是整数集合。

(2) $\langle \mathbb{Q}, \cdot \rangle$ 是阿贝尔群,其中 $\mathbb{Q}$ 是有理数集合。

(3) 设 A 是任一集合,P 表示 A 上的双射函数集合,$\langle P, \circ \rangle$ 是群,这里 $\circ$ 表示函数的合成,通常这个群不是阿贝尔群。

(4) $\langle \mathbb{Z}_n, +_n \rangle$ 是阿贝尔群,其中 $\mathbb{Z}_n=\{0,1,\cdots,n-1\}$,$+_n$ 是模加,$a+_n b$ 等于 $(a+b) \bmod n$,$x^{-1}=n-x$。$\langle \mathbb{Z}_n, \times_n \rangle$ 不是群,因为 0 没有逆元,这里 $\times_n$ 是模乘,$a \times_n b$ 等于 $(a \times b) \bmod n$。

定义 1-3 设 $\langle \mathbb{G}, * \rangle$ 是一个群,$\mathbb{I}$ 是整数集合。如果存在一个元素 $g \in \mathbb{G}$,对于每一个元素 $a \in \mathbb{G}$,都有一个相应的 $i \in \mathbb{I}$,能把 a 表示成 g^i,则称 $\langle \mathbb{G}, * \rangle$ 是循环群,g 称为循环群的生成元,记 $\mathbb{G}=\langle g \rangle=\{g^i \mid i \in \mathbb{I}\}$。称满足方程 $a^m=e$ 的最小正整数 m 为 a 的阶,记为 $|a|$。

密码学中使用的群大多为循环群。循环群的性质和选取在 1.1.10 节和 1.1.11 节专门介绍。

定义 1-4 若代数系统 $\langle \mathbb{R}, +, \cdot \rangle$ 的二元运算 $+$ 和 $\cdot$ 满足以下条件:

(1) $\langle \mathbb{R}, + \rangle$ 是阿贝尔群;

(2) $\langle \mathbb{R}, \cdot \rangle$ 是半群;

(3) 乘法 $\cdot$ 在加法 $+$ 上可分配,即对 $\forall a,b,c \in \mathbb{R}$,有

$$a \cdot (b+c)=a \cdot b+a \cdot c \text{ 和 } (b+c) \cdot a=b \cdot a+c \cdot a$$

则称 $\langle \mathbb{R}, +, \cdot \rangle$ 是环。

【例 1-2】

(1) $\langle \mathbb{I}, +, \cdot \rangle$ 是环,因为 $\langle \mathbb{I}, + \rangle$ 是阿贝尔群,$\langle \mathbb{I}, \cdot \rangle$ 是半群,乘法 $\cdot$ 在加法 $+$ 上可分配。

(2) $\langle \mathbb{Z}_n, +_n, \times_n \rangle$ 是环,因为 $\langle \mathbb{Z}_n, +_n \rangle$ 是阿贝尔群,$\langle \mathbb{Z}_n \times_n \rangle$ 是半群,$\times_n$ 对 $+_n$ 可分配。

(3) $\langle \mathbb{M}_n, +, \cdot \rangle$ 是环,这里 $\mathbb{M}_n$ 是 $\mathbb{I}$ 上的 n 阶方阵集合,$+$ 是矩阵加法,$\cdot$ 是矩阵乘法。

(4) $\langle \mathbb{R}(x), +, \cdot \rangle$ 是环,这里 $\mathbb{R}(x)$ 是所有实系数的多项式集合,$+$ 和 $\cdot$ 分别是多项式加法和乘法。

定义 1-5 若代数系统 $\langle \mathbb{F}, +, \cdot \rangle$ 的二元运算 $+$ 和 $\cdot$ 满足以下条件:

(1) $\langle \mathbb{F}, + \rangle$ 是阿贝尔群;

(2) $\langle \mathbb{F}-\{0\}, \cdot \rangle$ 是阿贝尔群,其中 0 是 $+$ 的单位元;

(3) 乘法 $\cdot$ 在加法 $+$ 上可分配,即对 $\forall a,b,c \in \mathbb{F}$,有

$$a \cdot (b+c)=a \cdot b+a \cdot c \text{ 和 } (b+c) \cdot a=b \cdot a+c \cdot a$$

则称 $\langle \mathbb{F}, +, \cdot \rangle$ 是域。

$\langle \mathbb{Q}, +, \cdot \rangle$、$\langle \mathbb{R}, +, \cdot \rangle$、$\langle \mathbb{C}, +, \cdot \rangle$ 都是域,其中,$\mathbb{Q}$、$\mathbb{R}$、$\mathbb{C}$ 分别是有理数集合、实数集合和复数集合。

有限域是指域中元素个数有限的域,元素个数称为域的阶。若 q 是素数的幂,即 $q=p^r$,其中 p 是素数,r 是自然数,则阶为 q 的域称为伽罗瓦(Galois)域,记为 GF(q)或$\mathbb{F}_q$。

已知所有实系数的多项式集合$\mathbb{R}(x)$在多项式加法和乘法运算下构成环。类似地,任意域$\mathbb{F}$上的多项式(即系数取自$\mathbb{F}$)集合$\mathbb{F}(x)$在多项式的加法和乘法运算下也构成环。

$\mathbb{F}(x)$中不可约多项式的概念与整数中的素数概念类似,是指在$\mathbb{F}$上仅能被非 0 常数或自身的常数倍除尽,但不能被其他多项式除尽的多项式。

两个多项式的最高公因式为 1 时,称它们互素。

多项式的系数取自以素数 p 为模的域$\mathbb{F}$时,这样的多项式集合记为$\mathbb{F}_p[x]$。若 $m(x)$ 是$\mathbb{F}_p[x]$上的 n 次不可约多项式,$\mathbb{F}_p[x]$上的多项式加法和乘法改为以 $m(x)$ 为模的加法和乘法,此时的多项式集合记为$\mathbb{F}_p[x]/m(x)$,集合中的元素个数为 p^n,$\mathbb{F}_p[x]/m(x)$是有限域 GF(p^n)。

1.1.2 素数和互素数

1. 因子

设 a、$b(b\neq 0)$是两个整数。如果存在另一个整数 m,使得 $a=mb$,则称 b 整除 a,记为 $b|a$,且称 b 是 a 的因子;否则称 b 不整除 a,记为 $b\nmid a$。

整除具有以下性质:

(1) $a|1$,那么 $a=\pm 1$;

(2) $a|b$ 且 $b|a$,则 $a=\pm b$;

(3) 对任一 $b(b\neq 0)$,$b|0$;

(4) 若 $b|g$、$b|h$,则对任意整数 m、n 有 $b|(mg+nh)$。

这里只给出性质(4)的证明,其他 3 个性质的证明都很简单。

由 $b|g$、$b|h$ 知,存在整数 g_1、h_1,使得 $g=bg_1$、$h=bh_1$,所以 $mg+nh=mbg_1+nbh_1=b(mg_1+nh_1)$,因此 $b|(mg+nh)$。

2. 素数

如果 p 的因子只有± 1 和$\pm p$,则称整数 $p(p>1)$是素数。

若 p 不是素数,则称为合数。

任一整数 $a(a>1)$都能唯一地分解为以下形式:

$$a=p_1^{\alpha_1}p_2^{\alpha_2}\cdots p_t^{\alpha_t}$$

其中 $p_1<p_2<\cdots<p_t$ 是素数,$a_i>0(i=1,2,\cdots,t)$。例如:

$$91=7\times 13,11011=7\times 11^2\times 13$$

这一性质称为整数分解的唯一性,也可如下陈述。

设 P 是所有素数集合,则任意整数 $a(a>1)$都能唯一地写成以下形式:

$$a=\prod_{p\in P}p^{a_p}$$

其中 $a_p\geqslant 0$。

等号右边的乘积项取所有的素数,然而大多指数项 a_p 为 0。

相应地,任一正整数也可由非 0 指数列表表示。例如,11011 可表示为$\{a_7=1,a_{11}=$

$2, a_{13}=1\}$。

两数相乘等价于对应的指数相加，即，由 $k=mn$ 可得：对每一素数 $p, k_p=m_p+n_p$。

而由 $a|b$ 可得：对每一素数 p，$a_p \leqslant b_p$。这是因为 p^k 只能被 $p^j(j \leqslant k)$整除。

3. 互素数

如果整数 a、b、c 满足以下条件：

(1) c 既是 a 的因子也是 b 的因子，即 c 是 a、b 的公因子；

(2) a 和 b 的任一公因子也是 c 的因子。

则称 c 是 a、b 的最大公因子，表示为 $c=(a,b)$。

由于所求最大公因子为正，所以$(a,b)=(a,-b)=(-a,b)=(-a,-b)$。一般$(a,b)=(|a|,|b|)$。由任一非0整数能整除0可得$(a,0)=a$。如果将 a、b 都表示为素数的乘积，则(a,b)极易确定。

【例 1-3】

$$300=2^2 \times 3^1 \times 5^2$$
$$18=2^1 \times 3^2$$
$$(18,300)=2^1 \times 3^1 \times 5^0=6$$

一般由 $c=(a,b)$可得：对每一素数 $p, c_p=\min\{a_p, b_p\}$。

如果$(a,b)=1$，则称 a 和 b 互素。

如果整数 a、b、d 满足以下条件：

(1) d 既是 a 的倍数也是 b 的倍数，即 d 是 a、b 的公倍数；

(2) a 和 b 的任一公倍数也是 d 的倍数。

则称 d 是 a、b 的最小公倍数，表示为 $d=[a,b]$。

若 a、b 是两个互素的正整数，则$[a,b]=ab$。

1.1.3 模运算

设 n 是正整数，a 是整数，如果用 n 除 a，得商为 q，余数为 r，则

$$a=qn+r, 0 \leqslant r<n, q=\left\lfloor\frac{a}{n}\right\rfloor$$

其中$\lfloor x \rfloor$为小于或等于 x 的最大整数。

用 $a \bmod n$ 表示余数 r，则

$$a=\left\lfloor\frac{a}{n}\right\rfloor n+a \bmod n$$

如果 $a \bmod n=b \bmod n$，则称整数 a 和 b 模 n 同余，记为 $a \equiv b \pmod n$。称与 a 模 n 同余的数的全体为 a 的同余类，记为$[a]$，称 a 为这个同余类的表示元素。

注意，如果 $a \equiv 0 \pmod n$，则 $n|a$。

同余有以下性质：

(1) $n|(a-b)$与 $a \equiv b \pmod n$等价；

(2) 如果$(a \bmod n)=(b \bmod n)$，则 $a \equiv b \pmod n$；

(3) 如果 $a \equiv b \pmod n$，则 $b \equiv a \pmod n$；

(4) 如果 $a \equiv b \pmod n$，$b \equiv c \pmod n$，则 $a \equiv c \pmod n$；

(5) 如果 $a \equiv b \pmod n$，$d \mid n$，则 $a \equiv b \pmod d$；

(6) 如果 $a \equiv b \pmod {n_i}$ $(i=1,2,\cdots,k)$，$d=[n_1,n_2,\cdots,n_k]$，则 $a \equiv b \pmod d$。

下面只证明性质(5)和(6)。

性质(5)的证明：由 $a \equiv b \pmod n$ 及 $d \mid n$，得 $n \mid (a-b)$，$d \mid (a-b)$。

性质(6)的证明：由 $a \equiv b \pmod {n_i}$ 得 $n_i \mid (a-b)$，即 $a-b$ 是 $n_1,n_2,\cdots,n_k$ 的公倍数，所以 $d \mid (a-b)$。

从以上性质易知，同余类中的每一元素都可作为这个同余类的表示元素。

求余数运算(简称求余运算) $a \bmod n$ 将整数 a 映射到集合 $\{0,1,\cdots,n-1\}$，称求余运算在这个集合上的算术运算为模运算。模运算有以下性质：

(1) $[(a \bmod n)+(b \bmod n)] \bmod n=(a+b) \bmod n$；

(2) $[(a \bmod n)-(b \bmod n)] \bmod n=(a-b) \bmod n$；

(3) $[(a \bmod n)\times(b \bmod n)] \bmod n=(a\times b) \bmod n$。

下面给出性质(1)的证明：设 $(a \bmod n)=r_a$，$(b \bmod n)=r_b$，则存在整数 j、k 使得 $a=jn+r_a$，$b=kn+r_b$。

因此

$$
\begin{aligned}
(a+b) \bmod n &=[(j+k)n+r_a+r_b] \bmod n=(r_a+r_b) \bmod n \\
&=[(a \bmod n)+(b \bmod n)] \bmod n
\end{aligned}
$$

性质(2)、(3)的证明类似。

【例 1-4】 设 $\mathbb{Z}_8=\{0,1,\cdots,7\}$，考虑 $\mathbb{Z}_8$ 上的模加法和模乘法，结果如下：

+	0	1	2	3	4	5	6	7
0	0	1	2	3	4	5	6	7
1	1	2	3	4	5	6	7	0
2	2	3	4	5	6	7	0	1
3	3	4	5	6	7	0	1	2
4	4	5	6	7	0	1	2	3
5	5	6	7	0	1	2	3	4
6	6	7	0	1	2	3	4	5
7	7	0	1	2	3	4	5	6

×	0	1	2	3	4	5	6	7
0	0	0	0	0	0	0	0	0
1	0	1	2	3	4	5	6	7
2	0	2	4	6	0	2	4	6
3	0	3	6	1	4	7	2	5
4	0	4	0	4	0	4	0	4
5	0	5	2	7	4	1	6	3
6	0	6	4	2	0	6	4	2
7	0	7	6	5	4	3	2	1

从加法结果可见，对每一个 x，都有一个 y，使得 $x+y \equiv 0 \bmod 8$。例如，对 $x=2$，有 $y=6$，使得 $2+6 \equiv 0 \bmod 8$，称 y 为 x 的负数，也称为加法逆元。

对 x，若有 y，使得 $xy \equiv 1 \bmod 8$，如 $3\times 3 \equiv 1 \bmod 8$，则称 y 为 x 的倒数，也称为乘法逆元。由本例可见，并非每一个 x 都有乘法逆元。

一般，定义 $\mathbb{Z}_n$ 为小于 n 的所有非负整数集合，即

$$
\mathbb{Z}_n=\{0,1,\cdots,n-1\}
$$

称$\mathbb{Z}_n$为模n的同余类集合。其上的模运算有以下性质：

(1) 交换律：

$$(w+x) \bmod n=(x+w) \bmod n$$
$$wx \bmod n=xw \bmod n$$

(2) 结合律：

$$[(w+x)+y] \bmod n=[w+(x+y)] \bmod n$$
$$(wx)y \bmod n=w(xy) \bmod n$$

(3) 分配律：

$$w(x+y) \bmod n=(wx+wy) \bmod n$$

(4) 单位元：

$$(0+w) \bmod n=w \bmod n$$
$$1w \bmod n=w \bmod n$$

(5) 加法逆元：对$w\in\mathbb{Z}_n$，存在$z\in\mathbb{Z}_n$，使得$(w+z)\equiv 0 \pmod n$，记$z=-w$。

此外还有以下性质：

如果$a+b\equiv a+c \pmod n$，则$b\equiv c \pmod n$，称为加法可约律。

该性质可由$a+b\equiv a+c \pmod n$的两边同时加上a的加法逆元得到。

然而，类似性质对乘法却不一定成立。例如，$6\times 3\equiv 6\times 7 \pmod 8\equiv 2 \pmod 8$，但$3\not\equiv 7 \pmod 8$。原因是6乘以0到7得到的8个数仅为$\mathbb{Z}_8$的一部分，看上例。如果将对$\mathbb{Z}_8$作6的乘法$6\times\mathbb{Z}_8$(即用6乘以$\mathbb{Z}_8$中的每一个数)看作$\mathbb{Z}_8$到$\mathbb{Z}_8$的映射，那么$\mathbb{Z}_8$中至少有两个数映射到同一个数，因此该映射为多到一的映射，所以对6来说，没有唯一的乘法逆元。但对5来说，$5\times 5\equiv 1 \pmod 8$，因此5有乘法逆元5。仔细观察可见，与8互素的数1、3、5、7都有乘法逆元。

记$\mathbb{Z}_n^*=\{a\mid 0<a<n,(a,n)=1\}$。

定理1-1 $\mathbb{Z}_n^*$中的每一个元素都有乘法逆元。

证明 首先证明$\mathbb{Z}_n^*$中的任一元素a与$\mathbb{Z}_n^*$中的任意两个不同元素b、c(不妨设$c<b$)相乘，其结果必然不同。否则设$ab\equiv ac \pmod n$，则存在两个整数k_1、k_2，使得$ab=k_1n+r$，$ac=k_2n+r$，可得$a(b-c)=(k_1-k_2)n$，所以a是$(k_1-k_2)n$的一个因子。又由$(a,n)=1$得a是k_1-k_2的一个因子，设$k_1-k_2=k_3a$，所以$a(b-c)=k_3an$，即$b-c=k_3n$，与$0<c<b<n$矛盾。所以$|a\times\mathbb{Z}_n^*|=|\mathbb{Z}_n^*|$。

对$a\times\mathbb{Z}_n^*$中的任一元素ac，由$(a,n)=1$，$(c,n)=1$得$(ac,n)=1$，$ac\in\mathbb{Z}_n^*$，所以$a\times\mathbb{Z}_n^*\subseteq\mathbb{Z}_n^*$。

由以上两条得$a\times\mathbb{Z}_n^*=\mathbb{Z}_n^*$。因此，对$1\in\mathbb{Z}_n^*$，存在$x\in\mathbb{Z}_n^*$，使得$ax\equiv 1 \pmod n$，即$x$是$a$的乘法逆元，记为$x=a^{-1}$。

(定理1-1证毕)

证明中用到如下结论：设A、B是两个集合，若满足$A\subseteq B$且$|A|=|B|$，则$A=B$。

设p为素数，则$\mathbb{Z}_p$中每一非0元素都与p互素，因此有乘法逆元。

类似于加法可约律，可有以下乘法可约律：

如果$ab\equiv ac \pmod n$且a有乘法逆元，那么对$ab\equiv ac \pmod n$两边同乘以a^{-1}，即得

$b \equiv c \pmod{n}$。

1.1.4 模指数运算

模指数运算是指对给定的正整数 m、n 计算 $a^m \bmod n$。

【例 1-5】 $a=7, n=19$，则易求出 $7^1 \equiv 7 \pmod{19}$，$7^2 \equiv 11 \pmod{19}$，$7^3 \equiv 1 \pmod{19}$。

由于 $7^{3+j}=7^3 \times 7^j \equiv 7^j \pmod{19}$，所以 $7^4 \equiv 7 \pmod{19}$，$7^5 \equiv 7^2 \pmod{19}$，…，即从 $7^4 \bmod 19$ 开始所求的幂出现循环，循环周期为 3。

可见，在模指数运算中，若能找出循环周期，则会使计算变得简单。

称满足方程 $a^m \equiv 1 \pmod{n}$ 的最小正整数 m 为模 n 下 a 的阶，记为 $\mathrm{ord}_n(a)$。

定理 1-2 设 $\mathrm{ord}_n(a)=m$，则 $a^k \equiv 1 \pmod{n}$ 的充要条件是 k 为 m 的倍数。

证明 设存在整数 q，使得 $k=qm$，则 $a^k \equiv (a^m)^q \equiv 1 \pmod{n}$。

反之，假定 $a^k \equiv 1 \pmod{n}$，令 $k=qm+r$，其中 $0<r\leqslant m-1$，那么

$$a^k \equiv (a^m)^q a^r \equiv a^r \equiv 1 \pmod{n}$$

与 m 是阶矛盾。

（定理 1-2 证毕）

1.1.5 费马定理、欧拉定理和卡米歇尔定理

费马定理、欧拉定理和卡米歇尔定理在公钥密码体制中有重要作用。

1. 费马定理

定理 1-3（费马定理） 若 p 是素数，a 是正整数，且 $(a,p)=1$，则 $a^{p-1} \equiv 1 \pmod{p}$。

证明 在定理 1-1 的证明中知，当 $(a,p)=1$ 时，$a \times \mathbb{Z}_p = \mathbb{Z}_p$，其中 $a \times \mathbb{Z}_p$ 表示 a 与 $\mathbb{Z}_p$ 中每一元素作模 p 乘法。又知 $a \times 0 \equiv 0 \pmod{p}$，所以 $a \times \mathbb{Z}_p - \{0\} = \mathbb{Z}_p - \{0\}$，$a \times (\mathbb{Z}_p - \{0\}) = \mathbb{Z}_p - \{0\}$，即

$$\{a \bmod p, 2a \bmod p, \cdots, (p-1)a \bmod p\} = \{1, 2, \cdots, p-1\}$$

分别将两个集合中的元素连乘，得

$$\begin{aligned} a \times 2a \times \cdots (p-1)a &\equiv [(a \bmod p) \times (2a \bmod p) \times \cdots \times ((p-1)a \bmod p)] \bmod p \\ &\equiv (p-1)! \pmod{p} \end{aligned}$$

另外，

$$a \times 2a \times \cdots \times (p-1)a = (p-1)!\,a^{p-1}$$

因此

$$(p-1)!\,a^{p-1} \equiv (p-1)! \pmod{p}$$

由于 $(p-1)!$ 与 p 互素，因此 $(p-1)!$ 有乘法逆元，由乘法可约律得 $a^{p-1} \equiv 1 \pmod{p}$。

（定理 1-3 证毕）

费马定理也可写成如下形式：设 p 是素数，a 是任一正整数，则 $a^p \equiv a \pmod{p}$。

2. 欧拉函数

设 n 是正整数，小于 n 且与 n 互素的正整数的个数称为 n 的欧拉函数，记为 $\varphi(n)$。

【例 1-6】 $\varphi(6)=2$，$\varphi(7)=6$，$\varphi(8)=4$。

定理 1-4

(1) 若 n 是素数,则 $\varphi(n)=n-1$。

(2) 若 n 是两个素数 p 和 q 的乘积,则 $\varphi(n)=\varphi(p)\varphi(q)=(p-1)(q-1)$。

(3) 若 n 有标准分解式 $n=p_1^{\alpha_1}p_2^{\alpha_2}\cdots p_t^{\alpha_t}$,则 $\varphi(n)=n\left(1-\frac{1}{p_1}\right)\cdots\left(1-\frac{1}{p_t}\right)$。

证明

(1) 显然。

(2) 考虑 $\mathbb{Z}_n=\{0,1,\cdots,pq-1\}$,其中不与 n 互素的数有 3 类,分别为 $A=\{p,2p,\cdots,(q-1)p\}$、$B=\{q,2q,\cdots,(p-1)q\}$ 和 $C=\{0\}$,且 $A\cap B=\varnothing$;否则,如果 $ip=jq$,其中 $1\leqslant i\leqslant q-1$,$1\leqslant j\leqslant p-1$,则 p 是 jq 的因子,因此是 j 的因子,设 $j=kp$,$k\geqslant 1$,则 $ip=kpq$,$i=kq$,与 $1\leqslant i\leqslant q-1$ 矛盾。所以

$$\begin{aligned}\varphi(n)&=|\mathbb{Z}_n|-(|A|+|B|+|C|)=pq-[(q-1)+(p-1)+1]\\&=(p-1)(q-1)=\varphi(p)\varphi(q)\end{aligned}$$

(3) 当 $n=p^{\alpha}$ 时,$1\sim n$ 与 n 不互素的数有 $1p,2p,\cdots,p^{\alpha-1}p$,共 $p^{\alpha-1}$ 个,所以 $\varphi(p^{\alpha})=p^{\alpha}-p^{\alpha-1}$。

当 $n=p_1^{\alpha_1}p_2^{\alpha_2}\cdots p_t^{\alpha_t}$ 时,由(2)得

$$\begin{aligned}\varphi(n)&=\varphi(p_1^{\alpha_1})\varphi(p_2^{\alpha_2})\cdots\varphi(p_t^{\alpha_t})\\&=(p_1^{\alpha_1}-p_1^{\alpha_1-1})(p_2^{\alpha_2}-p_2^{\alpha_2-1})\cdots(p_t^{\alpha_t}-p_t^{\alpha_t-1})\\&=n\left(1-\frac{1}{p_1}\right)\left(1-\frac{1}{p_2}\right)\cdots\left(1-\frac{1}{p_t}\right)\end{aligned}$$

(定理 1-4 证毕)

【例 1-7】

$$\varphi(21)=\varphi(3\times 7)=\varphi(3)\varphi(7)=2\times 6=12$$

$$\varphi(72)=\varphi(2^3 3^2)=72\left(1-\frac{1}{2}\right)\left(1-\frac{1}{3}\right)=24$$

3. 欧拉定理

定理 1-5(**欧拉定理**) 若 a 和 n 互素,则 $a^{\varphi(n)}\equiv 1\pmod n$。

证明 设 $R=\{x_1,x_2,\cdots,x_{\varphi(n)}\}$ 是由小于 n 且与 n 互素的全体数构成的集合,$a\times R=\{ax_1 \bmod n,ax_2 \bmod n,\cdots,ax_{\varphi(n)} \bmod n\}$,考虑 $a\times R$ 中任一元素 $ax_i \bmod n$,因 a 与 n 互素,x_i 与 n 互素,所以 ax_i 与 n 互素,且 $ax_i \bmod n<n$,因此 $ax_i \bmod n\in R$,所以 $a\times R\subseteq R$。

又因 $a\times R$ 中任意两个元素都不相同,否则 $ax_i \bmod n=ax_j \bmod n$,由 a 与 n 互素知 a 在 mod n 下有乘法逆元,得 $x_i=x_j$。所以 $|a\times R|=|R|$,得 $a\times R=R$,所以

$$\prod_{i=1}^{\varphi(n)}(ax_i \bmod n)=\prod_{i=1}^{\varphi(n)}x_i,\ \prod_{i=1}^{\varphi(n)}ax_i\equiv\prod_{i=1}^{\varphi(n)}x_i \pmod n,\ a^{\varphi(n)}\prod_{i=1}^{\varphi(n)}x_i\equiv\prod_{i=1}^{\varphi(n)}x_i \pmod n$$

由每一 x_i 与 n 互素,知 $\prod_{i=1}^{\varphi(n)}x_i$ 与 n 互素,$\prod_{i=1}^{\varphi(n)}x_i$ 在 mod n 下有乘法逆元。所以 $a^{\varphi(n)}\equiv 1\pmod n$。

(定理 1-5 证毕)

推论：$\mathrm{ord}_n(a)|\varphi(n)$。

推论说明，$\mathrm{ord}_n(a)$一定是$\varphi(n)$的因子。如果$\mathrm{ord}_n(a)=\varphi(n)$，则称$a$为$n$的本原根。如果$a$是$n$的本原根，则$a,a^2,\cdots,a^{\varphi(n)}$在 mod n 下互不相同且都与n互素。

特别地，如果a是素数p的本原根，则$a,a^2,\cdots,a^{p-1}$在 mod p 下都不相同。

【例 1-8】　$n=9$，则$\varphi(n)=6$，考虑 2 在 mod 9 下的幂：$2^1\equiv2(\mathrm{mod}\ 9)$，$2^2\equiv4(\mathrm{mod}\ 9)$，$2^3\equiv8(\mathrm{mod}\ 9)$，$2^4\equiv7(\mathrm{mod}\ 9)$，$2^5\equiv5(\mathrm{mod}\ 9)$，$2^6\equiv1(\mathrm{mod}\ 9)$，即$\mathrm{ord}_9(2)=\varphi(9)$，所以 2 为 9 的本原根。

【例 1-9】　$n=19$，$a=3$ 在 mod 19 下的幂分别为

$$3,9,8,5,15,7,2,6,18,16,10,11,14,4,12,17,13,1$$

即$\mathrm{ord}_{19}(3)=18=\varphi(19)$，所以 3 为 19 的本原根。

本原根不唯一。可验证：除 3 外，19 的本原根还有 2、10、13、14、15。

注意，并非所有的整数都有本原根，只有以下形式的整数才有本原根：

$$2,4,p^\alpha,2p^\alpha$$

其中p为奇素数。

4. 卡米歇尔定理

对满足$(a,n)=1$的所有a，使得$a^m\equiv1(\mathrm{mod}\ n)$同时成立的最小正整数$m$称为$n$的卡米歇尔(Carmichael)函数，记为$\lambda(n)$。

【例 1-10】　$n=8$，与 8 互素的数有 1、3、5、7，即$\varphi(8)=4$。

$$1^2\equiv1(\mathrm{mod}\ 8),3^2\equiv1(\mathrm{mod}\ 8),5^2\equiv1(\mathrm{mod}\ 8),7^2\equiv1(\mathrm{mod}\ 8)$$

所以$\lambda(8)=2$。

从本例可以看出，$\lambda(n)\leqslant\varphi(n)$。

定理 1-6

(1) 如果$a|b$，则$\lambda(a)|\lambda(b)$。

(2) 对任意互素的正整数a、b，有$\lambda(ab)=[\lambda(a),\lambda(b)]$。

(3)

$$\lambda(n)=\begin{cases}\varphi(n)=1, & n=1\\ \varphi(n)=1, & n=2\\ \varphi(n)=2, & n=4\\ \dfrac{1}{2}\varphi(n)=2^{\alpha-2}, & n=2^\alpha,\alpha>2\\ \varphi(n)=p-1, & n=p\text{ 为奇素数}\\ \varphi(n)=p^\alpha-p^{\alpha-1}, & n=p^\alpha,p\text{ 为奇素数},\alpha>1\\ [\lambda(p_1^{\alpha_1}),\lambda(p_2^{\alpha_2}),\cdots,\lambda(p_t^{\alpha_t})], & n=\prod_{i=1}^{t}p_i^{\alpha_i}\end{cases}$$

证明

(1) 对满足$(x,b)=1$的所有x，$x^{\lambda(b)}\equiv1(\mathrm{mod}\ b)$，由$a|b$得，$x^{\lambda(b)}\equiv1(\mathrm{mod}\ a)$。设$\lambda(b)=k\lambda(a)+r$，其中$0\leqslant r<\lambda(a)$，则$x^{\lambda(b)}\equiv(x^{\lambda(a)})^k x^r\equiv x^r\equiv1(\mathrm{mod}\ a)$，所以$r=0$，即

$\lambda(a)|\lambda(b)$。

(2) 由(1)得,$\lambda(a)|\lambda(ab)$,$\lambda(b)|\lambda(ab)$,即$\lambda(ab)$是$\lambda(a)$和$\lambda(b)$的公倍数。又设d是$\lambda(a)$和$\lambda(b)$的任一公倍数,由$\lambda(a)|d$、$\lambda(b)|d$得$x^d\equiv1(\text{mod } a)$,$x^d\equiv1(\text{mod } b)$,其中$(x,a)=1$,$(x,b)=1$,所以$x^d\equiv1(\text{mod } ab)$,其中$(x,ab)=1$,$\lambda(ab)|d$。所以$\lambda(ab)$是$\lambda(a)$和$\lambda(b)$的最小公倍数。

(3) 可由(2)得到。

(定理1-6证毕)

定理1-7(**卡米歇尔定理**) 若a和n互素,则$a^{\lambda(n)}\equiv1(\text{mod } n)$。

证明 设$n=p_1^{\alpha_1}p_2^{\alpha_2}\cdots p_t^{\alpha_t}$,下面证明$a^{\lambda(n)}\equiv1(\text{mod } p_i^{\alpha_i})(i=1,2,\cdots,t)$。

如果$p_i^{\alpha_i}=2,4$或奇素数的幂,则由定理1-6(3),有$\lambda(p_i^{\alpha_i})=\varphi(p_i^{\alpha_i})$,所以$a^{\lambda(p_i^{\alpha_i})}=a^{\varphi(p_i^{\alpha_i})}\equiv1(\text{mod } p_i^{\alpha_i})$。又因为$\lambda(p_i^{\alpha_i})|\lambda(n)$,所以$a^{\lambda(n)}\equiv1(\text{mod } p_i^{\alpha_i})$。

当$p_i^{\alpha_i}=2^{\alpha_i}(\alpha_i>2)$时,$\lambda(p_i^{\alpha_i})=\frac{1}{2}\varphi(2^{\alpha_i})=2^{\alpha_i-2}$,需要证明$a^{2^{\alpha_i-2}}\equiv1(\text{mod } 2^{\alpha_i})$,对$\alpha_i$用归纳法。当$\alpha_i=3$时,$a^2\equiv1(\text{mod } 8)$对每一奇整数$a$成立。设$a^{2^{\alpha_i-2}}\equiv1(\text{mod } 2^{\alpha_i})$对$\alpha_i$成立,即$a^{2^{\alpha_i-2}}=1+t2^{\alpha_i}$,$t$是正整数。则当$\alpha_i+1$时,有

$$a^{2^{\alpha_i-1}}=(1+t2^{\alpha_i})^2=1+t2^{\alpha_i+1}+t^2 2^{2\alpha_i}\equiv1(\text{mod } 2^{\alpha_i+1})$$

由归纳法,$a^{2^{\alpha_i-2}}\equiv1(\text{mod } 2^{\alpha_i})$对任意$\alpha_i(\alpha_i>2)$成立。

由$a^{\lambda(n)}\equiv1(\text{mod } p_i^{\alpha_i})(i=1,2,\cdots,t)$,得$a^{\lambda(n)}\equiv1(\text{mod } d)$,其中,

$$d=[p_1^{\alpha_1},p_2^{\alpha_2},\cdots,p_t^{\alpha_t}]=p_1^{\alpha_1}p_2^{\alpha_2}\cdots p_t^{\alpha_t}=n$$

所以$a^{\lambda(n)}\equiv1(\text{mod } n)$。

(定理1-7证毕)

1.1.6 欧几里得算法

欧几里得(Euclid)算法是数论中的一个基本技术,是求两个正整数的最大公因子的简化过程。而推广的欧几里得算法不仅可求两个正整数的最大公因子,而且当两个正整数互素时,还可求其中一个数关于另一个数的乘法逆元。

1. 求最大公因子

欧几里得算法是基于下面的基本结论:

设a、b是任意两个正整数,它们的最大公因子记为(a,b),则

$$(a,b)=(b,a \text{ mod } b)$$

证明 b是正整数,因此可将a表示为$a=kb+r$,$a \text{ mod } b=r$,其中k为整数,所以$a \text{ mod } b=a-kb$。

设d是a、b的公因子,即$d|a$且$d|b$,所以$d|kb$。由$d|a$和$d|kb$得$d|(a \text{ mod } b)$,因此d是b和$a \text{ mod } b$的公因子。

所以,a和b的公因子集合与b和$a \text{ mod } b$的公因子集合相等,两个集合的最大值也相等,得证。

在求两个数的最大公因子时,可重复使用以上结论。

【例 1-11】 $(55,22)=(22,55 \bmod 22)=(22,11)=(11,0)=11$

【例 1-12】

$$(18,12)=(12,6)=(6,0)=6$$

$$(11,10)=(10,1)=1$$

设 a、b 是任意两个正整数，记 $r_0=a$，$r_1=b$，反复用上述除法（称为辗转相除法），有

$$\begin{aligned}
& r_0=r_1q_1+r_2, && 0\leqslant r_2<r_1 \\
& r_1=r_2q_2+r_3, && 0\leqslant r_3<r_2 \\
& \vdots \\
& r_{n-2}=r_{n-1}q_{n-1}+r_n, && 0\leqslant r_n<r_{n-1} \\
& r_{n-1}=r_nq_n+r_{n+1}, && r_{n+1}=0
\end{aligned}$$

由于 $r_1=b>r_2>\cdots>r_n>r_{n+1}\geqslant 0$，经过有限步后，必然存在 n 使得 $r_{n+1}=0$。可得 $(a,b)=r_n$，即辗转相除法中最后一个非 0 余数就是 a 和 b 的最大公因子。这是因为 $(a,b)=(b,r_2)=(r_2,r_3)=\cdots=(r_{n-1},r_n)=(r_n,0)=r_n$。

由于 $(a,b)=(|a|,|b|)$，因此可假定 a 和 b 是两个正整数，并设 $a>b$。

欧几里得算法如下：

```
EUCLID(a,b)
1.  X←a; Y←b
2.  if Y=0 then return X=(a, b)
3.  if Y=1 then return Y=(a, b)
4.  R=X mod Y
5.  X=Y
6.  Y=R
7.  goto 2
```

【例 1-13】 求(1970,1066)。

$1970=1\times1066+904$	$(1066,904)$
$1066=1\times904+162$	$(904,162)$
$904=5\times162+94$	$(162,94)$
$162=1\times94+68$	$(94,68)$
$94=1\times68+26$	$(68,26)$
$68=2\times26+16$	$(26,16)$
$26=1\times16+10$	$(16,10)$
$16=1\times10+6$	$(10,6)$
$10=1\times6+4$	$(6,4)$
$6=1\times4+2$	$(4,2)$
$4=2\times2+0$	$(2,0)$

因此 $(1970,1066)=2$。

在辗转相除法中，有

$$r_n = r_{n-2} - r_{n-1}q_{n-1}$$
$$r_{n-1} = r_{n-3} - r_{n-2}q_{n-2}$$
$$\vdots$$
$$r_3 = r_1 - r_2 q_2$$
$$r_2 = r_0 - r_1 q_1$$

依次将后一项代入前一项，可由 $r_0 = a$、$r_1 = b$ 的线性组合表示 r_n。因此有如下结论：存在整数 s、t，使得 $sa + tb = (a,b)$，即两个数的最大公因子能由这两个数的线性组合表示。

2. 求乘法逆元

如果 $(a,b)=1$，则 b 在 mod a 下有乘法逆元(不妨设 $b<a$)，即存在 $x(x<a)$，使得 $bx \equiv 1 (\text{mod } a)$。推广的欧几里得算法先求出 (a,b)，当 $(a,b)=1$ 时，返回 b 的逆元。

EXTENDED EUCLID(a,b) (设 $b<a$)

1. $(X_1, X_2, X_3) \leftarrow (1,0,a)$; $(Y_1, Y_2, Y_3) \leftarrow (0,1,b)$
2. if $Y_3 = 0$ then return $X_3 = (a, b)$; no inverse
3. if $Y_3 = 1$ then return $Y_3 = (a, b)$; $Y_2 = b^{-1}$ mod a
4. $Q = \left\lfloor \frac{X_3}{Y_3} \right\rfloor$
5. $(T_1, T_2, T_3) \leftarrow (X_1 - QY_1, X_2 - QY_2, X_3 - QY_3)$
6. $(X_1, X_2, X_3) \leftarrow (Y_1, Y_2, Y_3)$
7. $(Y_1, Y_2, Y_3) \leftarrow (T_1, T_2, T_3)$
8. goto 2

该算法中的变量有以下关系：

$$aT_1 + bT_2 = T_3, aX_1 + bX_2 = X_3, aY_1 + bY_2 = Y_3$$

这一关系可用归纳法证明：设前一轮的变量 (T_1', T_2', T_3')、(X_1', X_2', X_3')、(Y_1', Y_2', Y_3') 满足

$$aT_1' + bT_2' = T_3', aX_1' + bX_2' = X_3', aY_1' + bY_2' = Y_3'$$

则本轮的变量 (T_1, T_2, T_3)、(X_1, X_2, X_3)、(Y_1, Y_2, Y_3) 和前一轮的变量有如下关系：

$$(T_1, T_2, T_3) = (X_1' - Q'Y_1', X_2' - Q'Y_2', X_3' - Q'Y_3')$$
$$(X_1, X_2, X_3) = (Y_1', Y_2', Y_3')$$
$$(Y_1, Y_2, Y_3) = (T_1, T_2, T_3)$$

所以

$$\begin{aligned} aT_1 + bT_2 &= a(X_1' - Q'Y_1') + b(X_2' - Q'Y_2') \\ &= aX_1' + bX_2' - Q'(aY_1' + bY_2') = X_3' - Q'Y_3' = T_3 \end{aligned}$$
$$aX_1 + bX_2 = aY_1' + bY_2' = Y_3' = X_3$$
$$aY_1 + bY_2 = aT_1 + bT_2 = T_3 = Y_3$$

在算法 EUCLID(a,b)中，X 等于前一轮循环中的 Y，Y 等于前一轮循环中的 X mod Y；而在算法 EXTENDED EUCLID(a,b)中，X_3 等于前一轮循环中的 Y_3，Y_3 等于前一轮循环中的 $X_3 - QY_3$，由于 Q 是 Y_3 除 X_3 的商，因此 Y_3 是前一轮循环中的 Y_3 除 X_3 的余

数,即 $X_3 \bmod Y_3$。可见,EXTENDED EUCLID(a,b)中的 X_3、Y_3 与 EUCLID(a,b)中的 X、Y 作用相同,因此可正确地产生(a,b)。

如果(a,b)=1,则在倒数第二轮循环中 $Y_3=1$。由 $Y_3=1$ 可得

$$aY_1+bY_2=Y_3,aY_1+bY_2=1,bY_2=1+(-Y_1)\times a,bY_2\equiv 1(\bmod a)$$

所以 $Y_2 \equiv b^{-1} \bmod a$。

【例 1-14】 求(1769,550)。

求(1769,550)时推广的欧几里得算法的运行结果及各变量的变化情况如表 1-1 所示。

表 1-1 求(1769,550)时推广的欧几里得算法的运行结果及各变量的变化情况

循环次数	Q	X_1	X_2	X_3	Y_1	Y_2	Y_3
初值		1	0	1769	0	1	550
1	3	0	1	550	1	−3	119
2	4	1	−3	119	−4	13	74
3	1	−4	13	74	5	−16	45
4	1	5	−16	45	−9	29	29
5	1	−9	29	29	14	−45	16
6	1	14	−45	16	−23	74	13
7	1	−23	74	13	37	−119	3
8	4	37	−119	3	−171	550	1

所以,(1769,550)=1,$550^{-1} \bmod 1769=550$。

1.1.7 中国剩余定理

中国剩余定理是数论中极为有用的一个工具。它有两个用途:一是如果已知某个数关于一些两两互素的数的同余类集,就可重构这个数;二是可将大数用小数表示,将大数的运算通过小数实现。

【例 1-15】 $\mathbb{Z}_{10}$中每个数都可从这个数关于 2 和 5(10 的两个互素的因子)的同余类重构。例如,已知 x 关于 2 和 5 的同余类分别是[0]和[3],即 $x\equiv 0(\bmod 2)$,$x\equiv 3(\bmod 5)$。可知 x 是偶数且被 5 除后余数是 3,所以可得 8 是满足这一关系的唯一的 x。

【例 1-16】 假设只能处理 5 以内的数,则要考虑 15 以内的数,可将 15 分解为两个小素数的乘积,15=3×5。将 1~15 的数列表表示,表的行号为 0~2,列号为 0~4,将 1~15 的数填入表中,使得其所在行号为该数除以 3 得到的余数,所在列号为该数除以 5 得到的余数,如表 1-2 所示。例如,12 mod 3=0,12 mod 5=2,所以 12 应填在第 0 行第 2 列。

现在就可处理 15 以内的数了。例如,求 $12\times 13(\bmod 15)$,因 12 和 13 所在的行号分别是 0 和 1,12 和 13 所在的列号分别是 2 和 3,由 $0\times 1\equiv 0(\bmod 3)$和 $2\times 3\equiv 1(\bmod 5)$得 $12\times 13(\bmod 15)$所在的行号和列号分别为 0 和 1,这个位置上的数是 6,所以得 $12\times 13\equiv$

6(mod 15)。又因为 $0+1\equiv1 \pmod 3$，$2+3\equiv0 \pmod 5$，第1行第0列为10，所以 $12+13\equiv10 \pmod{15}$。

表 1-2　1～15 的数

行　号	列　号				
	0	1	2	3	4
0	0	6	12	3	9
1	10	1	7	13	4
2	5	11	2	8	14

以上两例是中国剩余定理的直观应用。下面具体介绍中国剩余定理的内容。

中国剩余定理最早见于《孙子算经》的“物不知数”问题：“今有物不知其数，三三数之有二，五五数之有三，七七数之有二，问物几何？”

这一问题用方程组表示为

$$\begin{cases} x\equiv2 \pmod 3 \\ x\equiv3 \pmod 5 \\ x\equiv2 \pmod 7 \end{cases}$$

下面给出解的构造过程。首先将3个余数写成和式的形式：

$$2+3+2$$

为满足第一个方程，即模3后后两个方程消失，后两个方程各乘以3，得

$$2+3\times3+2\times3$$

为满足第二个方程，即模5后第一、三个方程消失，第一、三个方程各乘以5，得

$$2\times5+3\times3+2\times3\times5$$

同理，前两个方程各乘以7，得

$$2\times5\times7+3\times3\times7+2\times3\times5$$

然而，将结果代入第一个方程，得到 $2\times5\times7$。为消去 5×7，将结果的第一项再乘以 $(5\times7)^{-1} \bmod 3$，得 $2\times5\times7\times(5\times7)^{-1} \bmod 3+3\times3\times7+2\times3\times5$。类似地，将第二项乘以 $(3\times7)^{-1} \bmod 5$，第三项乘以 $(3\times5)^{-1} \bmod 7$，得结果为

$$2\times5\times7\times(5\times7)^{-1} \bmod 3+3\times3\times7\times(3\times7)^{-1} \bmod 5+2\times3\times5\times(3\times5)^{-1} \bmod 7=233$$

又因为 $233+k\times3\times5\times7=233+105k$（$k$ 为任意整数）都满足方程组，可取 $k=-2$，得到小于 $105(=3\times5\times7)$ 的唯一解23，所以方程组的唯一解构造如下：

$$[2\times5\times7\times(5\times7)^{-1} \bmod 3+3\times3\times7\times(3\times7)^{-1} \bmod 5+2\times3\times5\times(3\times5)^{-1} \bmod 7] \bmod (3\times5\times7)$$

把这种构造法推广到一般形式，就是如下的中国剩余定理。

定理 1-8(**中国剩余定理**)　设 $m_1,m_2,\cdots,m_k$ 是两两互素的正整数，$M=\prod_{i=1}^{k} m_i$，则一次同余方程组

$$\begin{cases} a_1 \equiv x \pmod{m_1} \\ a_2 \equiv x \pmod{m_2} \\ \vdots \\ a_k \equiv x \pmod{m_k} \end{cases}$$

对模 M 有唯一解：

$$x \equiv \left(\frac{M}{m_1}e_1a_1 + \frac{M}{m_2}e_2a_2 + \cdots + \frac{M}{m_k}e_ka_k\right) \pmod{M}$$

其中，e_i 满足 $\frac{M}{m_i}e_i \equiv 1 \pmod{m_i}$ $(i=1,2,\cdots,k)$。

证明　设 $M_i = \frac{M}{m_i} = \prod_{\substack{\ell=1 \\ \ell \neq i}}^{k} m_\ell$，$i=1,2,\cdots,k$，由 M_i 的定义得 M_i 与 m_i 是互素的，可知 M_i 在模 m_i 下有唯一的乘法逆元，即满足 $\frac{M}{m_i}e_i \equiv 1 \pmod{m_i}$ 的 e_i 是唯一的。

下面证明对 $\forall i \in \{1,2,\cdots,k\}$，上述 x 满足 $a_i \equiv x \pmod{m_i}$。可以注意到，当 $j \neq i$ 时，$m_i \mid M_j$，即 $M_j \equiv 0 \bmod m_i$。所以

$$\begin{aligned}(M_je_j \bmod m_j) &\equiv ((M_j \bmod m_i) \times ((e_j \bmod m_j) \bmod m_i)) \pmod{m_i} \\ &\equiv 0 \pmod{m_i}\end{aligned}$$

而
$$(M_i(e_i \bmod m_i)) \equiv (M_ie_i) \pmod{m_i} \equiv 1 \pmod{m_i}$$

所以 $x \equiv a_i \pmod{m_i}$，即 $a_i \equiv x \pmod{m_i}$。

下面证明方程组的解是唯一的。设 x' 是方程组的另一解，即

$$x' \equiv a_i \pmod{m_i} \quad (i=1,2,\cdots,k)$$

由 $x \equiv a_i \pmod{m_i}$ 得 $x' - x \equiv 0 \pmod{m_i}$，即 $m_i \mid (x'-x)$。再根据 m_i 两两互素，有 $M \mid (x'-x)$，即 $x'-x \equiv 0 \pmod{M}$，所以 $x' \equiv x \pmod{M}$。

（定理1-8证毕）

中国剩余定理提供了一个非常有用的特性，即在模 $M\left(M = \prod_{i=1}^{k} m_i\right)$ 下可将大数 A 由一组小数 $(a_1,a_2,\cdots,a_k)$ 表示，且大数的运算可通过小数实现。该特性表示为

$$A \leftrightarrow (a_1,a_2,\cdots,a_k)$$

其中，$a_i = A \bmod m_i$ $(i=1,2,\cdots,k)$。

该特性有以下推论。

推论：如果

$$A \leftrightarrow (a_1,a_2,\cdots,a_k),\ B \leftrightarrow (b_1,b_2,\cdots,b_k)$$

那么

$$(A+B) \bmod M \leftrightarrow ((a_1+b_1) \bmod m_1, (a_2+b_2) \bmod m_2, \cdots, (a_k+b_k) \bmod m_k)$$
$$(A-B) \bmod M \leftrightarrow ((a_1-b_1) \bmod m_1, (a_2-b_2) \bmod m_2, \cdots, (a_k-b_k) \bmod m_k)$$
$$AB \bmod M \leftrightarrow (a_1b_1 \bmod m_1, a_2b_2 \bmod m_2, \cdots, a_kb_k \bmod m_k)$$

证明　可由模运算的性质直接得出。

【例1-16续】　表1-3的构造。

设 $1\leqslant x\leqslant 15$,求 $a\equiv x(\bmod 3)$,$b\equiv x(\bmod 5)$,将 x 填入表的 a 行、b 列。表建立完成后,数 x 可由它的行号 a 和列号 b 按中国剩余定理如下恢复:

$$\begin{aligned}x &\equiv[a\times 5\times(5^{-1} \bmod 3)+b\times 3\times(3^{-1} \bmod 5)](\bmod 15)\\ &\equiv(a\times 5\times 2+b\times 3\times 2)(\bmod 15)\\ &\equiv(10a+6b) \bmod 15\end{aligned}$$

例如,$12\equiv 0(\bmod 3)$,$12\equiv 2(\bmod 5)$;$13\equiv 1(\bmod 3)$,$13\equiv 3(\bmod 5)$。所以12位于表中第0行第2列,13位于表中第1行第3列。反之,若求表中第0行第2列的数,将 $a=0$,$b=2$代入 $x\equiv(10a+6b)(\bmod 15)$,得 $x=12$。

已知数 x 的行号 a 和列号 b,可将 x 表示为 (a,b)。x 的运算用 (a,b)实现。设 $x_1=(a_1,b_1)$,$x_2=(a_2,b_2)$,则 $x_1+x_2=(a_1+a_2,b_1+b_2)$,$x_1x_2=(a_1a_2,b_1b_2)$。例如,$12=(0,2)$,$13=(1,3)$,$12+13=(0,2)+(1,3)=(1,0)$,$12\times 13=(0,2)\times(1,3)=(0,1)$,所以 $12+13$ 为10,12×13 为6。

【例 1-17】 由以下方程组求 x。

$$\begin{cases}x\equiv 1(\bmod 2)\\ x\equiv 2(\bmod 3)\\ x\equiv 3(\bmod 5)\\ x\equiv 5(\bmod 7)\end{cases}$$

解 $M=2\times 3\times 5\times 7=210$,$M_1=105$,$M_2=70$,$M_3=42$,$M_4=30$。易求

$$e_1\equiv M_1^{-1}(\bmod 2)\equiv 1$$

$$e_2\equiv M_2^{-1}(\bmod 3)\equiv 1$$

$$e_3\equiv M_3^{-1}(\bmod 5)\equiv 3$$

$$e_4\equiv M_4^{-1}(\bmod 7)\equiv 4$$

所以

$$x \bmod 210\equiv(105\times 1\times 1+70\times 1\times 2+42\times 3\times 3+30\times 4\times 5) \bmod 210\equiv 173$$

或写成 $x\equiv 173(\bmod 210)$。

【例 1-18】 为将 973 mod 1813 由模数分别为37和49的两个数表示,可取

$$x=973,M=1813,m_1=37,m_2=49$$

由 $a_1\equiv 973 \bmod m_1=11$,$a_2\equiv 973 \bmod m_2=42$ 得 x 在模37和模49下的表示为(11,42)。

若求 973 mod 1813+678 mod 1813,可先求出

$$678\leftrightarrow(678 \bmod 37,678 \bmod 49)=(12,41)$$

从而可将以上加法式表示为

$$((11+12) \bmod 37,(42+41) \bmod 49)=(23,34)$$

1.1.8 离散对数

1. 指标

首先回顾对数的概念,指数函数 $y=a^x(a>0,a\neq 1)$的逆函数称为以 a 为底 x 的对数,记为 $y=\log_a x$。对数函数有以下性质:

$$\log_a 1=0,\log_a a=1,\log_a xy=\log_a x+\log_a y,\log_a x^y=y\log_a x$$

在模运算中也有类似的函数。设 p 是素数，a 是 p 的本原根，则 $a, a^2, \cdots, a^{p-1}$ 产生 $1 \sim p-1$ 的所有值，且每个值只出现一次。因此，对任意 $b \in \{1, 2, \cdots, p-1\}$，都存在唯一的 $i(1 \leqslant i \leqslant p-1)$，使得 $b \equiv a^i \pmod p$。称 i 为模 p 下以 a 为底 b 的指标，记为 $i = \text{ind}_{a,p}(b)$。指标有以下性质：

(1) $\text{ind}_{a,p}(1) = 0$。

(2) $\text{ind}_{a,p}(a) = 1$。

这两个性质分别由以下关系可得：$a^0 \bmod p = 1 \bmod p = 1$，$a^1 \bmod p = a$。

以上假定模数 p 是素数。对于非素数也有类似结论，如例 1-19 所示。

【例 1-19】 设 $p=9$，则 $\varphi(p)=6$，$a=2$ 是 p 的一个本原根，a 在模 9 下的不同的幂为

$$2^0 \pmod 9 \equiv 1$$
$$2^1 \pmod 9 \equiv 2$$
$$2^2 \pmod 9 \equiv 4$$
$$2^3 \pmod 9 \equiv 8$$
$$2^4 \pmod 9 \equiv 7$$
$$2^5 \pmod 9 \equiv 5$$
$$2^6 \pmod 9 \equiv 1$$

由此可得 2 的指数如表 1-3(a)所示。重新排列表 1-3(a)，可求出每一与 9 互素的数的指标，如表 1-3(b)所示。

表 1-3　指数和指标举例

(a) 模 9 下 2 的指数

指标	0	1	2	3	4	5
指数	1	2	4	8	7	5

(b) 与 9 互素的数的指标

数	1	2	4	5	7	8
指标	0	1	2	5	4	3

在讨论指标的另外两个性质时，需要定理 1-9。

定理 1-9　若 $a^z \equiv a^q \pmod p$，其中 p 为素数，a 是 p 的本原根，则有 $z \equiv q \pmod{\varphi(p)}$。

证明　因为 a 和 p 互素，所以 a 在模 p 下存在逆元 a^{-1}。在 $a^z \equiv a^q \pmod p$ 两边同乘以 $(a^{-1})^q$，得 $a^{z-q} \equiv 1 \pmod p$。因 a 是 p 的本原根，a 的阶为 $\varphi(p)$，所以存在整数 k，使得 $z-q=k\varphi(p)$，所以 $z \equiv q \pmod{\varphi(p)}$。

（定理 1-9 证毕）

由定理 1-9 可得指标的另外两个性质：

(3) $\text{ind}_{a,p}(xy) = [\text{ind}_{a,p}(x) + \text{ind}_{a,p}(y)] \bmod \varphi(p)$。

(4) $\text{ind}_{a,p}(y^r) = [r \times \text{ind}_{a,p}(y)] \bmod \varphi(p)$。

证明　设

$$x \equiv a^{\text{ind}_{a,p}(x)} \pmod p, \quad y \equiv a^{\text{ind}_{a,p}(y)} \pmod p, \quad xy \equiv a^{\text{ind}_{a,p}(xy)} \pmod p$$

由模运算的性质得

$$a^{\text{ind}_{a,p}(xy)} \bmod p = (a^{\text{ind}_{a,p}(x)} \bmod p)(a^{\text{ind}_{a,p}(y)} \bmod p) = (a^{\text{ind}_{a,p}(x)+\text{ind}_{a,p}(y)}) \bmod p$$

所以

$$\text{ind}_{a,p}(xy)=[\text{ind}_{a,p}(x)+\text{ind}_{a,p}(y)]\bmod \varphi(p)$$

性质(3)得证。

性质(4)是性质(3)的推广。

从指标的以上 4 个性质可见,指标与对数的概念极为相似,因此将指标称为离散对数,如下所述。

2. 离散对数

设 p 是素数,a 是 p 的本原根,即 $a^1,a^2,\cdots,a^{p-1}$ 在 mod p 下产生 $1\sim p-1$ 的所有值,所以对 $\forall b\in\{1,2,\cdots,p-1\}$,有唯一的 $i\in\{1,2,\cdots,p-1\}$ 使得 $b\equiv a^i \bmod p$。称 i 为模 p 下以 a 为底 b 的离散对数,记为 $i\equiv\log_a b(\bmod\ p)$。

当 a、p 和 i 已知时,用快速指数算法可比较容易地求出 b;但如果已知 a、b 和 p,求 i 则非常困难,目前已知最快的算法的时间复杂度为

$$O(\exp((\ln p)^{\frac{1}{3}}\ln(\ln p))^{\frac{2}{3}})$$

所以,当 p 很大时,该算法是不可行的。

1.1.9 二次剩余

设 n 是正整数,a 是整数,满足 $(a,n)=1$,如果方程

$$x^2\equiv a(\bmod\ n)$$

有解,则称 a 是模 n 的二次剩余;否则称为二次非剩余。

【例 1-20】

$x^2\equiv1(\bmod\ 7)$有解:$x=1,x=6$。

$x^2\equiv2(\bmod\ 7)$有解:$x=3,x=4$。

$x^2\equiv3(\bmod\ 7)$无解。

$x^2\equiv4(\bmod\ 7)$有解:$x=2,x=5$。

$x^2\equiv5(\bmod\ 7)$无解。

$x^2\equiv6(\bmod\ 7)$无解。

可见共有 1、2、4 这 3 个数是模 7 的二次剩余,且每个二次剩余都有两个平方根(即例 1-20 中的 x)。

容易证明,若 p 是素数,则模 p 的二次剩余的个数为 $(p-1)/2$,且与模 p 的二次非剩余的个数相等。如果 a 是模 p 的一个二次剩余,那么 a 恰有两个平方根,一个值为 $0\sim(p-1)/2$,另一个值为 $(p-1)/2+1\sim(p-1)$,且这两个平方根中有一个也是一个模 p 的二次剩余。

定义 1-6 设 p 是素数,a 是整数,符号 $\left(\frac{a}{p}\right)$ 的定义如下:

$$\left(\frac{a}{p}\right)=\begin{cases}0, & \text{如果 } a \text{ 被 } p \text{ 整除}\\ 1, & \text{如果 } a \text{ 是模 } p \text{ 的二次剩余}\\ -1, & \text{如果 } a \text{ 是模 } p \text{ 的非二次剩余}\end{cases}$$

称符号$\left(\frac{a}{p}\right)$为勒让德(Legendre)符号。

【例 1-21】 $\left(\frac{1}{7}\right)=\left(\frac{2}{7}\right)=\left(\frac{4}{7}\right)=1,\left(\frac{3}{7}\right)=\left(\frac{5}{7}\right)=\left(\frac{6}{7}\right)=-1$

计算$\left(\frac{a}{p}\right)$有一个简单公式：

$$\left(\frac{a}{p}\right)\equiv a^{(p-1)/2}(\bmod\ p)$$

【例 1-22】 $p=23, a=5, a^{(p-1)/2} \bmod p \equiv 5^{11}(\bmod\ p)=-1$，所以 5 不是模 23 的二次剩余。

勒让德符号有以下性质。

定理 1-10 设 p 是奇素数，a 和 b 都不能被 p 除尽，则

(1) 若 $a\equiv b(\bmod\ p)$，则$\left(\frac{a}{p}\right)=\left(\frac{b}{p}\right)$。

(2) $\left(\frac{ab}{p}\right)=\left(\frac{a}{p}\right)\left(\frac{b}{p}\right)$。

(3) $\left(\frac{a^2}{p}\right)=1$。

(4) $\left(\frac{a+p}{p}\right)=\left(\frac{a}{p}\right)$。

证明从略。

以下定义的雅可比(Jacobi)符号是勒让德符号的推广。

定义 1-7 设 n 是正整数，且 $n=p_1^{a_1}p_2^{a_2}\cdots p_k^{a_k}$，定义雅可比符号为

$$\left(\frac{a}{n}\right)=\left(\frac{a}{p_1}\right)^{a_1}\left(\frac{a}{p_2}\right)^{a_2}\cdots\left(\frac{a}{p_k}\right)^{a_k}$$

其中右端的符号是勒让德符号。

当 n 为素数时，雅可比符号就是勒让德符号。

雅可比符号有以下性质。

定理 1-11 设 n 是正合数，a 和 b 是与 n 互素的整数，则

(1) 若 $a\equiv b(\bmod\ n)$，则$\left(\frac{a}{n}\right)=\left(\frac{b}{n}\right)$。

(2) $\left(\frac{ab}{n}\right)=\left(\frac{a}{n}\right)\left(\frac{b}{n}\right)$。

(3) $\left(\frac{ab^2}{n}\right)=\left(\frac{a}{n}\right)$。

(4) $\left(\frac{a+n}{n}\right)=\left(\frac{a}{n}\right)$。

对一些特殊的 a，雅可比符号可按如下公式计算：

$$\left(\frac{1}{n}\right)=1,\quad \left(\frac{-1}{n}\right)=(-1)^{\frac{n-1}{2}},\quad \left(\frac{2}{n}\right)=(-1)^{\frac{n^2-1}{8}}$$

定理 1-12(雅可比符号的互反律) 设 m、n 均为大于 2 的奇数,则

$$\left(\frac{m}{n}\right)=(-1)^{\frac{(m-1)(n-1)}{4}}\left(\frac{n}{m}\right)$$

若 $m\equiv n(\bmod 4)\equiv 3(\bmod 4)$,则 $\left(\frac{m}{n}\right)=-\left(\frac{n}{m}\right)$;否则 $\left(\frac{m}{n}\right)=\left(\frac{n}{m}\right)$。

以上性质表明:为了计算雅可比符号(包括勒让德符号作为它的特殊情形),并不需要求素因子分解式。例如,105 虽然不是素数,在计算勒让德符号 $\left(\frac{105}{317}\right)$ 时,可以先把它看作雅可比符号进行计算,由定理 1-11 和定理 1-12 得

$$\left(\frac{105}{317}\right)=\left(\frac{317}{105}\right)=\left(\frac{2}{105}\right)=1$$

一般在计算 $\left(\frac{m}{n}\right)$ 时,如果有必要,可用 $m \bmod n$ 代替 m,而互反律用以减小 $\left(\frac{m}{n}\right)$ 中的 n。

可见,引入雅可比符号对计算勒让德符号是十分方便的。但应强调指出,雅可比符号和勒让德符号的本质差别是:雅可比符号 $\left(\frac{a}{n}\right)$ 不表示方程 $x^2\equiv a(\bmod n)$ 是否有解。例如,$n=p_1p_2$,a 关于 p_1 和 p_2 都不是二次剩余,即 $x^2\equiv a \bmod p_1$ 和 $x^2\equiv a(\bmod p_2)$ 都无解,由中国剩余定理知 $x^2\equiv a(\bmod n)$ 也无解。但是,由于 $\left(\frac{a}{p_1}\right)=\left(\frac{a}{p_2}\right)=-1$,所以 $\left(\frac{a}{n}\right)=\left(\frac{a}{p_1}\right)\left(\frac{a}{p_2}\right)=1$。即,$x^2\equiv a(\bmod n)$ 虽然无解,但是雅可比符号 $\left(\frac{a}{n}\right)$ 却为 1。

【例 1-23】 考虑方程 $x^2\equiv 2(\bmod 3599)$,由于 $3599=59\times 61$,所以方程等价于以下方程组:

$$\begin{cases}x^2\equiv 2(\bmod 59)\\ x^2\equiv 2(\bmod 61)\end{cases}$$

由于 $\left(\frac{2}{59}\right)=-1$,所以该方程组无解,但雅可比符号 $\left(\frac{2}{3599}\right)=(-1)^{\frac{3599^2-1}{8}}=1$。

1.1.10 循环群

定理 1-13(拉格朗日定理) 有限群 $\mathbb{G}$ 的任意子群 $\mathbb{H}$ 的阶整除群的阶,即 $|\mathbb{H}|\,|\,|\mathbb{G}|$。

证明要用到正规子群及陪集的概念,略去。

定理 1-14 循环群的子群是循环群。

证明 设 $\mathbb{H}$ 是循环群 $\mathbb{G}=\{g^i|i=1,2,3,\cdots\}$ 的子群,k 是使得 $g^k\in\mathbb{H}$ 的最小正整数。对任意 $a=g^i\in\mathbb{H}$,令 $i=qk+r(0\leqslant r<k)$,则 $g^i=(g^k)^q g^r$,$g^r=g^i(g^{qk})^{-1}\in\mathbb{H}$。所以 $r=0$,否则与 k 的最小性矛盾。所以 $g^i=(g^k)^q$,$\mathbb{H}$ 是由 g^k 生成的循环子群。

(定理 1-14 证毕)

定理 1-15 设 $\mathbb{G}$ 是 n 阶有限群,a 是 $\mathbb{G}$ 中的任一元素,有 $a^n=e$。

证明 设 $\mathbb{H}=\{e,a,a^2,\cdots,a^{r-1}\}$,其中 r 是 a 的阶,易证 $\langle\mathbb{H},\cdot\rangle$ 是 $\langle\mathbb{G},\cdot\rangle$ 的子群,由

定理 1-13，$|\mathbb{H}|\,|\,|\mathbb{G}|$，$r|n$，存在正整数 t，使得 $n=rt$。所以 $a^n=(a^r)^t=e$。

（定理 1-15 证毕）

定理 1-16　素数阶的群是循环群，且任一与单位元不同的元素都是生成元。

证明　设$\langle\mathbb{G},\cdot\rangle$是群，且$|\mathbb{G}|=p$（$p$ 为素数）。任取 $a\in\mathbb{G}$，$a\neq e$，构造$\mathbb{H}=\{e,a,a^2,\cdots\}$，易知$\mathbb{H}$是$\mathbb{G}$的子群（同定理 1-15）。设$|\mathbb{H}|=n$，则 $n\neq 1$。由拉格朗日定理，$n|p$，所以 $n=p$，$\mathbb{H}=\mathbb{G}$。所以$\mathbb{G}$是循环群，a 是生成元。

（定理 1-16 证毕）

定理 1-17　设 a^r 是 n 阶循环群$\mathbb{G}=\langle a\rangle$中的任意元素，$d=(n,r)$。那么 $\mathrm{ord}_n(a^r)=\frac{n}{d}$。

证明　由 $d=(n,r)$，$d|n$ 且 $d|r$。设 $n=dq_1$，$r=dq_2$，其中 $q_1=\frac{n}{d}$，$q_2=\frac{r}{d}$，且$(q_1,q_2)=1$。

首先，

$$(a^r)^{\frac{n}{d}}=(a^{dq_2})^{\frac{n}{d}}=a^{q_2 n}=(a^n)^{q_2}=e^{q_2}=e$$

设 $\mathrm{ord}_n(a^r)=k$，则 $k\,|\,\frac{n}{d}$。

其次，由$(a^r)^k=e$，可得 $n|rk$，两边同时除以 d，得$\frac{n}{d}\,|\,\frac{r}{d}k$，但$\left(\frac{n}{d},\frac{r}{d}\right)=1$，所以$\frac{n}{d}\,|\,k$。

所以 $k=\frac{n}{d}$，$\mathrm{ord}_n(a^r)=\frac{n}{d}$。

（定理 1-17 证毕）

定理 1-18　在 n 阶循环群$\mathbb{G}=\langle a\rangle$中，$a^r$ 是生成元当且仅当$(r,n)=1$。

证明　设$(n,r)=d$。若 a^r 是生成元，则有 $\mathrm{ord}_n(a^r)=n$。但由定理 1-17，$\mathrm{ord}_n(a^r)=\frac{n}{d}$，所以有$\frac{n}{d}=n$，$d=1$，即$(n,r)=1$。反之，若 $d=(n,r)=1$，则 $\mathrm{ord}_n(a^r)=\frac{n}{d}=n$，$a^r$ 是生成元。

（定理 1-18 证毕）

1.1.11　循环群的选取

在实际应用中经常需要使用群生成算法产生一系列循环群。群的描述包括一个有限的循环群$\hat{\mathbb{G}}$以及$\hat{\mathbb{G}}$的素数阶的子群$\mathbb{G}$、$\mathbb{G}$的生成元 g、$\mathbb{G}$的阶 q，用 $\Gamma[\hat{\mathbb{G}},\mathbb{G},g,q]$表示群的描述，其上的运算有

- 乘法运算。为确定性的多项式时间算法，输入 $\Gamma[\hat{\mathbb{G}},\mathbb{G},g,q]$及 $h_1,h_2\in\hat{\mathbb{G}}$，输出 $h_1\cdot h_2\in\hat{\mathbb{G}}$。
- 求逆运算。为确定性的多项式时间算法，输入 $\Gamma[\hat{\mathbb{G}},\mathbb{G},g,q]$及 $h\in\hat{\mathbb{G}}$，输出 $h^{-1}\in\hat{\mathbb{G}}$。
- 子群判定运算。为确定性的多项式时间算法，输入 $\Gamma[\hat{\mathbb{G}},\mathbb{G},g,q]$及 $h\in\hat{\mathbb{G}}$，判断是否 $h\in\mathbb{G}$。

- 求生成元及子群的阶。为确定性的多项式时间算法,输入 $\Gamma[\hat{\mathbb{G}},\mathbb{G},g,q]$,输出 g 和 q。

有些群不存在求子群的阶的多项式时间算法,例如 n 为合数的群 $\mathbb{Z}_n^*$。

实际应用中,经常使用的循环群有以下两类。

(1) 设 $\ell_1(\kappa)$、$\ell_2(\kappa)$ 是安全参数 κ 的多项式有界的整数函数,满足 $1<\ell_1(\kappa)<\ell_2(\kappa)$,$\Gamma[\hat{\mathbb{G}},\mathbb{G},g,q]$ 由三元组 (q,p,g) 表示,其中:

- q 是一个 $\ell_1(\kappa)$ 比特长的随机素数。
- p 是一个 $\ell_2(\kappa)$ 比特长的随机素数,满足 $p\equiv 1(\bmod q)$。
- g 是 $\mathbb{G}$ 的随机生成元。

其含义为循环群 $\hat{\mathbb{G}}=\mathbb{Z}_p^*$,$\mathbb{G}$ 是 $\hat{\mathbb{G}}$ 的阶为 q 的唯一子群。

$\mathbb{Z}_p^*$ 中的元素能用长度为 $\ell_2(\kappa)$ 的比特串表示,其上的元素乘法运算可使用模 p 乘法,求逆运算可使用推广的欧几里得算法,判断元素 $\alpha \bmod p\in\mathbb{Z}_p^*$ 是否属于子群 $\mathbb{G}$ 可通过判断 $\alpha^q\equiv 1 \bmod p$ 是否成立实现。

$\mathbb{G}$ 的随机生成元 g 可如下产生:产生 $\mathbb{Z}_p^*$ 的随机元素,求它的 $\frac{p-1}{q}$ 次幂,如果求幂后得到 $1 \bmod p$,则重新选取 $\mathbb{Z}_p^*$ 的另一随机元素,重复上述过程。

(2) 除了 $p=2q+1$ 外,其余参数与1的群相同。此时关于 $\mathbb{Z}_p^*$ 的 q 阶子群 $\mathbb{G}$ 有以下结论。

定理 1-19 当 $p=2q+1$ 时,$\mathbb{Z}_p^*$ 的 q 阶子群 $\mathbb{G}$ 是二次剩余类子群(即其所有元素都是二次剩余)。

证明 若 g 是 $\mathbb{Z}_p^*$ 的生成元,对任一 $a\in\mathbb{G}$,均存在整数 i,使得 $a\equiv g^i(\bmod p)$。又知 $a^q=1$,所以 $g^{iq}=g^{i\frac{p-1}{2}}=1$,所以 $p-1|i\frac{p-1}{2}$,i 一定是偶数,即 a 是二次剩余。

(定理1-19证毕)

因为计算勒让德符号 $\left(\frac{a}{p}\right)$ 比求模指数运算 $\alpha^q\equiv 1(\bmod p)$ 容易,所以判断元素 $\alpha \bmod p \in\mathbb{Z}_p^*$ 是否属于子群 $\mathbb{G}$ 可通过判断 $\left(\frac{a}{p}\right)$ 是否等于1实现。

1.1.12 双线性映射

设 q 是大素数,$\mathbb{G}_1$ 和 $\mathbb{G}_2$ 是两个阶为 q 的群,其上的运算为加法和乘法。$\mathbb{G}_1$ 到 $\mathbb{G}_2$ 的双线性映射 $\hat{e}$: $\mathbb{G}_1\times\mathbb{G}_1\rightarrow\mathbb{G}_2$ 满足下面的性质:

(1) 双线性。如果对任意 $P,Q,R\in\mathbb{G}_1$ 和 $a,b\in\mathbb{Z}$,有 $\hat{e}(aP,bQ)=\hat{e}(P,Q)^{ab}$ 或 $\hat{e}(P+Q,R)=\hat{e}(P,R)\cdot\hat{e}(Q,R)$ 和 $\hat{e}(P,Q+R)=\hat{e}(P,Q)\cdot\hat{e}(P,R)$,那么就称该映射为双线性映射。

(2) 非退化性。映射不把 $\mathbb{G}_1\times\mathbb{G}_1$ 中的所有元素对(即序偶)映射到 $\mathbb{G}_2$ 中的单位元。由于 $\mathbb{G}_1$、$\mathbb{G}_2$ 都是阶为素数的群,这意味着:如果 P 是 $\mathbb{G}_1$ 的生成元,那么 $\hat{e}(P,P)$ 就是

$\mathbb{G}_2$的生成元。

(3) 可计算性。对任意的 $P,Q\in\mathbb{G}_1$，存在一个有效算法计算 $\hat{e}(P,Q)$。

Weil 配对和 Tate 配对是满足上述 3 条性质的双线性映射。

另一类双线性映射形如 $\hat{e}$：$\mathbb{G}_1\times\mathbb{G}_2\to\mathbb{G}_T$，其中$\mathbb{G}_1$、$\mathbb{G}_2$和$\mathbb{G}_T$都是阶为 q 的群，$\mathbb{G}_2$到$\mathbb{G}_1$有一个同态映射 ψ：$\mathbb{G}_2\to\mathbb{G}_1$，满足 $\psi(g_2)=g_1$，其中 g_1 和 g_2 分别是$\mathbb{G}_1$和 $\mathbb{G}_2$上的固定生成元。$\mathbb{G}_1$中的元素可用较短的形式表达。因此，在构造签名方案时，把签名取为$\mathbb{G}_1$中的元素，可得短的签名；在构造加密方案时，把密文取为$\mathbb{G}_1$中的元素，可得短的密文。

1.2 计算复杂性

对一个密码系统来说，应要求在密钥已知的情况下，加密算法和解密算法是容易的，而在未知密钥的情况下，推导出密钥和明文是困难的。那么，如何描述一个计算问题是容易的还是困难的？可用解决这个问题的算法的计算时间和存储空间来描述。算法的计算时间和存储空间(分别称为算法的时间复杂度和空间复杂度)定义为算法输入数据的长度 n 的函数 $f(n)$。当 n 很大时，通常只关心 $f(n)$随着 n 的无限增大是如何变化的，即算法的渐近效率。渐近效率通常使用以下几种记号。

1. O 记号

O 记号给出的是 $f(n)$的渐近上界。如果存在常数 C 和 N，当 $n>N$ 时，$f(n)\leqslant Cg(n)$，则记 $f(n)=O(g(n))$。所以 O 记号给出的是 $f(n)$在一个常数因子内的上界。

例如，$f(n)=8n+10$，则当 $n>N=10$ 时，$f(n)\leqslant 9n$，所以 $f(n)=O(n)$。

一般，若 $f(n)=a_0+a_1n+\cdots+a_kn^k$，则 $f(n)=O(n^k)$。

若算法的时间复杂度为 $T=O(n^k)$，则称该算法是多项式时间的；若 $T=O(k^{f(n)})$，其中 k 是常数，$f(n)$是多项式，则称该算法是指数时间的。

2. Ω 记号

Ω 记号给出的是 $f(n)$的渐近下界。如果存在常数 C 和 N，当 $n>N$ 时，$0\leqslant Cg(n)\leqslant f(n)$，则记 $f(n)=\Omega(g(n))$。所以 Ω 记号给出的是 $f(n)$在一个常数因子内的下界。

3. o 记号

O 记号给出的渐近上界可能是渐近紧确的，也可能不是。例如，$2n^2=O(n^2)$是渐近紧确的，但 $2n=O(n^2)$不是。o 记号给出的是 $f(n)$的非渐近紧确的上界。如果对任意常数 C，存在常数 N，当 $n>N$ 时，$0\leqslant f(n)\leqslant Cg(n)$，则记 $f(n)=o(g(n))$。

例如，$2n=o(n^2)$，$2n^2\neq o(n^2)$。

直观上看，在 o 表示中，当 n 趋于无穷时，$f(n)$相对于 $g(n)$来说就不重要了，即 $\lim\limits_{n\to\infty}\dfrac{f(n)}{g(n)}=0$。

4. ω 记号

ω 记号与 Ω 记号的关系就好像 o 记号与 O 记号的关系一样，它给出的是 $f(n)$的非渐近紧确的下界。如果对任意常数 C,存在常数 N,当 $n>N$ 时,$0\leqslant Cg(n)\leqslant f(n)$,则记 $f(n)=\omega(g(n))$。

例如,$\frac{n^2}{2}=\omega(n)$,$\frac{n^2}{2}\neq\omega(n^2)$。

直观上看,在 ω 表示中,当 n 趋于无穷时,$f(n)$ 相对于 $g(n)$ 来说变得任意大了,即 $\lim_{n\to\infty}\frac{f(n)}{g(n)}=\infty$。

定义 1-8 字母表 $\mathbf{\Sigma}$ 是一个有限的符号集合,$\mathbf{\Sigma}$ 上的语言 L 是 $\mathbf{\Sigma}$ 上的符号构成的符号串的集合。

一个图灵机 M 接受一个语言 L 表示为 $x\in L\Leftrightarrow M(x)=1$,这里简单地用 1 表示接受。

有两种类型的计算性问题是比较重要的。第一种是可以在多项式时间内判定的语言集合,表示为 **P**。正式地说,对输入 x,当且仅当存在图灵机在最多 $p(|x|)$(p 为某个多项式,x 是图灵机的输入串,$|x|$ 表示 x 的长度)步内判断是否 $x\in L$,就说语言 L 在 **P** 中。第二种是 NP 语言,NP 问题是指可在多项式时间内证明它的一个解的问题,即对语言中的元素存在多项式时间的图灵机可证明该元素是否属于该语言。正式地说,如果存在一个多项式图灵机 M 使得

$$x\in L \text{ 当且仅当存在一个串 } w_x \text{ 使得 } M(x,w_x)=1$$

就说语言 L 在 **NP** 中。w_x 称为 x 的证据,用于证明 $x\in L$。

可在多项式时间内证明就一定可在多项式时间内判断。但反过来不成立,因为证明比判断更为困难。用 **P** 表示所有 P 问题的集合,**NP** 表示所有 NP 问题的集合,则有 **P**$\subset$**NP**。在 NP 问题中,有一部分可以证明比其他问题困难,这一部分问题称为 NPC 问题。也就是说,NPC 问题是 NP 问题中最难的问题。

定义 1-9 一个函数 $\varepsilon:\mathrm{R}\to[0,1]$是可忽略的当且仅当对于 $\forall c>0$,存在一个 $N_c>0$,使得对于 $\forall N>N_c$,有 $\varepsilon(N)<1/N^c$。

直观地看,$\varepsilon(\cdot)$是可忽略的当且仅当它的增长速度比任何多项式的逆更慢。一个常见的例子是逆指数 $\varepsilon(k)=2^{-k}$。对于任意的 c,$2^{-k}=O(1/k^c)$。

如果一个机器的运行步数是安全参数的多项式函数,则称它是概率多项式时间的,简记为 PPT。

定义 1-10 设$\mathcal{X}=\{X_k\}$和$\mathcal{Y}=\{Y_k\}$是两个分布总体,其中 X_k 和 Y_k 是同一空间上的分布(对于所有的 k)。如果对于所有 PPT 敌手$\mathcal{A}$,下式是可忽略的:

$$|\Pr[x\leftarrow_R X_k;\mathcal{A}(x)=1]-\Pr[y\leftarrow_R Y_k;\mathcal{A}(y)=1]|$$

则称$\mathcal{X}$和$\mathcal{Y}$是计算上不可区分的(记为$\mathcal{X}\overset{c}{\equiv}\mathcal{Y}$)。

一些符号的使用说明:如果 S 是集合,则 $x\leftarrow_R S$ 表示从 S 中均匀随机地选取元素 x。如果 $A(\cdot)$是随机化算法,则 $x\leftarrow A(\cdot)$表示运行 $A(\cdot)$(输入是均匀随机的)得到输出 x。$x=f(\cdot)$表示将 $f(\cdot)$的值赋给 x。概率表达式中$\mathcal{A}(x)=1$ 表示判断$\mathcal{A}(x)$是否为 1。

断言 1-1 如果$\mathcal{X}\overset{c}{\equiv}\mathcal{Y}$,$\mathcal{Y}\overset{c}{\equiv}\mathcal{Z}$,则$\mathcal{X}\overset{c}{\equiv}\mathcal{Z}$。

证明 基于三角不等式(即对于任意的实数 a、b、c 都有 $|a-c|\leqslant|a-b|+|b-c|$)和两个可忽略函数之和仍然是可忽略的事实可证。

(断言 1-1 证毕)

可以将断言 1-1 扩展如下。

断言 1-2(计算上不可区分的传递性) 给定多项式个分布 $\mathcal{X}_1,\mathcal{X}_2,\cdots,\mathcal{X}_{\ell(k)}$,如果 $\mathcal{X}_i\overset{c}{\equiv}\mathcal{X}_{i+1}(i=1,2,\cdots,\ell(k)-1)$,则 $\mathcal{X}_1\overset{c}{\equiv}\mathcal{X}_{\ell(k)}$。

证明 再次基于三角不等式以及多项式个可忽略函数之和仍然是可忽略的事实可证。

(断言 1-2 证毕)

但是,如果分布的个数是超多项式的,则该断言不成立。

设 $\mathcal{X}=\{X_k\}$ 和 $\mathcal{Y}=\{Y_k\}$ 是两个分布总体,定义 $(X_k,Y_k)=\{(x,y):x\leftarrow_R X_k;y\leftarrow_R Y_k\}$ 及 $(\mathcal{X},\mathcal{Y})$ 为分布总体 $\{(X_k,Y_k)\}$。

断言 1-3(计算上不可区分的混合论证) 设 $\mathcal{X}^1$、$\mathcal{X}^2$、$\mathcal{Y}^1$、$\mathcal{Y}^2$ 是有效可采样的①分布,满足 $\mathcal{X}^1\overset{c}{\equiv}\mathcal{Y}^1$,$\mathcal{X}^2\overset{c}{\equiv}\mathcal{Y}^2$,则 $(\mathcal{X}^1,\mathcal{X}^2)\overset{c}{\equiv}(\mathcal{Y}^1,\mathcal{Y}^2)$。

证明 设 $\mathcal{A}$ 是一个区分 $(\mathcal{X}^1,\mathcal{X}^2)$ 和 $(\mathcal{Y}^1,\mathcal{Y}^2)$ 的任意 PPT 敌手,构造一个区分 $\mathcal{X}^1$ 和 $\mathcal{Y}^1$ 的 PPT 敌手 $\mathcal{A}_1$ 如下:

$\underline{\mathcal{A}_1(z)}$:

$x\leftarrow_R X_k^2$;

输出 $\mathcal{A}(z,x)$.

显然,$\mathcal{A}_1$ 也是 PPT 的。因为 $\mathcal{X}^1\overset{c}{\equiv}\mathcal{Y}^1$,所以存在一个可忽略的量 ε_1,使得

$$
\begin{aligned}
&|\Pr[z\leftarrow_R X_k^1:\mathcal{A}_1(z)=1]-\Pr[z\leftarrow_R Y_k^1:\mathcal{A}_1(z)=1]|\\
&=|\Pr[z\leftarrow_R X_k^1;x\leftarrow_R X_k^2:\mathcal{A}(z,x)=1]-\Pr[z\leftarrow_R Y_k^1;x\leftarrow_R X_k^2:\mathcal{A}(z,x)=1]|\\
&=|\Pr[x_1\leftarrow_R X_k^1;x_2\leftarrow_R X_k^2:\mathcal{A}(x_1,x_2)=1]-\Pr[y_1\leftarrow_R Y_k^1;x_2\leftarrow_R X_k^2:\mathcal{A}(y_1,x_2)=1]|\\
&\leqslant\varepsilon_1
\end{aligned}
$$

最后一个等号后面只是将变量重新命名了。

类似地,可以构造一个区分 $\mathcal{X}^2$ 和 $\mathcal{Y}^2$ 的 PPT 敌手 $\mathcal{A}_2$ 如下:

$\underline{\mathcal{A}_2(z)}$:

$y\leftarrow_R Y_k^1$;

输出 $\mathcal{A}(y,z)$.

由于 $\mathcal{X}^2\overset{c}{\equiv}\mathcal{Y}^2$,因此存在另一个可忽略的量 ε_2,使得

$$
\begin{aligned}
&|\Pr[z\leftarrow_R X_k^2:\mathcal{A}_2(z)=1]-\Pr[z\leftarrow_R Y_k^2:\mathcal{A}_2(z)=1]|\\
&=|\Pr[y\leftarrow_R Y_k^1;z\leftarrow_R X_k^2:\mathcal{A}(y,z)=1]-\Pr[y\leftarrow_R Y_k^1;z\leftarrow_R Y_k^2:\mathcal{A}(y,z)=1]|\\
&=|\Pr[y_1\leftarrow_R Y_k^1;x_2\leftarrow_R X_k^2:\mathcal{A}(y_1,x_2)=1]-\Pr[y_1\leftarrow_R Y_k^1;y_2\leftarrow_R Y_k^2:\mathcal{A}(y_1,y_2)=1]|\\
&\leqslant\varepsilon_2
\end{aligned}
$$

① 一个分布簇 $\mathcal{X}=\{X_k\}$ 如果能按照分布 X_k 在多项式时间之内生成一个元素,就称是有效可采样的。

我们关心的是$\mathcal{A}$怎样区分$(\mathcal{X}^1,\mathcal{X}^2)$和$(\mathcal{Y}^1,\mathcal{Y}^2)$,考虑以下概率差:

$$
\begin{aligned}
&|\Pr[x_1\leftarrow_R X_k^1;x_2\leftarrow_R X_k^2:\mathcal{A}(x_1,x_2)=1]-\Pr[y_1\leftarrow_R Y_k^1;y_2\leftarrow_R Y_k^2:\mathcal{A}(y_1,y_2)=1]|\\
&=|\Pr[x_1\leftarrow_R X_k^1;x_2\leftarrow_R X_k^2:\mathcal{A}(x_1,x_2)=1]-\Pr[y_1\leftarrow_R Y_k^1;x_2\leftarrow_R X_k^2:\mathcal{A}(y_1,x_2)=1]\\
&\quad+\Pr[y_1\leftarrow_R Y_k^1;x_2\leftarrow_R X_k^2:\mathcal{A}(y_1,x_2)=1]-\Pr[y_1\leftarrow_R Y_k^1;y_2\leftarrow_R Y_k^2:\mathcal{A}(y_1,y_2)=1]|\\
&\leqslant|\Pr[x_1\leftarrow_R X_k^1;x_2\leftarrow_R X_k^2:\mathcal{A}(x_1,x_2)=1]-\Pr[y_1\leftarrow_R Y_k^1;x_2\leftarrow_R X_k^2:\mathcal{A}(y_1,x_2)=1]|\\
&\quad+|\Pr[y_1\leftarrow_R Y_k^1;x_2\leftarrow_R X_k^2:\mathcal{A}(y_1,x_2)=1]-\Pr[y_1\leftarrow_R Y_k^1;y_2\leftarrow_R Y_k^2:\mathcal{A}(y_1,y_2)=1]|\\
&\leqslant\varepsilon_1+\varepsilon_2
\end{aligned}
$$

由$\varepsilon_1+\varepsilon_2$是可忽略的,结论得证。这里再次应用了三角不等式。

(断言1-3证毕)

断言1-3之所以称为“混合论证”,是因为在证明构造过程中引入了“混合”分布$(\mathcal{Y}^1,\mathcal{X}^2)$,使得$(\mathcal{X}^1,\mathcal{X}^2)\overset{c}{\equiv}(\mathcal{Y}^1,\mathcal{X}^2)$和$(\mathcal{Y}^1,\mathcal{X}^2)\overset{c}{\equiv}(\mathcal{Y}^1,\mathcal{Y}^2)$。

已知$\mathcal{X}$,定义$\mathcal{X}^\ell=\{X_k^\ell\}$,其中

$$X_k^\ell\overset{\text{def}}{=}(\overbrace{X_k,X_k,\cdots,X_k}^{\ell(k)\text{次}})$$

$\ell(k)$是一个多项式。如果$\mathcal{X}\overset{c}{\equiv}\mathcal{Y}$,则由断言1-3可得$\mathcal{X}^\ell\overset{c}{\equiv}\mathcal{Y}^\ell$。

1.3 陷门置换

1.3.1 陷门置换的定义

下面给出陷门置换的两种定义。第一种是正式定义,通常在实际中使用。第二种定义不太正式,但更简单且容易理解。一般来讲,使用第二种定义的安全性证明容易被修改为符合第一种定义的证明。

定义1-11 一个陷门置换族是一个PPT算法元组(Gen, Sample, Eval, Invert):

(1) $\text{Gen}(1^\kappa)$是一个概率性算法,输入为安全参数1^κ,输出为(i,td),其中i是定义域D_i上的一个置换f_i的标号,td是允许求f_i逆的陷门信息。

(2) $\text{Sample}(1^\kappa,i)$是一个概率性算法,输入$i$由Gen产生,输出为$x\leftarrow_R D_i$。

(3) $\text{Eval}(1^\kappa,i,x)$是一个确定性算法,输入$i$由Gen产生,$x\leftarrow_R D_i$由$\text{Sample}(1^\kappa,i)$产生,输出为$y\in D_i$。即$\text{Eval}(1^\kappa,i,\cdot):D_i\to D_i$是$D_i$上的一个置换。

(4) $\text{Invert}(1^\kappa,(i,\text{td}),y)$是一个确定性算法,输入$(i,\text{td})$由Gen产生,$y\in D_i$,输出为$x\in D_i$。

陷门置换族的正确性要求:对所有的κ,$(i,\text{td})\leftarrow\text{Gen}(1^\kappa)$以及$x\leftarrow\text{Sample}(1^\kappa,i)$,$\text{Invert}(1^\kappa,(i,\text{td}),\text{Eval}(1^\kappa,i,x))=x$。

$\text{Invert}(1^\kappa,(i,\text{td}),\cdot)$其实就是置换$f_i$的逆置换$f_i^{-1}$。虽然$f_i^{-1}$总是存在的,但不一定是可有效计算的。定义1-11说,已知陷门信息td,逆置换f_i^{-1}是可有效计算的。

定义中的1^κ表示安全参数,通常安全参数越大,得到的方案越安全。下面为了表示简便,直接用κ表示安全参数。

RSA 加密算法是一个典型的陷门置换。

(1) Gen(κ)：选取两个随机的 κ 比特素数 p 和 q，求乘积 $N=pq$。计算 $\varphi(N)=(p-1)(q-1)$，选取与 $\varphi(N)$ 互素的 e，计算 d 使得 $ed=1 \bmod \varphi(N)$。输出 $((N,e),(N,d))$（上面定义中的 i 对应于 (N,e)，td 对应于 (N,d)）。域 $D_{N,e}$ 就是 $\mathbb{Z}_N^*$。（从这里可以看到安全参数 κ 的作用：它确定素数 p 和 q 的长度，直接影响分解模数 N 的困难性。）

(2) Sample(κ,(N,e))：从 $\mathbb{Z}_N^*$ 中选取一个均匀随机的元素。

(3) Eval(κ,(N,e),x)：其中 $x\in\mathbb{Z}_N^*$，输出 $y=x^e \bmod N$。

(4) Invert(κ,(N,d),y)：其中 $y\in\mathbb{Z}_N^*$ 输出 $x=y^d \bmod N$。

这里 Invert 实际上是 Eval 的逆运算。因此，RSA 是一个陷门置换簇。

1.3.2　单向陷门置换

在定义 1-11 中，没有考虑任何“困难性”或“安全性”的概念。但密码学中的陷门置换是指单向陷门置换，即当陷门信息 td 未知时，一个随机陷门置换的求逆是困难的。单向陷门置换的定义如下。

定义 1-12　一个陷门置换族(Gen, Sample, Eval, Invert)是单向的，如果对于任意的 PPT 敌手$\mathcal{A}$，存在一个可忽略的函数 $\varepsilon(\kappa)$，使得$\mathcal{A}$在下面的游戏中的优势 $\mathrm{Adv}_{\text{T-Perm},\mathcal{A}}(\kappa)\leqslant\varepsilon(\kappa)$：

$\underline{\mathrm{Exp}_{\text{T-Perm},\mathcal{A}}(\kappa)}$：

$(i,\mathrm{td})\leftarrow\mathrm{Gen}(\kappa)$；

$y\leftarrow\mathrm{Sample}(\kappa,i)$；

$x\leftarrow\mathcal{A}(\kappa,i,y)$；

如果 Eval(κ,i,x)$=y$，则返回 1；否则返回 0.

敌手的优势定义为

$$\mathrm{Adv}_{\text{T-Perm},\mathcal{A}}(\kappa)=\Pr[\mathrm{Exp}_{\text{T-Perm},\mathcal{A}}(\kappa)=1]$$

从现在起，本书所提及的陷门置换均指单向陷门置换族。

1.3.3　陷门置换的简化定义

定义 1-12 有些烦琐，本节引入一个简化定义。该定义不在实际中使用，通常在安全性证明中使用。该定义中假定：$D_i=\{0,1\}^\kappa$（长度为 κ 的比特串集合）；置换直接用 f 表示，而不再用 (i,td) 表示；逆置换直接用 f^{-1} 表示。

定义 1-13　一个陷门置换族是一个 PPT 算法元组 (Gen,Eval,Invert)：

(1) Gen(κ)：输入为安全参数 κ，输出 (f,f^{-1})，其中 f 是一个 $\{0,1\}^\kappa$ 上的置换。

(2) Eval(κ,f,x)：是一个确定性算法，其中 f 由 Gen(κ)产生，$x\in\{0,1\}^\kappa$，输出 $y\in\{0,1\}^\kappa$。通常简记为 $f(x)$。

(3) Invert(κ,f^{-1},y)：是一个确定性算法，其中 f^{-1} 由 Gen(κ)产生，$y\in\{0,1\}^\kappa$，输出 $x\in\{0,1\}^\kappa$。通常简记为 $f^{-1}(y)$。

(4) 正确性：对于任意 κ、Gen 的任一输出 (f,f^{-1}) 以及任一 $x\in\{0,1\}^\kappa$，都有 $f^{-1}(f(x))=x$。

(5) 单向性：对于任意的PPT敌手$\mathcal{A}$,存在一个可忽略的函数$\varepsilon(\kappa)$,使得$\mathcal{A}$在下面的游戏中的优势$\mathrm{Adv}_{\mathrm{T\text{-}Perm},\mathcal{A}}(\kappa)\leqslant\varepsilon(\kappa)$：

$\underline{\mathrm{Exp}_{\mathrm{T\text{-}Perm},\mathcal{A}}(\kappa)}$：

$(f,f^{-1})\leftarrow\mathrm{Gen}(\kappa)$;

$y\leftarrow\{0,1\}^{\kappa}$;

$x\leftarrow\mathcal{A}(\kappa,f,y)$;

如果$f(x)=y$,则返回1;否则返回0.

$\mathrm{Adv}_{\mathrm{T\text{-}Perm},\mathcal{A}}(\kappa)$的定义与1.3.2节相同。

1.4 零知识证明

1.4.1 交互证明系统

交互证明系统由两方参与,分别称为证明者(Prover,简记为$\mathcal{P}$)和验证者(Verifier,简记为$\mathcal{V}$),其中$\mathcal{P}$知道某一秘密(如公钥密码体制的秘密钥或一个二次剩余x的平方根),$\mathcal{P}$希望使$\mathcal{V}$相信自己的确掌握这一秘密。交互证明由若干轮组成,在每一轮,$\mathcal{P}$和$\mathcal{V}$可能需根据从对方收到的消息和自己计算的某个结果决定向对方发送的消息。比较典型的方式是在每轮$\mathcal{V}$都向$\mathcal{P}$发出一个询问,$\mathcal{P}$向$\mathcal{V}$做出一个应答。所有轮执行完后,$\mathcal{V}$根据$\mathcal{P}$是否在每一轮对自己发出的询问都能正确应答决定是否接受$\mathcal{P}$的证明。

交互证明和数学证明的区别是：数学证明的证明者可自己独立地完成证明,相当于笔试;而交互证明是由$\mathcal{P}$一步一步地产生证明、$\mathcal{V}$一步一步地验证证明的有效性实现的,相当于口试,因此双方之间通过某种信道的通信是必需的。

交互证明系统需满足以下要求：

(1) 完备性。$\mathcal{P}$能够让$\mathcal{V}$相信自己的确掌握一个秘密。

(2) 可靠性。$\mathcal{V}$能保护自己不接受$\mathcal{P}$的假证明。

下面两个例子分别是非交互证明系统和交互证明系统,用来考虑图之间的同构关系。两个图G_1和G_2是同构的是指：从G_1的顶点集合到G_2的顶点集合之间存在一个一一映射π,当且仅当x、y是G_1上的相邻点,$\pi(x)$和$\pi(y)$是G_2上的相邻点,表示为$G_1\cong G_2$。同构关系表示为$\mathrm{ISO}=\{(G_1,G_2):G_1\cong G_2\}$,非同构关系表示为$\mathrm{NISO}=\{(G_1,G_2):G_1\ncong G_2\}$。

【例1-24】 证明者$\mathcal{P}$有两个同构的图G、H,向验证者证明$G\cong H$,即从G的顶点集到H的顶点集存在一个一一映射,$\mathcal{P}$只须向$\mathcal{V}$出示这个映射。例如,图1-1是两个同构的图,G的顶点集到H的顶点集的映射为

$$\pi=\{(1,5),(2,2),(3,1),(4,4),(5,3)\}$$

【例1-25】 $\mathcal{P}$有两个图G_1、G_2,$(G_1,G_2)\in\mathrm{NISO}$,向验证者证明。

协议如下：

(1) $\mathcal{V}$随机选$\sigma\leftarrow_R\{1,2\}$,再随机选$G_\sigma$顶点上的一个置换$\pi$,得$C=\pi(G_\sigma)$。将$C$发送给$\mathcal{P}$。

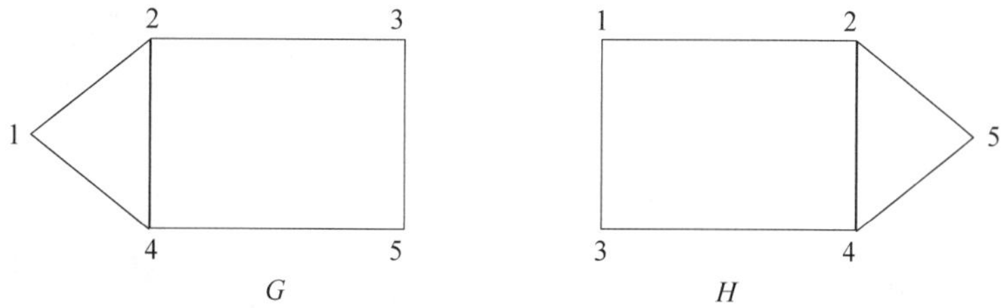

图 1-1　两个同构的图

(2) $\mathcal{P}$收到 C 后，找出 $\tau\in\{1,2\}$，使得 $G_\tau\cong C$，将 τ 发送给$\mathcal{V}$。

(3) $\mathcal{V}$判断 τ 和 σ 是否相等，若相等，$\mathcal{V}$接受$\mathcal{P}$的证明。

如果 $G_1\ncong G_2$，则$\mathcal{P}$总能正确地区分 $\pi(G_1)$ 和 $\pi(G_2)$，因此能正确地执行步骤(2)；如果 $G_1\cong G_2$，则$\mathcal{P}$不能区分 $\pi(G_1)$ 和 $\pi(G_2)$，因此只能随机猜测 τ，能正确执行步骤(2)的概率为 $\frac{1}{2}$。

1.4.2　交互证明系统的定义

定义 1-14　如果$(\mathcal{P},\mathcal{V})$(或记为 $\Sigma=(\mathcal{P},\mathcal{V})$)满足以下条件：

(1) 完备性。$\forall x\in L$，$\Pr[(\mathcal{P},\mathcal{V})[x]=1]\geqslant 1-\varepsilon(\kappa)$。

(2) 可靠性。$\forall x\notin L$，$\forall \mathcal{P}^*$，$\Pr[(\mathcal{P}^*,\mathcal{V})[x]=1]\leqslant\varepsilon(\kappa)$。

则称它是关于语言 L、安全参数 κ 的交互式证明系统。

其中，$(\mathcal{P},V)[x]$表示当系统的输入是 x 时系统的输出，输出为 1 表示$\mathcal{V}$接受$\mathcal{P}$的证明，$\varepsilon(\kappa)$是可忽略的。

在假设检验中(设 H_0 为假设)有两类错误：第一类错误(也称为弃真)是 H_0 为真而拒绝 H_0，其概率(也称为弃真率)记为 $\Pr[$拒绝 $H_0\mid H_0$ 为真$]$；第二类错误(也称为取伪)是 H_0 不真而接受 H_0，其概率(也称为取伪率)记为 $\Pr[$接受 $H_0\mid H_0$ 不真$]$。在交互式证明系统中，完备性意味着弃真率不超过 $\varepsilon(\kappa)$，而可靠性则意味着取伪率不超过 $\varepsilon(\kappa)$。

在例 1-24 中，H_0 为事件$(G,H)\in \mathrm{ISO}$，则弃真率为 $\Pr[$拒绝 $H_0\mid H_0$ 为真$]=0$，取伪率为 $\Pr[$接受 $H_0\mid H_0$ 不真$]=0$，完备性和可靠性都满足。在例 1-25 中，H_0 为事件$(G_1,G_2)\in \mathrm{NISO}$，则弃真率为 $\Pr[$拒绝 $H_0\mid H_0$ 为真$]=0$，取伪率为 $\Pr[$接受 $H_0\mid H_0$ 不真$]\leqslant\frac{1}{2}$。为了减小取伪率，可将协议重复执行多次，设为 k 次，则取伪率不超过$\left(\frac{1}{2}\right)^k$。

1.4.3　交互证明系统的零知识性

零知识证明起源于最小泄露证明。在交互证明系统中，设$\mathcal{P}$知道某一秘密，并向$\mathcal{V}$证明自己掌握这一秘密，但又不向$\mathcal{V}$泄露这一秘密，这就是最小泄露证明。进一步，如果$\mathcal{V}$除了知道$\mathcal{P}$能证明某一事实外不能得到其他任何信息，则称$\mathcal{P}$实现了零知识证明，相应的协议称为零知识证明协议。

【例 1-26】　图 1-2 表示一个简单的迷宫，C 与 D 之间有一道门，需要知道秘密口令才能将其打开。$\mathcal{P}$向$\mathcal{V}$证明自己能打开这道门，但又不愿向$\mathcal{V}$泄露秘密口令。可采用如下

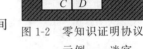

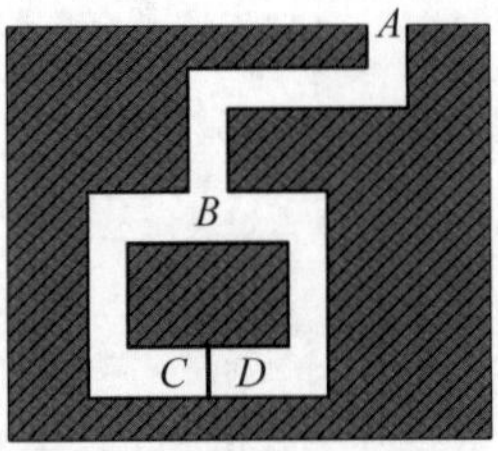

图 1-2　零知识证明协议示例——迷宫

协议：

(1) $\mathcal{V}$在协议开始时停留在位置 A。

(2) $\mathcal{P}$一直走到迷宫深处，随机选择位置 C 或位置 D。

(3) $\mathcal{P}$消失后，$\mathcal{V}$走到位置 B，然后命令$\mathcal{P}$从某个出口返回位置 B。

(4) $\mathcal{P}$服从$\mathcal{V}$的命令，必要时利用秘密口令打开 C 与 D 之间的门。

(5) $\mathcal{P}$和$\mathcal{V}$重复以上过程 n 次。

在该协议中，如果$\mathcal{P}$不知道秘密口令，就只能从来路返回 B，而不能走另一条路。此外，$\mathcal{P}$每次猜对$\mathcal{V}$要求走哪一条路的概率是 1/2，因此每一轮中$\mathcal{P}$能够欺骗$\mathcal{V}$的概率是 1/2。假定 n 取 16，则执行 16 轮后，$\mathcal{P}$成功欺骗$\mathcal{V}$的概率是 $1/2^{16}=1/65\,536$。于是，如果 16 次$\mathcal{P}$都能按$\mathcal{V}$的要求返回，$\mathcal{V}$即能证明$\mathcal{P}$确实知道秘密口令。还可以看出，$\mathcal{V}$无法从上述证明过程中获取丝毫关于$\mathcal{P}$的秘密口令的信息，所以这是一个零知识证明协议。

如何刻画交互式证明系统的零知识性？设交互式证明系统 $\Sigma=(\mathcal{P},\mathcal{V})$用于证明 $x\in L$。如果$\mathcal{V}$通过和$\mathcal{P}$交互得到的所有信息都能仅通过 x 计算得到，这就说明$\mathcal{V}$通过交互没有得到多余的信息。下面给出它的数学描述。

设 $\mathrm{VIEW}_{\mathcal{P},\mathcal{V}^*}(x)$是$\mathcal{V}^*$ 通过和$\mathcal{P}$交互(输入 x)后得到的所有信息，包括从$\mathcal{P}$得到的消息和$\mathcal{V}^*$ 自己在协议执行期间选用的随机数，称为$\mathcal{V}^*$ 的视图。如果 $\mathrm{VIEW}_{\mathcal{P},\mathcal{V}^*}(x)$能在仅知道 x 的情况下，不通过交互而被模拟产生，则说明$\mathcal{V}^*$ 通过交互没有得到多余信息。

用$\{\mathrm{VIEW}_{\mathcal{P},\mathcal{V}^*}(x)\}_{x\in L}$表示 $x\in L$ 时 $\mathrm{VIEW}_{\mathcal{P},\mathcal{V}^*}(x)$的概率分布。

定义 1-15　设 $\Sigma=(\mathcal{P},\mathcal{V})$是交互证明系统，若对任一 PPT 的$\mathcal{V}^*$，存在 PPT 的机器 S，使得对 $\forall x\in L$，$\{\mathrm{VIEW}_{\mathcal{P},\mathcal{V}^*}(x)\}_{x\in L}$ 和 $\{S(x)\}_{x\in L}$ 服从相同的概率分布，则称 $\{\mathrm{VIEW}_{\mathcal{P},\mathcal{V}^*}(x)\}_{x\in L}$ 和 $\{S(x)\}_{x\in L}$ 是统计上不可区分的，记为 $\{\mathrm{VIEW}_{\mathcal{P},\mathcal{V}^*}(x)\}_{x\in L}\equiv\{S(x)\}_{x\in L}$，称 Σ 是完备零知识的。如果$\{\mathrm{VIEW}_{\mathcal{P},\mathcal{V}^*}(x)\}_{x\in L}\stackrel{c}{\equiv}\{S(x)\}_{x\in L}$，则称 Σ 是计算上零知识的。其中，机器 S 称为模拟器，$S(x)$表示输入为 x 时 S 的输出，$\{S(x)\}_{x\in L}$ 表示 S 输出的概率分布。

图 1-3 是交互式证明系统的零知识性描述，其中，r_2 表示$\mathcal{V}^*$ 在协议执行期间选用的随机数，$m_2^1,m_2^2,\cdots,m_2^t$ 表示$\mathcal{V}^*$ 从$\mathcal{P}$得到的消息。

【例 1-27】　设$(G,H)\in\mathrm{ISO}$，$\mathcal{P}$已知 G、H 之间的一个一一映射 ϕ，满足 $\phi(G)=H$，$\mathcal{P}$向$\mathcal{V}$证明这一事实。协议如下(过程如图 1-4(a)所示)：

(1) $\mathcal{P}$取一个随机置换 π，计算 $C=\pi(G)$，将 C 发送给$\mathcal{V}$。

(2) $\mathcal{V}$随机取 $F\leftarrow_R\{G,H\}$，将 F 发送给$\mathcal{P}$。

(3) 如果 $F=G$，$\mathcal{P}$取置换 $\alpha=\pi$；如果 $F=H$，$\mathcal{P}$取置换 $\alpha=\pi\circ\phi^{-1}$。然后$\mathcal{P}$将 α 发送给$\mathcal{V}$($\pi_1\circ\pi_2$ 是置换 π_1 和 π_2 的复合，定义为 $\pi_1\circ\pi_2(x)=\pi_1(\pi_2(x))$)。

(4) $\mathcal{V}$验证 $\alpha(F)=C$ 是否成立。若成立，则接受证明；否则，拒绝证明。

显然，$\mathcal{P}$和$\mathcal{V}$都可在多项式时间内完成，即都是 PPT 的。

首先看完备性：

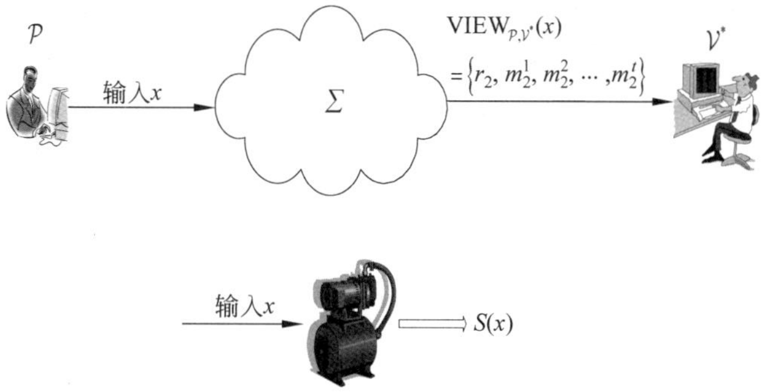

图 1-3　交互式证明系统的零知识性描述

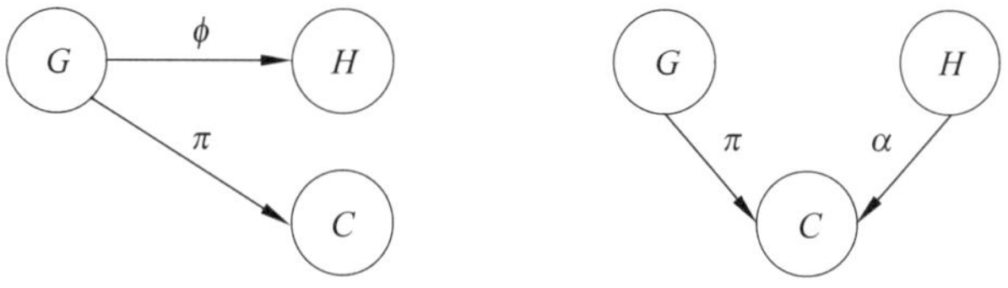

（a）证明 ISO　　（b）证明 NISO

图 1-4　ISO 和 NISO 的证明过程

（1）如果 $F=G$，则 $\alpha=\pi$，$\alpha(F)=\alpha(G)=\pi(G)=C$，即 $\alpha(F)=C$ 成立。

（2）如果 $F=H$，则 $\alpha=\pi\circ\phi^{-1}$，$\alpha(F)=\pi\circ\phi^{-1}(H)$。如果 $\phi(G)=H$（即 $(G,H)\in$ ISO），则 $\alpha(F)=\pi\circ\phi^{-1}(\phi(G))=\pi(G)=C$，即 $\alpha(F)=C$ 也成立。

所以，当 $\alpha(F)=C$ 时，$\mathcal{V}$接受$\mathcal{P}$的证明。

其次看可靠性。如果 G、H 不同构，则

（1）当 $F=G$ 时，$\alpha(F)=\pi(F)=\pi(G)=C$。

（2）当 $F=H$ 时，$\alpha(F)=C$ 不成立，否则由 $\alpha(F)=C$ 得 $\alpha(H)=\pi(G)$，$H=\alpha^{-1}\circ\pi(G)$，即存在 G 到 H 之间的置换 $\alpha^{-1}\circ\pi$，过程如图 1-4(b)所示，与 G、H 不同构矛盾。

因此，$\mathcal{V}$将以 1/2 的概率接受一个错误的证明（上述(1)时）。如果协议重复执行 k 次，则取伪率将减少到$(1/2)^k$。

最后看零知识性。在上述协议中，当输入为 x（定义为 $(G,H)\in$ ISO 时），任一$\mathcal{V}^*$ 的视图为 $\text{VIEW}_{\mathcal{P},\mathcal{V}^*}(x)=\{G,H,C,\alpha\}$。下面构造模拟器 S，为了模拟 $\text{VIEW}_{\mathcal{P},\mathcal{V}^*}(x)$，$S$ 扮演$\mathcal{P}$的角色和$\mathcal{V}^*$ 交互，过程如下：

（1）S 取一个随机置换 β，计算 $D=\beta(G)$，将 D 发送给$\mathcal{V}^*$。

（2）S 如果从$\mathcal{V}^*$ 收到 G，则输出 $S(x)=\{G,H,D,\beta\}$ 并结束；如果从$\mathcal{V}^*$ 收到 H，因为它不知道 ϕ，不能像$\mathcal{P}$构造 $\alpha=\pi\circ\phi^{-1}$ 一样构造 β，所以中断，重新从步骤(1)开始。

显然，S 每执行一轮（从(1)到(2)）是多项式时间，以 1/2 的概率产生输出。S 结束模拟的轮数期望值是 2，所以 S 是 PPT 的。

若 G 有 n 个顶点，则其上的置换有 $n!$个。因为 α、β 都是随机选取的，概率分布都是 $1/n!$，而 C、D 都与 G 同构，概率分布也都是 $1/n!$，所以对每一输入 x（$(G,H)\in$ ISO），$\{\text{VIEW}_{\mathcal{P},\mathcal{V}^*}(x)\}_{x\in L}$ 与 $\{S(x)\}_{x\in L}$ 是同分布的，以上协议是完备零知识的。

以上模拟器的构造是一种假想的实验，称为思维实验（thought experiment）。思维实

验是用来考察某种假设、理论或原理的结果而假设的一种实验,这种实验可能在现实中无法做到,也可能在现实中没有必要去做。思维实验和科学实验一样,都是从现实系统出发,建立系统的模型,然后通过模型模拟现实系统。两者的过程对比如图1-5所示。

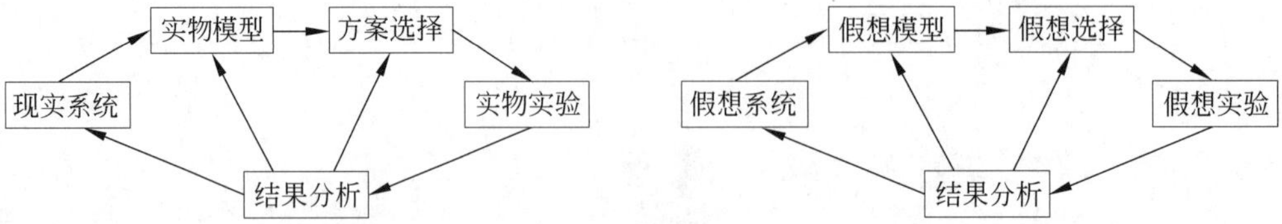

图1-5 科学实验与思维实验的过程对比

两者的区别主要有两方面:首先,所用模型不同,在科学实验中建立的是实物模型,而在思维实验中建立的是假想模型;其次,实验手段不同,科学实验通常借助于仪器、设备等具体的物质手段。而思维实验是在思维中实现的。

例如,为了证明空间弯曲,爱因斯坦曾进行了有名的升降机实验。在实验中,他假设升降机处于加速运动,于是垂直于加速度方向的一束光的轨迹在升降机内将是一条抛物线。所以,如果把加速度与引力等效原理推广到电磁现象中,那么光线在引力场中必定是弯曲的。

思维实验的另一个著名例子是"薛定谔的猫"实验。薛定谔(E. Schrodinger)是奥地利著名物理学家、量子力学的创始人之一,曾获1933年诺贝尔物理学奖。他在研究原子核的衰变时,设想把一只猫放进一个不透明的盒子里,盒子中有一个原子核和一瓶毒气。如果原子核发生衰变,它将会发射出一个粒子,而发射出的这个粒子将会触发实验装置,打开毒气瓶,从而杀死这只猫,如图1-6所示。实验完成后根据猫的死活就可判断原子核是否发生了衰变,因此这个实验就把一个微观问题转化为一个宏观问题。然而这个实验仅仅是假想的,因为实验装置必须是真空的、无光的,否则因为空气中的粒子或光子的能量大于原子核粒子的能量,原子核粒子可能无法触发这个实验装置。

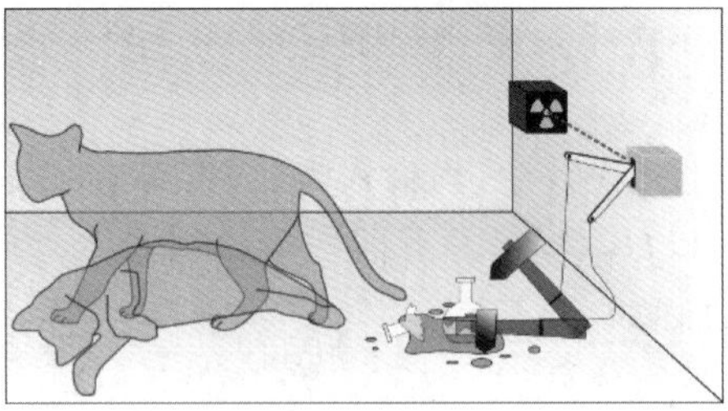

图1-6 "薛定谔的猫"实验

在这类实验中,实验者根本无法建立实物模型,只能借助于思维的能动性和逻辑规则建立假想模型。

思维实验在后面的可证明安全性理论中有广泛应用。

1.4.4 知识证明

知识证明指证明者$\mathcal{P}$向验证者$\mathcal{V}$证明自己掌握一个知识,但又不出示这个知识。例如,$\mathcal{P}$向$\mathcal{V}$证明自己掌握一个口令,但不向$\mathcal{V}$出示这个口令。又如,已知一个公开钥PK,$\mathcal{P}$

向$\mathcal{V}$证明自己知道与 PK 对应的秘密钥 SK。在知识的证明过程中,如果$\mathcal{P}$没有再泄露其他额外的信息,则称该知识证明是零知识的。

在例 1-27 证明$(G,H)\in \text{ISO}$的过程中,协议连续执行两次,但在两次执行中保持$\mathcal{P}$的置换 ϕ 不变,而$\mathcal{V}$在两次执行时分别选择 G 和 H。这样一来$\mathcal{V}$就得到两个置换 ϕ 和 $\phi\circ\pi^{-1}$,从而可得置换 $\pi=(\phi\circ\pi^{-1})^{-1}\circ\phi$,由此可证明$\mathcal{P}$的确知道 π。

在这种思维实验中引入一个新的概念,称为提取器,提取器和$\mathcal{P}$交互以提取$\mathcal{P}$所声称的值。如果提取器成功,则证明$\mathcal{P}$的确掌握自己所声称的知识。

知识证明可用诸如 $\text{PK}\{(\alpha):A=g^{\alpha}\}$的形式表示,其中,PK 表示 Proof of Knowledge,圆括号内的 α 表示秘密信息,花括号内的内容是要论证的内容。

【例 1-28】 Schnorr 协议。

设$\mathbb{G}$是阶为素数 q 的有限循环群,g 是生成元,q 是满足 $q\mid p-1$ 的素数,$x\in\mathbb{Z}_q$,$y\equiv g^x \pmod p)\in\mathbb{G}$是公开的。$\mathcal{P}$向$\mathcal{V}$证明它掌握 x,协议如下:

(1) $\mathcal{P}$随机选取 $r\leftarrow_R \mathbb{Z}_q^*$,计算 $t\equiv g^r \pmod p)\in\mathbb{G}$,将 t 发送给$\mathcal{V}$。

(2) $\mathcal{V}$随机选取 $c\leftarrow_R \mathbb{Z}_q$,将 c 发送给$\mathcal{P}$。

(3) $\mathcal{P}$计算 $s\equiv xc+r \pmod q$,将 s 发送给$\mathcal{V}$。

(4) $\mathcal{V}$检查 $g^s\equiv y^c t \pmod p$是否成立。若成立,则接受$\mathcal{P}$的证明;否则拒绝。

这种协议称为三步协议,也形象地称为 Σ 协议,因为它有以下 3 步。

第 1 步:承诺,$\mathcal{P}$通过 $t=g^r \pmod p$向$\mathcal{V}$做出对 r 的承诺。

第 2 步:询问,$\mathcal{V}$向$\mathcal{P}$发出询问 c。

第 3 步:应答,$\mathcal{P}$以 s 作为对询问 c 的应答。

协议的完备性和可靠性显然。

接下来看协议的零知识性。为了证明零知识性,如下构造模拟器 S:

(1) S 随机选取 $t\leftarrow_R \mathbb{G}$,将 t 发送给$\mathcal{V}$。

(2) S 从$\mathcal{V}$收到 c 后,随机选取 $s\leftarrow_R \mathbb{Z}_q$,丢弃上一步的 t,重新计算 $t=g^s/y^c \pmod p$。

(3) S 重新与$\mathcal{V}$交互,将新计算的 t 发送给$\mathcal{V}$。

(4) S 从$\mathcal{V}$收到 c,将上述 s 发送给$\mathcal{V}$。

这里假定$\mathcal{V}$是诚实的,在相同的运行环境下,它选择的随机数 c 是相同的。$\text{VIEW}_{\mathcal{P},\mathcal{V}^*}(x)=\{t,c,s\}$,其中,$t$、$c$、$s$ 分别在$\mathbb{G}$、$\mathbb{Z}_q$、$\mathbb{Z}_q$上均匀分布,且满足 $g^s=y^c t \pmod p$。

而 $S(x)$的输出,记为$\{t',c',s'\}$,也是均匀随机的。因此,以上协议是完备零知识的。

在第(2)步中,S 从$\mathcal{V}$收到 c 后,因其不知道 x,不能像原协议那样求出 s 后应答$\mathcal{V}$,所以 S 取随机的 s 做好了应答$\mathcal{V}$的准备。为了保证 s 的正确性,t 应取为 g^s/y^c,然后回到协议的第(1)步重新开始。这个过程称为重绕,是 Σ 协议的零知识性证明中常用的技术。

如果$\mathcal{V}$是不诚实的,它可根据收到的不同的 t 选择不同的询问 c,则在上述模拟过程中的第(4)步,S 发送给$\mathcal{V}$的 s 将不满足验证等式。因此,也称以上协议是诚实验证者的零知识证明。

如果 x 满足该协议,则对任何整数 k,$x+kq$ 也满足该协议。所以上述证明仅证明了 x 的存在性,并不能证明$\mathcal{P}$掌握 x。

为了证明$\mathcal{P}$的确掌握自己所声称的知识,引入一个新的思维实验,其中有一个"提取器”,用于和$\mathcal{P}$交互以提取$\mathcal{P}$所声称的值。如果提取成功,则证明$\mathcal{P}$的确掌握自己所声称的知识。这种证明称为知识证明。

为了提取 x,提取器和$\mathcal{P}$交互两次,两次$\mathcal{P}$选择的随机数 r 及由 r 得到的 t 保持不变,提取器的两次应答分别取为 $c,c'(c\neq c')$,因此提取器得到两个方程 $s\equiv xc+r \pmod q$,$s'\equiv xc'+r \pmod q$,进一步得到 $x\equiv\frac{s-s'}{c-c'} \pmod q$。

比较一下提取器和模拟器的构造。在模拟器的构造中,模拟器扮演$\mathcal{P}$的角色和$\mathcal{V}$交互;而在提取器的构造中,提取器扮演$\mathcal{V}$的角色和$\mathcal{P}$交互。

可见,知识证明是对零知识证明的加强,可用诸如 $\mathrm{PK}\{(\alpha): A=g^{\alpha}\}$ 的形式表示,其中,PK 表示 Proof of Knowledge,圆括号内的 α 表示秘密信息,花括号内的内容是要论证的内容。

以下3个例子都是诚实验证者的零知识证明,其中参数同例1-28。

【例 1-29】 $\mathrm{PK}\{(\alpha,\beta): A=g^{\alpha}h^{\beta}\}$。

已知循环群$\mathbb{G}=\langle g\rangle=\langle h\rangle$,$A=g^{x}h^{y}$,$\mathcal{P}$向$\mathcal{V}$证明自己知道 x、y,协议如下:

(1) $\mathcal{P}$随机选取 $r_1,r_2\leftarrow_R \mathbb{Z}_q$,计算 $t\equiv g^{r_1}h^{r_2} \pmod p$,将 t 发送给$\mathcal{V}$。

(2) $\mathcal{V}$随机选取 $c\leftarrow_R \mathbb{Z}_q$,将 c 发送给$\mathcal{P}$。

(3) $\mathcal{P}$计算 $s_1\equiv xc+r_1 \pmod q$,$s_2\equiv yc+r_2 \pmod q$,将(s_1,s_2)发送给$\mathcal{V}$。

(4) $\mathcal{V}$检查 $g^{s_1}h^{s_2}=A^{c}t \pmod p$ 是否成立。若成立,则接受$\mathcal{P}$的证明;否则拒绝。

提取器的构造类似于例1-28,略。

【例 1-30】 $\mathrm{PK}\{(\alpha): A=g^{\alpha}$ 且 $B=h^{\alpha}\}$。

已知循环群$\mathbb{G}=\langle g\rangle=\langle h\rangle$,$A=g^{x}$,$B=h^{x}$,$\mathcal{P}$向$\mathcal{V}$证明知道 x 且(g,h,A,B)形成 DDH 元组(即 A、B 有相同指数 x)。

协议如下:

(1) $\mathcal{P}$随机选取 $r\leftarrow_R \mathbb{Z}_q$,计算 $t_1\equiv g^{r} \pmod p$,$t_2\equiv h^{r} \pmod p$,将 t_1、t_2 发送给$\mathcal{V}$。

(2) $\mathcal{V}$随机选取 $c\leftarrow_R \mathbb{Z}_q$,将 c 发送给$\mathcal{P}$。

(3) $\mathcal{P}$计算 $s\equiv xc+r \pmod q$,将 s 发送给$\mathcal{V}$。

(4) $\mathcal{V}$检查 $g^{s}\equiv A^{c}t_1 \pmod p$ 和 $h^{s}\equiv B^{c}t_2 \pmod p$ 是否成立。若成立,则接受$\mathcal{P}$的证明;否则拒绝。

与前几个例子相似,本例协议证明了$\mathcal{P}$知道 x。是否也证明了(g,h,A,B)形成 DDH 元组?若 $A=g^{x}$,$B=h^{x'}$,$x\neq x'$,$\mathcal{P}$选择 $r_1,r_2\leftarrow_R \mathbb{Z}_q$,$r_1\neq r_2$(若 $r_1=r_2$,则由 $g^{s}=A^{c}t_1$ 和 $h^{s}=B^{c}t_2$ 得 $s\equiv xc+r_1 \pmod q$,$s\equiv x'c+r_2 \pmod q$,所以$x\equiv x' \pmod q$,矛盾),计算 $t_1\equiv g^{r_1} \pmod p$,$t_2\equiv h^{r_2} \pmod p$,协议其他部分保持不变。$g^{s}\equiv A^{c}t_1 \pmod p$ 和 $h^{s}=B^{c}t_2 \pmod p$ 成立,仅当 $xc+r_1\equiv x'c+r_2 \pmod q \Leftrightarrow c\equiv\frac{r_1-r_2}{x'-x} \pmod q$,所以仅当$\mathcal{V}$选择 $c\equiv\frac{r_1-r_2}{x'-x} \pmod q$ 时,验证方程成立。而$\mathcal{V}$选取这个特定值的概率是可忽略的,所以$\mathcal{P}$欺骗成功的概率是可忽略的。

【例 1-31】 $\mathrm{PK}\{(\alpha,\beta): A=g^{\alpha}$ 或 $B=h^{\beta}\}$。

已知循环群$\mathbb{G}=\langle g\rangle=\langle h\rangle$及 A、B，$\mathcal{P}$向$\mathcal{V}$证明自己知道 x 使得$A=g^x$，或者知道 y 使得 $B=h^y$，但$\mathcal{V}$不知道具体是哪种情况。

协议如下(其中，不失一般性，假定 $A=g^x$，$\mathcal{P}$知道 x)：

(1) $\mathcal{P}$随机选取 $r_1,c_2,s_2\leftarrow_R \mathbb{Z}_q$，计算 $t_1\equiv g^{r_1}(\bmod p)$，$t_2\equiv h^{s_2}/B^{c_2}(\bmod p)$，$\mathcal{P}$将 t_1、t_2 发送给$\mathcal{V}$。

(2) $\mathcal{V}$随机选取 $c\leftarrow_R \mathbb{Z}_q$，并将 c 发送给$\mathcal{P}$。

(3) $\mathcal{P}$计算 $c_1=c\oplus c_2$，$s_1\equiv xc_1+r_1(\bmod q)$，将 c_1、s_1、c_2、s_2 发送给$\mathcal{V}$。

(4) $\mathcal{V}$检查 $g^{s_1}\equiv A^{c_1}t_1(\bmod p)$、$h^{s_2}\equiv B^{c_2}t_2(\bmod p)$及 $c=c_1\oplus c_2$ 是否成立。若成立，则接受$\mathcal{P}$的证明；否则拒绝。

在以上证明中，(t_2,c_2,s_2)是对 $B=h^y$ 的模拟证明(即使$\mathcal{P}$不知道 y)。因各元素的随机性，$\mathcal{V}$无法区分(t_1,c_1,s_1)和(t_2,c_2,s_2)，即无法区分 $A=g^x$ 与 $B=h^y$ 哪种情况为真。但 $A=g^x$ 与 $B=h^y$ 至少有一个为真，因为 c_1 由 c 和 c_2 决定，在固定 c 和 c_2 后，$\mathcal{P}$无法伪造 c_1，由 Schnorr 协议的正确性，若 $g^{s_1}\equiv A^{c_1}t_1(\bmod p)$成立，则 $A=g^x$。

1.4.5 非适应性安全的非交互式零知识证明

上面介绍的是交互式证明系统。如果$\mathcal{P}$和$\mathcal{V}$不进行交互，证明由$\mathcal{P}$产生后直接给$\mathcal{V}$，$\mathcal{V}$对证明直接进行验证，则这种证明系统称为非交互式零知识证明系统，简称为 NIZK (Non-Interactive Zero-Knowledge)。

非交互式证明系统由 3 部分组成，分别是密钥生成算法$\mathcal{K}$、证明者$\mathcal{P}$、验证者$\mathcal{V}$。$\mathcal{K}$产生公开的全程参数 σ，称为公共参考串(Common Reference String，CRS)。$\mathcal{P}$输入 σ、x 以及 $x\in L$ 的论据 w，产生一个证明或者一个论证 π。称 $x\in L$ 为论题(以后直接称 x 为论题)，w 为论据，二元组(x,w)构成的集合 R 为关系。$\mathcal{V}$输入(σ,x,π)。如果它验证了$\mathcal{P}$产生的 π 是正确的，则输出 1；否则输出 0。

定义 1-16 一组多项式时间算法$(\mathcal{K},\mathcal{P},\mathcal{V})$是关于关系 R 的非适应性安全的非交互式零知识论证(证明)系统，如果以下 3 个性质成立：

(1) 完备性。对任意 $x(|x|=\kappa)$及 w，有

$$\Pr[\sigma\leftarrow\mathcal{K}(1^\kappa);\pi\leftarrow\mathcal{P}(\sigma,x,w):(x,w)\in\mathbb{R}\rightarrow\mathcal{V}(\sigma,x,\pi)=1]\geqslant 1-\varepsilon(\kappa)$$

其中，$\varepsilon(\kappa)$是可忽略的(下同)；$(x,w)\in\mathbb{R}\rightarrow\mathcal{V}(\sigma,x,\pi)=1$ 是蕴涵式，表示如果$(x,w)\in\mathbb{R}$ 则$\mathcal{V}(\sigma,x,\pi)=1$。

(2) 可靠性。对于任意 $x(|x|=\kappa)$及任意的$\mathcal{P}^*$，有

$$\Pr[\sigma\leftarrow\mathcal{K}(1^\kappa);\pi\leftarrow\mathcal{P}^*(\sigma,x):x\notin L\rightarrow\mathcal{V}(\sigma,x,\pi)=1]\leqslant\varepsilon(\kappa)$$

等价地有

$$\begin{aligned}&\Pr[\sigma\leftarrow\mathcal{K}(1^\kappa);\pi\leftarrow\mathcal{P}^*(\sigma,x):x\notin L\rightarrow\mathcal{V}(\sigma,x,\pi)=0]\\=&\Pr[\sigma\leftarrow\mathcal{K}(1^\kappa);\pi\leftarrow\mathcal{P}^*(\sigma,x):\mathcal{V}(\sigma,x,\pi)=1\rightarrow x\in L]\geqslant 1-\varepsilon(\kappa)\end{aligned}$$

如果可靠性对多项式时间的$\mathcal{P}^*$成立，则称$(\mathcal{K},\mathcal{P},\mathcal{V})$是论证系统；而如果对计算上无界的$\mathcal{P}^*$成立，则称$(\mathcal{K},\mathcal{P},\mathcal{V})$是证明系统。

证明系统的可靠性强于论证系统，因为论证系统中的$\mathcal{P}^*$无法产生假的证明，但它有可能在证明系统中产生。

(3) 零知识性。已知$(x,w)\in\mathbb{R}$,对任一多项式时间(计算上无界)的敌手$\mathcal{A}$,存在模拟器$E=(E_1,E_2)$,使得

$$|\Pr[\mathrm{Exp}_{\text{ZK-real}}(\kappa)=1]-\Pr[\mathrm{Exp}_{\text{ZK-sim}}(\kappa)=1]|$$

是可忽略的。

$\mathrm{Exp}_{\text{ZK-real}}$和$\mathrm{Exp}_{\text{ZK-sim}}$分别为

$\mathrm{Exp}_{\text{ZK-real}}(\kappa)$:	$\mathrm{Exp}_{\text{ZK-sim}}(\kappa)$:
$\sigma\leftarrow\mathcal{K}(\kappa)$;	$(\sigma,\tau)\leftarrow E_1(\kappa)$;
$\pi\leftarrow\mathcal{P}(\sigma,x,w)$;	$\pi\leftarrow E_2(\sigma,x,\tau)$;
$b\leftarrow\mathcal{A}(\sigma,x,\pi)$;	$b\leftarrow\mathcal{A}(\sigma,x,\pi)$;
返回 b.	返回 b.

其中,τ 表示 E_1 为 E_2 产生的额外的输入。

零知识性说明$\mathcal{K}$能被 E_1 模拟,$\mathcal{P}$能被 E_2 模拟,敌手$\mathcal{A}$不能区分真实的情况与模拟的情况,即敌手从和证明者交互中得到的信息都可以用多项式时间的模拟器得到。

1.4.6 适应性安全的非交互式零知识证明

在定义 1-16 中论题 x 是事先给定的,下面加强这个定义,其中敌手在看到公共参考串 σ 并与证明者多次(至多多项式次)交互后,适应性地选择论题 x(完备性除外)。

定义 1-17 一组多项式时间算法$(\mathcal{K},\mathcal{P},\mathcal{V})$是关于关系 R 的适应性安全的非交互式零知识论证(证明)系统,如果以下性质成立:

(1) 完备性。与定义 1-16 相同。

(2) 可靠性。对于任意的$\mathcal{P}^*$,有

$$\Pr[\sigma\leftarrow\mathcal{K}(1^\kappa);(x,\pi)\leftarrow\mathcal{P}^*(\sigma):x\notin L\rightarrow\mathcal{V}(\sigma,x,\pi)=1]\leqslant\varepsilon(\kappa)$$

等价地有

$$\Pr[\sigma\leftarrow\mathcal{K}(1^\kappa);(x,\pi)\leftarrow\mathcal{P}^*(\sigma):x\notin L\rightarrow\mathcal{V}(\sigma,x,\pi)=0]$$
$$=\Pr[\sigma\leftarrow\mathcal{K}(1^\kappa);(x,\pi)\leftarrow\mathcal{P}^*(\sigma):\mathcal{V}(\sigma,x,\pi)=1\rightarrow x\in L]\geqslant1-\varepsilon(\kappa)$$

(3) 零知识性。对任一多项式时间(计算上无界)的敌手$\mathcal{A}$,存在模拟器 $E=(E_1,E_2)$,使得$|\Pr[\mathrm{Exp}_{\text{ZK-real}}(\kappa)=1]-\Pr[\mathrm{Exp}_{\text{ZK-sim}}(\kappa)=1]|$是可忽略的。其中,实验 $\mathrm{Exp}_{\text{ZK-real}}$ 和 $\mathrm{Exp}_{\text{ZK-sim}}$分别为

$\mathrm{Exp}_{\text{ZK-real}}(\kappa)$:	$\mathrm{Exp}_{\text{ZK-sim}}(\kappa)$:
$\sigma\leftarrow\mathcal{K}(\kappa)$;	$(\sigma,\tau)\leftarrow E_1(\kappa)$;
$b\leftarrow\mathcal{A}^{\mathcal{P}(\sigma,\cdot,\cdot)}(\sigma)$;	$b\leftarrow\mathcal{A}^{E'_2(\tau,\cdot)}(\sigma)$;
返回 b.	返回 b.

其中,τ 表示 E_1 为 E_2 产生的额外的输入;E'_2满足 $E'_2(\tau,x,w)=E_2(\tau,x)$,表示 E'_2已知 w 时模拟$\mathcal{P}$的结果与 E_2 未知 w 时模拟$\mathcal{P}$的结果一样。零知识性说明$\mathcal{K}$能被 E_1 模拟,$\mathcal{P}$能被 E_2 模拟,敌手$\mathcal{A}$不能区分真实的情况与模拟的情况,即敌手从和证明者交互中得到的信息都可以用多项式时间的模拟器得到。

1.5 秘密分割方案与张成方案

1.5.1 秘密分割方案

为了得到秘密分割方案，首先需要定义访问结构。访问结构是能够重构秘密的所有用户子集构成的集合。

定义 1-18 设$\{P_1,P_2,\cdots,P_n\}$是参与者集合，集合$\mathbb{A}\subseteq 2^{\{P_1,P_2,\cdots,P_n\}}$称为单调的①，如果$B\in\mathbb{A}$且$B\subseteq C$则有$C\in\mathbb{A}$。$\mathbb{A}$是单调的意味着为$\mathbb{A}$的元素$B$加入新的参与者后，得到的元素$C$仍在$\mathbb{A}$中。例如参与者集合是$\{1,2,3,4\}$，则$\mathbb{A}=\{\{1,2,3\},\{1,2,4\},\{1,3,4\},\{2,3,4\},\{1,2,3,4\}\}$是单调的，因为分别为$\{1,2,3\}$、$\{1,2,4\}$、$\{1,3,4\}$、$\{2,3,4\}$加入4、3、2、1得到的$\{1,2,3,4\}$仍在$\mathbb{A}$中；而$\mathbb{A}=\{\{1,2\},\{3,4\}\}$是非单调的，因为为$\{1,2\}$加入3或加入4或加入3和4，得到的$\{1,2,3\}$，$\{1,2,4\}$或$\{1,2,3,4\}$不在$\mathbb{A}$中。类似地为$\{3,4\}$加入1或加入2或加入1和2得到的元素也不在$\mathbb{A}$中。访问结构是$\{P_1,P_2,\cdots,P_n\}$的所有非空子集构成的单调集合$\mathbb{A}$，即$\mathbb{A}\subseteq 2^{\{P_1,P_2,\cdots,P_n\}}\backslash\{\varnothing\}$。$\mathbb{A}$中的集合称为授权集合，不在$\mathbb{A}$中的集合称为非授权集合。

在秘密分割方案中，有一个庄家和一组参与者$\{P_1,P_2,\cdots,P_n\}$。庄家持有一个秘密$s\in S$，为每个参与者产生一个保密的秘密份额(也叫片断)，使得参与者的任何一个授权集合能够通过他们各自掌握的份额恢复出s。

定义 1-19 设庄家持有秘密$s\in S$，一个秘密分割方案由以下两个过程组成：

(1) **秘密分割**。秘密分割是由庄家实现的一个映射：

$$\Pi:S\times R\rightarrow S_1\times S_2\times\cdots\times S_n$$

其中，S是秘密所在的集合，R是随机输入集，$S_i(i=1,2,\cdots,n)$是P_i的秘密份额集合。对$\forall s\in S,\forall r\in R$，映射$\Pi(s,r)$得到一个$n$元组$(s_1,s_2,\cdots,s_n)$，使得$s_i\in S_i(i=1,2,\cdots,n)$。$s_i$称为$P_i$的份额，记为$\Pi_i(s,r)=s_i$。庄家以秘密方式将$s_i$交给$P_i$。

(2) **重构**。s能被任一授权集合重构，即对$\forall G\in\mathbb{A}$，设$G=\{i_1,i_2,\cdots,i_{|G|}\}$，有重构函数

$$h_G:S_{i_1}\times S_{i_2}\times\cdots\times S_{i_{|G|}}\rightarrow S$$

使得对$\forall s\in S,\forall r\in R$，如果$\Pi(s,r)=(s_1,s_2,\cdots,s_n)$，则有$h_G(s_{i_1},s_{i_2},\cdots,s_{i_{|G|}})=s$。

该方案的安全性要求：对任一非授权集合都不能得到s的任何信息，即对$\forall B\notin\mathbb{A}$，$\forall a_1,a_2\in S$以及所有份额$\{s_i\mid i\in B\}$，都有

$$\Pr\left[\bigwedge_{P_i\in B}\Pi_i(a_1,r)=s_i\right]=\Pr\left[\bigwedge_{P_i\in B}\Pi_i(a_2,r)=s_i\right]$$

其中$r\in R$是随机选取的。

在定义1-19中，如果$|G|\geqslant t$，则称方案为(t,n)门限秘密分割方案，t称为方案的门限值。

---

① 设A是一个集合，则2^A是A的所有子集构成的集合，称为A的幂集。

1.5.2 线性秘密分割方案

线性秘密分割方案是指在定义 1-19 中重构函数 h_G 是线性的。具体定义如下。

定义 1-20 设$\mathcal{K}$是一个有限域,秘密集合 $S\subseteq\mathcal{K}$。$\mathcal{K}$上的秘密分割方案是线性的,如果它满足以下两个条件:

(1) 每一参与者的份额是$\mathcal{K}$上的一个向量,即对 $\forall i\in\{1,2,\cdots,n\}$,存在常数 d_i,使得 P_i 的份额取自于$\mathcal{K}^{d_i}$。用 $\Pi_{i,j}(s,r)$表示 P_i 份额中的第 j 项(其中 $s\in S$ 是秘密,$r\in R$ 是庄家选取的随机数)。

(2) 对每一授权集,秘密的重构函数是线性的,即对 $\forall G\in\mathbb{A}$,存在常数$\{\alpha_{i,j}\in K:P_i\in G,1\leqslant j\leqslant d_i\}$,使得对 $\forall s\in S$,$\forall r\in R$,有

$$s=\sum_{P_i\in G}\ \sum_{1\leqslant j\leqslant d_i}\alpha_{i,j}\Pi_{i,j}(s,r)$$

其中的运算在有限域$\mathcal{K}$上,份额的总大小定义为 $d=\sum_{i=1}^{n}d_i$。

【例 1-32】 Shamir(t,n)门限秘密分割方案是线性的。

设秘密 $s\in \mathrm{GF}(q)$,其中 $q(>n)$为素数幂,n 为访问结构中的参与者数。庄家在 $\mathrm{GF}(q)$中均匀地选取 $t-1$ 个随机数 $r_1,r_2,\cdots,r_{t-1}$,定义多项式 $p(x)=s+r_1x+\cdots+r_{t-2}x^{t-2}+r_{t-1}x^{t-1}$(可见 $p(0)=s$),将 $p(i)$作为份额给参与者 P_i。

任意 t 个参与者(不妨设为$\{P_1,P_2,\cdots,P_t\}$)由它们的秘密份额$\{s_1,s_2,\cdots,s_t\}$根据拉格朗日插值公式构造的多项式如下:

$$p(x)=\sum_{i\in S}s_i\prod_{\substack{j\in S\\ j\neq i}}\frac{x-j}{i-j}$$

其中 $S=\{1,2,\cdots,t\}$,$\Delta_i(x)=\prod_{\substack{j\in S\\ j\neq i}}\frac{x-j}{i-j}$ 叫拉格朗日系数。

从而得 $s=p(0)=\sum_{i\in S}s_i\prod_{\substack{j\in S\\ j\neq i}}\frac{-j}{i-j}$,即 s 是份额$\{s_1,s_2,\cdots,s_t\}$的线性组合,s_i 的系数是 $\prod_{\substack{j\in S\\ j\neq i}}\frac{-j}{i-j}$。所以该方案是线性的。

上面构造 $p(x)$时随机选取了 $t-1$ 个系数,也可以先随机选取 $t-1$ 个取值。庄家在 $\mathrm{GF}(q)$中均匀地选取 $t-1$ 个随机数 s_i 作为 $P_i(i=1,2,\cdots,t-1)$的份额,构造 $p(x)$如下:

$$p(x)=\sum_{i\in S}s_i\prod_{\substack{j\in S\\ j\neq i}}\frac{x-j}{i-j}$$

其中,$S=\{0,1,\cdots,t-1\}$,$s_0=s$。

如此构造的 $p(x)$可继续为其他参与者分配份额,但保证了 $p(0)=s$,$p(i)=s_i(i=1,2,\cdots,t-1)$。

1.5.3 张成方案

张成方案是计算布尔函数的一种线性代数模型,它由某个有限域上的矩阵表示,矩阵

的行由关于行号的函数标记。具体定义如下。

定义 1-21　设$\mathcal{K}$是一个有限域，$\mathcal{K}$上的张成方案是一个带标记的矩阵，表示为$\hat{\mathcal{M}}(\mathcal{M},\rho)$，其中$\mathcal{M}$是$\mathcal{K}$上的矩阵，$\rho$ 是行的标记函数，使得$\mathcal{M}$的第 i 行标记为$\rho(i)$。设 $\delta\in\{0,1\}^n$ 是布尔函数 f 的输入(称为指派)，取$\mathcal{M}_\delta$为由满足 $\delta_i=1$ 的$\mathcal{M}$的行构成的子阵。张成方案$\hat{\mathcal{M}}$接受指派 δ 当且仅当 $\vec{1}\in\text{span}(\mathcal{M}_\delta)$，其中 $\vec{1}$ 是每一元素都为 1 的向量，称为全 1 向量，$\text{span}(\mathcal{M}_\delta)$是$\mathcal{M}_\delta$的所有行的某一线性组合。

$f(\delta)=1$，当且仅当$\hat{\mathcal{M}}$接受 δ。

$\mathcal{M}$中的行数称为张成方案的大小。

定义 1-21 中的全 1 向量 $\vec{1}$ 称为目标向量。通过改变线性空间的基，目标向量可取任一固定的非 0 向量。

1.5.4　基于张成方案的秘密分割方案

本节介绍由单调张成方案构造的线性秘密分割方案。先引入以下记号。

已知 $G\in\{P_1,P_2,\cdots,P_n\}$，$\boldsymbol{\delta}_G\in\{0,1\}^n$ 是 G 的特征向量，即仅当 $P_i\in G$ 时，$\boldsymbol{\delta}_G$ 的第 i 个元素为 1。定义函数 $f_{\mathbb{A}}:\{0,1\}^n\rightarrow\{0,1\}$如下：$f_{\mathbb{A}}(\boldsymbol{\delta}_G)=1$ 当且仅当 $G\in\mathbb{A}$。

设$\hat{\mathcal{M}}$是有 ℓ 列的、大小为 d 的张成方案，庄家持有的秘密为 s。

庄家可如下分配 s：从$\mathcal{K}^\ell$中选取一个随机向量 $\boldsymbol{r}=(r_1,r_2,\cdots,r_\ell)$，满足 $\vec{1}\cdot\boldsymbol{r}=\sum\limits_{i=1}^{\ell}r_i=s$。计算向量 $\boldsymbol{\lambda}=(\lambda_1,\lambda_2,\cdots,\lambda_n)=\mathcal{M}\cdot\boldsymbol{r}$(其第 i 个元素是$\mathcal{M}$的第 i 行与 $\boldsymbol{r}$ 的点乘)，将 λ_i 分配给 $P_{\rho(i)}$ 作为其秘密份额。

秘密的重构过程如下：设 $G\in\mathbb{A}$是一个授权集合，$\boldsymbol{\delta}$ 是 G 的特征向量。因为$\hat{\mathcal{M}}$计算 $f_{\mathbb{A}}$，即 $f_{\mathbb{A}}(\boldsymbol{\delta})=1$，$\vec{1}\in\text{span}(\mathcal{M}_{\boldsymbol{\delta}})$，即存在常数 $\omega_1,\omega_2,\cdots,\omega_d$，使得

$$\sum_{i=1}^{d}\omega_i\,\vec{\mathcal{M}}_i=\vec{1} \tag{1-1}$$

其中，$\vec{\mathcal{M}}_i$是$\mathcal{M}_{\boldsymbol{\delta}}$的行。将 G 中的参与者持有的秘密份额$\vec{\mathcal{M}}_1\cdot\boldsymbol{r},\vec{\mathcal{M}}_2\cdot\boldsymbol{r},\cdots,\vec{\mathcal{M}}_d\cdot\boldsymbol{r}$ 进行线性组合(组合系数取为 $\omega_1,\omega_2,\cdots,\omega_d$)，得

$$\sum_{i=1}^{d}\omega_i(\vec{\mathcal{M}}_i\cdot\boldsymbol{r})=(\sum_{i=1}^{d}\omega_i\,\vec{\mathcal{M}}_i)\cdot\boldsymbol{r}=\vec{1}\cdot\boldsymbol{r}=s \tag{1-2}$$

该方案的安全性证明需要以下命题。

命题 1-1　设 N 是一个向量集合的矩阵表示(即 N 的行由向量集合中的向量构成)，向量 $\boldsymbol{v}$ 与这个向量集合独立的充要条件是：存在向量 $\boldsymbol{w}$ 使得 $N\cdot\boldsymbol{w}=\vec{0}$，但 $\boldsymbol{v}\cdot\boldsymbol{w}\neq 0$。

由命题 1.1，存在向量 $\boldsymbol{r}'$，使得$\mathcal{M}_{\boldsymbol{\delta}_B}\cdot\boldsymbol{r}'=\vec{0}$ 但 $\vec{1}\cdot\boldsymbol{r}'\neq 0$。

对任一 $\alpha\in Z_p$，令 $\boldsymbol{R}'=\boldsymbol{r}+\alpha\boldsymbol{r}'$，则有

$$\mathcal{M}_{\boldsymbol{\delta}_B}\cdot\boldsymbol{R}'=\mathcal{M}_{\boldsymbol{\delta}_B}\cdot(\boldsymbol{r}+\alpha\boldsymbol{r}')=\mathcal{M}_{\boldsymbol{\delta}_B}\cdot\boldsymbol{r}+\alpha(\mathcal{M}_{\boldsymbol{\delta}_B}\cdot\boldsymbol{r}')=\mathcal{M}_{\boldsymbol{\delta}_B}\cdot\boldsymbol{r}=\boldsymbol{c}$$

及

$$\vec{1}\cdot\boldsymbol{R}'=\vec{1}\cdot(\boldsymbol{r}+\alpha\boldsymbol{r}')=\vec{1}\cdot\boldsymbol{r}+\alpha(\vec{1}\cdot\boldsymbol{r}')=s+\alpha(\vec{1}\cdot\boldsymbol{r}')$$

令 $s'=s+\alpha(\vec{1}\cdot\boldsymbol{r}')$,上面两式变为 $\mathbb{M}_{\boldsymbol{\delta}_B}\cdot\boldsymbol{R}'=\boldsymbol{c}$ 及 $\vec{1}\cdot\boldsymbol{R}'=s'$。可见 $\boldsymbol{c}$ 也是秘密 $s'=s+\alpha(\vec{1}\cdot\boldsymbol{r}')$ 的秘密份额,由 α 的随机性知 s' 是随机的,B 由自己的秘密份额 $\boldsymbol{c}$ 得不到 s 的任何信息。

设 B 是非授权集合,$\boldsymbol{\delta}_B$ 是 B 的特征向量,$\vec{1}\notin\mathrm{span}(\mathbb{M}_{\boldsymbol{\delta}_B})$,由此可得 $\vec{1}$ 与 $M_{\boldsymbol{\delta}_B}$ 相互独立。

如果在张成方案的定义中将目标向量取为$(1,0,\cdots,0)$,则庄家在分割秘密 s 时可取 $\boldsymbol{r}=(s,r_2,r_3,\cdots,r_\ell)$,其中 $r_2,r_3,\cdots,r_\ell\leftarrow_R\mathcal{K}$。

1.6 归约

把问题 P_1 归约到问题 P_2,是指利用解决问题 P_1 的算法 M_1 作为子程序,构造另一算法 M_2,用来解决问题 P_2,表示为 $P_2\Leftarrow P_1$。

把归约方法用于密码算法或安全协议的安全性证明,可把敌手对密码算法或安全协议(问题 P_1)的攻击归约到对一些已经得到深入研究的困难问题(问题 P_2)的攻击,即,如果敌手$\mathcal{A}$能够对密码算法或安全协议发起有效的攻击,就可以利用$\mathcal{A}$构造一个算法$\mathcal{B}$攻破困难问题,如图 1-7 所示,从而出现矛盾。根据反证法,敌手能够对算法或协议发起有效攻击的假设不成立。注意归约和反证法的区别:反证法是确定性的,即问题的逆反命题和原命题同时成立;而归约一般是概率性的,即利用$\mathcal{A}$构造的$\mathcal{B}$攻击困难问题以某个概率成功。

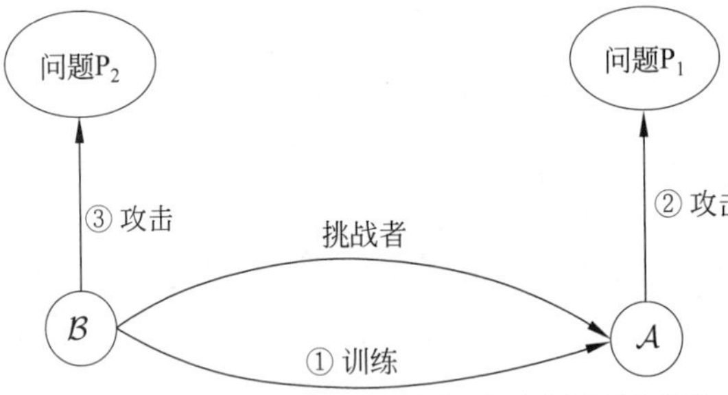

图 1-7 从密码算法或安全协议到困难问题的归约

归约的效率问题:如果问题 P_1 到问题 P_2 有两种归约方法,归约 1 的成功概率大于归约 2 的成功概率,则称归约 1 比归约 2 紧。紧是一个相对的概念。

一般地,为了证明方案 1 的安全性,可将方案 1 归约到方案 2,即,如果敌手$\mathcal{A}$能够攻击方案 1,则敌手$\mathcal{B}$能够攻击方案 2,其中方案 2 是已证明安全的,或是一个困难问题,或是一个密码本原①。

证明过程还是通过思维实验描述,首先由挑战者建立方案 2,方案 2 中的敌手用$\mathcal{B}$表示,方案 1 中的敌手用$\mathcal{A}$表示。$\mathcal{B}$为了攻击方案 2,利用$\mathcal{A}$作为子程序攻击方案 1。$\mathcal{B}$为了

① 本原意指根本、事物的最重要部分。密码本原意指密码中最根本的问题。

利用$\mathcal{A}$，必须模拟$\mathcal{A}$的挑战者对$\mathcal{A}$加以训练，因此$\mathcal{B}$又称为模拟器。$\mathcal{B}$在训练$\mathcal{A}$时，设法将自己要攻击的方案 2(或问题 P_2)嵌入方案 1(或问题 P_1)以此由$\mathcal{A}$攻击方案 1(或问题 P_1)的结果，达到自己攻击方案 2(或问题 P_2)的目的。两个方案之间的归约过程如图 1-8 所示。

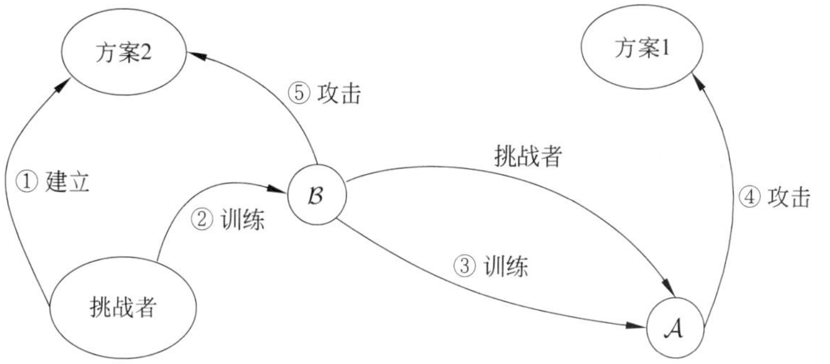

图 1-8　两个方案之间的归约过程

具体步骤如下：

(1) 挑战者产生方案 2 的系统；

(2) 敌手$\mathcal{B}$为了攻击方案 2，接受挑战者的训练；

(3) $\mathcal{B}$为了利用敌手$\mathcal{A}$，对$\mathcal{A}$进行训练，即作为$\mathcal{A}$的挑战者；

(4) $\mathcal{A}$攻击方案 1 的系统；

(5) $\mathcal{B}$利用$\mathcal{A}$攻击方案 1 的结果攻击方案 2。

在上述过程中，$\mathcal{B}$通常是选一个论述域 D(如消息、身份、属性等)，将 D 分成两部分，分别为 D_{yes} 和 D_{no}，其中 D_{yes} 中的实例使得困难问题 2(或方案 2)成立，D_{no} 中的实例使得困难问题 2(或方案 2)不成立，满足 $D=D_{yes}\cup D_{no}$ 且 $D_{yes}\cap D_{no}=\varnothing$。$\mathcal{B}$将 D_{yes} 的实例嵌入方案 1，并用 D_{no} 中的实例训练$\mathcal{A}$。因为$\mathcal{A}$并不想被$\mathcal{B}$利用，如果他能区分 D_{yes} 中的实例和 D_{no} 中的实例，就退出系统，$\mathcal{B}$的模拟失败，所以成功的归约就应使得$\mathcal{A}$不能区分两种实例。将两种实例看作矛盾的两方面，体现出矛盾的对立性，这种对立是无条件的、绝对的。但两种实例又是不可区分的，体现出矛盾的统一性，这种统一是有条件的、相对的，统一的条件是困难问题 2(或方案 2)成立。

对于加密算法来说，图 1-8 中的方案 1 取为加密算法，如果其安全目标是语义安全，即敌手$\mathcal{A}$攻击它的不可区分性，敌手$\mathcal{B}$模拟$\mathcal{A}$的挑战者，和$\mathcal{A}$进行 IND 游戏。称此时$\mathcal{A}$对方案 1 的攻击为模拟攻击。如果$\mathcal{B}$的模拟使得$\mathcal{A}$不能区分是和自己的挑战者交互还是和模拟的挑战者交互，则称$\mathcal{B}$的模拟是完备的。

对于其他密码算法或密码协议来说，首先要确定它要达到的安全目标，如签名方案的不可伪造性等，然后构造一个形式化的敌手模型及思维实验，再利用概率论和计算复杂性理论，把对密码算法或安全协议的攻击归约到对已知困难问题的攻击。这种方法就是可证明安全性。

可证明安全性是密码学和计算复杂性理论的天作之合。过去 40 年，密码学的最大进展是将密码学建立在计算复杂性理论之上，并且正是计算复杂性理论将密码学从一门艺术发展成一门严格的科学。

习题

1. 用费马(Fermat)定理求 $3^{201} \bmod 11$。

2. 用推广的欧几里得算法求 67 mod 119 的逆元。

3. 求 gcd(4655,12075)。

4. 求解下列同余方程组：

$$\begin{cases} x\equiv 2 \pmod 3 \\ x\equiv 1 \pmod 5 \\ x\equiv 1 \pmod 7 \end{cases}$$

5. 计算下列勒让德符号：

(1) $\left(\frac{2}{59}\right)$；(2) $\left(\frac{6}{53}\right)$；(3) $\left(\frac{65}{107}\right)$。

6. 设素数 $p>2$，$p\nmid a_1$，$p\nmid a_2$，证明：

(1) 若 a_1、a_2 均为模 p 的二次剩余，则 a_1a_2 也是模 p 的二次剩余；

(2) 若 a_1、a_2 均为模 p 的二次非剩余，则 a_1a_2 是模 p 的二次剩余；

(3) 若 a_1 是模 p 的二次剩余，a_2 是模 p 的二次非剩余，则 a_1a_2 是模 p 的二次非剩余。

7. 在证明 Σ 协议的零知识性时，为什么要求验证者是诚实的？

8. 在定义 1-15 中“统计上不可区分”和“计算上不可区分”哪个更强？为什么？

9. 构造例 1-29 的提取器和模拟器。

10. 设 p 是素数，群 $\mathbb{Z}_p^*$ 的元素 g 是群 $\mathbb{Z}_p^*$ 的生成元，当且仅当对每一 $h\in\mathbb{Z}_p^*$，存在一个整数 x，使得 $h\equiv g^x \pmod p$。

(1) 在 $\mathbb{Z}_p^*$ 中均匀随机选取一个元素 h，证明：如果 g 不是 $\mathbb{Z}_p^*$ 的生成元，则存在一整数 x，使得 $h\equiv g^x \pmod p$ 成立的概率至多是 $\frac{1}{2}$。

(2) 给出 g 是 $\mathbb{Z}_p^*$ 的生成元的零知识证明。

(3) 在(2)中的零知识证明中，证明者能否在多项式时间内完成证明？为什么？

第2章 语义安全的公钥密码体制的定义

2.1 公钥密码体制的基本概念

2.1.1 公钥加密方案

定义 2-1 一个公钥加密方案是一个 PPT 算法元组(KeyGen,$\mathcal{E}$,$\mathcal{D}$)：

(1) KeyGen(κ)是密钥生成算法，输入为安全参数 κ，输出为一个对(pk,sk)，其中 pk 是公开钥(设$|\text{pk}|=\kappa$)，sk 是秘密钥。表示为(pk,sk)←KeyGen(κ)。

(2) $\mathcal{E}$是加密算法，输入消息空间$\mathcal{M}$的一个明文 M 和公开钥 pk，算法$\mathcal{E}_{\text{pk}}(M)$返回一个长为多项式 $p(\kappa)$的密文 CT。表示为 $\text{CT}=\mathcal{E}_{\text{pk}}(M)$。

(3) $\mathcal{D}$是解密算法，输入密文 CT 和秘密钥 sk，$\mathcal{D}_{\text{sk}}(\text{CT})$返回一个消息 M 或$\perp$。表示为 $M=\mathcal{D}_{\text{sk}}(\text{CT})$。

公钥加密方案的正确性要求：对于任意 $M\in\mathcal{M}$以及 KeyGen 的任意输出(pk,sk)，都有$\mathcal{D}_{\text{sk}}(\mathcal{E}_{\text{pk}}(M))=M$。

假设公开钥已经被认证，主要考虑的安全性是一个拥有公开钥的攻击者试图从密文获得有关明文的信息。

加密方案的安全性证明有两部分：首先是刻画敌手的模型，说明敌手访问系统的方式和计算能力；其次是刻画安全性概念，说明敌手攻破了方案的安全性意味着什么。

若定义公钥加密方案的安全性为敌手在已知某个随机明文所对应的密文时不能得出明文的完整信息，则这种定义是一个很弱的安全概念，因为敌手虽然不能得出明文的完整信息，但有可能得到明文的部分信息。一个安全的加密方案应使敌手通过密文得不到明文的任何信息，即使是 1 比特的信息。这就是加密方案语义安全的概念，由 Goldwasser 和 Micali 于 1984 年提出[13]。这一概念的提出开创了可证明安全性领域的先河，奠定了现代密码学理论的数学基础，将密码学从一门艺术发展成为一门科学。

加密方案语义安全的概念由不可区分性(Indistinguishability)游戏(简称 IND 游戏)刻画，这种游戏是一种思维实验，其中有两个参与者，一个称为挑战者(challenger)，另一个称为敌手。挑战者建立系统，敌手对系统发起挑战，挑战者接受敌手的挑战。加密方案语义安全的概念根据敌手的模型具体又分为选择明文攻击下的不可区分性、选择密文攻击下的不可区分性和适应性选择密文攻击下的不可区分性。

2.1.2 选择明文攻击下的不可区分性定义

公钥加密方案在选择明文攻击(Chosen Plaintext Attack,CPA)下的 IND 游戏(称为 IND-CPA 游戏)如下：

(1) 初始化。挑战者建立系统 Π,敌手(表示为$\mathcal{A}$)获得系统的公开钥。

(2) 敌手产生明文消息,得到系统加密后的密文(可多项式有界次)。

(3) 挑战。敌手输出两个长度相同的消息 M_0 和 M_1。挑战者随机选择 $\beta \leftarrow_R \{0,1\}$,将 M_β 加密,并将密文 C^*(称为目标密文)给敌手。

(4) 猜测。敌手输出 β',如果 $\beta'=\beta$,则敌手攻击成功。

敌手的优势可定义为参数 κ 的函数：

$$\mathrm{Adv}_{\Pi,\mathcal{A}}^{\mathrm{CPA}}(\kappa)=\left|\Pr[\beta'=\beta]-\frac{1}{2}\right| \tag{2-1}$$

其中 κ 是安全参数,用来确定加密方案密钥的长度。因为任意一个不作为的敌手$\mathcal{A}$都能通过对 β 做随机猜测而以 $\frac{1}{2}$ 的概率赢得 IND-CPA 游戏。而 $\left|\Pr[\beta'=\beta]-\frac{1}{2}\right|$ 是敌手通过努力得到的,故称为敌手的优势。

因为

$$\begin{aligned}\left|\Pr[\beta'=\beta]-\frac{1}{2}\right| &= \left|\Pr[\beta=0]\Pr[\beta'=\beta|\beta=0]+\Pr[\beta=1]\Pr[\beta'=\beta|\beta=1]-\frac{1}{2}\right| \\ &= \left|\Pr[\beta=0]\Pr[\beta'=0|\beta=0]+\Pr[\beta=1]\Pr[\beta'=1|\beta=1]-\frac{1}{2}\right| \\ &= \left|\frac{1}{2}[1-\Pr[\beta'=1|\beta=0]]+\frac{1}{2}\Pr[\beta'=1|\beta=1]-\frac{1}{2}\right| \\ &= \frac{1}{2}|\Pr[\beta'=1|\beta=1]-\Pr[\beta'=1|\beta=0]|\end{aligned}$$

所以敌手的优势也可定义为

$$\mathrm{Adv}_{\Pi,\mathcal{A}}^{\mathrm{CPA}}(\kappa)=|\Pr[\beta'=1 \mid \beta=1]-\Pr[\beta'=1 \mid \beta=0]| \tag{2-2}$$

只不过这种定义的优势是式(2-1)的 2 倍。

上述 IND-CPA 游戏可形式化地描述如下,其中公钥加密方案是三元组 $\Pi=(\mathrm{KeyGen},\mathcal{E},\mathcal{D})$,游戏的主体是挑战者。

$\underline{\mathrm{Exp}_{\Pi,\mathcal{A}}^{\mathrm{CPA}}(\kappa)}$:

$(pk,sk)\leftarrow \mathrm{KeyGen}(\kappa)$;

$(M_0,M_1)\leftarrow \mathcal{A}(\mathrm{pk})$,其中$|M_0|=|M_1|$;

$\beta \leftarrow_R \{0,1\}, C^*=\mathcal{E}_{\mathrm{pk}}(M_\beta)$;

$\beta' \leftarrow \mathcal{A}(\mathrm{pk},C^*)$;

如果 $\beta'=\beta$,则返回 1;否则返回 0.

敌手的优势定义为

$$\mathrm{Adv}_{\Pi,\mathcal{A}}^{\mathrm{CPA}}(\kappa)=\left|\Pr[\mathrm{Exp}_{\Pi,\mathcal{A}}^{\mathrm{CPA}}(\kappa)=1]-\frac{1}{2}\right|$$

或者在 $\beta'\leftarrow\mathcal{A}(\mathrm{pk},C^*)$后返回 β',则优势按式(2-2)定义。

定义 2-2　如果对任何多项式时间的敌手$\mathcal{A}$,存在一个可忽略的函数 $\varepsilon(\kappa)$,使得 $\mathrm{Adv}_{\Pi,\mathcal{A}}^{\mathrm{CPA}}(\kappa)\leqslant\varepsilon(\kappa)$,那么就称这个加密算法是语义安全的,或者称之为在选择明文攻击下具有不可区分性,简称为 IND-CPA 安全。

如果敌手通过 M_β 的密文能得到 M_β 的 1 比特,就有可能区分 M_β 是 M_0 还是 M_1,因此 IND 游戏刻画了语义安全的概念。

对定义 2-2 需要注意以下几点:

(1) 定义 2-2 中敌手是多项式时间的;否则,因为它有系统的公开钥,可得到 M_0 和 M_1 的任意多个密文,再和目标密文逐一进行比较,即可赢得游戏。

(2) M_0 和 M_1 是等长的,否则由密文有可能区分 M_β 是 M_0 还是 M_1。

(3) 如果加密方案是确定的,如 RSA 算法、Rabin 密码体制等,每个明文对应的密文只有一个,敌手只需重新对 M_0 和 M_1 加密后与目标密文进行比较,即可赢得游戏,因此语义安全性不适用于确定性的加密方案。

(4) 与确定性的加密方案相对的是概率性的加密方案,在每次加密时,首先选择一个随机数,再生成密文,因此同一明文在不同的加密中得到的密文不同,如 ElGamal 加密算法。

2.1.3　基于陷门置换的语义安全的公钥加密方案构造

第 1 章中介绍了单向陷门置换。直观地看,单向陷门置换是实现公钥加密方案的一种很好的选择,因为它易于正向计算(加密),没有陷门值时难以求逆(解密)。给定一个单向陷门置换 $\mathrm{Gen}_{\mathrm{td}}$,可以如下构造加密方案:

(1) 密钥生成:运行 $\mathrm{Gen}_{\mathrm{td}}$,得到$(f,f^{-1})$。令 $\mathrm{pk}=f,\mathrm{sk}=f^{-1}$。

(2) 加密算法:$\mathcal{E}_f(\cdot)=f(\cdot)$。

(3) 解密算法:$\mathcal{D}_{f^{-1}}(\cdot)=f^{-1}(\cdot)$。

由于 $f(\cdot)$是确定性的,因此它不能直接用于构造语义安全的公钥加密方案。然而,用单向陷门置换的硬核比特,却能构造出语义安全的公钥加密方案。

单向陷门置换用于加密时的另一个问题是输出会潜在地暴露有关输入的某些信息。例如,若 $f(x)$是一个单向陷门置换,则容易验证函数 $f'(x_1|x_2)=x_1|f(x_2)(|x_1|=|x_2|)$也是一个单向陷门置换。但可以看到 f'直接暴露其输入比特的一半。一个单向陷门置换的硬核比特(HCb)是这样的 1 比特信息:正确识别它的概率不会优于随机猜测。

定义 2-3[14]　令 $H=\{h_\kappa:\{0,1\}^\kappa\rightarrow\{0,1\}\}_{\kappa\geqslant1}$是一个有效可计算的函数族,$\mathcal{F}=(\mathrm{Gen}_{\mathrm{td}})$是一个陷门置换。$H$ 是$\mathcal{F}$的一个硬核比特,如果对于所有的 PPT 敌手$\mathcal{A}$,存在一个可忽略的函数 $\varepsilon(\kappa)$,使得$\mathcal{A}$在下面的游戏中优势 $\mathrm{Adv}_{\mathrm{HCb},\mathcal{A}}(\kappa)\leqslant\varepsilon(\kappa)$:

$\underline{\mathrm{Exp}_{\mathrm{HCb},\mathcal{A}}(\kappa)}$:

　$(f,f^{-1})\leftarrow\mathrm{Gen}_{\mathrm{td}}(\kappa)$;

　$x\leftarrow_R\{0,1\}^\kappa$;

　$y=f(x)$;

　返回$\mathcal{A}(f,y)$.

敌手的优势定义为

$$\mathrm{Adv}_{\mathrm{HCb},\mathcal{A}}(\kappa)=\left|\Pr[\mathrm{Exp}_{\mathrm{HCb},\mathcal{A}}(\kappa)=h_\kappa(x)]-\frac{1}{2}\right|$$

定理2-1给出了硬核比特的具体构造。

定理 2-1[14] 令$\mathcal{F}=(\mathrm{Gen}_{\mathrm{td}})$是一个陷门置换,具有形式 $f:\{0,1\}^\kappa\to\{0,1\}^\kappa$($\kappa$ 为安全参数)。定义一个新的陷门置换$\mathcal{F}'=(\mathrm{Gen}'_{\mathrm{td}})$,其中的置换 $f':\{0,1\}^{2\kappa}\to\{0,1\}^{2\kappa}$定义为 $f'(x|r)\overset{\mathrm{def}}{=}f(x)|r$。定义函数族$\mathcal{H}=\{h_\kappa:\{0,1\}^{2\kappa}\to\{0,1\}\}$,其中 $h_\kappa(x|r)\overset{\mathrm{def}}{=}x\cdot r$。则$\mathcal{F}'$是一个具有硬核比特$\mathcal{H}$的陷门置换。

其中的运算·表示二元点乘,若 $x=x_1x_2\cdots x_\kappa\in\{0,1\}^\kappa$,$r=r_1r_2\cdots r_\kappa\in\{0,1\}^\kappa$,则 $x\cdot r\overset{\mathrm{def}}{=}x_1r_1\oplus x_2r_2\oplus\cdots\oplus x_\kappa r_\kappa=\bigoplus_{i=1}^{\kappa}x_ir_i$。例如:

$$1101011\cdot1001011=1\oplus0\oplus0\oplus1\oplus0\oplus1\oplus1=0$$

下面用单向陷门置换的硬核比特构造语义安全的公钥加密方案。

设$\mathcal{F}=(\mathrm{Gen}_{\mathrm{td}})$是一个陷门置换族,$H=\{h_\kappa\}$是$\mathcal{F}$的一个硬核比特。构造加密1比特消息的公钥加密方案 PKE=(KeyGen,$\mathcal{E}$,$\mathcal{D}$)如下:

(1) 密钥产生过程:

$\underline{\mathrm{KeyGen}(\kappa)}$:

$(f,f^{-1})\leftarrow\mathrm{Gen}_{\mathrm{td}}(\kappa)$;

$r\leftarrow_R\{0,1\}^\kappa$;

$\mathrm{pk}=(f,r),\mathrm{sk}=f^{-1}$.

(2) 加密过程(其中 $M\in\{0,1\}$):

$\underline{\mathcal{E}_{\mathrm{pk}}(M)}$:

$x\leftarrow_R\{0,1\}^\kappa$;

$y=f(x)$;

$h'=x\cdot r$;

输出 $C=(y,h'\oplus M)$.

(3) 解密过程(其中 $C=(y,b)$):

$\underline{\mathcal{D}_{\mathrm{sk}}(C)}$:

输出 $b\oplus(f^{-1}(y)\cdot r)$.

正确性:若 $C=(y,b)$是 M 的一个有效密文,则

$$b\oplus(f^{-1}(y)\cdot r)=(h'\oplus M)\oplus(f^{-1}(f(x))\cdot r)=((x\cdot r)\oplus M)\oplus(x\cdot r)=M$$

在该方案的IND-CPA游戏中,可设 $M_0=0,M_1=1$,因此有 $M_\beta=\beta$。

定理 2-2 假设$\mathcal{F}$是一个陷门置换,则以上构造的公钥加密方案 PKE=(KeyGen,$\mathcal{E}$,$\mathcal{D}$)是IND-CPA安全的。

证明 根据定理2-1,由$\mathcal{F}$可构造具有硬核比特的陷门置换$\mathcal{F}'=(\mathrm{Gen}'_{\mathrm{td}})$,其中的置换为 $f'(x|r)=f(x)|r$,$f'(x|r)$的硬核比特为 $h_\kappa(x|r)=x\cdot r$。

下面利用$\mathcal{A}$(攻击加密方案 PKE=(KeyGen,$\mathcal{E}$,$\mathcal{D}$)),构造另一敌手$\mathcal{B}$攻击$\mathcal{F}'=(\mathrm{Gen}'_{\mathrm{td}})$硬核比特。

$\underline{\mathcal{B}(f',(y,r))}$:

$\alpha \leftarrow_R \{0,1\}$;

$pk=(f,r), C=(y,\alpha)$;

输出 $\varphi=\alpha \oplus \mathcal{A}(pk,c)$.

因为$\mathcal{A}$是 PPT 的，所以$\mathcal{B}$也是 PPT 的。

在以上构造中，$\mathcal{B}$已经隐含地假定$(x \cdot r)\oplus M_\beta=(x \cdot r)\oplus\beta$ 为 α。设$\mathcal{A}$的输出为 β'，则$\mathcal{B}$的输出为 $\varphi=((x \cdot r)\oplus\beta)\oplus\beta'$。若$\mathcal{A}$攻击 PKE=(KeyGen, $\mathcal{E}$, $\mathcal{D}$)成功，即 $\beta'=\beta$，则$\mathcal{B}$的输出 φ 为$\mathcal{F}'=(\mathrm{Gen}'_{\mathrm{td}})$的硬核比特 $x \cdot r$。显然$\left|\Pr[\varphi=x \cdot r]-\frac{1}{2}\right|=\left|\Pr[\beta'=\beta]-\frac{1}{2}\right|$，若$\mathcal{A}$以不可忽略的优势$\left|\Pr[\beta'=\beta]-\frac{1}{2}\right|$攻击 PKE=(KeyGen, $\mathcal{E}$, $\mathcal{D}$)，$\mathcal{B}$就以同样的优势输出了$\mathcal{F}'=(\mathrm{Gen}'_{\mathrm{td}})$的硬核比特 $x \cdot r$。

（定理 2-2 证毕）

2.1.4　群上的离散对数问题

群上的离散对数问题如下：给定群$\mathbb{G}$的生成元 g 和$\mathbb{G}$中的随机元素 h，计算 $\log_g h$。这个问题在许多群中都被认为是困难的，称其为群上的离散对数假设。下面令 GroupGen 是一个多项式时间算法，其输入为安全参数 κ，输出为一个阶等于 q 的循环群$\mathbb{G}$的描述（$\mathbb{G}$的描述包括它的阶 q，$|q|=\kappa$ 且 q 不一定是素数）以及一个生成元 $g\in\mathbb{G}$。GroupGen 的离散对数假设定义如下。

定义 2-4　如果对于所有的 PPT 算法$\mathcal{A}$，下式是可忽略的：

$$\Pr[(\mathbb{G},g)\leftarrow \mathrm{GroupGen}(\kappa);h\leftarrow_R \mathbb{G};x\leftarrow\mathcal{A}(\mathbb{G},g,h)\text{使得 } g^x=h]$$

则 GroupGen 的离散对数问题是困难的。

如果 GroupGen 的离散对数问题是困难的，且$\mathbb{G}$是一个由 GroupGen 输出的群，则称该离散对数问题在$\mathbb{G}$中是困难的。

例如，令 GroupGen 输入为 κ，输出一个长度为 κ 的随机素数 q（可通过一个随机化算法有效地实现），令$\mathbb{G}=\mathbb{Z}_q^*$，则$\mathbb{G}$是一个阶为 $q-1$ 的循环群，其上的离散对数假设成立。

ElGamal 加密算法是 IND-CPA 安全的。算法如下：

(1) 密钥产生过程：

$\underline{\mathrm{KeyGen}(\kappa)}$:

$(\mathbb{G},g)\leftarrow\mathrm{GroupGen}(\kappa)$;

$x\leftarrow_R \mathbb{Z}_q, y=g^x$;

$pk=(\mathbb{G},g,y), sk=x$.

(2) 加密过程（其中 $M\in\mathbb{G}$）：

$\underline{\mathcal{E}_{pk}(M)}$:

$r\leftarrow_R \mathbb{Z}_q$;

输出 $C=(g^r, y^r M)$.

(3) 解密过程（其中 $C=(A,B)$）：

$\underline{\mathcal{D}_{sk}(A,B)}$:

输出$\frac{B}{A^x}$.

这是因为

$$\frac{B}{A^x}=\frac{y^rM}{(g^r)^x}=\frac{y^rM}{(g^x)^r}=\frac{y^rM}{y^r}=M$$

离散对数问题意味着给定公开钥及密文,没有敌手能确定秘密钥和加密用指数 r。然而,这不足以保证方案是 IND-CPA 安全的。实际上,能找到一个特殊的群,其上的离散对数假设成立,但建立在其上的 ElGamal 加密方案却不是 IND-CPA 安全的。例如,群 $\mathbb{Z}_p^*$(p 为素数)上的离散对数假设是成立的,但在多项式时间内可通过求 $\mathbb{Z}_p^*$ 中元素的勒让德符号而判定其是否为二次剩余。而且,$\mathbb{Z}_p^*$ 中的生成元 g 不可能是二次剩余,否则 $\mathbb{Z}_p^*$ 中的元素都是二次剩余。这会导致针对 ElGamal 加密方案的一种直接攻击:敌手产生两个等长的消息 M_0 和 M_1,使得其中一个是二次剩余,另一个是二次非剩余。给定密文 (A,B),则存在 r,使得 $A=g^r$,$B=y^rM_\beta$。敌手可以在多项式时间内判定 $A=g^r$ 是否为二次剩余,分以下两种情况:

(1) A 是二次剩余,则存在一个 $a\in\mathbb{Z}_p^*$ 使得 $a^2=A$,将 a 写成生成元 g 的幂 g^b,那么 $A=g^{2b}$,所以 $r\equiv 2b(\text{mod}(p-1))$,$y^r$ 一定是二次剩余。观察 B,如果 B 是二次剩余,则 M_β 是二次剩余;反之,如果 B 是二次非剩余,则 M_β 是二次非剩余。

(2) A 是二次非剩余,则 r 是奇数,又分以下两种情况:

(2.1) 公开钥 y 是二次剩余。如果 B 是二次剩余,则 M_β 一定是二次剩余;如果 B 是二次非剩余,则 M_β 一定是二次非剩余。

(2.2) y 是二次非剩余。如果 B 是二次剩余,则 M_β 一定是二次非剩余;如果 B 是二次非剩余,则 M_β 一定是二次剩余。

敌手利用以上判定结果就可以判断出加密的是哪个消息。

因此,为了证明 ElGamal 加密方案的语义安全性,需要一个更强的假设。

2.1.5 判定性 Diffie-Hellman 假设

判定性 Diffie-Hellman(Decisional Diffie-Hellman,DDH)假设指的是区分四元组 (g,g^x,g^y,g^{xy}) 和 (g,g^x,g^y,g^z) 是困难的,其中 g 是生成元,x、y、z 是随机的。

定义 2-5 设$\mathbb{G}$是阶为大素数 q 的群,g 为$\mathbb{G}$的生成元,$x,y,z\leftarrow_R\mathbb{Z}_q$。则以下两个分布是计算上不可区分的:

(1) 随机四元组 $R=(g,g^x,g^y,g^z)\in\mathbb{G}^4$。

(2) 四元组 $D=(g,g^x,g^y,g^{xy})\in\mathbb{G}^4$(称为 DH 四元组)。

称这个假设为 DDH 假设。

具体地说,对任一敌手$\mathcal{A}$,$\mathcal{A}$区分 R 和 D 的优势 $\text{Adv}_{\mathcal{A}}^{\text{DDH}}(\kappa)=|\Pr[\mathcal{A}(R)=1]-\Pr[\mathcal{A}(D)=1]|$ 是可忽略的。

若离散对数问题可被解决,则 DDH 假设可被攻破;反之则不成立。所以离散对数问题的困难性大于 DDH 假设的困难性。以困难性小的问题做假设,假设的强度大于以困难性大的问题做假设。由大强度假设构造的方案的安全性弱于由小强度假设构造的方案。

定理 2-3　在 DDH 假设下，ElGamal 加密方案是 IND-CPA 安全的。

证明　(这里真正指的是，如果 DDH 假设对于 GroupGen 成立，且该算法用于 ElGamal 加密方案的密钥生成阶段，则 ElGamal 加密方案的特定实例是 IND-CPA 安全的)假设一个 PPT 敌手$\mathcal{A}$攻击 ElGamal 加密方案的 IND-CPA 安全性。这意味着$\mathcal{A}$输出等长消息 M_0 和 M_1，得到 M_β 的密文，输出猜测 β'。若 $\beta'=\beta$，则$\mathcal{A}$成功(用 Succ 表示该事件)。

下面构造一个敌手$\mathcal{B}$，$\mathcal{B}$利用$\mathcal{A}$攻击 DDH 假设。设$\mathcal{B}$的输入为四元组 $T=(g_1,g_2,g_3,g_4)$，群$\mathbb{G}$及其生成元 g 是公开的。$\mathcal{B}$的构造如下：

$\underline{\mathcal{B}(T)}$：

　$pk=(g_1,g_2)$；

　$(M_0,M_1)\leftarrow\mathcal{A}(pk)$；

　$\beta\leftarrow_R\{0,1\}$；

　$C^*=(g_3,g_4M_\beta)$；

　$\beta'\leftarrow\mathcal{A}(pk,C^*)$；

　如果 $\beta'=\beta$，则输出 1；否则输出 0.

当输出为 1 时，$\mathcal{B}$猜测输入的四元组 $T=(g_1,g_2,g_3,g_4)$是 DH 四元组，输出为 0 时，$\mathcal{B}$猜测输入的四元组 $T=(g_1,g_2,g_3,g_4)$是随机四元组。

令 R 表示事件(g_1,g_2,g_3,g_4)是随机四元组，D 表示事件(g_1,g_2,g_3,g_4)是 DH 四元组。

首先证明 $\Pr[\mathcal{B}(T)=1|\mathrm{R}]=1/2$。已知 g_4 在$\mathbb{G}$中均匀分布，独立于 g_1、g_2、g_3。所以密文的第二部分在$\mathbb{G}$中均匀分布，独立于被加密的消息(即独立于 β)。因此，$\mathcal{A}$没有 β 的任何信息，即不能以超过 1/2 的概率猜测 β。而$\mathcal{B}$输出 1 当且仅当$\mathcal{A}$成功，所以 $\Pr[\mathcal{B}(T)=1|\mathrm{R}]=1/2$。

其次证明 $\Pr[\mathcal{B}(T)=1|\mathrm{D}]=\Pr[\mathrm{Succ}]$。因为事件 D 发生时，$g_2=g_1^x,g_3=g_1^r,g_4=g_1^{xr}=g_2^r$($x$ 和 r 是随机选取的)，所以$\mathcal{B}$构造的公开钥和密文的分布与 ElGamal 加密方案在实际执行时是一样的，所以$\mathcal{B}$输出 1 当且仅当$\mathcal{A}$成功。

$$\begin{aligned}\Pr[\mathcal{B}(T)=1]&=\Pr[\mathrm{D}]\Pr[\mathcal{B}(T)=1|\mathrm{D}]+\Pr[\mathrm{R}]\Pr[\mathcal{B}(T)=1|\mathrm{R}]\\&=\frac{1}{2}\Pr[\mathrm{Succ}]+\frac{1}{2}\times\frac{1}{2}\end{aligned}$$

$$\begin{aligned}\Pr[\mathcal{B}(T)=0]&=\Pr[\mathrm{D}]\Pr[\mathcal{B}(T)=0|\mathrm{D}]+\Pr[\mathrm{R}]\Pr[\mathcal{B}(T)=0|\mathrm{R}]\\&=\frac{1}{2}[1-\Pr[\mathrm{Succ}]]+\frac{1}{2}\times\frac{1}{2}\end{aligned}$$

所以

$$\begin{aligned}|\Pr[\mathcal{B}(\mathrm{D})=1]-\Pr[\mathcal{B}(\mathrm{R})=1]|&=|\Pr[\mathcal{B}(T)=1]-\Pr[\mathcal{B}(\overline{T})=1]|\\&=|\Pr[\mathcal{B}(T)=1]-\Pr[\mathcal{B}(T)=0]|\\&=\left|\Pr[\mathrm{Succ}]-\frac{1}{2}\right|\end{aligned}$$

即,如果$\mathcal{A}$能以某个不可忽略的优势 $\varepsilon(\kappa)$攻击 ElGamal 加密方案,则$\mathcal{B}$可以相同的优势攻击 DDH 假设。

(定理 2-3 证毕)

2.2 公钥加密方案在选择密文攻击下的不可区分性

IND-CPA 安全仅保证敌手是完全被动情况时(即仅做监听)的安全,不能保证敌手是主动情况时(例如向网络中注入消息)的安全。

例如,在 ElGamal 加密方案中,敌手收到密文为 $CT=(C_1,C_2)$,构造新的密文 $CT'=(C_1,C_2')$,其中 $C_2'=C_2M'$,解密询问后得到 $M''=MM'$。敌手也可以构造新的密文$CT''=(C_1'',C_2'')$,其中 $C_1''=C_1g^{k''}$,$C_2''=C_2y^{k''}M'$,此时

$$C_1''=g^kg^{k''}=g^{k+k''},C_2''=y^kMy^{k''}M'=y^{k+k''}MM'$$

解密询问后仍得到 $M''=MM'$。再由$\dfrac{M''}{M'} \bmod p$ 得到 CT 的明文 M。

可见,ElGamal 加密方案不能抵抗主动攻击。

又如,假设在密封递价拍卖中使用 ElGamal 加密方案。密封递价拍卖就是竞价人把自己的竞价加密后公开发给拍卖人,由拍卖人比较所有竞价,价高者获胜。这样的拍卖方式不允许竞价人看到别人的价格之后加价,而是自己给出自己的评估价格,避免恶意竞争。

假设拍卖者的公开钥是 $pk=(g,y=g^x)$,第一个竞价人发送的竞价为 M,使用 ElGamal 加密方案加密后公开发送给拍卖者,那么只要第二个竞价人看到第一个竞价人的密文,他可以提交如下的密文进行竞价:

竞价人 1	$C\leftarrow(g^r,y^r\cdot M)$	$\xrightarrow{C=(C_1,C_2)}$	拍卖人解密得到 M
竞价人 2	$C'=(C_1,C_2\cdot\alpha)$	$\xrightarrow{C'}$	拍卖人解密得到 $M'=M\cdot\alpha$

这样,即使第二个竞价人不知道第一个竞价人的价格,只要 $\alpha>1$,他就能保证自己的竞价高于第一个竞价人的竞价。

再如,使用 ElGamal 加密方案的信用卡验证系统,设用户的信用卡号为 $C_1,C_2,\cdots,C_{48}$(每个 C_i 表示 1 比特),用商家的公开钥 pk 逐比特加密:

$$E_{pk}(C_1),E_{pk}(C_2),\cdots,E_{pk}(C_{48})$$

将密文发送给商家,然后商家回复接受或者拒绝,表示这个信用卡是否有效。敌手截获密文后,只需要把第一个密文换成 $E_{pk}(0)$,然后提交给商家。如果商家接受,说明第一位是 0;如果拒绝,说明第一位是 1。如此继续,就可以得到整个卡号。

为了描述敌手的主动攻击,1990 年 Naor 和 Yung 提出了(非适应性)选择密文攻击(Chosen Ciphertext Attack,CCA)的概念[15]。其中,敌手在获得目标密文以前,可以访问解密谕言机(Oracle);敌手获得目标密文后,希望获得目标密文对应的明文的部分信息。

IND 游戏(称为 IND-CCA 游戏)如下:

(1) 初始化。挑战者建立系统 Π，敌手获得系统的公开钥。

(2) 训练。敌手向挑战者(或解密谕言机)做解密询问(可多项式有界次)，即取密文 CT 给挑战者。挑战者解密后，将明文给敌手。

(3) 挑战。敌手输出两个长度相同的消息 M_0 和 M_1，再从挑战者接收 M_β 的密文，其中随机值 $\beta \leftarrow_R \{0,1\}$。

(4) 猜测。敌手输出 β'，如果 $\beta'=\beta$，则敌手攻击成功。

以上攻击过程也称为“午餐时间攻击”或“午夜攻击”。相当于有一个执行解密运算的黑盒，掌握黑盒的人在午餐时间离开后，敌手能使用黑盒对自己选择的密文解密；午餐过后，给敌手一个目标密文，敌手试图对目标密文解密，但不能再使用黑盒了。

第(2)步可以形象地看作敌手发起攻击前对自己的训练(自学)，这种训练可通过挑战者，也可通过解密谕言机。谕言机也称为神谕、神使或传神谕者。神谕是古代希腊的一种宗教活动，由女祭司代神传谕，解答疑难者的叩问，她们被认为是在传达神的旨意。因为在 IND-CCA 游戏中，除了要求敌手是多项式时间的，不能对敌手的能力做任何限制，敌手除了自己有攻击 IND-CCA 游戏的能力外，可能还会借助于外力。这个外力来自哪里，我们不知道，所以称之为谕言机。

敌手的优势定义为安全参数 κ 的函数：

$$\mathrm{Adv}_{\Pi,\mathcal{A}}^{\mathrm{CCA}}(\kappa)=\left|\Pr[\beta'=\beta]-\frac{1}{2}\right|$$

上述 IND-CCA 游戏可形式化地描述如下，其中公钥加密方案是三元组 $\Pi=(\mathrm{KeyGen},\mathcal{E},D)$。

$\underline{\mathrm{Exp}_{\Pi,\mathcal{A}}^{\mathrm{CCA}}(\kappa)}$：

　$(\mathrm{pk},\mathrm{sk})\leftarrow \mathrm{KeyGen}(\kappa)$；

　$(M_0,M_1)\leftarrow \mathcal{A}^{\mathcal{D}_{\mathrm{sk}}(\cdot)}(\mathrm{pk})$，其中 $|M_0|=|M_1|$；

　$\beta\leftarrow_R\{0,1\}$，$C^*=\mathcal{E}_{\mathrm{pk}}(M_\beta)$；

　$\beta'\leftarrow\mathcal{A}(\mathrm{pk},C^*)$；

　如果 $\beta'=\beta$，则返回 1；否则返回 0.

敌手的优势定义为

$$\mathrm{Adv}_{\Pi,\mathcal{A}}^{\mathrm{CCA}}(\kappa)=\left|\Pr[\mathrm{Exp}_{\Pi,\mathcal{A}}^{\mathrm{CCA}}(\kappa)=1]-\frac{1}{2}\right|$$

游戏中 $(M_0,M_1)\leftarrow\mathcal{A}^{\mathcal{D}_{\mathrm{sk}}(\cdot)}(\mathrm{pk})$ 表示敌手的输入是 pk，在访问解密谕言机 $\mathcal{D}_{\mathrm{sk}}(\cdot)$ 后输出 (M_0,M_1)。

定义 2-6　如果对任何多项式时间的敌手 $\mathcal{A}$，存在一个可忽略的函数 $\varepsilon(\kappa)$，使得 $\mathrm{Adv}_{\Pi,\mathcal{A}}^{\mathrm{CCA}}(\kappa)\leqslant\varepsilon(\kappa)$，那么就称这个加密算法在选择密文攻击下具有不可区分性，或者称为 IND-CCA 安全。

下面给出 IND-CCA 安全的公钥加密方案的一个构造实例，称为 Noar-Yung 方案。该方案采用的是 CPA 安全的双加密系统(对同一消息加密)，并且要给出两次加密是对同一消息的零知识证明。

设 $\Pi=(\mathrm{KeyGen},\mathcal{E},\mathcal{D})$ 是一个 CPA 安全的公钥加密方案，$\Sigma=(\mathcal{P},\mathcal{V})$ 是一个 NP 语言的

适应性非交互式零知识证明系统,其中的公共参考串为 ω。以下方案 $\Pi^*=(\text{KeyGen}^*,\mathcal{E}^*,\mathcal{D}^*)$是 CCA 安全的公钥加密方案。

$\text{KeyGen}^*(\kappa)$:

$(pk_0,sk_0)\leftarrow \text{KeyGen}(\kappa)$;

$(pk_1,sk_1)\leftarrow \text{KeyGen}(\kappa)$;

$\omega\leftarrow_R\{0,1\}^{\text{poly}(\kappa)}$;

$pk^*=(pk_0,pk_1,\omega)$;

$sk^*=sk_0$.

$\mathcal{E}^*_{(pk_0,pk_1,\omega)}(M)$:

$r_0,r_1\leftarrow_R\{0,1\}^*$;

$CT_0=\mathcal{E}_{pk_0}(M;r_0)$;

$CT_1=\mathcal{E}_{pk_1}(M;r_1)$;

$\pi\leftarrow\mathcal{P}(\omega,(CT_0,CT_1),(r_0,r_1,M))$;

输出 (CT_0,CT_1,π).

$\mathcal{D}^*_{sk_0}(CT_0,CT_1,\pi)$:

如果$\mathcal{V}(\omega,(CT_0,CT_1,\pi))=0$

　输出$\perp$;

否则

　输出$\mathcal{D}_{sk_0}(CT_0)$.

该方案用语言描述如下:使用密钥生成算法 KeyGen 产生两个密钥对(公开钥和秘密钥),公布公开钥和公共参考串 ω,然后用第一个秘密钥作为 Π^* 的秘密钥(丢弃第二个秘密钥)。加密时,使用加密方案$\mathcal{E}$及两个公开钥 pk_0 和 pk_1 对消息 M 加密两次,两次加密使用的随机数记为 r_0 和 r_1。然后使用证明者算法$\mathcal{P}$证明两个密文对应的是同一明文,即证明$(CT_0,CT_1)\in L$,其中

$$L=((CT_0,CT_1)\mid\text{存在 } M,r_0,r_1,\text{ 使得 } CT_0=\mathcal{E}_{pk_0}(M,r_0),CT_1=\mathcal{E}_{pk_1}(M,r_1))$$

使用 r_0、r_1 和 M 作为产生证明的证据,然后把密文和证明发给接收者。解密时,首先验证 π,如果验证通过,则对第一个密文使用解密算法$\mathcal{D}$解密。

该方案的 CCA 安全性的直观理解:敌手收到密文 $CT=(CT_0,CT_1)$后,若像攻击 ElGamal 加密方案一样构造新的密文 $CT'=(CT_0',CT_1')$,使得 CT_0'和 CT_1'是对同一消息的加密,则无法做到。具体的安全性见定理 2-4。

定理 2-4　设 $\Pi=(\text{KeyGen},\mathcal{E},\mathcal{D})$是 CPA 安全的公钥加密方案,$\Sigma=(\mathcal{P},\mathcal{V})$是 NP 语言的适应性非交互式零知识证明系统,则方案 $\Pi^*=(\text{KeyGen}^*,\mathcal{E}^*,\mathcal{D}^*)$是 CCA 安全的公钥加密方案。

证明　挑战者建立以下两个游戏(第二个游戏与第一个游戏的区别用方框表示),其中$\mathcal{A}$是攻击方案 Π^* 的多项式时间的敌手,将$\mathcal{A}$分为两个阶段,第一阶段可以访问解密谕言机,第二阶段不允许访问解密谕言机。

$\text{Exp}_0(\kappa)$:

$(pk_0,sk_0),(pk_1,sk_1)\leftarrow \text{KeyGen}(\kappa)$;

$\omega\leftarrow_R\{0,1\}^{\text{poly}(\kappa)}$;

$pk^*=(pk_0,pk_1,\omega),sk^*=sk_0$;

$(M_0,M_1)\leftarrow\mathcal{A}^{\mathcal{D}_{sk^*}(\cdot)}(pk^*)$;

$r_0,r_1\leftarrow_R\{0,1\}^*$;

$CT_0=\mathcal{E}_{pk_0}(M_0;r_0),CT_1=\mathcal{E}_{pk_1}(M_0;r_1)$;

$\pi\leftarrow\mathcal{P}(\omega,(CT_0,CT_1),(r_0,r_1,M_0))$;

$\beta\leftarrow\mathcal{A}(pk^*,CT_0,CT_1,\pi)$;

如果 $\beta=0$,则返回 1;否则返回 0.

$\text{Exp}_{\text{Final}}(\kappa)$:

$(pk_0,sk_0),(pk_1,sk_1)\leftarrow \text{KeyGen}(\kappa)$;

$\omega\leftarrow_R\{0,1\}^{\text{poly}(\kappa)}$;

$pk^*=(pk_0,pk_1,\sigma),sk^*=sk_0$;

$(M_0,M_1)\leftarrow\mathcal{A}^{\mathcal{D}_{sk^*}(\cdot)}(pk^*)$;

$r_0,r_1\leftarrow_R\{0,1\}^*$;

$\boxed{CT_0=\mathcal{E}_{pk_0}(M_1;r_0),CT_1=\mathcal{E}_{pk_1}(M_1;r_1)}$;

$\boxed{\pi\leftarrow\mathcal{P}(\omega,(CT_0,CT_1),(r_0,r_1,M_1))}$;

$\beta\leftarrow\mathcal{A}(pk^*,CT_0,CT_1,\pi)$;

如果 $\beta=1$,则返回 1;否则返回 0.

$\text{Exp}_0(\kappa)=1$ 表示$\mathcal{A}$在游戏 Exp_0 中猜测正确,即(CT_0,CT_1)是同一明文 M_0 的密文。

$\mathrm{Exp}_{\mathrm{Final}}(\kappa)=1$ 表示$\mathcal{A}$在游戏 $\mathrm{Exp}_{\mathrm{Final}}$ 中猜测正确,即(CT_0,CT_1)是同一明文 M_1 的密文。

要证明方案是 CCA 安全的,需要证明$\mathcal{A}$不能区分上面两个游戏,即 $|\Pr[\mathrm{Exp}_0(\kappa)=1]-\Pr[\mathrm{Exp}_{\mathrm{Final}}(\kappa)=1]|$ 是可忽略的。为了达到目标,需要构造一系列中间游戏加以过渡,其中每两个相邻的游戏之间区别很小,使得$\mathcal{A}$区分相邻两个游戏之间的变化的优势是可忽略的。通过传递性就可以推出第一个游戏和最后一个游戏是不可区分的。由 $\mathrm{Exp}_0(\kappa)$ 过渡到 $\mathrm{Exp}_{\mathrm{Final}}(\kappa)$ 就是由对 M_0 的两次加密过渡到对 M_1 的两次加密。为了通过过渡时的零知识证明,挑战者将零知识证明先过渡到模拟的证明,将解密谕言机(挑战者知道秘密钥,可担当解密谕言机)由 sk_0 过渡到 sk_1。一旦 M_0 过渡到 M_1,再把零知识证明由模拟的过渡到真实的,解密谕言机由 sk_1 过渡到 sk_0。

为此需要 7 个不同的游戏,描述如下:

- Exp_0:这是一个真实的游戏,敌手挑战时得到 M_0 的密文。
- Exp_1:将 Exp_0 中的证明系统 Σ 改为模拟器,以产生模拟证明 π,其余部分与 Exp_0 相同。
- Exp_2:将 Exp_1 中的 CT_1 换成 M_1 的密文,其余部分与 Exp_1 相同。
- Exp_3:将 Exp_2 中的解密谕言机由使用 sk_0 改为使用 sk_1,其余部分与 Exp_2 相同。
- Exp_4:将 Exp_3 中的 CT_0 换成 M_1 的密文,其余部分与 Exp_3 相同。
- Exp_5:将 Exp_4 中的解密谕言机由使用 sk_1 改为使用 sk_0,其余部分与 Exp_4 相同。
- Exp_6:将 Exp_5 中的模拟证明改为使用 Σ 产生证明 π,其余部分与 Exp_5 相同。

Exp_6 就是 $\mathrm{Exp}_{\mathrm{Final}}$。

7 个游戏的变化情况及不可区分性的原因如表 2-1 所示。其中,Sim 是证明系统 Σ 所使用的模拟器,第 6 列是本次 Exp 与上一 Exp 不可区分的原因,Fake 的定义在后面。

表 2-1　7 个游戏的变化情况及不可区分性的原因

Exp	第 1 个密文	第 2 个密文	证明系统	解密谕言机	原　因
0	CT_0	CT_0	Σ	sk_0	
1	CT_0	CT_0	Sim	sk_0	Σ 的零知识性
2	CT_0	CT_1	Sim	sk_0	Π 的语义安全性
3	CT_0	CT_1	Sim	sk_1	Fake 可忽略
4	CT_1	CT_1	Sim	sk_1	Π 的语义安全性
5	CT_1	CT_1	Sim	sk_0	Fake 可忽略
6	CT_1	CT_1	Σ	sk_0	Σ 的零知识性

设 $\mathrm{Sim}=(\mathrm{Sim}_1,\mathrm{Sim}_2)$是证明系统 Σ 所使用的模拟器。将 Exp_0 中的公共参考串和证明者$\mathcal{P}$产生的证明都换成模拟的,得到如下游戏(它与上一游戏的区别仍用方框表示,后面不再说明):

$\underline{\mathrm{Exp}_1(\kappa)}$:

$(\mathrm{pk}_0,\mathrm{sk}_0),(\mathrm{pk}_1,\mathrm{sk}_1)\leftarrow\mathrm{KeyGen}(\kappa)$;

$\boxed{\omega \leftarrow \mathrm{Sim}_1(\kappa)}$;

$\mathrm{pk}^* = (\mathrm{pk}_0, \mathrm{pk}_1, \omega), \mathrm{sk}^* = \mathrm{sk}_0$;

$(M_0, M_1) \leftarrow \mathcal{A}^{\mathcal{D}_{\mathrm{sk}^*}(\cdot)}(\mathrm{pk}^*)$;

$r_0, r_1 \leftarrow_R \{0,1\}^*$;

$\mathrm{CT}_0 = \mathcal{E}_{\mathrm{pk}_0}(M_0; r_0), \mathrm{CT}_1 = \mathcal{E}_{\mathrm{pk}_1}(M_0; r_1)$;

$\boxed{\pi \leftarrow \mathrm{Sim}_2((\mathrm{CT}_0, \mathrm{CT}_1))}$;

$\beta \leftarrow \mathcal{A}(\mathrm{pk}^*, \mathrm{CT}_0, \mathrm{CT}_1, \pi)$;

如果 $\beta=0$,返回 1;否则返回 0.

断言 2-1 对$\mathcal{A}$来说,$|\Pr[\mathrm{Exp}_0(\kappa)=1]-\Pr[\mathrm{Exp}_1(\kappa)=1]|$是可忽略的。

证明 将以上结论归约到证明系统 Σ 的零知识性上。$\mathcal{B}$收到 (ω, π),用$\mathcal{A}$构造一个算法区分 (ω, π)是真实的证明还是模拟的证明。

$\underline{\mathcal{B}(\omega, \pi)}$:

收到 ω 作为第一阶段的输入;

$(\mathrm{pk}_0, \mathrm{sk}_0), (\mathrm{pk}_1, \mathrm{sk}_1) \leftarrow \mathrm{KeyGen}(\kappa)$;

$\mathrm{pk}^* = (\mathrm{pk}_0, \mathrm{pk}_1, \omega)$;

$\mathrm{sk}^* = \mathrm{sk}_0$;

$(M_0, M_1) \leftarrow \mathcal{A}^{\mathcal{D}_{\mathrm{sk}^*}(\cdot)}(\mathrm{pk}^*)$;/注意,$\mathcal{B}$可以为$\mathcal{A}$模拟解密谕言机

$r_0, r_1 \leftarrow_R \{0,1\}^*$;

$\mathrm{CT}_0 = \mathcal{E}_{\mathrm{pk}_0}(M_0; r_0), \mathrm{CT}_1 = \mathcal{E}_{\mathrm{pk}_1}(M_0; r_1)$;

将$((\mathrm{CT}_0, \mathrm{CT}_1), (r_0, r_1, M_0))$ 作为第一阶段的输出;

将 π 作为第二阶段的输入;

$\beta \leftarrow \mathcal{A}(\mathrm{pk}^*, \mathrm{CT}_0, \mathrm{CT}_1, \pi)$;

如果 $\beta=0$,则返回 1;否则返回 0.

分别用 $\mathrm{ZK}_{\mathrm{real}}$和 $\mathrm{ZK}_{\mathrm{sim}}$表示事件:$\mathcal{B}$输入的证明 π 是真实和模拟的。一方面,如果事件 $\mathrm{ZK}_{\mathrm{real}}$发生,则$\mathcal{A}$在上面的游戏中的视图和它在 Exp_0 中的视图相同,所以 $\Pr[\mathrm{Exp}_0(\kappa)=1]=\Pr[\mathcal{B}(\omega,\pi)=1|\mathrm{ZK}_{\mathrm{real}}]$。另一方面,如果事件 $\mathrm{ZK}_{\mathrm{sim}}$发生,则$\mathcal{A}$在上面的游戏中的视图和 Exp_1 相同,所以有 $\Pr[\mathrm{Exp}_1(\kappa)=1]=\Pr[\mathcal{B}(\omega,\pi)=1|\mathrm{ZK}_{\mathrm{sim}}]$。由于 Σ 的零知识性,$|\Pr[\mathcal{B}(\omega,\pi)=1|\mathrm{ZK}_{\mathrm{real}}]-\Pr[\mathcal{B}(\omega,\pi)=1|\mathrm{ZK}_{\mathrm{sim}}]|$是可忽略的,因此有上述结论。

(断言 2-1 证毕)

第二个游戏与第一个游戏不同的地方在于它不是把 M_0 加密两次,而是对 M_0 和 M_1 各加密一次。

$\underline{\mathrm{Exp}_2(\kappa)}$:

$(\mathrm{pk}_0, \mathrm{sk}_0), (\mathrm{pk}_1, \mathrm{sk}_1) \leftarrow \mathrm{KeyGen}(\kappa)$;

$\omega \leftarrow \mathrm{Sim}_1(\kappa)$;

$\mathrm{pk}^* = (\mathrm{pk}_0, \mathrm{pk}_1, \omega), \mathrm{sk}^* = \mathrm{sk}_0$;

$(M_0, M_1) \leftarrow \mathcal{A}^{\mathcal{D}_{\mathrm{sk}^*}(\cdot)}(\mathrm{pk}^*)$;

$r_0, r_1 \leftarrow_R \{0,1\}^*$;

$CT_0 = \mathcal{E}_{pk_0}(M_0; r_0)$, $\boxed{CT_1 = \mathcal{E}_{pk_1}(M_1; r_1)}$;

$\pi \leftarrow Sim_2((CT_0, CT_1))$;

$\beta \leftarrow \mathcal{A}(pk^*, CT_0, CT_1, \pi)$;

如果 $\beta=0$,返回 1;否则返回 0.

可以注意到,在上面的游戏中,模拟器输入的是两个不同明文对应的密文。这样的输入不在语言 L 中,模拟是平凡的,即 π 可随机产生。然而,可以看到,在这种情况下这两个游戏依然是不可区分的,因为使用的公钥加密方案是语义安全的,所以对 M_0 的加密和对 M_1 的加密不可区分。下面是正式的证明。

断言 2-2 对$\mathcal{A}$来说,$|\Pr[Exp_2(\kappa)=1]-\Pr[Exp_1(\kappa)=1]|$是可忽略的。

证明 使用$\mathcal{A}$来构造算法$\mathcal{B}$,以攻击加密方案 Π 的语义安全性。回忆语义安全性的定义和游戏,$\mathcal{B}$获得一个公开钥 pk,输出两个消息(M_0, M_1),得到其中之一的密文,然后猜是哪一个。$\mathcal{B}$不能访问解密谕言机。

$\mathcal{B}(pk)$:

设 $pk_1 = pk$;

$(pk_0, sk_0) \leftarrow KeyGen(\kappa)$;

$\omega \leftarrow Sim_1(\kappa)$;

$pk^* = (pk_0, pk_1, \omega)$, $sk^* = sk_0$;

$(M_0, M_1) \leftarrow \mathcal{A}^{\mathcal{D}_{sk^*}(\cdot)}(pk^*)$;　　　/注意,$\mathcal{B}$知道 sk^*,可以为$\mathcal{A}$模拟解密谕言机

将 (M_0, M_1)给挑战者;

从挑战者收到 CT_1(为 M_0 或 M_1 的密文,所用的随机数 r_1 未知);

$r_0 \leftarrow_R \{0,1\}^*$;

$CT_0 = \mathcal{E}_{pk_0}(M_0; r_0)$;

$\pi = Sim_2((CT_0, CT_1))$;

$\beta \leftarrow \mathcal{A}(pk^*, CT_0, CT_1, \pi)$;

输出 β.

$\mathcal{B}(pk)=1$ 表示 CT_1 是 M_1 的密文,$\mathcal{B}(pk)=0$ 表示 CT_1 是 M_0 的密文。$\mathcal{B}(pk)=1$ 时,$\mathcal{A}$的视图就是游戏 Exp_2 中的视图;$\mathcal{B}(pk)=0$ 时,$\mathcal{A}$的视图就是游戏 Exp_1 中的视图。因此$\mathcal{A}$区分 Exp_1 和 Exp_2 的优势就和$\mathcal{B}$区分 CT_1 是 M_0 的密文还是 M_1 的密文的优势相等,即$|\Pr[Exp_2(\kappa)=1]-\Pr[Exp_1(\kappa)=1]| = |\Pr[\mathcal{B}(pk)=1]-\Pr[\mathcal{B}(pk)=0]|$,由加密方案 $\Pi=(KeyGen, \mathcal{E}, \mathcal{D})$的语义安全性可知,这个值是可忽略的。

(断言 2-2 证毕)

在构造第三个游戏时,需要构造一个敌手$\mathcal{B}$来区分密文,但要求$\mathcal{B}$能为$\mathcal{A}$模拟解密谕言机,为此$\mathcal{B}$需要 sk_0,但此时$\mathcal{B}$并没有 sk_0。所以在继续之前还需要多做一些事情。

设 Fake 表示以下事件:$\mathcal{A}$向解密谕言机提交了一个解密询问(CT_0, CT_1, π),其中$\mathcal{D}_{sk_0}(CT_0) \neq \mathcal{D}_{sk_1}(CT_1)$但是$\mathcal{V}(\omega, (CT_0, CT_1), \pi)=1$。用 $\Pr_{Exp}[Fake]$表示在游戏 Exp 中 Fake 发生的概率。

断言 2-3 对$\mathcal{A}$来说,$\Pr_{\text{Exp}_2}[\text{Fake}]$是可忽略的。

证明 首先注意到

$$\Pr_{\text{Exp}_2}[\text{Fake}]=\Pr_{\text{Exp}_1}[\text{Fake}] \tag{2-3}$$

这是因为,在 Exp_1 和 Exp_2 中,$\mathcal{A}$仅在第一阶段向解密谕言机提交了一个解密询问,两个游戏在第一阶段的询问过程和应答过程是完全相同的。

下面证明$|\Pr_{\text{Exp}_1}[\text{Fake}]-\Pr_{\text{Exp}_0}[\text{Fake}]|$是可忽略的。在 Exp_0 中 ω 是随机的,而在 Exp_1 中 ω 是模拟的。下面利用$\mathcal{A}$构造一个算法$\mathcal{B}$以区分 ω 是真实的还是模拟的。在 Exp_0 和 Exp_1 中,游戏的主体产生密钥对$(\text{pk}_0,\text{sk}_0)$和$(\text{pk}_1,\text{sk}_1)$后,以 sk_0 作为秘密钥,sk_1 不再需要,可丢弃;而在下面构造$\mathcal{B}$时,$\mathcal{B}$作为游戏的主体需要判断 Fake 是否发生,因此需要保留 sk_1。构造如下:

$\mathcal{B}(\omega)$:

$(\text{pk}_0,\text{sk}_0),(\text{pk}_1,\text{sk}_1)\leftarrow\text{KeyGen}(\kappa)$;

$\text{pk}^*=(\text{pk}_0,\text{pk}_1,r)$;

运行$\mathcal{A}^{\mathcal{D}^*_{\text{sk}^*}(\cdot)}(\text{pk}^*)$: $\mathcal{B}$为$\mathcal{A}$模拟$\mathcal{D}^*_{\text{sk}^*}(\cdot)$。如果$\mathcal{A}$的询问$(\text{CT}_0,\text{CT}_1,\pi)$使 Fake 发生,则返回 1;否则返回 0.

$\mathcal{B}(\omega)=1$ 意味着事件 Fake 发生,$\mathcal{B}(\omega)=0$ 意味着事件 Fake 不发生,所以 $\Pr[\mathcal{B}(\omega)=1|\text{ZK}_{\text{sim}}]=\Pr_{\text{Exp}_1}[\text{Fake}]$。同理可得 $\Pr[\mathcal{B}(\omega)=1|\text{ZK}_{\text{real}}]=\Pr_{\text{Exp}_0}[\text{Fake}]$。由于 Σ 是适应性安全的零知识证明系统,$|\Pr[\mathcal{B}(\omega)=1|\text{ZK}_{\text{sim}}]-\Pr[\mathcal{B}(\omega)=1|\text{ZK}_{\text{real}}]|$是可忽略的,所以

$$|\Pr_{\text{Exp}_1}[\text{Fake}]-\Pr_{\text{Exp}_0}[\text{Fake}]| \tag{2-4}$$

是可忽略的。

最后,可以注意到仅当$\mathcal{A}$能对$(\text{CT}_0,\text{CT}_1)\notin L$ 产生一个证明,使得$\mathcal{V}(\omega,(\text{CT}_0,\text{CT}_1),\pi)=1$ 时 Fake 发生,由$(\mathcal{P},\mathcal{V})$系统的可靠性知

$$\Pr_{\text{Exp}_0}[\text{Fake}] \tag{2-5}$$

是可忽略的。由式(2-3)～式(2-5)可得断言 2-3。

(断言 2-3 证毕)

下面构造 Exp_3。将 Exp_2 中的解密谕言机由使用 sk_0 改为使用 sk_1,其余部分与 Exp_2 相同。

$\text{Exp}_3(\kappa)$:

$(\text{pk}_0,\text{sk}_0),(\text{pk}_1,\text{sk}_1)\leftarrow\text{KeyGen}(\kappa)$;

$\omega\leftarrow\text{Sim}_1(\kappa)$;

$\text{pk}^*=(\text{pk}_0,\text{pk}_1,\omega)$, $\boxed{\text{sk}^*=\text{sk}_1}$;

$(M_0,M_1)\leftarrow\mathcal{A}^{\mathcal{D}_{\text{sk}^*}(\cdot)}(\text{pk}^*)$;

$r_0,r_1\leftarrow_R\{0,1\}^*$;

$\text{CT}_0=\mathcal{E}_{\text{pk}_0}(M_0;r_0),\text{CT}_1=\mathcal{E}_{\text{pk}_1}(M_1;r_1)$;

$\pi\leftarrow\text{Sim}_2((\text{CT}_0,\text{CT}_1))$;

$\beta\leftarrow\mathcal{A}(\text{pk}^*,\text{CT}_0,\text{CT}_1,\pi)$;

如果 $\beta=0$,返回 1;否则返回 0.

断言 2-4　对$\mathcal{A}$来说，$|\Pr[\text{Exp}_3(\kappa)=1]-\Pr[\text{Exp}_2(\kappa)=1]|$是可忽略的。

证明　在$\mathcal{A}$看来，仅当 Fake 发生时，Exp_3 与 Exp_2 产生差异。这是因为，当 CT_0 和 CT_1 对应的明文一样时，用 sk_0 或者 sk_1 解密没有差别。不难看出 $\Pr_{\text{Exp}_2}[\text{Fake}]=\Pr_{\text{Exp}_3}[\text{Fake}]$。由断言 2-3，在 Exp_3 与 Exp_2 中，Fake 发生的概率都是可忽略的，所以断言 2-4 成立。

（断言 2-4 证毕）

下面构造 Exp_4。将 Exp_3 中的 CT_0 换成 M_1 的密文，其余部分与 Exp_3 相同。

$\underline{\text{Exp}_4(\kappa)}$：

$(\text{pk}_0,\text{sk}_0),(\text{pk}_1,\text{sk}_1)\leftarrow\text{KeyGen}(\kappa)$；

$\omega\leftarrow_R \text{Sim}_1(\kappa)$；

$\text{pk}^*=(\text{pk}_0,\text{pk}_1,\omega),\text{sk}^*=\text{sk}_1$；

$(M_0,M_1)\leftarrow\mathcal{A}^{\mathcal{D}_{\text{sk}^*}(\cdot)}(\text{pk}^*)$；

$r_0,r_1\leftarrow_R\{0,1\}^{\text{poly}(\kappa)}$；

$\boxed{\text{CT}_0=\mathcal{E}_{\text{pk}_0}(M_1;r_0)}$，$\text{CT}_1=\mathcal{E}_{\text{pk}_1}(M_1;r_1)$；

$\pi\leftarrow\text{Sim}_2((\text{CT}_0,\text{CT}_1))$；

$\beta\leftarrow\mathcal{A}(\text{CT}_0,\text{CT}_1,\pi)$；

如果 $\beta=1$，返回 1；否则返回 0.

断言 2-5　对$\mathcal{A}$来说，$|\Pr[\text{Exp}_4(\kappa)=1]-\Pr[\text{Exp}_3(\kappa)=1]|$是可忽略的。

证明　证明方法与断言 2-2 类似。假设对$\mathcal{A}$来说$|\Pr[\text{Exp}_4(\kappa)=1]-\Pr[\text{Exp}_3(\kappa)=1]|$不可忽略，那么就可以构造一个敌手$\mathcal{B}(\text{pk}_0)$攻破加密方案 Π 的 IND-CPA 安全性，矛盾。

$\underline{\mathcal{B}(\text{pk}_0)}$：

$(\text{pk}_1,\text{sk}_1)\leftarrow\text{KeyGen}(\kappa)$；

$\omega\leftarrow\text{Sim}_1(\kappa)$；

$\text{pk}^*=(\text{pk}_0,\text{pk}_1,r)$，$\text{sk}^*=\text{sk}_1$；

$(M_0,M_1)\leftarrow\mathcal{A}^{\mathcal{D}_{\text{sk}^*}(\cdot)}(\text{pk}^*)$；

$\beta\leftarrow_R\{0,1\}$；$\boxed{\text{CT}_0=\mathcal{E}_{\text{pk}_0}(M_\beta)}$；

$\text{CT}_1=\mathcal{E}_{\text{pk}_1}(M_1)$；

$\pi\leftarrow\text{Sim}_2((\text{CT}_0,\text{CT}_1))$；

$\beta'\leftarrow\mathcal{A}(\text{CT}_0,\text{CT}_1,\pi)$；

如果 $\beta'=\beta$，返回 1；否则返回 0.

因为$\mathcal{A}$是 PPT 的，所以$\mathcal{B}$也是 PPT 的。$(\text{pk}_1,\text{sk}_1)$是$\mathcal{B}$自己产生的且 $\text{sk}^*=\text{sk}_1$，所以$\mathcal{B}$可以模拟$\mathcal{A}$的解密谕言机$\mathcal{D}_{\text{sk}^*}(\cdot)$。如果 $\text{CT}_0=\mathcal{E}_{\text{pk}_0}(M_0)$，则上述过程和 Exp_3 一样；如果 $\text{CT}_0=\mathcal{E}_{\text{pk}_0}(M_1)$，则上述过程和 Exp_4 一样。所以$|\Pr[\text{Exp}_4(\kappa)=1]-\Pr[\text{Exp}_3(\kappa)=1]|$就是$\mathcal{B}$区分 $\text{CT}_0=\mathcal{E}_{\text{pk}_0}(M_0)$和 $\text{CT}_0=\mathcal{E}_{\text{pk}_0}(M_1)$的优势。由于加密方案 Π 的语义安全性，因此这个优势是可忽略的。

（断言 2-5 证毕）

在构造 Exp_5 时,将 Exp_4 中的解密谕言机由使用 sk_1 改为使用 sk_0,其余部分与 Exp_4 相同。

断言 2-6 对 $\mathcal{A}$ 来说,$|\Pr[\text{Exp}_5(\kappa)=1]-\Pr[\text{Exp}_4(\kappa)=1]|$ 是可忽略的。

证明方法与断言 2-4 相同。

然后构造 Exp_6,把模拟的证明换为真实的证明,这样 Exp_6 就是敌手获得 M_1 的密文的真实游戏。

$\underline{\text{Exp}_6(\kappa)}$:

$(\text{pk}_0,\text{sk}_0),(\text{pk}_1,\text{sk}_1)\leftarrow\text{KeyGen}(\kappa)$;

$\boxed{\omega\leftarrow_R\{0,1\}^{\text{poly}(\kappa)}}$;

$\text{pk}^*=(\text{pk}_0,\text{pk}_1,\omega),\ \text{sk}^*=\text{sk}_0$;

$(M_0,M_1)\leftarrow\mathcal{A}^{\mathcal{D}_{\text{sk}^*}(\cdot)}(\text{pk}^*)$;

$r_0,r_1\leftarrow_R\{0,1\}^{\text{poly}(\kappa)}$;

$\text{CT}_0=\mathcal{E}_{\text{pk}_0}(M_1;r_0),\ \text{CT}_1=\mathcal{E}_{\text{pk}_1}(M_1;r_1)$;

$\boxed{\pi\leftarrow\mathcal{P}(\omega,(\text{CT}_0,\text{CT}_1),(r_0,r_1))}$;

$\beta\leftarrow\mathcal{A}(\text{CT}_0,\text{CT}_1,\pi)$;

如果 $\beta=1$,返回 1;否则返回 0.

断言 2-7 对 $\mathcal{A}$ 来说,$|\Pr[\text{Exp}_6(\kappa)=1]-\Pr[\text{Exp}_5(\kappa)=1]|$ 是可忽略的。

证明 与断言 2-1 的证明类似,如果存在一个敌手能够区分这两个游戏,那么就能构造另一个敌手区分真实和模拟的证明,和证明系统的零知识性矛盾。

(断言 2-7 证毕)

从以上一系列断言就可以得出结论:$|\Pr[\text{Exp}_6(\kappa)=1]-\Pr[\text{Exp}_0(\kappa)=1]|$ 是可忽略的,然而 Exp_0 就是使用 $\Pi^*=(\text{KeyGen}^*,\mathcal{E}^*,\mathcal{D}^*)$ 加密 M_0,而 Exp_6 就是使用 $\Pi^*=(\text{KeyGen}^*,\mathcal{E}^*,\mathcal{D}^*)$ 加密 M_1,这样就证明了用 $\Pi^*=(\text{KeyGen}^*,\mathcal{E}^*,\mathcal{D}^*)$ 加密 M_0 还是加密 M_1 是不可区分的。

(定理 2-4 证毕)

定理 2-4 的证明是在 7 个游戏之间证明两两不可区分。一般地,设真实游戏是 Exp_0,用 X_0 表示事件 $\beta'=\beta$,用 X_n 表示事件 $\Pr[\beta'=\beta]=\frac{1}{2}$(游戏记为 Exp_n)。要证明敌手的优势 $\text{Adv}_{\Pi,\mathcal{A}}^{\text{CCA}}(\kappa)=\left|\Pr[\beta'=\beta]-\frac{1}{2}\right|$ 是可忽略的,即 $|\Pr[X_0]-\Pr[X_n]|$ 是可忽略的,只需证明 Exp_0 和 Exp_n 是不可区分的。有时需要构造一系列中间游戏(至多多项式个)$\text{Exp}_1,\text{Exp}_2,\cdots,\text{Exp}_{n-1}$,使得任意两个相邻的游戏 Exp_i 和 Exp_{i+1} 是不可区分的,相应地 $|\Pr[X_i]-\Pr[X_{i+1}]|$ 是可忽略的。因此

$$\begin{aligned}\text{Adv}_{\Pi,\mathcal{A}}^{\text{CCA}}(\kappa)&=\left|\Pr[\beta'=\beta]-\frac{1}{2}\right|=|\Pr[X_0]-\Pr[X_n]|\\&\leqslant|\Pr[X_0]-\Pr[X_1]|+|\Pr[X_1]-\Pr[X_2]|+\cdots+|\Pr[X_{n-1}]-\Pr[X_n]|\\&\leqslant n\cdot\varepsilon(\kappa)\end{aligned}$$

是可忽略的。

2.3 公钥加密方案在适应性选择密文攻击下的不可区分性

1991 年，Dolev、Dwork、Naor[16]以及 Sahai[17]提出了适应性选择密文攻击（Adaptive Chosen Ciphertext Attack，CCA2）的概念。在 CCA2 中，敌手获得目标密文后，可以向网络中注入消息（可以和目标密文相关），然后通过和网络中的用户交互获得与目标密文相应的明文的部分信息。

IND 游戏（称为 IND-CCA2 游戏）如下：

（1）初始化。挑战者建立系统 Π，敌手获得系统的公开钥。

（2）训练阶段 1。敌手向挑战者（或解密谕言机）做解密询问（可以为多项式有界次），即取密文 CT 给挑战者，挑战者解密后将明文给敌手。

（3）挑战。敌手输出两个长度相同的消息 M_0 和 M_1，再从挑战者接收 M_β 的密文 C^*，其中随机值 $\beta \leftarrow_R \{0,1\}$。

（4）训练阶段 2。敌手继续向挑战者（或解密谕言机）做解密询问（可以为多项式有界次），即取密文 CT 给挑战者（$\text{CT} \neq C^*$），挑战者解密后将明文给敌手。

（5）猜测。敌手输出 β'，如果 $\beta' = \beta$，则敌手攻击成功。

敌手的优势定义为安全参数 κ 的函数：

$$\text{Adv}_{\Pi,\mathcal{A}}^{\text{CCA2}}(\kappa) = \left| \Pr[\beta' = \beta] - \frac{1}{2} \right|$$

上述 IND-CCA2 游戏可形式化地描述如下，其中公钥加密方案是三元组 $\Pi = (\text{KeyGen}, \mathcal{E}, \mathcal{D})$。

$\underline{\text{Exp}_{\Pi,\mathcal{A}}^{\text{CCA2}}(\kappa)}$：

$(\text{pk}, \text{sk}) \leftarrow \text{KeyGen}(\kappa)$；

$(M_0, M_1) \leftarrow \mathcal{A}^{\mathcal{D}_{\text{sk}}(\cdot)}(\text{pk})$，其中 $|M_0| = |M_1|$；

$\beta \leftarrow_R \{0,1\}, C^* = \mathcal{E}_{\text{pk}}(M_\beta)$；

$\beta' \leftarrow \mathcal{A}^{\mathcal{D}_{\text{sk},\neq C^*}(\cdot)}(\text{pk}, C^*)$；

如果 $\beta' = \beta$，则返回 1；否则返回 0.

其中 $\mathcal{D}_{\text{sk},\neq C^*}(\cdot)$ 表示敌手向解密谕言机 $\mathcal{D}_{\text{sk}}(\cdot)$ 询问除 C^* 外的密文。敌手的优势定义为

$$\text{Adv}_{\Pi,\mathcal{A}}^{\text{CCA2}}(\kappa) = \left| \Pr[\text{Exp}_{\Pi,\mathcal{A}}^{\text{CCA2}}(\kappa) = 1] - \frac{1}{2} \right|$$

定义 2-7　如果对任何多项式时间的敌手 $\mathcal{A}$，存在一个可忽略的函数 $\varepsilon(\kappa)$，使得 $\text{Adv}_{\Pi,\mathcal{A}}^{\text{CCA2}}(\kappa) \leqslant \varepsilon(\kappa)$，那么就称这个加密算法 Π 在适应性选择密文攻击下具有不可区分性，或者称为 IND-CCA2 安全。

在设计抗击主动敌手的密码协议（如数字签名、认证、密钥交换、多方计算等）时，

IND-CCA2 安全的密码系统是有力的密码原语[①]。

构造 IND-CCA2 安全的公钥加密算法，就是要保证算法的不可延展性。延展性是指已知一个密文，产生另一个不相同的密文，使得这两个密文对应的明文是相同的或相关的。即，敌手已知 $C^*=\mathcal{E}_{pk}(M_\beta)$，可产生另一个密文 $C=\mathcal{E}_{pk}(M_\gamma)$，使得 $C^*\neq C$ 但 $M_\beta=M_\gamma$ 或者相关。

如果算法是可延展的，则敌手得到挑战密文 C^* 后，就可产生另一个密文 C，拿 C 询问解密谕言机，就可得到 M_β 或与 M_β 相关的明文。

现在通过一个反例看看为什么 Noar-Yung 方案不能抵御适应性选择密文攻击。

设 $\Pi=(\text{KeyGen},\mathcal{E},\mathcal{D})$ 是 CPA 安全的公钥加密方案，$\Sigma=(\mathcal{P},\mathcal{V})$ 是适应性安全的非交互式零知识证明系统，ω 是系统使用的公共参考串。构造新的非交互式零知识证明系统 $\Sigma'=(\mathcal{P}',\mathcal{V}')$ 如下，其中"|"是级联：

$\underline{\mathcal{P}'(\omega,(\text{CT}_0,\text{CT}_1),(r_0,r_1)):}$

输出 $\pi'=\pi|0=\mathcal{P}(\omega,(\text{CT}_0,\text{CT}_1),(r_0,r_1))|0.$

$\underline{\mathcal{V}'(\omega,(\text{CT}_0,\text{CT}_1),\pi'):}$

令 $\pi'=\pi|0$，输出 $\mathcal{V}(\omega,(\text{CT}_0,\text{CT}_1),\pi).$

容易证明 $(\mathcal{P}',\mathcal{V}')$ 也是一个适应性安全的非交互式零知识证明系统。

由 Π 和 Σ'，按照 Noar-Yung 方案构造出的方案 $\Pi^*=(\text{KeyGen}^*,\mathcal{E}^*,\mathcal{D}^*)$ 不是 IND-CCA2 安全的。

构造一个敌手 $\mathcal{A}$，以如下方式可适应性选择密文攻破 Π^*：

$\underline{\mathcal{A}(\text{pk}):}$

$(M_0,M_1)\leftarrow\mathcal{A}(\text{pk})$；

得到 $(\text{CT}_0,\text{CT}_1,\pi|0)$；

向 $\mathcal{D}_{sk}(\cdot)$ 询问 $(\text{CT}_0,\text{CT}_1,\pi|1)$；

得到并返回 M_β.

在上面的攻击中，敌手仅修改挑战密文的最后1比特(延展性)，然后将其提交给解密谕言机，就可以得到对应的真正明文，所以 Noar-Yung 方案不是 IND-CCA2 安全的。

用一次性强签名方案可以解决延展性问题。

定义 2-8 一个签名方案(在某一消息空间 $\mathcal{M}$)是一个多项式时间算法的三元组(SigGen, Sign, Vrfy)：

(1) 密钥生成(SigGen)是一个随机化算法，输入为安全参数 κ，输出密钥对(vk, sk)，其中 vk 是验证密钥，sk 是签名密钥。

(2) 签名(Sign)是一个随机化算法，输入签名密钥 sk 和要签名的消息 $M\in\mathcal{M}$，输出一个签名 σ(表示为 $\sigma=\text{Sign}_{sk}(M)$)。

(3) 验证(Vrfy)是一个确定性算法，输入验证密钥 vk、消息 $M\in\mathcal{M}$ 和签名 σ，输出1或0(1表示签名有效，0表示无效)。

---

① 原语是指由若干条指令组成的，用于完成一定功能的一个过程。

定义 2-9　对于一个签名方案(SigGen, Sign, Vrfy)，如果对任何多项式有界时间的敌手$\mathcal{A}$在以下实验中的优势是可忽略的：

$\underline{\mathrm{Exp}_{\mathrm{Sig},\mathcal{A}}^{\mathrm{OTS}}(\kappa)}$：

$(\mathrm{vk},\mathrm{sk})\leftarrow\mathrm{SigGen}(\kappa)$；

$M\leftarrow\mathcal{A}(\mathrm{vk})$；

$\sigma=\mathrm{Sign}_{\mathrm{sk}}(M)$；

$(M',\sigma')\leftarrow\mathcal{A}(\mathrm{vk},\sigma)$；

如果 $\mathrm{Vrfy}_{\mathrm{vk}}(M',\sigma')=1\wedge(M',\sigma')\neq(M,\sigma)$，返回 1；否则返回 0.

则称该签名方案为一次性强签名方案。

敌手的优势定义为

$$\mathrm{Adv}_{\mathrm{Sig},\mathcal{A}}^{\mathrm{OTS}}(\kappa)=|\Pr[\mathrm{Exp}_{\mathrm{Sig},\mathcal{A}}^{\mathrm{OTS}}(\kappa)=1]|$$

定义 2-9 意味着敌手已知一个消息-签名对时不能伪造其他消息的签名。$(M',\sigma')\neq(M,\sigma)$意味着即使 $M'=M$，σ'与σ 也不同，即敌手对同一消息也不能伪造另一签名。

在上面构造的 Π^* 中，对密文$(\mathrm{CT}_0,\mathrm{CT}_1,\pi|0)$加上一次性强签名，$\mathcal{A}$即使得到密文$(\mathrm{CT}_0,\mathrm{CT}_1,\pi|0)$及其签名 σ，也不能产生密文$(\mathrm{CT}_0,\mathrm{CT}_1,\pi|1)$的签名，从而防止延展性。

Dolev、Dwork 和 Naor 基于 IND-CPA 安全的加密方案、一次性强签名方案和适应性非交互式零知识证明方案构造了一个能抵御适应性选择密文攻击的通用加密方案(简称为 DDN 方案)[4]。构造方法如下：

设 $\Pi=(\mathrm{KeyGen},\mathcal{E},\mathcal{D})$是一个 IND-CPA 安全的加密方案，$\Sigma=(\mathcal{P},\mathcal{V})$是一个适应性安全的非交互式零知识证明系统，Sig=(SigGen, Sign, Vrfy)是一次性强签名方案，DDN 方案 $\Pi'=(\mathrm{KeyGen}',\mathcal{E}',D')$如下：

$\underline{\mathrm{KeyGen}'(\kappa)}$：

for $i=1$ to κ do{ $(\mathrm{pk}_{i,0},\mathrm{sk}_{i,0})\leftarrow\mathrm{KeyGen}(\kappa)$，$(\mathrm{pk}_{i,1},\mathrm{sk}_{i,1})\leftarrow\mathrm{KeyGen}(\kappa)$}；

$\omega\leftarrow_R\{0,1\}^{\mathrm{poly}(\kappa)}$；/零知识证明的公共参考串

输出 $\mathrm{pk}^*=\left(\begin{bmatrix}\mathrm{pk}_{1,0}\ \mathrm{pk}_{2,0}\cdots\ \mathrm{pk}_{\kappa,0}\\ \mathrm{pk}_{1,1}\ \mathrm{pk}_{2,1}\cdots\ \mathrm{pk}_{\kappa,1}\end{bmatrix},\omega\right)$，$\mathrm{sk}^*=\begin{bmatrix}\mathrm{sk}_{1,0}\ \mathrm{sk}_{2,0}\cdots\ \mathrm{sk}_{\kappa,0}\\ \mathrm{sk}_{1,1}\ \mathrm{sk}_{2,1}\cdots\ \mathrm{sk}_{\kappa,1}\end{bmatrix}$.

$\underline{\mathcal{E}'_{\mathrm{pk}^*}(M)}$：

$(\mathrm{vk},\mathrm{sk})\leftarrow\mathrm{SigGen}(\kappa)$；

将 vk 视为 κ 比特长的串，即 $\mathrm{vk}=\mathrm{vk}_1|\mathrm{vk}_2|\cdots|\mathrm{vk}_\kappa$；

for $i=1$ to κ do{$r_i\leftarrow_R\{0,1\}^{\mathrm{poly}(\kappa)}$，$\mathrm{CT}_i\leftarrow\mathcal{E}_{\mathrm{pk}_{i,\mathrm{vk}_i}}(M;r_i)$}；

$\pi\leftarrow\mathcal{P}(\omega,\boldsymbol{C},(M,\boldsymbol{r}))$；

$\sigma=\mathrm{Sign}_{\mathrm{sk}}(\boldsymbol{C}|\pi)$；

输出$(\mathrm{vk},\boldsymbol{C},\pi,\sigma)$.

其中，$\boldsymbol{C}$ 是所有密文 $\mathrm{CT}_i(i=1,2,\cdots,\kappa)$构成的向量，$\boldsymbol{r}$ 是 $r_i(i=1,2,\cdots,\kappa)$构成的向量，π为所有密文是对同一明文加密的证明。

$\underline{\mathcal{D}'_{\mathrm{sk}^*}(\mathrm{vk},\boldsymbol{C},\pi,\sigma)}$：

如果 $\mathrm{Vrfy}_{\mathrm{vk}}(\boldsymbol{C}|\pi,\sigma)=0$ 或者$\mathcal{V}(\omega,\boldsymbol{C},\pi)=0$，返回$\perp$；

返回$\mathcal{D}_{\mathrm{sk}_i,\mathrm{vk}_i}(\mathrm{CT}_1)$.

对 Noar-Yung 方案的攻击对这种构造无效,因为需要攻击者伪造一个签名。下面是正式证明。

定理 2-5 设 $\Pi=(\text{KeyGen},\mathcal{E},\mathcal{D})$是 IND-CPA 安全的加密方案,$\Sigma=(\mathcal{P},\mathcal{V})$是适应性安全的非交互式零知识证明系统,Sig=(SigGen, Sign, Vrfy)是一次性强签名方案,则 DDN 方案 $\Pi'=(\text{KeyGen}',\mathcal{E}',\mathcal{D}')$是 IND-CCA2 安全的。

证明 设$\mathcal{A}$是任意一个多项式时间的敌手,可适应性地访问解密谕言机。和定理 2-4 的证明一样,构造一系列游戏,第一个游戏对 M_0 加密,最后一个游戏对 M_1 加密,敌手区分中间相邻两个游戏的优势是可忽略的,最后由传递性就可得敌手不能区分第一个游戏和最后一个游戏。为了通过过渡时的零知识证明,挑战者将零知识证明先过渡到模拟的证明,一旦 M_0 过渡到 M_1,就把零知识证明由模拟的过渡到真实的。

Exp_0 是在真实情况下对 M_0 的加密:

$\text{Exp}_0(\kappa)$:

第 1 阶段

$\{(\text{pk}_{i,b},\text{sk}_{i,b})\}\leftarrow\text{KeyGen}(\kappa)(i=1,2,\cdots,\kappa;\ b=0,1)$;

$\omega\leftarrow_R\{0,1\}^{\text{poly}(\kappa)}$;/公共参考串

$(\text{pk}^*,\text{sk}^*)=((\{\text{pk}_{i,b}\},\omega),\{\text{sk}_{i,b}\})$;

$(M_0,M_1)\leftarrow\mathcal{A}^{\mathcal{D}_{\text{sk}^*}(\cdot)}(\text{pk}^*)$.

第 2 阶段

$(\text{vk},\text{sk})\leftarrow\text{SigGen}(\kappa)$;

$r_i\leftarrow_R\{0,1\}^{\text{poly}(\kappa)}(i=1,2,\cdots,\kappa)$;/加密用随机指数

(从现在起,这一步不再显式给出);

$\text{CT}_i=\mathcal{E}_{\text{pk}_{i,\text{vk}_i}}(M_0;r_i)(i=1,2,\cdots,\kappa)$;

$\pi\leftarrow\mathcal{P}(\omega,\boldsymbol{C},(M_0,\boldsymbol{r}))$;

$\sigma=\text{Sign}_{\text{sk}}(\boldsymbol{C}|\pi)$;

$\beta^*\leftarrow\mathcal{A}^{\mathcal{D}_{\text{sk}^*}(\cdot)}(\text{pk}^*,\text{vk},\boldsymbol{C},\pi,\sigma)$;

如果 $\beta^*=0$,则返回 1;否则返回 0.

然后,把 Exp_0 中的 ω 换成由模拟器 Sim_1 产生,π 换成由模拟器 Sim_2 产生(不使用任何证据),得到 Exp_1。

$\text{Exp}_1(\kappa)$:

第 1 阶段

$\{(\text{pk}_{i,b},\text{sk}_{i,b})\}\leftarrow\text{KeyGen}(\kappa)(i=1,2,\cdots,\kappa;\ b=0,1)$;

$\omega\leftarrow\boxed{\text{Sim}_1(\kappa)}$;

$(\text{pk}^*,\text{sk}^*)=((\{\text{pk}_{i,b}\},\omega),\{\text{sk}_{i,b}\})$;

$(M_0,M_1)=\mathcal{A}^{\mathcal{D}_{\text{sk}^*}(\cdot)}(\text{pk}^*)$.

第 2 阶段

$(\text{vk},\text{sk})\leftarrow\text{SigGen}(\kappa)$;

$\mathrm{CT}_i=\mathcal{E}_{\mathrm{pk}_{i,\mathrm{vk}_i}}(M_0;r_i)(i=1,2,\cdots,\kappa)$;

$\pi \leftarrow \boxed{\mathrm{Sim}_2(\boldsymbol{C})}$;

$\sigma=\mathrm{Sign}_{\mathrm{sk}}(\boldsymbol{C}|\pi)$;

$\beta^* \leftarrow \mathcal{A}^{\mathcal{D}_{\mathrm{sk}^*}(\cdot)}(\mathrm{pk}^*,\mathrm{vk},\boldsymbol{C},\pi,\sigma)$;

如果 $\beta^*=0$,则返回 1;否则返回 0.

断言 2-8 对$\mathcal{A}$来说,$|\Pr[\mathrm{Exp}_1(\kappa)=1]-\Pr[\mathrm{Exp}_0(\kappa)=1]|$是可忽略的。

证明 如果上述优势不可忽略,则可以用$\mathcal{A}$构造另一个敌手$\mathcal{B}$区分真实的证明和模拟的证明。$\mathcal{B}$的构造如下,其输入 ω 或者是真实的随机串或者是由 Sim_1 产生的。

$\underline{\mathcal{B}(\omega)}$:

$\{(\mathrm{pk}_{i,b},\mathrm{sk}_{i,b})\}\leftarrow \mathrm{KeyGen}(\kappa)\ (i=1,2,\cdots,\kappa;\ b=0,1)$;

$\mathrm{pk}^*=(\{\mathrm{pk}_{i,b}\},\omega),\mathrm{sk}^*=\{\mathrm{sk}_{i,b}\}$;

$(M_0,M_1)\leftarrow \mathcal{A}^{\mathcal{D}_{\mathrm{sk}^*}(\cdot)}(\mathrm{pk}^*)$;

$(\mathrm{vk},\mathrm{sk})\leftarrow \mathrm{SigGen}(\kappa)$;

$\mathrm{CT}_i=\mathcal{E}_{\mathrm{pk}_{i,\mathrm{vk}_i}}(M_0;r_i)(i=1,2,\cdots,\kappa)$;

向模拟器输出$(\boldsymbol{C},\boldsymbol{r})$;

从模拟器得到 π; /π 或者是真实的证明或者是模拟的证明

$\sigma=\mathrm{Sign}_{\mathrm{sk}}(\boldsymbol{C}|\pi)$;

$\beta^* \leftarrow \mathcal{A}^{\mathcal{D}_{\mathrm{sk}^*}(\cdot)}(\mathrm{pk}^*,\mathrm{vk},\boldsymbol{C},\pi,\sigma)$;

如果 $\beta^*=0$,则返回 1;否则返回 0.

注意,$\mathcal{B}$能够模拟解密谕言机,因为它有所需的秘密钥。如果(ω,π)是真实的,那么$\mathcal{A}$所处的环境就是 Exp_0,所以 $\Pr[\mathcal{B}(\omega)=1]=\Pr[\mathrm{Exp}_0(\kappa)=1]$;如果$(\omega,\pi)$是模拟的,那么$\mathcal{A}$所处的环境就是 Exp_1,所以 $\Pr[\mathcal{B}(\omega)=1]=\Pr[\mathrm{Exp}_1(\kappa)=1]$。由 Σ 的零知识性,$\mathcal{A}$区分两种场景的优势是可忽略的,所以必有$|\Pr[\mathrm{Exp}_1(\kappa)=1]-\Pr[\mathrm{Exp}_0(\kappa)=1]|$是可忽略的。

(断言 2-8 证毕)

下面构造 $\mathrm{Exp}_{1'}$,它与 Exp_1 唯一的不同在于:如果$\mathcal{A}$在解密询问$(\mathrm{vk}',\boldsymbol{C}',\pi',\sigma')$中使用了挑战密文$(\mathrm{vk},\boldsymbol{C},\pi,\sigma)$中的验证密钥 vk,即 $\mathrm{vk}'=\mathrm{vk}$,则返回$\perp$。这是因为,如果$(\mathrm{vk}',\boldsymbol{C}',\pi',\sigma')$是无效的,即 $\mathrm{Vrfy}_{\mathrm{vk}'}(\boldsymbol{C}'|\pi',\sigma')=0$ 或$\mathcal{V}(\omega,\boldsymbol{C}',\pi')=0$,则解密谕言机拒绝;如果$(\mathrm{vk}',\boldsymbol{C}',\pi',\sigma')$是有效的,$\mathrm{vk}'=\mathrm{vk}$ 必有$(\boldsymbol{C}',\pi',\sigma')=(\boldsymbol{C},\pi,\sigma)$,否则与一次性签名方案矛盾,因此解密谕言机拒绝。所以,仅当敌手能成功伪造 vk 的一个新签名时 $\mathrm{Exp}_{1'}$ 与 Exp_1 出现差别。但由签名方案的安全性可知,这个事件发生的概率是可忽略的,即$|\Pr[\mathrm{Exp}_{1'}(\kappa)=1]-\Pr[\mathrm{Exp}_1(\kappa)=1]|$是可忽略的。

下面构造 $\mathrm{Exp}_{1''}$,它与 $\mathrm{Exp}_{1'}$ 唯一的不同在于:不再使用 $\mathrm{sk}_{1,\mathrm{vk}_1'}$ 解密密文$(\mathrm{vk}',\boldsymbol{C}',\pi',\sigma')$(即对这个密文应答解密谕言机询问),而使用 vk 和 vk′第一个不同的比特(设为第 i 比特)对应的秘密钥 $\mathrm{sk}_{i,\mathrm{vk}_i'}$ 解密。也就是说,解密谕言机现在如下回复:

$$\mathcal{D}'_{\mathrm{sk}^*}(\mathrm{vk}',\boldsymbol{C}',\pi',\sigma')=\begin{cases}\perp, & \text{如果 } \mathrm{vk}'=\mathrm{vk}\\ \perp, & \text{如果 } \mathrm{Vrfy}_{\mathrm{vk}'}(\boldsymbol{C}'|\pi',\sigma')=0 \text{ 或} \mathcal{V}(\omega,\boldsymbol{C}',\pi')=0\\ \mathcal{D}_{\mathrm{sk}_{i,\mathrm{vk}'_i}}(\mathrm{CT}'_i), & \text{其他}\end{cases}$$

断言 2-9 对$\mathcal{A}$来说,$|\Pr[\mathrm{Exp}_{1''}(\kappa)=1]-\Pr[\mathrm{Exp}_{1'}(\kappa)=1]|$是可忽略的。

证明 如果解密询问的密文向量中的密文对应的明文是一样的,那么使用哪个秘密钥解密并不影响模拟。仅当敌手询问一个密文向量$\boldsymbol{C}'$并将$\boldsymbol{C}'$中不同的密文解密到不同的明文时$\mathrm{Exp}_{1''}$与$\mathrm{Exp}_{1'}$产生差别。所以区分$\mathrm{Exp}_{1''}$与$\mathrm{Exp}_{1'}$的方式,就是看是否有这样一个解密询问的密文向量:其中存在CT'_i和CT'_j对应的明文不同,但是证明是有效的(即$\mathcal{V}(\omega,\boldsymbol{C}',\pi')=1$)。下面证明这个事件发生的概率是可忽略的。

设 Fake 表示$\mathcal{A}$发起一个解密询问$(\mathrm{vk}',\boldsymbol{C}',\pi',\sigma')$,其中$\pi'$是一个有效的证明且存在$i$、$j$使得$\mathcal{D}_{\mathrm{sk}_{i,\mathrm{vk}'_i}}(\mathrm{CT}_i)\neq\mathcal{D}_{\mathrm{sk}_{j,\mathrm{vk}'_j}}(\mathrm{CT}_j)$。注意,$\Pr_{1''}[\mathrm{Fake}]=\Pr_{1'}[\mathrm{Fake}]$(因为在 Fake 发生以前,$\mathrm{Exp}_{1''}$与$\mathrm{Exp}_{1'}$没有差别)。首先,$|\Pr_{1'}[\mathrm{Fake}]-\Pr_1[\mathrm{Fake}]|$是可忽略的,这是因为仅当敌手能使用 vk 伪造一个签名时$\mathrm{Exp}_{1'}$与Exp_1才产生差别。其次,$|\Pr_1[\mathrm{Fake}]-\Pr_0[\mathrm{Fake}]|$是可忽略的,否则,类似于断言 2-8,就可以构造一个敌手区分真实的证明和模拟的证明。最后,由于证明系统的可靠性,$\Pr_0[\mathrm{Fake}]$是可忽略的。这样就得到$\Pr_{1''}[\mathrm{Fake}]$是可忽略的,断言得证。

(断言 2-9 证毕)

下面构造Exp_2,它与$\mathrm{Exp}_{1''}$的不同在于将挑战密文换成对M_1的加密,即$\mathrm{CT}_i=\mathcal{E}_{\mathrm{pk}_{i,\mathrm{vk}_i}}(M_1;r_i)(i=1,2,\cdots,\kappa)$。

断言 2-10 对$\mathcal{A}$来说,$|\Pr[\mathrm{Exp}_2(\kappa)=1]-\Pr[\mathrm{Exp}_{1''}(\kappa)=1]|$是可忽略的。

证明 如果$\mathcal{A}$可以区分这两个游戏,就可以构造一个$\mathcal{B}$攻破加密方案$\Pi=(\mathrm{KeyGen},\mathcal{E},\mathcal{D})$的 IND-CPA 安全性。实际上,这时是同时攻击Π的κ个实例。由计算上不可区分的混合论证可知,Π的一个实例是 IND-CPA 安全的,则多项式个数的实例也是 IND-CPA 安全的。

设$\mathcal{B}$已知κ个实例的公开钥$\mathrm{pk}_1,\mathrm{pk}_2,\cdots,\mathrm{pk}_\kappa$,$\mathcal{B}$的构造如下:

$\mathcal{B}(\mathrm{pk}_1,\mathrm{pk}_2,\cdots,\mathrm{pk}_\kappa)$:

$(\mathrm{vk},\mathrm{sk})\leftarrow\mathrm{SigGen}(\kappa)$;

$\{(\mathrm{pk}'_i,\mathrm{sk}'_i)\}\leftarrow\mathrm{KeyGen}(\kappa)\ (i=1,2,\cdots,\kappa)$;

$\omega\leftarrow\mathrm{Sim}_1(\kappa)$;

$\mathrm{pk}^*=(\{\mathrm{pk}_{i,\beta}\},\omega)$,其中 $\mathrm{pk}_{i,\beta}=\begin{cases}\mathrm{pk}_i, & \text{如果 } \beta=\mathrm{vk}_i\\ \mathrm{pk}'_i, & \text{如果 } \beta\neq\mathrm{vk}_i\end{cases}$;

$(M_0,M_1)\leftarrow\mathcal{A}^{\mathcal{D}^*(\cdot)}(\mathrm{pk}^*)$;

输出(M_0,M_1),得到$\boldsymbol{C}$;

$\pi\leftarrow\mathrm{Sim}_2(\boldsymbol{C})$;

$\sigma=\mathrm{Sign}_{\mathrm{sk}}(\boldsymbol{C}|\pi)$;

$\beta^*\leftarrow\mathcal{A}^{\mathcal{D}^*(\cdot)}(\mathrm{vk},\boldsymbol{C},\pi,\sigma)$;

返回β^*.

注意，在以上构造中，$\mathcal{B}$知道一半的秘密钥。即，在构造 $pk_{i,\beta}$时，当 $\beta \neq vk_i$ 时，$pk_{i,\beta} = pk_i'$对应的秘密钥 sk_i'是$\mathcal{B}$已知的；而当 $\beta = vk_i$ 时，$pk_{i,\beta} = pk_i$ 对应的秘密钥 sk_i 是$\mathcal{B}$未知的。

注意，$\mathcal{B}$可以模拟解密谕言机$\mathcal{D}^*$。$\mathcal{A}$发起一个解密询问$(vk', \boldsymbol{C}', \pi', \sigma')$，如果 $vk' = vk$，$\mathcal{B}$就回复$\perp$（与 $Exp_{1'}$ 相同）；如果 $vk' \neq vk$，那么存在比特 i，使得 $vk_i' \neq vk_i$，$\mathcal{B}$就可以使用 $sk_{i,vk_i'} = sk_i'$解密。

如果 $\boldsymbol{C}$ 是 M_1 的密文，$\mathcal{A}$所处的环境就是 Exp_2；如果 $\boldsymbol{C}$ 是 M_0 的密文，$\mathcal{A}$所处的环境就是 $Exp_{1''}$。所以，如果$\mathcal{A}$可以区分 Exp_2 和 $Exp_{1''}$，$\mathcal{B}$就可以攻破 Π 的 IND-CPA 安全性。

（断言 2-10 证毕）

设 Exp_3 是在真实情况下对 M_1 的加密，进行与断言 2-10 的顺序反向的推理，略过中间步骤，可以得到以下断言。

断言 2-11 对$\mathcal{A}$来说，$|\Pr[Exp_3(\kappa)=1] - \Pr[Exp_2(\kappa)=1]|$是可忽略的。

证明 证明过程类似于 Exp_1、$Exp_{1'}$ 及 $Exp_{1''}$。具体地说，首先返回到使用 $sk_{1,0}$或者 $sk_{1,1}$的解密，然后返回到解密（即使 $vk' = vk$），再把证明从模拟的换回真实的，因为这些游戏中任何相邻的两个都不可区分，可得断言 2-11。

（断言 2-11 证毕）

由以上所有断言，使用不可区分的传递性，可得$|\Pr[Exp_3(\kappa)=1] - \Pr[Exp_0(\kappa)=1]|$是可忽略的。

（定理 2-5 证毕）

本章首先给出一个单向函数的定义。

定义 2-10 如果函数 $f: \{0,1\}^* \to \{0,1\}^*$ 满足以下条件，则称之为单向函数。

(1) $f(x)$是关于$|x|$多项式时间可计算的。

(2) 对所有的多项式时间敌手$\mathcal{A}$，以下概率是可忽略的：

$$\Pr[x \leftarrow \{0,1\}^\kappa; y = f(x); x' \leftarrow \mathcal{A}(y)\text{满足 } f(x') = y]$$

因为存在语义安全（即 CPA 安全）的加密方案意味着单向函数存在，而单向函数存在意味着一次性强签名方案存在，所以就可以用以下两个定理把本章结果重新串联一遍。

定理 2-6 如果存在语义安全的公钥加密方案和适应性安全的零知识证明系统，那么存在 CCA2 安全的加密方案。

定理 2-7 如果存在陷门置换，那么存在适应性安全的零知识证明系统。

推论 如果存在陷门置换，那么存在 CCA2 安全的加密方案。

习题

1. 在定义 2-5 中，为什么要求群的阶是大素数？如果不是会怎么样？
2. 在 ElGamal 加密算法中，为什么要求群是循环群？如果不是会怎么样？
3. 在定理 2-5 中，为什么要求签名方案是一次性强签名的？如果不是会怎么样？

第3章 语义安全的公钥密码体制

3.1 语义安全的RSA加密方案

3.1.1 RSA加密算法

RSA算法是1978年由Rivest、Shamir和Adleman提出的一种用数论构造的、也是迄今为止理论上最为成熟完善的公钥密码体制,该体制已得到广泛的应用。它作为陷门置换在1.3.1节中有过介绍,下面是算法的详细描述。

设GenPrime是大素数产生算法。

(1) 密钥产生过程:

GenRSA(κ):

$p,q \leftarrow \text{GenPrime}(\kappa)$;

$n=pq,\varphi(n)=(p-1)(q-1)$;

选e,满足$1<e<\varphi(n)$且$(\varphi(n),e)=1$;

计算d,满足$de\equiv 1(\bmod\ \varphi(n))$;

$\text{pk}=(n,e),\text{sk}=(n,d)$.

(2) 加密(其中$|M|<\log_2 n$):

$\mathcal{E}_{\text{pk}}(M)$:

$\text{CT}=M^e \bmod n$.

(3) 解密:

$\mathcal{D}_{\text{sk}}(\text{CT})$:

$M=\text{CT}^d \bmod n$.

下面证明RSA算法中解密过程的正确性。

证明 由加密过程知$\text{CT}\equiv M^e(\bmod\ n)$,所以

$$\text{CT}^d\equiv M^{ed}\equiv M^{k\varphi(n)+1}(\bmod\ n)$$

下面分两种情况:

(1) M与n互素。由欧拉定理:

$$M^{\varphi(n)}\equiv 1(\bmod\ n),M^{k\varphi(n)}\equiv 1(\bmod\ n),M^{k\varphi(n)+1}\equiv M(\bmod\ n)$$

即 $CT^d \equiv M(\bmod\ n)$。

(2) $(M,n) \neq 1$。先看 $(M,n)=1$ 的含义，由于 $n=pq$，所以 $(M,n)=1$ 意味着 M 既不是 p 的倍数也不是 q 的倍数。因此 $(M,n)\neq 1$ 意味着 M 是 p 的倍数或 q 的倍数，不妨设 $M=tp$，其中 t 为正整数。此时必有 $(M,q)=1$，否则 M 也是 q 的倍数，从而是 pq 的倍数，与 $M<n=pq$ 矛盾。

由 $(M,q)=1$ 及欧拉定理得 $M^{\varphi(q)} \equiv 1(\bmod\ q)$，所以 $M^{k\varphi(q)} \equiv 1(\bmod\ q)$，$(M^{k\varphi(q)})^{\varphi(p)} \equiv 1(\bmod\ q)$，$M^{k\varphi(n)} \equiv 1(\bmod\ q)$，因此，存在整数 r 使得 $M^{k\varphi(n)}=1+rq$，两边同乘以 $M=tp$ 得 $M^{k\varphi(n)+1}=M+rtpq=M+rtn$，即 $M^{k\varphi(n)+1} \equiv M(\bmod\ n)$，所以 $CT^d \equiv M(\bmod\ n)$。

（证毕）

如果消息 M 是 $\mathbb{Z}_n^*$ 中均匀随机的，用公开钥 (n,e) 对 M 加密，则敌手不能恢复 M。然而，如果敌手发起选择密文攻击，以上性质不再成立。例如敌手截获密文 $CT \equiv M^e(\bmod\ n)$ 后，选择随机数 $r \leftarrow_R \mathbb{Z}_n^*$，计算密文 $CT' \equiv r^e CT(\bmod\ n)$，将 CT' 给挑战者，获得 CT' 的明文 M' 后，可由 $M \equiv M'r^{-1}(\bmod\ n)$ 恢复 M，这是因为

$$M'r^{-1} \equiv (CT')^d r^{-1} \equiv (r^e M^e)^d r^{-1} \equiv r^{ed} M^{ed} r^{-1} \equiv rMr^{-1} \equiv M(\bmod\ n)$$

为使 RSA 加密方案可抵抗敌手的选择明文攻击和选择密文攻击，需对其加以修改。下面利用密钥封装机制及一次一密的单钥加密机制构造选择明文安全的 RSA 加密方案，利用密钥封装机制及选择密文安全的单钥加密机制构造选择密文安全的 RSA 加密方案。

3.1.2　密钥封装机制

密钥封装机制(Key Encapsulation Mechanism，KEM)是一个密码原语[18]，其主要目的是在通信的双方(发送方和接收方)之间安全地传递一个随机会话密钥。在实际应用中，通信双方通常用对称加密算法加密要传输的消息，而用公钥加密算法加密对称加密算法所用的秘密钥。密钥封装机制可以简化上述过程。会话密钥由发送方产生，并将其封装于密文后发送给接收方；接收方对接收到的密文解封装，得到会话密钥。KEM 的模型有以下 3 个算法：

(1) 密钥产生算法 KeyGen(κ)：输入安全参数 κ，输出公开钥-秘密钥对(pk，sk)。

(2) 封装算法 Encap(pk)：输入公开钥 pk，输出一个密文 C 和一个会话密钥 K，表示为 $(C,K)=$ Encap(pk)，称 C 是对 K 的封装。

(3) 解封装算法 Decap(sk，C)：输入秘密钥 sk 和密文 C，输出会话密钥 K，表示为 $K=$ Decap(sk，C).

【例 3-1】 使用 RSA 的 KEM 方案。

(1) 密钥产生算法 KeyGen(κ)与 RSA 方案相同。

(2) 封装算法 Encap(pk)如下：

Encap(pk)：
　$r \leftarrow_R [0, n-1]$；
　$C = r^e \bmod n$；
　$K = \mathrm{KDF}(r)$；
　输出 C 和 K.

其中 KDF 称为密钥导出函数,例如可取为密码哈希函数。

(3) 解封装算法 Decap(sk,C)如下:

$$\underline{\text{Decap}(\text{sk},C):}$$
$$r=C^d \bmod n;$$
$$K=\text{KDF}(r).$$

密钥封装中的适应性选择密文安全的概念,除了挑战密文不是对两个等长的消息加密外,其他均与加密方案类似。在挑战阶段,挑战者选取 $\beta\leftarrow_R\{0,1\}$,并且将挑战密文 C^* 和一个比特串 K^* 发送给敌手。其中 K^* 如下产生:如果 $\beta=1$,K^* 是用密文 C^* 封装的会话密钥;如果 $\beta=0$,K^* 取为随机比特串。敌手进行适应性的解封装询问(除了挑战密文 C^*),输出对 β 的猜测 β'。

称上述交互为 KEM-CCA2 游戏。敌手$\mathcal{A}$的优势定义为

$$\text{Adv}_{\mathcal{A}}^{\text{KEM}}(\kappa)=\left|\Pr[\beta'=\beta]-\frac{1}{2}\right|$$

如果对 PPT 的$\mathcal{A}$,$\text{Adv}_{\mathcal{A}}^{\text{KEM}}(\kappa)$是可忽略的,则称 KEM 方案是 KEM-CCA2 安全的。

3.1.3 RSA 问题和 RSA 假设

RSA 问题:已知大整数 $n,e,y\leftarrow_R\mathbb{Z}_n^*$,满足 $1<e<\varphi(n)$且$(\varphi(n),e)=1$,计算 $y^{1/e} \bmod n$。

RSA 假设:没有概率多项式时间的算法以不可忽略的概率解决 RSA 问题。

可将 e 视为加密密钥,y 视为某个消息 x 的密文,即 $x^e \bmod n=y$,而$\frac{1}{e}$为解密密钥。求 $y^{1/e} \bmod n$ 就是对 y 的解密,因此 RSA 假设成立。

3.1.4 选择明文安全的 RSA 加密方案

设 GenRSA 是 RSA 加密方案的密钥产生算法,它的输入为 κ,输出为模数 n(为两个 κ 比特素数的乘积)、整数 e、d 满足 $ed\equiv 1(\text{mod }\varphi(n))$。又设 $H:\{0,1\}^{2\kappa}\rightarrow\{0,1\}^{\ell(\kappa)}$是一个哈希函数,其中 $\ell(\kappa)$是一个任意的多项式。

加密方案 Ⅱ(称为 RSA-CPA 方案)如下:

(1) 密钥产生过程:

$$\underline{\text{KeyGen}(\kappa):}$$
$$(n,e,d)\leftarrow\text{GenRSA}(\kappa);$$
$$\text{pk}=(n,e),\text{sk}=(n,d).$$

(2) 加密过程(其中 $M\in\{0,1\}^{\ell(\kappa)}$):

$$\underline{\mathcal{E}_{\text{pk}}(M):}$$
$$r\leftarrow_R\mathbb{Z}_n^*;$$
$$\text{输出}(r^e \bmod n, H(r)\oplus M).$$

(3) 解密过程(其中 $C=(C_1,C_2)$):

$\underline{\mathcal{D}_{sk}(C)}$：

$r = C_1^d \bmod n$；

输出 $H(r) \oplus C_2$.

解密过程的正确性显然。

上述过程中 $H(r)$ 是封装的密钥，$C_1 = r^e \bmod n$ 是对 $H(r)$ 的封装。解密时，先由 C_1 导出封装的密钥，再对 C_2 解密。

在对该方案进行安全性分析时，将其中的哈希函数视为谕言机，称为哈希函数随机谕言机，简称为随机谕言机(random oracle)。随机谕言机是2.2节介绍的谕言机的一种，可把它视为一个魔盒，对用户(包括敌手)来说，魔盒内部的工作原理及状态都是未知的。用户能够与这个魔盒交互，方式是向魔盒输入一个比特串 x，魔盒输出比特串 y(对用户来说 y 是均匀分布的)。这一过程称为用户向随机谕言机的询问。

因为这种哈希函数的工作原理及内部状态是未知的，因此不能用通常的公开哈希函数。在安全性的归约证明中(见图1-7)，敌手$\mathcal{A}$需要哈希函数值时，只能由敌手$\mathcal{B}$为他产生。之所以以这种方式使用哈希函数，是因为$\mathcal{B}$要把要攻击的困难问题嵌入哈希函数值中。这种安全性称为随机谕言机模型下的安全性。如果不把哈希函数当作随机谕言机，则安全性称为标准模型下的安全性，如3.2节的Paillier公钥密码系统和3.3节的Cramer-Shoup密码系统。

定理3-1 设 H 是一个随机谕言机，如果与GenRSA相关的RSA问题是困难的，则RSA-CPA方案Ⅱ是IND-CPA安全的。

具体来说，假设存在一个IND-CPA敌手$\mathcal{A}$以 $\varepsilon(\kappa)$ 的优势攻破RSA-CPA方案Ⅱ，那么一定存在一个敌手$\mathcal{B}$至少以

$$\mathrm{Adv}_{\mathcal{B}}^{\mathrm{RSA}}(\kappa) \geqslant 2\varepsilon(\kappa)$$

的优势解决RSA问题。

证明 Ⅱ的IND-CPA游戏如下：

$\underline{\mathrm{Exp}_{\Pi,\mathcal{A}}^{\mathrm{RSA\text{-}CPA}}(\kappa)}$：

$(n,e,d) \leftarrow \mathrm{GenRSA}(\kappa)$；

$\mathrm{pk} = (n,e), \mathrm{sk} = (n,d)$；

$H \leftarrow_R \{H: \{0,1\}^{2\kappa} \rightarrow \{0,1\}^{\ell(\kappa)}\}$；

$(M_0, M_1) \leftarrow \mathcal{A}^{H(\cdot)}(\mathrm{pk})$，其中 $|M_0| = |M_1| = \ell(\kappa)$；

$\beta \leftarrow_R \{0,1\}, r \leftarrow_R \mathbb{Z}_n^*, C^* = (r^e \bmod n, H(r) \oplus M_\beta)$；

$\beta' \leftarrow \mathcal{A}^{H(\cdot)}(\mathrm{pk}, C^*)$；

如果 $\beta' = \beta$，则返回1；否则返回0.

其中，$\{H: \{0,1\}^{2\kappa} \rightarrow \{0,1\}^{\ell(\kappa)}\}$ 表示 $\{0,1\}^{2\kappa}$ 到 $\{0,1\}^{\ell(\kappa)}$ 的哈希函数族。$\mathcal{A}$右肩上的 $H(\cdot)$ 表示敌手对 $H(\cdot)$ 的询问。敌手的优势定义为安全参数 κ 的函数：

$$\mathrm{Adv}_{\Pi,\mathcal{A}}^{\mathrm{RSA\text{-}CPA}}(\kappa) = \left| \Pr[\mathrm{Exp}_{\Pi,\mathcal{A}}^{\mathrm{RSA\text{-}CPA}}(\kappa) = 1] - \frac{1}{2} \right|$$

下面证明RSA-CPA方案可归约到RSA假设。

敌手$\mathcal{B}$已知$(n,e,\hat{c}_1)$，以$\mathcal{A}$(攻击 RSA-CPA 方案)作为子程序，进行如下过程，目标是计算$\hat{r} \equiv (\hat{c}_1)^{\frac{1}{e}} \pmod n$。

(1) 选取一个随机串$\hat{h} \leftarrow_R \{0,1\}^{\ell(\kappa)}$作为对$H(\hat{r})$的猜测值(但是实际上$\mathcal{B}$并不知道$\hat{r}$)。将公开钥$(n,e)$给$\mathcal{A}$。

(2) H询问。$\mathcal{B}$建立一个表H^{list}(初始为空)，元素类型为(x_i,h_i)，$\mathcal{A}$在任何时候都能发出对H^{list}的询问，$\mathcal{B}$做如下应答(设询问为x)：

- 如果x已经在H^{list}中，则以(x,h)中的h应答。
- 如果$x^e \equiv \hat{c}_1 \pmod n$，以$\hat{h}$应答，将$(x,\hat{h})$存入表$H^{\text{list}}$中，并记下$\hat{r}=x$(嵌入了困难问题)。
- 其他情况下随机选择$h \leftarrow_R \{0,1\}^{\ell(\kappa)}$，以$h$应答，并将$(x,h)$存入表$H^{\text{list}}$中。

(3) 挑战。$\mathcal{A}$输出两个要挑战的消息M_0和M_1，$\mathcal{B}$随机选择$\beta \leftarrow_R \{0,1\}$，并令$\hat{c}_2 = \hat{h} \oplus M_\beta$，将$(\hat{c}_1,\hat{c}_2)$给$\mathcal{A}$作为密文。

(4) $\mathcal{A}$输出猜测β'。若$\beta'=\beta\left(以概率\frac{1}{2}+\varepsilon(\kappa)\right)$，$\mathcal{B}$知道$H^{\text{list}}$中以一定概率存在$(\hat{r},\hat{h})$，输出第(2)步记下的$\hat{r}=x$。

设$\mathcal{H}$表示事件：在模拟中$\mathcal{A}$发出$H(\hat{r})$询问，即$H(\hat{r})$出现在H^{list}中。

以上归约过程如图 3-1 所示。

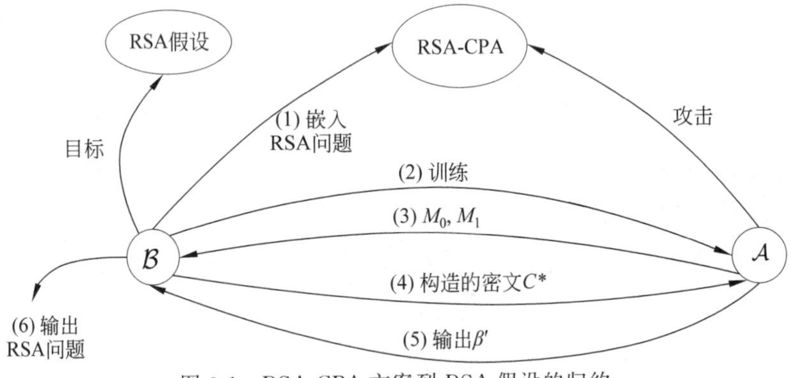

图 3-1 RSA-CPA 方案到 RSA 假设的归约

断言 3-1 在以上模拟攻击中，$\mathcal{B}$的模拟是完备的。

证明 在以上模拟中，$\mathcal{A}$的视图与其在真实攻击中的视图是同分布的。这是因为

(1) $\mathcal{A}$的H询问中的每一个都是用随机值应答的。而在$\mathcal{A}$对Π的真实攻击中，$\mathcal{A}$得到的是H的函数值，由于假定H是随机谕言机，所以$\mathcal{A}$得到的H的函数值是均匀的。

(2) $\hat{h} \oplus M_\beta$对$\mathcal{A}$来说为$\hat{h}$对M_β做一次一密加密。由$\hat{h}$的随机性，$\hat{h} \oplus M_\beta$对$\mathcal{A}$来说是随机的。

所以两种视图不可区分。

(断言 3-1 证毕)

断言 3-2 在以上模拟攻击中$\Pr[\mathcal{H}] \geqslant 2\varepsilon$。

证明 显然有 $\Pr[\mathrm{Exp}_{\Pi,\mathcal{A}}^{\text{RSA-CPA}}(\kappa)=1\mid\neg\mathcal{H}]=\frac{1}{2}$。又由$\mathcal{A}$在真实攻击中的定义知$\mathcal{A}$的优势大于或等于 ε，因此$\mathcal{A}$在模拟攻击中的优势也为$\left|\Pr[\mathrm{Exp}_{\Pi,\mathcal{A}}^{\text{RSA-CPA}}(\kappa)=1]-\frac{1}{2}\right|\geqslant\varepsilon$。

$$\begin{aligned}
&\Pr[\mathrm{Exp}_{\Pi,\mathcal{A}}^{\text{RSA-CPA}}(\kappa)=1]\\
&=\Pr[\mathrm{Exp}_{\Pi,\mathcal{A}}^{\text{RSA-CPA}}(\kappa)=1\mid\neg\mathcal{H}]\Pr[\neg\mathcal{H}]+\Pr[\mathrm{Exp}_{\Pi,\mathcal{A}}^{\text{RSA-CPA}}(\kappa)=1\mid\mathcal{H}]\Pr[\mathcal{H}]\\
&\leqslant\Pr[\mathrm{Exp}_{\Pi,\mathcal{A}}^{\text{RSA-CPA}}(\kappa)=1\mid\neg\mathcal{H}]\Pr[\neg\mathcal{H}]+\Pr[\mathcal{H}]\\
&=\frac{1}{2}\Pr[\neg\mathcal{H}]+\Pr[\mathcal{H}]\\
&=\frac{1}{2}(1-\Pr[\mathcal{H}])+\Pr[\mathcal{H}]\\
&=\frac{1}{2}+\frac{1}{2}\Pr[\mathcal{H}]
\end{aligned}$$

又知

$$\begin{aligned}
\Pr[\mathrm{Exp}_{\Pi,\mathcal{A}}^{\text{RSA-CPA}}(\kappa)=1]&\geqslant\Pr[\mathrm{Exp}_{\Pi,\mathcal{A}}^{\text{RSA-CPA}}(\kappa)=1\mid\neg\mathcal{H}]\Pr[\neg\mathcal{H}]\\
&=\frac{1}{2}(1-\Pr[\mathcal{H}])=\frac{1}{2}-\frac{1}{2}\Pr[\mathcal{H}]
\end{aligned}$$

所以 $\varepsilon\leqslant\left|\Pr[\mathrm{Exp}_{\Pi,\mathcal{A}}^{\text{CPA}}(\kappa)=1]-\frac{1}{2}\right|\leqslant\frac{1}{2}\Pr[\mathcal{H}]$

即模拟攻击中 $\Pr[\mathcal{H}]\geqslant 2\varepsilon$。

（断言 3-2 证毕）

由以上两个断言，在上述模拟过程中 $\hat{r}$ 以至少 2ε 的概率出现在 H^{list} 中。若$\mathcal{H}$发生，则$\mathcal{B}$在第(2)步可找到 x 满足 $x^e=\hat{c}_1 \bmod n$，即 $x\equiv\hat{r}\equiv(\hat{c}_1)^{\frac{1}{e}}\pmod n$。所以$\mathcal{B}$成功的概率与$\mathcal{H}$发生的概率相同。

（定理 3-1 证毕）

定理 3-1 的证明采用的是倒逼法，即$\mathcal{A}$的攻击成功($\beta'=\beta$)，则倒逼出 $\hat{r}$ 可能出现在 H^{list} 中，将其总结为定理 3-2。

定理 3-2(倒逼定理) 在随机谕言机模型下 IND-CPA 安全(IND-CCA 安全)的加密方案中，设敌手攻击方案的优势为 ε，则敌手必以 2ε 的概率对挑战密文做随机谕言机询问。

定理 3-1 已证明 Π 是 IND-CPA 安全的，然而它不是 IND-CCA 安全的。敌手已知密文 $CT=(C_1,C_2)$，构造 $CT'=(C_1,C_2\oplus M')$，给解密谕言机，收到的解密结果为 $M''=M\oplus M'$，再由 $M''\oplus M'$ 即获得 CT 对应的明文 M。

3.1.5 选择密文安全的 RSA 加密方案

因为单钥加密方案效率高于公钥加密方案，且选择密文安全的单钥加密方案的构造较容易，所以本节利用密钥封装机制和选择密文安全的单钥加密方案构造选择密文安全的公钥加密方案。

单钥加密方案 $\Pi=(\text{PrivGen},\text{Enc},\text{Dec})$ 的选择密文安全性由以下 IND-CCA 游戏刻画：

$\underline{\text{Exp}_{\Pi,\mathcal{A}}^{\text{Priv-CCA}}(\kappa)}$：

$k_{\text{priv}}\leftarrow\text{PrivGen}(\kappa)$；

$(M_0,M_1)\leftarrow\mathcal{A}^{\text{Enc}_{k_{\text{priv}}}(\cdot),\text{Dec}_{k_{\text{priv}}}(\cdot)}$，其中 $|M_0|=|M_1|=\ell(\kappa)$；

$\beta\leftarrow_R\{0,1\},C^*=\text{Enc}_{k_{\text{priv}}}(M_\beta)$；

$\beta'\leftarrow A^{\text{Enc}_{k_{\text{priv}}}(\cdot),\text{Dec}_{k_{\text{priv}},\neq C^*}(\cdot)}(C^*)$；

如果 $\beta'=\beta$，则返回 1；否则返回 0.

其中，$\text{Dec}_{k_{\text{priv}},\neq C^*}(\cdot)$ 表示敌手对 $\text{Dec}_{k_{\text{priv}}}(\cdot)$ 做除了 C^* 以外的解密询问。敌手的优势可定义为安全参数 κ 的函数：

$$\text{Adv}_{\Pi,\mathcal{A}}^{\text{Priv-CCA}}(\kappa)=\left|\Pr[\text{Exp}_{\Pi,\mathcal{A}}^{\text{Priv-CCA}}(\kappa)=1]-\frac{1}{2}\right|$$

单钥加密方案 Π 的安全性定义与定义 2-1、定义 2-5、定义 2-6 类似。

设 GenRSA 及 H 如前，$\Pi=(\text{PrivGen},\text{Enc},\text{Dec})$ 是一个密钥长度为 κ、消息长度为 $\ell(\kappa)$ 的 IND-CCA 安全的单钥加密方案。

选择密文安全的 RSA 加密方案 $\Pi'=(\text{KeyGen},\mathcal{E},\mathcal{D})$（称为 RSA-CCA 方案）构造如下：

(1) 密钥产生过程：

$\underline{\text{KeyGen}(\kappa)}$：

$(n,e,d)\leftarrow\text{GenRSA}(\kappa)$；

$\text{pk}=(n,e),\text{sk}=(n,d)$.

(2) 加密过程（其中 $M\in\{0,1\}^{\ell(\kappa)}$）：

$\underline{\mathcal{E}_{\text{pk}}(M)}$：

$r\leftarrow_R\mathbb{Z}_n^*$；

$h=H(r)$；

输出 $(r^e \bmod n,\text{Enc}_h(M))$.

(3) 解密过程（其中 $C=(C_1,C_2)$）：

$\underline{\mathcal{D}_{\text{sk}}(C)}$：

$r=C_1^d \bmod n$；

$h=H(r)$；

输出 $\text{Dec}_h(C_2)$.

定理 3-3 设 H 是随机谕言机，如果与 GenRSA 相关的 RSA 问题是困难的，且 Π 是 IND-CCA 安全的，则 RSA-CCA 方案 Π' 是 IND-CCA 安全的。

具体来说，假设存在一个 IND-CCA 敌手 $\mathcal{A}$ 以 $\varepsilon(\kappa)$ 的优势攻破 RSA-CCA 方案 Π'，那么一定存在一个敌手 $\mathcal{B}$ 至少以

$$\text{Adv}_{\mathcal{B}}^{\text{RSA}}(\kappa)\geqslant2\varepsilon(\kappa)$$

的优势解决 RSA 问题。

证明　仍然采用倒逼法。

Π'的 IND-CCA 游戏如下：

$\underline{\mathrm{Exp}_{\Pi',\mathcal{A}}^{\text{RSA-CCA}}(\kappa)}$：

$(n,e,d) \leftarrow \mathrm{GenRSA}(\kappa)$；

$\mathrm{pk}=(n,e), \mathrm{sk}=(n,d)$；

$H \leftarrow_R \{H:\{0,1\}^{2\kappa} \rightarrow \{0,1\}^{\ell(\kappa)}\}$；

$(M_0, M_1) \leftarrow \mathcal{A}^{\mathcal{D}_{\mathrm{sk}}(\cdot), H(\cdot)}(\mathrm{pk})$，其中$|M_0|=|M_1|=\ell(\kappa)$；

$\beta \leftarrow_R \{0,1\}, r \leftarrow_R \mathbb{Z}_n^*, C^*=(r^e \bmod n, \mathrm{Enc}_{H(r)}(M_\beta))$；

$\beta' \leftarrow \mathcal{A}^{\mathcal{D}_{\mathrm{sk},\neq C^*}(\cdot), H(\cdot)}(\mathrm{pk}, C^*)$；

如果 $\beta'=\beta$，则返回 1；否则返回 0.

其中，$\mathcal{D}_{\mathrm{sk},\neq C^*}(\cdot)$表示敌手对$\mathcal{D}_{\mathrm{sk}}(\cdot)$做除了 C^* 以外的解密询问。敌手的优势定义为安全参数 κ 的函数：

$$\mathrm{Adv}_{\Pi',\mathcal{A}}^{\text{RSA-CCA}}(\kappa)=\left|\Pr[\mathrm{Exp}_{\Pi',\mathcal{A}}^{\text{RSA-CCA}}(\kappa)=1]-\frac{1}{2}\right|$$

下面证明 RSA-CCA 方案可归约到 RSA 问题。

敌手$\mathcal{B}$已知$(n,e,\hat{c}_1)$，以$\mathcal{A}$(攻击 RSA-CCA 方案 Π')作为子程序，执行以下过程(在图 3-1 中，将 RSA-CPA 改为 RSA-CCA)，目标是计算 $\hat{r} \equiv (\hat{c}_1)^{\frac{1}{e}} (\bmod n)$。

(1) 选取一个随机串 $\hat{h} \leftarrow_R \{0,1\}^{\ell(\kappa)}$ 作为对 $H(\hat{r})$的猜测(但实际上$\mathcal{B}$并不知道 $\hat{r}$)。将公开钥 $\mathrm{pk}=(n,e)$给$\mathcal{A}$。

(2) H 询问。$\mathcal{B}$建立一个 H^{list}，元素类型为三元组(r,c_1,h)，初始值为$(*,\hat{c}_1,\hat{h})$，其中 $*$ 表示该分量的值目前未知(嵌入了困难问题)。$\mathcal{A}$在任何时候都能对 H^{list}发出询问。设$\mathcal{A}$的询问是 r，$\mathcal{B}$计算 $c_1 \equiv r^e (\bmod n)$并做如下应答：

- 如果 H^{list}中有一项(r,c_1,h)，则以 h 应答。
- 如果 H^{list}中有一项$(*,c_1,h)$，则以 h 应答并在 H^{list}中以(r,c_1,h)替换$(*,c_1,h)$。
- 其他情况下，选取一个随机数 $h \leftarrow_R \{0,1\}^n$，以 h 应答并在 H^{list}中存储(r,c_1,h)。

(3) 解密询问。$\mathcal{A}$向$\mathcal{B}$发起询问$(\bar{c}_1,\bar{c}_2)$时，$\mathcal{B}$如下应答：

- 如果 H^{list}中有一项，其第二元素为 $\bar{c}_1$(即该项为$(\bar{r},\bar{c}_1,\bar{h})$，其中 $\bar{r}^e \equiv \bar{c}_1 (\bmod n)$，或者为$(*,\bar{c}_1,\bar{h})$)，则以 $\mathrm{Dec}_{\bar{h}}(\bar{c}_2)$应答。
- 否则，选取一个随机数 $\bar{h} \leftarrow_R \{0,1\}^n$，以 $\mathrm{Dec}_{\bar{h}}(\bar{c}_2)$应答，并在 H^{list}中存储$(*,\bar{c}_1,\bar{h})$。

(4) 挑战。$\mathcal{A}$输出消息 $M_0,M_1 \in \{0,1\}^{\ell(k)}$。$\mathcal{B}$随机选取 $\beta \leftarrow_R \{0,1\}$，计算 $\hat{c}_2=\mathrm{Enc}_{\hat{h}}(M_\beta)$。以$(\hat{c}_1,\hat{c}_2)$应答$\mathcal{A}$。继续应答$\mathcal{A}$的 H 询问和解密询问($\mathcal{A}$不能询问$(\hat{c}_1,\hat{c}_2)$)。

(5) 猜测。$\mathcal{A}$输出猜测 β'。若 $\beta'=\beta\left(\text{以概率}\frac{1}{2}+\varepsilon(\kappa)\right)$，$\mathcal{B}$知道 H^{list}中以一定概率存在$(\hat{r},\hat{c}_1,\hat{h})$，检查 H^{list}，找到$(\hat{r},\hat{c}_1,\hat{h})$后，输出 $\hat{r}$。

设$\mathcal{H}$表示事件：在模拟中$\mathcal{A}$发出$H(\hat{r})$询问，即$H(\hat{r})$出现在H^{list}中。

断言 3-3 在以上模拟过程中，$\mathcal{B}$的模拟是完备的。

证明 在以上模拟中，$\mathcal{A}$的视图与其在真实攻击中的视图是同分布的。这是因为

(1) $\mathcal{A}$的H询问中的每一个都是用随机值应答的。

(2) $\mathcal{B}$对$\mathcal{A}$的解密询问的应答是有效的。$\mathcal{B}$对$(\bar{c}_1,\bar{c}_2)$的应答为$\text{Dec}_{\bar{h}}(\bar{c}_2)$，根据$H^{\text{list}}$的构造，$\bar{h}$对应的$\bar{r}$满足$\bar{r}^e\equiv\bar{c}_1 \pmod n$及$\bar{h}=H(\bar{r})$，因而$\text{Dec}_{\bar{h}}(\bar{c}_2)$是有效的。

所以两种视图不可区分。

(断言 3-3 证毕)

由定理 3-2，在上述模拟过程中$\hat{r}$以至少2ε的概率出现在H^{list}中，$\mathcal{B}$在第(5)步逐一检查H^{list}中的元素，所以$\mathcal{B}$成功的概率等于$\mathcal{H}$的概率。

(定理 3-3 证毕)

3.2 Paillier 公钥密码系统

3.1 节介绍的方案，其安全性证明是在随机谕言机模型下进行的，即把其中的哈希函数看成随机谕言机。但这种证明不能排除敌手可能不针对方案所基于的困难性问题而攻击方案，或者不通过找出哈希函数的某种缺陷而攻击方案。本节和 3.3 节介绍的 Paillier 公钥密码系统[19]和 Cramer-Shoup 公钥密码系统[20]的安全性证明不使用随机谕言机模型，这种证明模型称为标准模型。

Paillier 公钥密码系统基于合数幂剩余类问题，即构造在模数取为n^2的剩余类上，其中$n=pq$，p、q为两个大素数。

设 CP 是一类问题集合，如果 CP 中的任一实例可在多项式时间内归约到另一实例或另外多个实例，就称 CP 是随机自归约的。CP 中问题的平均复杂度和最坏情况下的复杂度相同(相差多项式因子)。

3.2.1 合数幂剩余类的判定

定义 3-1 设$n=pq$，p、q为两个大素数，对$z\leftarrow_R \mathbb{Z}_{n^2}^*$，如果存在$y\in\mathbb{Z}_{n^2}^*$，使得$z\equiv y^n \pmod{n^2}$，则$z$称为模$n^2$的$n$次剩余，$y$称为$z$的根。

引理 3-1

(1) n次剩余构成的集合C是$\mathbb{Z}_{n^2}^*$的一个阶为$\varphi(n)$的乘法子群。

(2) 每一个n次剩余z有n个根，其中只有一个严格小于n。

(3) 单位元 1 的n次根为$(1+n)^t\equiv 1+tn \pmod{n^2}$ $(t=0,1,\cdots,n-1)$。

(4) 对任一$w\in\mathbb{Z}_{n^2}^*$，$w^{n\lambda}\equiv 1 \pmod{n^2}$，其中$\lambda$是$n$的卡米歇尔函数$\lambda(n)$的简写。

证明

(1) 设$z_1,z_2\in C$，则存在$y_1,y_2\in\mathbb{Z}_{n^2}^*$，使得$z_1\equiv y_1^n \pmod{n^2}$，$z_2\equiv y_2^n \pmod{n^2}$。因为$y_2^{-1}\in\mathbb{Z}_{n^2}^*$，$y_1y_2^{-1}\in\mathbb{Z}_{n^2}^*$，所以$z_1z_2^{-1}\equiv(y_1y_2^{-1})^n \pmod{n^2}\in C$，所以$C$是$\mathbb{Z}_{n^2}^*$的子群。又设$y(y<n)$是$z\equiv y^n \pmod{n^2}$的解，那么$y+tn(t=0,1,\cdots,n-1)$都是$z\equiv y^n$ (mod

n^2)的解,这是因为

$$(y+tn)^n=y^n+ny^{n-1}tn=y^n+y^{n-1}tn^2\equiv y^n(\bmod n^2)\equiv z$$

所以 C 中每一元素有 n 个根,

$$|C|=\frac{1}{n}|\mathbb{Z}_{n^2}^*|=\frac{1}{n}\varphi(n^2)=\frac{1}{n}n^2\left(1-\frac{1}{p}\right)\left(1-\frac{1}{q}\right)=(p-1)(q-1)=\varphi(n)$$

(2) 在(1)的证明中已得。

(3) 易证 $(1+tn)^n=1+tn^2+\cdots\equiv 1(\bmod n^2)$。

(4) 因为 $w^\lambda\equiv 1(\bmod n)$,$w^\lambda=1+tn$,$t$ 为某个整数。

$$w^{n\lambda}=(1+tn)^n=1+tn^2+\cdots\equiv 1(\bmod n^2)$$

(引理 3-1 证毕)

合数幂剩余类的判定问题是指区分模 n^2 的 n 次剩余与 n 次非剩余,用 CR[n]表示。

CR[n]是随机自归约的:设 $z_1\equiv y_1^n(\bmod n^2)$,$z_2\equiv y_2^n(\bmod n^2)$,那么 $z_2\equiv(y_2y_1^{-1})^n z_1(\bmod n^2)$。所以,如果 z_1 是 n 次剩余,则 z_2 也是 n 次剩余,即任意两个实例都是多项式等价的。

与素数剩余类的判定类似,判定合数幂剩余类也是困难的。

假设　CR[n]是困难的。

这个假设称为判定合数幂剩余类假设(Decisional Composite Residuosity Assumption, DCRA)。由于随机自归约性,DCRA 的有效性仅依赖于 n 的选择。

3.2.2　合数幂剩余类的计算

设 $g\in\mathbb{Z}_{n^2}^*$,ψ_g 是如下定义的整型值函数:

$$\begin{cases}\mathbb{Z}_n\times\mathbb{Z}_n^*\mapsto\mathbb{Z}_{n^2}^*\\(x,y)\mapsto g^x\cdot y^n \bmod n^2\end{cases}$$

引理 3-2　如果 g 的阶是 n 的非零倍,则 ψ_g 是双射。

证明　因为 $|\mathbb{Z}_n\times\mathbb{Z}_n^*|=|\mathbb{Z}_{n^2}^*|=n\varphi(n)$,所以只需证明 ψ_g 是单射。

假设 $g^{x_1}y_1^n\equiv g^{x_2}y_2^n(\bmod n^2)$,那么 $g^{x_2-x_1}(y_2/y_1)^n\equiv 1(\bmod n^2)$,两边同时取 λ 次方,由引理 3-1(4)得 $g^{\lambda(x_2-x_1)}\equiv 1(\bmod n^2)$,因此有 $\mathrm{ord}_{n^2}g\,|\,\lambda(x_2-x_1)$,进而 $n\,|\,\lambda(x_2-x_1)$。又知,当 $n=pq$ 时,$(\lambda,n)=1$,所以 $n\,|\,(x_2-x_1)$。因为 $x_1,x_2\in\mathbb{Z}_n$,$|x_2-x_1|<n$,所以 $x_1=x_2$。$g^{x_2-x_1}(y_2/y_1)^n\equiv 1(\bmod n^2)$变为 $(y_2/y_1)^n\equiv 1(\bmod n^2)$。又由引理 3-1(3),模 n^2 下单位元 1 的根在 $\mathbb{Z}_n^*$ 上是唯一的,为 1,所以在 $\mathbb{Z}_n^*$ 上,$y_2/y_1=1$,即 $y_1=y_2$。综上,ψ_g 是双射。

(引理 3-2 证毕)

设 $B_\alpha\subset\mathbb{Z}_{n^2}^*$ 表示阶为 $n\alpha$ 的元素构成的集合,B 表示 B_α 的并集,其中 $\alpha=1,2,\cdots,\lambda$。

定义 3-2　设 $g\in B$,对于 $w\in\mathbb{Z}_{n^2}^*$,如果存在 $y\in\mathbb{Z}_n^*$ 使得 $\psi_g(x,y)=w$,则称 $x\in\mathbb{Z}_n$ 为 w 关于 g 的 n 次剩余,记作 $[[w]]_g$。

引理 3-3

(1) $[[w]]_g=0$ 当且仅当 w 是模 n^2 的 n 次剩余。

(2) 对任意 $w_1,w_2\in\mathbb{Z}_{n^2}^*$,有 $[[w_1w_2]]_g\equiv[[w_1]]_g+[[w_2]]_g(\bmod n)$。即,对于任

意的 $g\in B$,函数 $w\mapsto[[w]]_g$ 是从($\mathbb{Z}_{n^2}^*$,×)到($\mathbb{Z}_n$,+)的同态。

证明很简单,略去。

已知 $w\in\mathbb{Z}_{n^2}^*$,求$[[w]]_g$,称为基为 g 的 n 次剩余类问题,表示为 Class$[n,g]$。

引理 3-4 Class$[n,g]$关于 $w\in\mathbb{Z}_{n^2}^*$ 是随机自归约的。

证明 对于 Class$[n,g]$的任一实例 $w\in\mathbb{Z}_{n^2}^*$,在$\mathbb{Z}_n$上均匀随机选取 α、β ($\beta\notin\mathbb{Z}_n^*$ 的概率是可忽略的),构造 $w'\equiv wg^{\alpha}\beta^{n}(\bmod\ n^2)$,就将 $w\in\mathbb{Z}_{n^2}^*$ 转换为另一实例 $w'\in\mathbb{Z}_{n^2}^*$,求出$[[w']]_g$ 后,可计算出$[[w]]_g=[[w']]_g-\alpha \bmod n$。

(引理 3-4 证毕)

引理 3-5 Class$[n,g]$关于 $g\in B$ 是随机自归约的,即,对任意 $g_1,g_2\in B$,Class$[n,g_1]\equiv$Class$[n,g_2]$,其中 $P_1\equiv P_2$ 表示问题 P_1 和 P_2 在多项式时间内等价。

证明 已知 $w\in\mathbb{Z}_{n^2}^*$,$g_2\in B$,存在 $y_1\in\mathbb{Z}_n^*$,使得 $w=g_2^{[[w]]_{g_2}}y_1^n$。同理,对于 g_1,$g_2\in B$,存在 $y_2\in\mathbb{Z}_n^*$,$g_2=g_1^{[[g_2]]_{g_1}}y_2^n$。得 $w=g_1^{[[w]]_{g_2}[[g_2]]_{g_1}}(y_2^{[[w]]_{g_2}}y_1)^n$,即

$$[[w]]_{g_1}\equiv[[w]]_{g_2}[[g_2]]_{g_1} \bmod n \tag{3-1}$$

即由$[[w]]_{g_2}$可求$[[w]]_{g_1}$,所以 Class$[n,g_1]\Leftarrow$Class$[n,g_2]$。

再由$[[g_1]]_{g_1}=1$,将 $w=g_1$ 代入式(3-1),得$[[g_1]]_{g_2}[[g_2]]_{g_1}\equiv1(\bmod\ n)$,即

$$[[g_1]]_{g_2}=[[g_2]]_{g_1}^{-1}$$

$$[[w]]_{g_2}\equiv[[w]]_{g_1}[[g_1]]_{g_2}\equiv[[w]]_{g_1}[[g_2]]_{g_1}^{-1}(\bmod\ n)$$

所以 Class$[n,g_2]\Leftarrow$Class$[n,g_1]$

(引理 3-5 证毕)

引理 3-5 说明 Class$[n,g]$的复杂性与 g 无关,因此可将它看成仅依赖于 n 的计算问题。

定义 3-3 称 Class$[n]$问题为计算合数幂剩余类问题,即已知 $w\in\mathbb{Z}_{n^2}^*$,$g\in B$,计算$[[w]]_g$。

设 $S_n=\{u<n^2\mid u\equiv1(\bmod\ n)\}$,在其上定义函数 L 如下:

$$\text{对任一 } u\in S_n,\ L(u)=\frac{u-1}{n}$$

显然函数 L 是良定的。

引理 3-6 对任一 $w\in\mathbb{Z}_{n^2}^*$,$L(w^{\lambda} \bmod n^2)\equiv\lambda[[w]]_{1+n}(\bmod\ n)$。

证明 因为 $1+n\in B$,所以存在唯一的$(a,b)\in\mathbb{Z}_n\times\mathbb{Z}_n^*$,使得 $w=(1+n)^a b^n \bmod n^2$,即 $a=[[w]]_{1+n}$。由引理 3-1(4),$b^{n\lambda}\equiv1(\bmod\ n^2)$,所以 $w^{\lambda}=(1+n)^{a\lambda}b^{n\lambda}\equiv1+a\lambda n(\bmod\ n^2)$,$L(w^{\lambda} \bmod n^2)=\lambda a\equiv\lambda[[w]]_{1+n}(\bmod\ n)$。

(引理 3-6 证毕)

定理 3-4 Class$[n]\Leftarrow$Fact$[n]$。

证明 因为$[[g]]_{1+n}\equiv[[1+n]]_g^{-1}(\bmod\ n)$是可逆的,所以由引理 3-6 可知 $L(g^{\lambda} \bmod n^2)\equiv\lambda[[g]]_{1+n}(\bmod\ n)$可逆。已知 n 的因子分解可求λ 的值。因此,对于任意的 $g\in B$ 和 $w\in\mathbb{Z}_{n^2}^*$,可以计算

$$\frac{L(w^{\lambda} \bmod n^2)}{L(g^{\lambda} \bmod n^2)}=\frac{\lambda[[w]]_{1+n}}{\lambda[[g]]_{1+n}}=\frac{[[w]]_{1+n}}{[[g]]_{1+n}}\equiv[[w]]_g(\bmod\ n) \tag{3-2}$$

其中最后一步由式(3-1)获得。

(定理 3-4 证毕)

用 RSA[n,e]表示求模 n 的 e 次根,即已知 $w \equiv y^e \pmod n$,求 y。

定理 3-5 Class[n]⇐RSA[n,n]。

证明 由引理 3-5 可知,Class[n,g]关于 $g \in B$ 是随机自归约的,且 $1+n \in B$,因此,只需证明 Class[n,$1+n$]⇐RSA[n,n]。

假设敌手$\mathcal{A}$能解 RSA[n,n]问题,对于给定的 $w \in \mathbb{Z}_{n^2}^*$,$\mathcal{A}$的目标是求 $x \in \mathbb{Z}_n$ 使得 $w = (1+n)^x y^n \bmod n^2$。由 $(1+n)^x = 1 \bmod n$,得 $w \equiv y^n \bmod n$,$\mathcal{A}$由此可求出 y,进一步由下式可求出 x:

$$\frac{w}{y^n} = (1+n)^x \equiv 1 + xn \pmod{n^2}$$

(定理 3-5 证毕)

定理 3-6 设 D-Class[n]是与 Class[n]相关的判定问题,即已知 $w \in \mathbb{Z}_{n^2}^*$,$g \in B$ 和 $x \in \mathbb{Z}_n$,判定 x 是否等于$[[w]]_g$,那么下面的关系成立:

$$\text{CR}[n] \equiv \text{D-Class}[n] \Leftarrow \text{Class}[n]$$

证明 因为验证解比计算解容易,D-Class[n]⇐Class[n]显然。

下面证明 CR[n]≡D-Class[n]。

"⇒":已知 $w \in \mathbb{Z}_{n^2}^*$、$g \in B$ 和 $x \in \mathbb{Z}_n$,要判断 x 是否等于$[[w]]_g$,即判断 x 是否满足 $w \equiv g^x y^n \pmod{n^2}$,改为判断 $wg^{-x} \equiv y^n \pmod{n^2}$,即判断 $wg^{-x} \bmod n^2$ 是否为模 n^2 下的 n 次剩余。所以敌手$\mathcal{A}$若能解 CR[n]问题,就能解 D-Class[n]问题。

"⇐",即证明:若敌手$\mathcal{A}$能解 D-Class[n]问题,则能够判定 w 是否为 n 次剩余。

任取 $g \in B$,将$(g, w, x=0)$给$\mathcal{A}$,$\mathcal{A}$能解 D-Class[n]问题,即能判断是否$[[w]]_g = x = 0$。如果是,w 是 n 次剩余;否则,w 不是 n 次剩余。

(定理 3-6 证毕)

表 3-1 是以上各问题的小结。

表 3-1 与合数幂相关的困难问题

问　题	描　述
Fact[n]	分解 n
RSA[n,e]	已知 $w \equiv y^e \pmod n$,求 y
Class[n]	已知 $w \equiv g^x y^n \pmod{n^2}$,求 x
D-Class[n]	已知 $w \in \mathbb{Z}_{n^2}^*$、$g \in B$ 和 $x \in \mathbb{Z}_n$,判定 x 是否等于$[[w]]_g$
CR[n]	对 $w \in \mathbb{Z}_{n^2}^*$,判断是否存在 $y \in \mathbb{Z}_{n^2}^*$,使得 $w \equiv y^n \bmod n^2$

它们之间的归约关系为

$$\text{CR}[n] \equiv \text{D-Class}[n] \Leftarrow \text{Class}[n] \Leftarrow \text{RSA}[n,n] \Leftarrow \text{Fact}[n]$$

其中,除了在 CR[n]和 D-Class[n]之间存在等价关系外,其他问题之间是否存在等价关系还存在质疑。

假设 不存在求解合数幂剩余类问题的概率多项式时间算法,即 Class[n]是困难问题。

这一假设称为计算合数剩余类假设(Computational Composite Residuosity Assumption, CCRA)。它的随机自归约性意味着 CCRA 的有效性仅依赖于 n 的选择。显然,假如 DCRA 是正确的,那么 CCRA 也是正确的;但是反过来,仍然是一个公开问题。

3.2.3 基于合数幂剩余类问题的概率加密方案

以下加密方案简称为 Paillier 方案 1。

(1) 密钥产生过程:

$\underline{\text{KeyGen}(\kappa)}$:

$n=pq$;

$g\leftarrow_R B$ 满足$(L(g^{\lambda} \bmod n^2),n)=1$;

$\text{pk}=(n,g),\text{sk}=(p,q)$(或 $\text{sk}=\lambda$).

(2) 加密过程(其中 $M<n$):

$\underline{\mathcal{E}_{\text{pk}}(M)}$:

$r\leftarrow_R \{1,2,\cdots,n\}$;

输出 $g^M r^n \bmod n^2$.

(3) 解密过程(其中 $\text{CT}<n^2$):

$\underline{\mathcal{D}_{\text{sk}}(\text{CT})}$:

$$\frac{L(\text{CT}^{\lambda} \bmod n^2)}{L(g^{\lambda} \bmod n^2)}\equiv M(\bmod n).$$

Paillier 方案 1 的正确性由定理 3-4 证明过程中的式(3-2)给出。加密函数用 λ(等价于 n 的因子)作为陷门的陷门函数,其单向性是基于 Class[n]是困难的。

定理 3-7 Paillier 方案 1 是单向的当且仅当 Class[n]是困难的。

证明 Paillier 方案 1 中由密文计算明文即是 Class[n]问题。

定理 3-8 Paillier 方案 1 是语义安全的当且仅当 CR[n]是困难的。

证明 充分性采用反证法。假设 M_0、M_1 是两个已知消息,C^* 是其中一个(设为 M_β)的密文,即 $C^*\equiv g^{M_\beta}r^n(\bmod n^2)$,因此 $C^*g^{-M_\beta}\equiv r^n(\bmod n^2)$是 n 次剩余,而 $C^* g^{-M_{1-\beta}}\equiv g^{M_\beta-M_{1-\beta}}r^n(\bmod n^2)$是 n 次非剩余。因此敌手能够区分 C^* 对应哪个消息,就能区分 n 次剩余和 n 次非剩余,与 CR[n]是困难的矛盾。

必要性的证明类似。

(定理 3-8 证毕)

3.2.4 基于合数幂剩余类问题的单向陷门置换

以下方案是$\mathbb{Z}_{n^2}^*\mapsto\mathbb{Z}_{n^2}^*$的单向陷门置换,简称为 Paillier 方案 2。

(1) 密钥产生过程:Paillier 方案 2 的密钥产生过程与 Paillier 方案 1 相同。

(2) 加密过程(其中 $M<n^2$):

$\underline{\mathcal{E}_{\text{pk}}(M)}$：

$M=M_1+nM_2$；

输出 $g^{M_1}M_2^n \bmod n^2$.

其中，$M=M_1+nM_2$ 是将 M 分成两部分：M_1 和 M_2（例如可用欧几里得除法）。

(3) 解密过程（其中 $\text{CT}<n^2$）：

$\underline{\mathcal{D}_{\text{sk}}(\text{CT})}$：

$M_1 \equiv \dfrac{L(\text{CT}^\lambda \bmod n^2)}{L(g^\lambda \bmod n^2)} \pmod n$；

$c' \equiv \text{CT}g^{-M_1} \pmod n$；

$M_2 \equiv (c')^{n^{-1} \bmod \lambda} \pmod n$；

返回 $M=M_1+nM_2$.

方案的正确性：解密过程中的第 1 步得到 $M_1 \equiv M \pmod n$，第 2 步恢复出 $M_2^n \pmod n$，第 3 步是公开钥为 $e=n$ 的 RSA 解密，最后一步重组得到原始 M。

Paillier 方案 2 为置换是由于 ψ_g 是双射。置换的陷门是 n 的因子。

定理 3-9　Paillier 方案 2 是单向的当且仅当 RSA[n,n]是困难的。

证明　充分性的证明是将 RSA[n,n]归约到 Paillier 方案 2，即，若 RSA[n,n]是可解的，则 Paillier 方案 2 是可求逆的。若敌手$\mathcal{A}$可解 RSA[n,n]问题，则可解 Class[n]问题，$\mathcal{A}$由 $\text{CT} \equiv g^{M_1}M_2^n \pmod{n^2}$ 能得出 M_1 及 $\dfrac{\text{CT}}{g^{M_1}} \equiv M_2^n \pmod{n^2}$。因为 RSA[$n$,$n$]可解，$\mathcal{A}$由 $M_2^n \bmod n^2$ 可得 M_2。

必要性的证明是将 Paillier 方案 2 归约到 RSA[n,n]。即，若 Paillier 方案 2 是可求逆的，则 RSA[n,n]是可解的。设敌手$\mathcal{A}$已知 $w \equiv y_0^n \pmod n$，其目标是求 y_0。又设$\mathcal{A}$可求 Paillier 方案 2 的逆，即$\mathcal{A}$可求出 x、y 及 a、b，使得 $w \equiv g^x y^n \pmod{n^2}$ 及 $1+n \equiv g^a b^n \pmod{n^2}$。若 x_0 是 n 的倍数，则 $(1+n)^{x_0}=1+x_0n \equiv 1 \pmod{n^2}$。

$$
\begin{aligned}
w &= y_0^n = (1+n)^{x_0} y_0^n = (g^a b^n)^{x_0} y_0^n - g^{ax_0}(b^{x_0} y_0)^n \\
&\equiv g^{ax_0 \bmod n}(g^{ax_0 \operatorname{div} n} b^{x_0} y_0)^n \pmod{n^2}
\end{aligned}
$$

其中第四个等式由 $ax_0=(ax_0 \operatorname{div} n)n+ax_0 \pmod n$ 得到，div 表示整除。

因为 ψ_g 是双射，所以 $ax_0 \bmod n = x$，$g^{ax_0 \operatorname{div} n} b^{x_0} y_0 = y$。

$$x_0=x(a^{-1} \bmod n),\quad y_0=y(g^{ax_0 \operatorname{div} n} b^{x_0})^{-1}$$

即$\mathcal{A}$已求出 y_0。

（定理 3-9 证毕）

注意，由 ψ_g 的定义，Paillier 方案 2 要求 $M_2 \in \mathbb{Z}_n^*$。若 $M_2 \notin \mathbb{Z}_n^*$，即 M_2 与 n 不互素，可能会导致 $M_2 \equiv 0 \pmod n$，得密文为 0；或者由 M_2 的因子可能会分解 n。因此 Paillier 方案 2 不能用来加密长度小于 n 的短消息。

数字签名：用 $h: N \mapsto \{0,1\}^\kappa \subset \mathbb{Z}_{n^2}^*$ 表示哈希函数，可以得到如下的数字签名方案。

给定消息 M，签名者计算签名 (s_1, s_2) 为

$$s_1 \equiv \frac{L(h(M)^{\lambda} \bmod n^2)}{L(g^{\lambda} \bmod n^2)} (\bmod n), s_2 \equiv (h(M) g^{-s_1})^{1/n \bmod \lambda} (\bmod n)$$

验证者检查 $h(M) \overset{?}{\equiv} g^{s_1} s_2^n \bmod n^2$。

推论(定理3-9的推论) 在随机谕言机模型中,如果 RSA$[n,n]$是困难的,那么该签名方案在适应性选择消息攻击下是存在性不可伪造的。

3.2.5 Paillier 密码系统的性质

Paillier 密码系统除了具有随机自归约性外,还有如下两个性质。

1. 加法同态性

加密函数 $M \mapsto g^M r^n \bmod n^2$ 在$\mathbb{Z}_n$上具有加同态。即,对任意 $M_1, M_2 \in \mathbb{Z}_n$,任意 $k \in \mathbb{N}$,以下等式成立:

$$D(E(M_1)E(M_2) \bmod n^2) \equiv M_1 + M_2 (\bmod n)$$

$$D(E(M)^k \bmod n^2) \equiv kM (\bmod n)$$

$$D(E(M_1) g^{M_2} \bmod n^2) \equiv M_1 + M_2 (\bmod n)$$

$$\left.\begin{array}{l} D(E(M_1)^{M_2} \bmod n^2) \\ D(E(M_2)^{M_1} \bmod n^2) \end{array}\right\} \equiv M_1 M_2 (\bmod n)$$

这些性质在电子选举、门限加密方案、数字水印、秘密共享方案及安全的多方计算等领域有重要应用。

2. 重加密

已知一个公钥加密方案(E,D),重加密 RE(re-encryption)是指已知(E,D)的一个密文 CT,在不改变 CT 对应的明文的前提下,将 CT 变为另一密文 CT′,表示为

$$\mathrm{CT}' = \mathrm{RE}(\mathrm{CT}, r, \mathrm{pk})$$

其中 pk 是公开钥,r 是随机数。

Paillier 密码系统满足这一性质。

对任一 $M \in \mathbb{Z}_n$ 和 $r \in \mathbb{N}$,$E(M) = E(M)E(0) \equiv E(M) r^n (\bmod n^2)$。因此 $D(E(M) r^n \bmod n^2) \equiv M (\bmod n)$。

3.3 Cramer-Shoup 密码系统

3.3.1 Cramer-Shoup 密码系统的基本机制

设$\mathbb{G}$是阶为大素数 q 的群,g_1、g_2 为$\mathbb{G}$的生成元,明文消息是群$\mathbb{G}$的元素,使用单向哈希函数将任意长度的字符映射到$\mathbb{Z}_q$中的元素。Cramer-Shoup 密码系统(记为 Π)如下:

(1) 密钥产生过程(其中$\mathbb{H}$是哈希函数集合):

$\underline{\text{KeyGen}(\kappa)}$：

$g_1, g_2 \leftarrow_R \mathbb{G}$；

$x_1, x_2, y_1, y_2, z_1, z_2 \leftarrow_R \mathbb{Z}_q$；

$c = g_1^{x_1} g_2^{x_2}, d = g_1^{y_1} g_2^{y_2}, h = g_1^{z_1} g_2^{z_2}$；

$H \leftarrow_R \mathbb{H}$；

$\text{sk} = (x_1, x_2, y_1, y_2, z_1, z_2), \text{pk} = (g_1, g_2, c, d, h, H)$.

(2) 加密过程(其中 $M \in \mathbb{G}$)：

$\underline{\mathcal{E}_{\text{pk}}(M)}$：

$r \leftarrow_R \mathbb{Z}_q$；

$u_1 = g_1^r, u_2 = g_2^r, e = h^r M, \alpha = H(u_1, u_2, e), v = c^r d^{r\alpha}$；

输出(u_1, u_2, e, v).

(3) 解密过程：

$\underline{\mathcal{D}_{\text{sk}}(u_1, u_2, e, v)}$：

$\alpha = H(u_1, u_2, e)$；

如果 $u_1^{x_1+y_1\alpha} u_2^{x_2+y_2\alpha} \neq v$，返回$\perp$；否则返回$\dfrac{e}{u_1^{z_1} u_2^{z_2}}$.

方案的正确性：

由 $u_1 = g_1^r, u_2 = g_2^r$ 可知 $u_1^{x_1} u_2^{x_2} = g_1^{rx_1} g_2^{rx_2} = c^r, u_1^{y_1} u_2^{y_2} = d^r$。所以

$$u_1^{x_1+y_1\alpha} u_2^{x_2+y_2\alpha} = u_1^{x_1} u_2^{x_2} (u_1^{y_1} u_2^{y_2})^\alpha = c^r d^{r\alpha} = v$$

验证等式成立。又因为 $u_1^{z_1} u_2^{z_2} = h^r$，所以$\dfrac{e}{u_1^{z_1} u_2^{z_2}} = \dfrac{e}{h^r} = M$。

在该方案中，明文是群$\mathbb{G}$中的元素，限制了方案的应用范围。如果允许明文是任意长的比特串，则该方案的应用范围更广。

3.3.2　Cramer-Shoup 密码系统的安全性证明

设 $g_2 = g_1^w$，则 $h = g_1^{z_1+wz_2} = g_1^{z'}$。解密时 $u_1^{z_1} u_2^{z_2} = g_1^{rz_1} g_2^{rz_2} = g_1^{r(z_1+wz_2)} = h^r$。所以加密过程中的$(u_1, e)$是以秘密钥 $z' = z_1 + wz_2$ 和公开钥 $h = g_1^{z'}$的 ElGamal 加密算法对消息 M 进行的加密。由 2.1.5 节知，在 DDH 假设下 ElGamal 加密算法是 IND-CPA 安全的，所以 Cramer-Shoup 密码系统也是 IND-CPA 安全的。密文中的(u_2, v)则用于数据的完整性检验，以防止敌手的延展攻击，因而获得了 IND-CCA2 的安全性。安全性的具体分析如下。

该方案的安全性基于 2.1 节介绍的 Diffie-Hellman 判定性假设(简称为 DDH 假设)。DDH 假设的另一种描述如下。没有多项式时间的算法能够区分以下两个分布：

- 随机四元组 $R = (g_1, g_2, u_1, u_2) \in \mathbb{G}^4$。
- DH 四元组 $D = (g_1, g_2, u_1, u_2) \in \mathbb{G}^4$，其中 $u_1 = g_1^r, u_2 = g_2^r, r \leftarrow_R \mathbb{Z}_q$。

设$\mathcal{R}_{\text{DH}}$是 R 构成的集合，$\mathcal{P}_{\text{DH}}$是 D 构成的集合。

定理 3-10　设哈希函数 H 是防碰撞的，群$\mathbb{G}$上的 DDH 假设成立，则 Cramer-Shoup

密码系统 Π 是 IND-CCA2 安全的。

具体来说,假设存在一个 IND-CCA2 敌手$\mathcal{A}$以 $\varepsilon(\kappa)$的优势攻破 Cramer-Shoup 密码系统 Π,那么一定存在一个敌手$\mathcal{B}$以

$$\mathrm{Adv}_{\mathcal{B}}^{\mathrm{DDH}}(\kappa)=\frac{1}{2}\varepsilon(\kappa)$$

的优势解决 DDH 假设。

证明 下面证明 Cramer-Shoup 密码系统可归约到 DDH 假设。

设敌手$\mathcal{B}$已知四元组 $T=(g_1,g_2,u_1,u_2)\in\mathbb{G}^4$,以$\mathcal{A}$(攻击 Cramer-Shoup 密码系统)作为子程序,目标是判断 $T\in\mathcal{R}_{\mathrm{DH}}$还是 $T\in\mathcal{P}_{\mathrm{DH}}$。过程如下:

$\underline{\mathrm{Exp}_{\Pi,\mathcal{A}}^{\mathrm{CS\text{-}CCA2}}(T)}$:

$x_1,x_2,y_1,y_2,z_1,z_2\leftarrow_R\mathbb{Z}_q,H\leftarrow_R\mathbb{H}$;

$c=g_1^{x_1}g_2^{x_2},d=g_1^{y_1}g_2^{y_2},h=g_1^{z_1}g_2^{z_2}$;

$\mathrm{sk}=(x_1,x_2,y_1,y_2,z_1,z_2),\mathrm{pk}=(g_1,g_2,c,d,h,H)$;

$(M_0,M_1)\leftarrow\mathcal{A}^{\mathcal{D}_{\mathrm{sk}}(\cdot)}(\mathrm{pk})$,其中$|M_0|=|M_1|$;

$\beta\leftarrow_R\{0,1\},e=u_1^{z_1}u_2^{z_2}M_\beta,\alpha=H(u_1,u_2,e),v=u_1^{x_1+y_1\alpha}u_2^{x_2+y_2\alpha}$;/嵌入了困难问题

$C^*=(u_1,u_2,e,v)$;

$\beta'\leftarrow\mathcal{A}^{\mathcal{D}_{\mathrm{sk},\neq C^*}(\cdot)}(\mathrm{pk},C^*)$;

如果 $\beta'=\beta$,则返回 1;否则返回 0.

其中,$\mathcal{D}_{\mathrm{sk},\neq C^*}(\cdot)$表示敌手对$\mathcal{D}_{\mathrm{sk}}(\cdot)$询问除了 C^* 外的密文。如果 $\mathrm{Exp}_{\Pi,\mathcal{A}}^{\mathrm{CS\text{-}CCA2}}(T)=1$,$\mathcal{B}$认为 $T\in\mathcal{P}_{\mathrm{DH}}$;如果 $\mathrm{Exp}_{\Pi,\mathcal{A}}^{\mathrm{CS\text{-}CCA2}}(T)=0$,$\mathcal{B}$认为 $T\in\mathcal{R}_{\mathrm{DH}}$。

$\mathcal{A}$的优势定义为安全参数 κ 的函数:

$$\mathrm{Adv}_{\Pi,\mathcal{A}}^{\mathrm{CS\text{-}CCA2}}(\kappa)=\left|\Pr[\beta'=\beta]-\frac{1}{2}\right|$$

$\mathcal{B}$的优势定义为

$$\mathrm{Adv}_{\mathcal{B}}^{\mathrm{DDH}}(\kappa)=\left|\Pr[\mathrm{Exp}_{\Pi,\mathcal{A}}^{\mathrm{CS\text{-}CCA2}}(\mathrm{T})=1]-\frac{1}{2}\right|$$

显然

$$\mathrm{Adv}_{\mathcal{B}}^{\mathrm{DDH}}(\kappa)=\mathrm{Adv}_{\Pi,\mathcal{A}}^{\mathrm{CS\text{-}CCA2}}(\kappa)$$

断言 3-4 如果$(g_1,g_2,u_1,u_2)\in\mathcal{P}_{\mathrm{DH}}$,则$\mathcal{B}$的模拟是完备的。

证明 若$(g_1,g_2,u_1,u_2)\in\mathcal{P}_{\mathrm{DH}}$,则有

$$u_1=g_1^r,u_2=g_2^r$$

$$u_1^{x_1}u_2^{x_2}=c^r,u_1^{y_1}u_2^{y_2}=d^r,u_1^{z_1}u_2^{z_2}=h^r$$

所以$\mathcal{B}$对任意消息 M 以(g_1,g_2,c,d,h,H)为公开钥加密得到 $e=Mh^r,v=c^rd^{r\alpha}$,以$(x_1,x_2,y_1,y_2,z_1,z_2)$为秘密钥可正确解密,$\mathcal{B}$的模拟是完备的。

(断言 3-4 证毕)

断言 3-5 如果$(g_1,g_2,u_1,u_2)\in\mathcal{R}_{\mathrm{DH}}$,则$\mathcal{A}$在上述模拟中的优势为 0。

证明 该断言由以下两个断言得到。

断言 3-5′ 当$(g_1,g_2,u_1,u_2)\in\mathcal{R}_{\mathrm{DH}}$时,$\mathcal{B}$以不可忽略的概率拒绝$\mathcal{A}$在解密询问时询问的所有无效密文。

证明　考虑秘密钥$(x_1,x_2,y_1,y_2)\in\mathbb{Z}_q^4$，假设敌手$\mathcal{A}$此时有无限的计算能力，可求$\log_{g_1}c$、$\log_{g_1}d$以及$\log_{g_1}v$，那么$\mathcal{A}$可根据公开钥$(g_1,g_2,c,d,h,H)$和挑战密文$(u_1,u_2,e,v)$建立如下方程组：

$$\begin{cases}\log_{g_1}c=x_1+wx_2 & (3\text{-}3)\\ \log_{g_1}d=y_1+wy_2 & (3\text{-}4)\\ \log_{g_1}v=r_1x_1+wr_2x_2+\alpha r_1y_1+\alpha wr_2y_2 & (3\text{-}5)\end{cases}$$

其中$w=\log_{g_1}g_2$。

假设$\mathcal{A}$询问了一个无效密文$(u_1',u_2',e',v')\neq(u_1,u_2,e,v)$，这里$u_1'=g_1^{r_1'}$，$u_2'=g_2^{r_2'}$，$r_1'\neq r_2'$，$\alpha'=H(u_1',u_2',e')$。

下面分 3 种情况讨论。

(1) $(u_1',u_2',e')=(u_1,u_2,e)$。此时$\alpha'=\alpha$，必有$v'\neq v$，因此$\mathcal{B}$将拒绝无效密文。

(2) $(u_1',u_2',e')\neq(u_1,u_2,e)$，且$\alpha'=\alpha$。此时与哈希函数的抗碰撞性矛盾。

(3) $(u_1',u_2',e')\neq(u_1,u_2,e)$，且$\alpha'\neq\alpha$。此时$\mathcal{B}$若接受无效密文，$\mathcal{A}$就可以建立另一方程：

$$\log_{g_1}v'=r_1'x_1+wr_2'x_2+\alpha r_1'y_1+\alpha wr_2'y_2 \tag{3-6}$$

因为

$$\det\begin{pmatrix}1 & w & 0 & 0\\ 0 & 0 & 1 & w\\ r_1 & wr_2 & \alpha r_1 & \alpha wr_2\\ r_1' & wr_2' & \alpha' r_1' & \alpha' wr_2'\end{pmatrix}=w^2(r_2-r_1)(r_2'-r_1')(\alpha-\alpha')\neq 0$$

所以式(3-3)～式(3-6)组成的方程组有唯一解，即$\mathcal{A}$可求出秘密钥(x_1,x_2,y_1,y_2)。

因此，即使$\mathcal{A}$有无限的计算能力，$\mathcal{A}$询问无效的密文使得$\mathcal{B}$接受的概率仍然是可忽略的。

（断言 3-5′证毕）

断言 3-5″　若在模拟过程中$\mathcal{B}$拒绝所有的无效密文，则$\mathcal{A}$的优势为 0。

证明　考虑秘密钥$(z_1,z_2)\in\mathbb{Z}_q^2$，$\mathcal{A}$可根据公开钥$(g_1,g_2,c,d,h,H)$建立关于$(z_1,z_2)$的方程(仍然假定$\mathcal{A}$有无限的计算能力)：

$$\log_{g_1}h=z_1+wz_2 \tag{3-7}$$

如果$\mathcal{B}$仅解密有效密文(u_1',u_2',e',v')，则由于$(u_1')^{z_1}(u_2')^{z_2}=g_1^{r'z_1}g_2^{r'z_2}=h^{r'}$，$\mathcal{A}$通过$(u_1',u_2',e',v')$得到的方程$r'\log_{g_1}h=r'z_1+r'wz_2$仍是式(3-7)，因此没有得到关于$(z_1,z_2)$的更多信息。

在$\mathcal{B}$输出的挑战密文(u_1,u_2,e,v)中，有$e=\gamma M_\beta$，其中$\gamma=u_1^{z_1}u_2^{z_2}$，$\mathcal{A}$由此建立的方程为

$$\log_{g_1}\gamma=r(z_1+wz_2) \tag{3-8}$$

式(3-7)和式(3-8)有 4 个未知量(z_1,z_2,r,γ)，对$\mathcal{A}$来说没有获得γ的任何信息，γ保持均匀分布。换句话说，$e=\gamma M_\beta$是用γ对M_β所做的一次一密加密，$\mathcal{A}$猜测β是完全随机的。

（断言 3-5″证毕）（断言 3-5 证毕）

设D和R分别表示事件$(g_1,g_2,u_1,u_2)\in\mathcal{P}_{DH}$和$(g_1,g_2,u_1,u_2)\in\mathcal{R}_{DH}$。

由$\mathcal{A}$的优势及断言3-4、断言3-5得

$$\left|\Pr[\beta'=\beta\mid D]-\frac{1}{2}\right|=\varepsilon(\kappa),\ \left|\Pr[\beta'=\beta\mid R]-\frac{1}{2}\right|=0$$

所以

$$\begin{aligned}\Pr[\beta'=\beta]&=\Pr[D]\Pr[\beta'=\beta\mid D]+\Pr[R]\Pr[\beta'=\beta\mid R]\\&=\frac{1}{2}\left(\frac{1}{2}\pm\varepsilon(\kappa)\right)+\frac{1}{2}=\frac{1}{2}\pm\frac{1}{2}\varepsilon(\kappa)\end{aligned}$$

$$\mathrm{Adv}_{\Pi,\mathcal{A}}^{\text{CS-CCA2}}(\kappa)=\left|\Pr[\beta'=\beta]-\frac{1}{2}\right|=\frac{1}{2}\varepsilon(\kappa)$$

得$\mathcal{B}$的优势为

$$\mathrm{Adv}_{\mathcal{B}}^{\mathrm{DDH}}(\kappa)=\frac{1}{2}\varepsilon(\kappa)$$

(定理3-10证毕)

3.4 RSA-FDH签名方案

3.4.1 RSA签名方案

签名方案的定义见定义2-8,其语义安全性见定义3-4。

定义3-4 对于一个签名方案(SigGen,Sign,Vrfy),如果对任何多项式有界时间的敌手$\mathcal{A}$在以下实验中的优势是可忽略的(其中$\mathcal{A}$可多项式有界次访问签名谕言机$\mathrm{Sign}_{sk}(\cdot)$):

$\underline{\mathrm{Exp}_{\mathrm{Sig},\mathcal{A}}^{\mathrm{EUF}}(\kappa)}$:

$(\mathrm{vk},\mathrm{sk})\leftarrow\mathrm{SigGen}(\kappa)$;

$(M,\sigma)\leftarrow\mathcal{A}^{\mathrm{Sign}_{sk}(\cdot)}(\mathrm{vk})$;

设Q表示$\mathcal{A}$访问签名谕言机$\mathrm{Sign}_{sk}(\cdot)$的消息集合;

如果$\mathrm{Vrfy}_{vk}(M,\sigma)=1$且$M\notin Q$,返回1;否则返回0.

则称该签名方案为在适应性选择消息攻击下具有存在性不可伪造性(Existential Unforgeability Against Adaptive Chosen Messages Attacks,EUF-CMA),简称为EUF-CMA安全。

$\mathcal{A}$的优势定义为

$$\mathrm{Adv}_{\mathrm{Sig},\mathcal{A}}^{\mathrm{EUF}}(\kappa)=\left|\Pr[\mathrm{Exp}_{\mathrm{Sig},\mathcal{A}}^{\mathrm{EUF}}(\kappa)=1]\right|$$

定义2-9的方案是一次性强签名方案,其中$\mathcal{A}$对签名谕言机$\mathrm{Sign}_{sk}(\cdot)$只能访问一次,且$\mathcal{A}$即使得到一个消息-签名对,也不能伪造这个消息的另一个签名。

RSA作为加密算法见3.1.1节。RSA用于签名算法的方案如下。

(1) 密钥产生过程:

$\underline{\text{GenRSA}(\kappa)}$：

$p,q\leftarrow\text{GenPrime}(\kappa)$；

$n=pq,\varphi(n)=(p-1)(q-1)$；

选 e，满足 $1<e<\varphi(n)$ 且 $(\varphi(n),e)=1$；

计算 d，满足 $de\equiv 1(\text{mod }\varphi(n))$；

$\text{pk}=(n,e),\text{sk}=(n,d)$.

(2) 签名过程：

$\underline{\text{Sign}_{\text{sk}}(M)}$：

$\sigma=M^d \bmod n$.

(3) 验证过程：

$\underline{\text{Vrfy}_{\text{pk}}(M,\sigma)}$：

如果 $\sigma^e=M \bmod n$，返回1；否则返回0.

但RSA签名体制不是EUF-CMA安全的，它的EUF游戏如下。

(1) 初始阶段。挑战者产生系统的密钥对 $\text{pk}=(e,n),\text{sk}=(d,n)$，将pk发送给敌手 $\mathcal{A}$，但将sk保密。

(2) 签名询问。$\mathcal{A}$ 执行以下的多项式 $q=q(\kappa)$ 有界次适应性询问。

$\mathcal{A}$ 提交 M_i，其中某个 $M_\ell=r^eM$，挑战者计算 $s_i\equiv M_i^d(\text{mod }n)(i=1,2,\cdots,q)$ 并返回给 $\mathcal{A}$。

(3) 输出。$\mathcal{A}$ 输出 $(M,\sigma)=(M,s_\ell/r)$，因为 $s_\ell\equiv(r^eM)^d\equiv rM^d(\text{mod }n)$，所以 $s_\ell/r\equiv M^d(\text{mod }n)$，即为 M 的签名。M 不出现在签名询问阶段且 $\text{Vrfy}_{\text{pk}}(M,\sigma)=1$。

3.4.2 RSA-FDH 签名方案的描述

RSA签名方案中使用模指数运算，如果哈希函数的输出比特长度和模数的比特长度相等，则称该哈希函数为全域哈希函数(Full Domain Hash，FDH)。使用全域哈希函数的RSA签名方案(简称RSA-FDH签名方案)在适应性选择消息攻击下具有存在性不可伪造性，即为EUF-CMA安全的。

方案(记为Π)如下：

设GenRSA如前，函数 $H:\{0,1\}^*\rightarrow\{0,1\}^{2\kappa}$，$\kappa$ 为安全参数。

(1) 密钥产生过程：

$\underline{\text{SignGen}(\kappa)}$：

$(n,e,d)\leftarrow\text{GenRSA}(\kappa)$；

$\text{pk}=(n,e)$；

$\text{sk}=(n,d)$.

(2) 签名过程(其中 $M\in\{0,1\}^*$)：

$\underline{\text{Sign}_{\text{sk}}(M)}$：

$h=H(M)$；

输出 $\sigma=h^d \bmod n$.

(3) 验证过程:

$\underline{\mathrm{Vrfy}_{pk}(M,\sigma)}$:

$h=H(M)$;

如果 $\sigma^e=h \bmod n$,则返回1;否则返回0.

直观地,敌手提交 $M_1=r^eM$ 得到 $H(M_1)^d=H(r^eM)^d$ 无法将 r 除去。安全性由定理3-11给出。

定理3-11 设 H 是一个随机谕言机,如果与GenRSA相关的RSA问题是困难的(见3.1.3节),则RSA-FDH方案是EUF-CMA安全的。

具体来说,假设存在一个EUF-CMA敌手$\mathcal{A}$以$\varepsilon(\kappa)$的优势攻破RSA-FDH方案,$\mathcal{A}$最多进行 q_H 次 H 询问,那么一定存在一个敌手$\mathcal{B}$至少以

$$\mathrm{Adv}_{\mathcal{B}}^{RSA}(k)\geqslant\frac{\varepsilon(\kappa)}{\mathrm{e}q_H}$$

的优势解决RSA问题,其中e是自然对数的底。

证明 Ⅱ的EUF游戏如下:

(1) 挑战者运行GenRSA(κ)得到(n,e,d),选取一个随机函数 H。敌手$\mathcal{A}$得到公开钥(n,e)。

(2) 敌手$\mathcal{A}$可以向挑战者询问 $H(\cdot)$和对消息的签名。当$\mathcal{A}$请求消息 M 的签名时,挑战者向$\mathcal{A}$返回 $\sigma\equiv H(M)^d \pmod n$。

(3) $\mathcal{A}$输出一个消息-签名对(M,σ),其中,$\mathcal{A}$在此之前没有请求过消息 M 的签名。如果 $\sigma^e\equiv H(M) \pmod n$,则敌手攻击成功。

下面证明RSA-FDH方案可归约到RSA问题。

敌手$\mathcal{B}$已知(n,e,y^*),其中 y^* 是$\mathbb{Z}_n^*$上均匀随机的。以$\mathcal{A}$(攻击RSA-FDH方案)作为子程序,目标是计算$(y^*)^{\frac{1}{e}} \bmod n$。

分析:$\mathcal{B}$若能得到某个σ,使得 $\sigma^e\equiv y^* \pmod n$,则 $\sigma\equiv(y^*)^{\frac{1}{e}} \pmod n$。由 $\sigma^e\equiv y^* \pmod n$知,若 y^* 是某个消息 M 的哈希函数值,则σ为这个消息的签名。(M,σ)由敌手$\mathcal{A}$产生,但 $H(M)$由$\mathcal{B}$产生,$\mathcal{B}$可设 $H(M)=y^*$。实际上$\mathcal{B}$并不知道 M,也就是不知道$\mathcal{A}$对哪个消息产生伪造的签名,所以$\mathcal{B}$要做如下猜测:$\mathcal{A}$的第 j 次 H 询问 M_j 是$\mathcal{A}$最终要伪造签名的消息,因此将 M_j 的哈希值取为 y^*。

为了简化,不失一般性,作如下假设:

(1) $\mathcal{A}$不会对 $H(M)$发起两次相同的询问;

(2) 如果$\mathcal{A}$请求消息 M 的一个签名,则它在此之前已经询问过 $H(M)$;

(3) 如果$\mathcal{A}$输出(M,σ),则它在此之前已经询问过 $H(M)$。

归约过程如下:

(1) $\mathcal{B}$将公开钥(n,e)给$\mathcal{A}$且随机选择 $j\leftarrow_R\{1,2,\cdots,q_H\}$。$j$ 是$\mathcal{B}$的一个猜测值:$\mathcal{A}$的第 j 次 H 询问对应$\mathcal{A}$最终的伪造结果。

(2) H 询问(最多进行 q_H 次)。$\mathcal{B}$建立一个 H^{list},初始为空,元素类型为三元组(M_i,σ_i,y_i),表示$\mathcal{B}$已经设置 $H(M_i)=y_i$,$\sigma_i^e\equiv y_i \pmod n$。当$\mathcal{A}$发起第 i 次询问(设询问值为

M_i)时,$\mathcal{B}$如下应答:

- 如果 $i=j$,返回 y^*(嵌入了困难问题),在 H^{list} 存储(M_j,?,y^*),? 表示等待$\mathcal{A}$产生。
- 否则,选取一个随机值 $\sigma_i \leftarrow_R \mathbb{Z}_n^*$,计算 $y_i \equiv \sigma_i^e \bmod n$,以 y_i 作为对该询问的应答,并在 H^{list} 中存储(M_i,σ_i,y_i)。

(3) 签名询问(最多进行 q_H 次)。当$\mathcal{A}$请求消息 M 的一个签名时,设 i 满足 $M=M_i$,M_i 表示第 i 次 H 询问的询问值。$\mathcal{B}$如下应答该询问:

- 如果 $i\neq j$,则 H^{list} 中有一个三元组(M_i,σ_i,y_i),返回 σ_i。
- 如果 $i=j$,则中断。

(4) 输出。$\mathcal{A}$输出(M,σ)。如果 $M\neq M_j$,$\mathcal{B}$中断;否则 $M=M_j$,如果 $\sigma^e \equiv y^* \bmod n$,$\mathcal{B}$输出 σ。

断言 3-6　在以上过程中,如果$\mathcal{B}$不中断,则$\mathcal{B}$的模拟是完备的。

证明　当$\mathcal{B}$猜测正确时,$\mathcal{A}$在上述归约中的视图与其在真实攻击中的视图是同分布的。这是因为

(1) $\mathcal{A}$的 q_H 次 H 询问中的每一次都是用随机值应答的:

- 对 M_j 的询问是用 y^* 应答的,其中 y^* 在 $\mathbb{Z}_n^*$ 中是均匀分布的。
- 对 $M_i(i\neq j)$的询问是用 $y_i \equiv \sigma_i^e \pmod n$ 应答的,其中 σ_i 是从 $\mathbb{Z}_n^*$ 中均匀随机选取的,y_i 在 $\mathbb{Z}_n^*$ 中也是均匀分布的。

在真实攻击中,H 被视为随机谕言机。所以$\mathcal{A}$的 H 询问的应答和真实攻击中的应答是同分布的。

(2) $\mathcal{A}$对 $M_i(i\neq j)$的签名询问得到的应答 σ_i 满足 $\sigma_i^e \bmod n \equiv y_i \equiv H(M_i) \pmod n$,是有效的。

所以$\mathcal{A}$在上述归约中的视图与其在真实攻击中的视图是同分布的,即$\mathcal{B}$的模拟是完备的。

(断言 3-6 证毕)

若$\mathcal{B}$的猜测是正确的,且$\mathcal{A}$输出一个伪造,则$\mathcal{B}$就解决了给定的 RSA 实例,这是因为 $\sigma^e \equiv y^* \pmod n$,$\sigma$ 即为 $(y^*)^{\frac{1}{e}} \bmod n$。

$\mathcal{B}$的成功由以下 3 个事件决定:

- $\mathcal{E}_1$:$\mathcal{B}$在$\mathcal{A}$的签名询问中不中断。
- $\mathcal{E}_2$:$\mathcal{A}$产生一个有效的消息-签名对(M,σ)。
- $\mathcal{E}_3$:$\mathcal{E}_2$ 发生且 M 对应的三元组(M_i,σ_i,y_i)中的下标 $i=j$。

由于

$$\Pr[\mathcal{E}_1]=\left(1-\frac{1}{q_H}\right)^{q_H}$$

$$\Pr[\mathcal{E}_2 \mid \mathcal{E}_1]=\varepsilon(\kappa)$$

$$\Pr[\mathcal{E}_3 \mid \mathcal{E}_1\mathcal{E}_2]=\Pr[i=j \mid \mathcal{E}_1\mathcal{E}_2]=\frac{1}{q_H}$$

所以$\mathcal{B}$的优势为

$$\Pr[\mathcal{E}_1\mathcal{E}_3]=\Pr[\mathcal{E}_1\mathcal{E}_2\mathcal{E}_3]=\Pr[\mathcal{E}_1]\Pr[\mathcal{E}_2\mid\mathcal{E}_1]\Pr[\mathcal{E}_3\mid\mathcal{E}_1\mathcal{E}_2]=\left(1-\frac{1}{q_H}\right)^{q_H}\frac{1}{q_H}\varepsilon(\kappa)\approx\frac{1}{\mathrm{e}q_H}\varepsilon(\kappa)$$

(定理 3-11 证毕)

其中第一个等号成立的原因是$\mathcal{E}_3\subseteq\mathcal{E}_2$,$\mathcal{E}_3=\mathcal{E}_2\mathcal{E}_3$。

3.4.3 RSA-FDH 签名方案的改进

对 RSA-FDH 签名方案的改进考虑的是归约的效率。定理 3-12 给出了一种更紧的归约。

定理 3-12 设 H 是一个随机谕言机,如果与 GenRSA 相关的 RSA 问题是困难的,则 RSA-FDH 方案是 EUF-CMA 安全的。

具体来说,假设存在一个 EUF-CMA 敌手$\mathcal{A}$以 $\varepsilon(\kappa)$的优势攻破 RSA-FDH 方案,$\mathcal{A}$最多进行 q_H 次 H 询问和 q_s 次签名询问,那么一定存在一个敌手$\mathcal{B}$至少以

$$\mathrm{Adv}_{\mathcal{B}}^{\mathrm{RSA}}(k)\geqslant\frac{\varepsilon(\kappa)}{\mathrm{e}q_s}$$

的优势解决 RSA 问题。

证明 归约过程修改如下:

(1) $\mathcal{B}$将公开钥(n,e)给$\mathcal{A}$。

(2) H 询问(最多进行 q_H 次)。$\mathcal{B}$建立一个 H^{list},初始为空,元素类型为四元组(M_i,σ_i,y_i,c_i),表示$\mathcal{B}$已经设置 $H(M_i)=y_i$,$\sigma_i^e\equiv y_i \pmod n$。当$\mathcal{A}$发起一次询问(设询问值为 M)时,$\mathcal{B}$如下应答:

① 如果 H^{list} 中已有与 M 对应的项(M_i,σ_i,y_i,c_i),则以 y_i 应答;

② 否则,$\mathcal{B}$随机选择一个 $c_i\leftarrow_R\{0,1\}$并设 $\Pr[c_i=0]=\delta$(δ 的值待定)。

- 如果 $c_i=0$,返回 y^*(嵌入了困难问题),在 H^{list} 中存储$(M_i,?,y_i,c_i)$,? 表示等待$\mathcal{A}$产生。
- 否则,选取一个随机值 $\sigma_i\leftarrow_R\mathbb{Z}_n^*$,计算 $y_i\equiv\sigma_i^e \pmod n$,以 y_i 作为对该询问的应答,并在 H^{list} 中存储(M_i,σ_i,y_i,c_i)。

(3) 签名询问(最多进行 q_s 次)。当$\mathcal{A}$请求消息 M 的一个签名时,$\mathcal{B}$在 H^{list} 中查找 M 对应的四元组(M_i,σ_i,y_i,c_i),使得 $M_i=M$。

- 如果 $c_i\neq0$,则返回 σ_i。
- 如果 $c_i=0$,则中断。

(4) 输出。$\mathcal{A}$输出(M,σ)。$\mathcal{B}$在 H^{list} 中查找 M 对应的四元组(M,σ,y,c)。如果 $c\neq0$,$\mathcal{B}$中断;否则$\mathcal{B}$输出 σ。

上述归约过程中,c_i 就是$\mathcal{B}$的猜测,$c_i=0$ 对应的四元组中的 M 是$\mathcal{A}$最终要伪造签名的消息,c_i 在四元组(M_i,σ_i,y_i,c_i)中就是一个用于标识猜测的标识符。

$\mathcal{B}$的成功由以下 3 个事件决定:

- $\mathcal{E}_1$:$\mathcal{B}$在$\mathcal{A}$的签名询问中不中断。
- $\mathcal{E}_2$:$\mathcal{A}$产生一个有效的消息-签名对(M,σ)。
- $\mathcal{E}_3$:$\mathcal{E}_2$发生且 M 对应的四元组(M,σ,y,c)中 $c=0$。

由于

$$\Pr[\mathcal{E}_1]=(1-\delta)^{q_s}$$
$$\Pr[\mathcal{E}_2\mid\mathcal{E}_1]=\varepsilon(\kappa)$$
$$\Pr[\mathcal{E}_3\mid\mathcal{E}_1\mathcal{E}_2]=\Pr[c=0\mid\mathcal{E}_1\mathcal{E}_2]=\delta$$

所以$\mathcal{B}$成功的概率为

$$\Pr[\mathcal{E}_1\mathcal{E}_3]=\Pr[\mathcal{E}_1\mathcal{E}_2\mathcal{E}_3]=\Pr[\mathcal{E}_1]\Pr[\mathcal{E}_2\mid\mathcal{E}_1]\Pr[\mathcal{E}_3\mid\mathcal{E}_1\mathcal{E}_2]=(1-\delta)^{q_s}\varepsilon\delta$$

其中第一个等号成立的原因与定理 3-11 相同。将$(1-\delta)^{q_s}\varepsilon\delta$ 看作 δ 的函数，可求出 $\delta=\frac{1}{q_s+1}$时$(1-\delta)^{q_s}\varepsilon\delta$ 达到最大，最大值为

$$\frac{\varepsilon(\kappa)}{\mathrm{e}(q_s+1)}\approx\frac{\varepsilon(\kappa)}{\mathrm{e}q_s}$$

（定理 3-12 证毕）

通常 $q_s<<q_H$，所以$\frac{\varepsilon(\kappa)}{\mathrm{e}q_s}>>\frac{\varepsilon(\kappa)}{\mathrm{e}q_H}$，定理 3-12 的归约要比定理 3-11 的归约紧。这是因为，$\mathcal{B}$在定理 3-11 中划分论述域 D 时，将 D 分成两部分，分别为 $D_{\mathrm{yes}}=\{j\}$和 $D_{\mathrm{no}}=[q_H]-\{j\}$，其中用下标 $i(i=1,2,\cdots q_H)$表示第 i 个实例；而在定理 3-12 中，$D_{\mathrm{yes}}=\{i\mid c_i=0\}$是满足 $c_i=0$ 的一类实例集合，且取 $\Pr[c_i=0]=\delta$ 使归约成功的概率达到最大值，因此划分更精细。

3.5　BLS 短签名方案

RSA 和 DSA 是最常用的两个签名方案，但二者的签名长度过大。例如，当使用一个1024 比特长的模数时，RSA 的签名长度为 1024 比特，DSA 的签名长度为 320 比特，DSA 在椭圆曲线上实现时长度也是 320 比特，320 比特的签名对于人工输入来说太长了。本节介绍的 BLS 短签名方案的签名长度大约是 170 比特，但它的安全性与 DSA 320 比特长签名的安全性是相同的。

3.5.1　BLS 短签名方案所基于的安全性假设

BLS 短签名方案[21]的安全性基于循环乘法群上计算性 Diffie-Hellman(Computational Diffie-Hellman)问题(简称 CDH 问题)的困难性假设。

设$\mathbb{G}=\langle g\rangle$是阶为素数 q 的循环群，g 是$\mathbb{G}$的生成元。

$\mathbb{G}$上双线性映射 $\hat{e}$ 的双线性为：对于 $a,b\in\mathbb{Z}_q^*$，有 $\hat{e}(g^a,g^b)=\hat{e}(g,g)^{ab}$。

DDH 问题的另一种描述：已知四元组 $D=(g_1,g_2,u_1,u_2)\in G^4$，其中 g_1、g_2 为$\mathbb{G}$的生成元，$u_1=g_1^{\alpha}$，$u_2=g_2^{\beta}(\alpha,\beta\in\mathbb{Z}_q)$，判断是否 $\alpha=\beta$。

如果 $\alpha=\beta$，则称四元组 $D=(g_1,g_2,u_1,u_2)$为 DH 四元组。

利用$\mathbb{G}$上的双线性映射 $\hat{e}$ 可容易地解决 DDH 问题：已知 $D=(g_1,g_2,u_1,u_2)\in\mathbb{G}^4$，则

$$\alpha=\beta\Leftrightarrow\hat{e}(g_1,u_2)=\hat{e}(g_2,u_1)$$

CDH 问题为：已知 $D=(g,g^a,h)\in\mathbb{G}^3$，计算 h^a。

如果$\mathbb{G}$上的 DDH 问题是容易的，但 CDH 问题是困难的，$\mathbb{G}$就称为间隙群。

注意：仅当$\mathbb{G}$是超奇异椭圆曲线上的点群时，$\hat{e}$ 才可构造，从而使得$\mathbb{G}$上的 DDH 问题变得容易；否则，$\mathbb{G}$上的 DDH 问题仍是困难的，见 2.1.5 节。

3.5.2 BLS 短签名方案描述

设$\mathbb{G}$是间隙群，$H:\{0,1\}^*\to\mathbb{G}$是全域哈希函数。

(1) 密钥产生过程：

$$\underline{\text{SignGen}(\kappa):}$$
$$x\leftarrow_R \mathbb{Z}_q;$$
$$y=g^x\in\mathbb{G};$$
$$\text{sk}=x,\text{pk}=y.$$

(2) 签名过程(其中 $M\in\{0,1\}^*$)：

$$\underline{\text{Sign}_{\text{sk}}(M):}$$
$$h=H(M);$$
$$\text{输出 }\sigma=h^x\in\mathbb{G}.$$

(3) 验证过程：

$$\underline{\text{Vrfy}_{\text{pk}}(M,\sigma):}$$
$$h=H(M);$$

如果(g,h,y,σ)为 DH 四元组，返回 1；否则返回 0.

定理 3-13 设 H 是一个随机谕言机，如果$\mathbb{G}$是一个 间隙群，则 BLS 短签名方案 Sig 是 EUF-CMA 安全的。

具体来说，假设存在一个 EUF-CMA 敌手$\mathcal{A}$以 $\varepsilon(\kappa)$的优势攻破短签名方案，$\mathcal{A}$最多进行 q_H 次 H 询问，那么一定存在一个敌手$\mathcal{B}$至少以

$$\text{Adv}_{\mathcal{B}}^{\text{CDH}}(\kappa)\geqslant\frac{\varepsilon(\kappa)}{\text{e}q_H}$$

的优势解决 CDH 问题。

证明 Sig 的 EUF 游戏与 RSA-FDH 的 EUF 游戏类似。

下面证明 BLS 短签名方案可归约到群$\mathbb{G}$上的 CDH 问题。

敌手$\mathcal{B}$已知$(g,u=g^a,h)$，以$\mathcal{A}$(攻击 BLS 短签名方案)作为子程序，目标是计算 h^a。

与 RSA-FDH 相同，这里作以下假设：

(1) $\mathcal{A}$不会对随机谕言机发起两次相同的询问。

(2) 如果$\mathcal{A}$请求消息 M 的一个签名，则它在此之前已经询问过 $H(M)$。

(3) 如果$\mathcal{A}$输出(M,σ)，则它在此之前已经询问过 $H(M)$。

分析：$\mathcal{B}$将 $u=g^a$ 看作自己的公开钥，a 为秘密钥($\mathcal{B}$其实不知道 a)，则 h^a 为$\mathcal{B}$对某一消息的签名，即 $\sigma=h^a$，$h=H(M)$，其中(M,σ)由$\mathcal{A}$伪造产生。但$\mathcal{B}$并不知道 M，他猜测$\mathcal{A}$对第 j 次询问的消息 M_j 要伪造签名，所以$\mathcal{B}$可将 h 作为 M_j 的哈希函数值。

实际证明时，$\mathcal{B}$希望将问题实例$(g,u=g^a,h)$隐藏起来，所以先选择一个随机数 r，以

ug^r 作为公开钥发送给$\mathcal{A}$。

归约过程如下：

(1) $\mathcal{B}$将群$\mathbb{G}$的生成元 g 和公开钥 $ug^r \in \mathbb{G}$发送给$\mathcal{A}$，其中 $r \leftarrow_R Z_q$，$ug^r = g^{a+r}$对应的秘密钥是 $a+r$。此外随机选择 $j \in \{1,2,\cdots,q_H\}$作为它的一个猜测值：$\mathcal{A}$的这次 H 询问对应着$\mathcal{A}$最终的伪造结果。

(2) H 询问(最多进行 q_H 次)。$\mathcal{B}$建立一个 H^{list}，初始为空，元素类型为三元组(M_i, y_i, b_i)。当$\mathcal{A}$发起第 i 次询问(设询问值为 M_i)时，$\mathcal{B}$如下应答：

① 如果 H^{list}中已有 M_i 对应的项(M_i, y_i, b_i)，则以 y_i 应答。

② 否则，$\mathcal{B}$随机选择一个 $b_i \leftarrow_R \mathbb{Z}_q$。

- 如果 $i=j$，则计算 $y_i = hg^{b_i} \in \mathbb{G}$(嵌入了困难问题)。
- 否则，计算 $y_i = g^{b_i} \in \mathbb{G}$，以 y_i 作为对该询问的应答，并在 H^{list}中存储(M_i, y_i, b_i)。

(3) 签名询问(最多进行 q_H 次)。当$\mathcal{A}$请求消息 M 的一个签名时，设 i 满足 $M=M_i$，M_i 表示第 i 次 H 询问的询问值。$\mathcal{B}$如下应答：

- 如果 $i \neq j$，则 H^{list}中有一个三元组(M_i, y_i, b_i)，计算 $\sigma_i = (ug^r)^{b_i}$ 并以 σ_i 应答$\mathcal{A}$。因为 $\sigma_i = (ug^r)^{b_i} = g^{b_i(a+r)} = y_i^{(a+r)}$，所以 σ_i 为以秘密钥 $a+r$ 对 M_i 的签名。
- 如果 $i=j$，则中断。

(4) 输出。$\mathcal{A}$输出(M, σ)。如果 $M \neq M_j$，$\mathcal{B}$中断；否则$\mathcal{B}$输出$\dfrac{\sigma}{h^r u^{b_j} g^{b_j r}}$作为 h^a。这是因为

$$\sigma = y_j^{(a+r)} = (hg^{b_j})^{a+r} = h^{a+r} g^{b_j(a+r)} = h^a h^r (g^a)^{b_j} g^{b_j r} = h^a h^r u^{b_j} g^{b_j r}$$

断言 3-7 在以上过程中，如果$\mathcal{B}$不中断，则$\mathcal{B}$的模拟是完备的。

证明 当$\mathcal{B}$猜测正确时，$\mathcal{A}$在上述归约中的视图与其在真实攻击中的视图是同分布的。这是因为

(1) $\mathcal{A}$的 q_H 次 H 询问中的每一个都是用随机值应答的，对 $M_i(i=1,2,\cdots,q_H)$的应答如下：

- 当 $i=j$ 时是用 $y_i = hg^{b_i} \in \mathbb{G}$应答的，由 b_i 的随机性知 y_i 是$\mathbb{G}$中均匀分布的。
- 当 $i \neq j$ 时是用 $y_i = g^{b_i} \in \mathbb{G}$应答的，同样 y_i 也是$\mathbb{G}$中均匀分布的。

在真实攻击中，H 被视为随机谕言机，所以$\mathcal{A}$的 H 询问的应答和真实攻击中的应答是同分布的。

(2) $\mathcal{A}$对 $M_i(i \neq j)$的签名询问得到的应答是由公开钥 $ug^r = g^{a+r}$($\mathcal{A}$已获得)所对应的秘密钥 $a+r$ 签名的，所以$\mathcal{A}$得到的签名应答是有效的(相对于它得到的公开钥而言)。

所以$\mathcal{A}$在上述归约中的视图与其在真实攻击中的视图是同分布的，即$\mathcal{B}$的模拟是完备的。

(断言 3-7 证毕)

若$\mathcal{B}$的猜测是正确的，且$\mathcal{A}$输出一个伪造，则$\mathcal{B}$就在第(4)步解决了给定的 CDH 实例。$\mathcal{B}$的优势与定理 3-11 的证明中给出的相同。

(定理 3-13 证毕)

3.5.3 BLS 短签名方案的改进一

在定理 3-13 的归约中,$\mathcal{B}$对论述域 D 的划分与定理 3-11 相同。为了得到更高的归约效率,$\mathcal{B}$也可以对论述域 D 做更精细的划分,得定理 3-14。

定理 3-14 设 H 是一个随机谕言机,如果$\mathbb{G}$是一个间隙群,则 BLS 短签名方案 Sig 是 EUF-CMA 安全的。

具体来说,假设存在一个 EUF-CMA 敌手$\mathcal{A}$以 $\varepsilon(\kappa)$的优势攻破短签名方案,$\mathcal{A}$最多进行 q_H 次 H 询问和 q_s 次签名询问,那么一定存在一个敌手$\mathcal{B}$至少以

$$\mathrm{Adv}_{\mathcal{B}}^{\mathrm{CDH}}(\kappa) \geqslant \frac{\varepsilon(\kappa)}{\mathrm{e}q_s}$$

的优势解决 CDH 问题。

证明 改进方法与定理 3-12 类似。

3.5.4 BLS 短签名方案的改进二

为了获得短签名,需要使用第二类双线性映射(见 1.1.12 节)。

第二类双线性映射形如 $\hat{e}: \mathbb{G}_1 \times \mathbb{G}_2 \rightarrow \mathbb{G}_T$,其中$\mathbb{G}_1$、$\mathbb{G}_2$和$\mathbb{G}_T$都是阶为 q 的群,$\mathbb{G}_2$到$\mathbb{G}_1$有一个同态映射 $\psi: \mathbb{G}_2 \rightarrow \mathbb{G}_1$,满足 $\psi(g_2)=g_1$,其中 g_1 和 g_2 分别是$\mathbb{G}_1$和 $\mathbb{G}_2$上的固定生成元。$\mathbb{G}_1$中的元素可用较短的形式表达。因此在构造签名方案时,把签名取为$\mathbb{G}_1$中的元素,可得短的签名。

其上的 DDH 问题(称为协 DDH 问题,简称为 co-DDH 问题)如下:已知 $g_2, g_2^{\alpha} \in \mathbb{G}_2$, $h, h^{\beta} \in \mathbb{G}_1$,判断是否 $\alpha=\beta$。如果 $\alpha=\beta$,则称四元组$(g_2, g_2^{\alpha}, h, h^{\beta})$为 co-DDH 元组。

利用$\mathbb{G}_1 \times \mathbb{G}_2$双线性映射 $\hat{e}$ 可容易地解决 co-DDH 问题:已知$(g_2, g_2^{\alpha}, h, h^{\beta})$,则

$$\alpha=\beta \Leftrightarrow \hat{e}(h, g_2^{\alpha})=\hat{e}(h^{\beta}, g_2)$$

其上的 CDH 问题(称为协 CDH 问题,简称为 co-CDH 问题)如下:已知 $g_2, g_2^{\alpha} \in \mathbb{G}_2$ 及 $h \in \mathbb{G}_1$,计算 $h^{\alpha} \in \mathbb{G}_1$。

如果$\mathbb{G}_1 \times \mathbb{G}_2$上的 co-DDH 问题是容易的,但 co-CDH 问题是困难的,则$\mathbb{G}_1 \times \mathbb{G}_2$称为间隙群组。

设$\mathbb{G}_1 \times \mathbb{G}_2$是间隙群组,$H: \{0,1\}^* \rightarrow \mathbb{G}_1$是全域哈希函数。改进后的方案如下:

(1) 密钥产生过程:

$$\begin{aligned}
&\underline{\mathrm{SigGen}(\kappa)}:\\
&\quad x \leftarrow_R \mathbb{Z}_q;\\
&\quad y=g_2^{x} \in \mathbb{G}_2\\
&\quad \mathrm{sk}=x, \mathrm{pk}=y.
\end{aligned}$$

(2) 签名过程(其中 $M \in \{0,1\}^*$):

$$\begin{aligned}
&\underline{\mathrm{Sign}_{\mathrm{sk}}(M)}:\\
&\quad h=H(M) \in \mathbb{G}_1;\\
&\quad \text{输出 } \sigma=h^{x} \in \mathbb{G}_1.
\end{aligned}$$

（3）验证过程：

$\underline{\mathrm{Vrfy}_{pk}(M,\sigma)}$：

$h=H(M)\in\mathbb{G}_1$；

如果(g_2,y,h,σ)为 co-DDH 四元组，则返回 1；否则返回 0.

因为签名 σ 是$\mathbb{G}_1$中的元素，而$\mathbb{G}_1$可以使用 168 比特长的椭圆曲线实现，因此获得了短签名。

该方案的安全性证明与定理 3-12～定理 3-14 类似。

3.6 分叉引理

对于 3.4 节和 3.5 节介绍的签名方案，在其安全性证明中，挑战者利用敌手的一次成功伪造就可以破解困难问题。而在下面介绍的签名方案中，挑战者利用敌手的一次成功伪造不足以破解困难问题，这时需要两个甚至多个有特定关系的成功伪造才能破解困难问题。在这种方案中，签名结果为四元组(m,σ_1,h,σ_2)形式，其中：

- m 为待签名的消息。
- σ_1 为对某个随机选取的整数 r 的承诺。
- h 是消息 m 和σ_1 的哈希值。
- σ_2 根据 r、σ_1、m 及 h 由签名密钥产生。

这种形式的签名方案包括 ElGamal 签名体制、Fiat-Shamir 签名体制等许多方案。

3.6.1 ElGamal 签名体制和 Fiat-Shamir 签名体制

1. ElGamal 签名体制

1）体制参数

p：大素数。

g：$\mathbb{Z}_p^*$ 的一个生成元。

x：用户 A 的秘密钥，$x\leftarrow_R \mathbb{Z}_p^*$。

y：用户 A 的公开钥，$y\equiv g^x \pmod p$。

2）签名的产生过程

对于待签名的消息 m，A 执行以下步骤：

（1）计算 m 的哈希值 $H(m)$。

（2）选择随机数 k：$k\leftarrow_R \mathbb{Z}_{p-1}^*$，计算 $r\equiv g^k \pmod p$。

（3）计算 $s\equiv(H(m)-xr)k^{-1} \pmod{p-1}$。

A 以(r,s)作为产生的数字签名。

3）签名验证过程

收方在收到消息 m 和数字签名(r,s)后，先计算 $H(m)$，并按下式验证：

$$\mathrm{Ver}(y,(r,s),H(m))=\mathrm{True}\Leftrightarrow y^r r^s\equiv g^{H(m)} \pmod p$$

正确性可由下式证明：

$$y^r r^s \equiv g^{rx} g^{ks} \equiv g^{rx+H(m)-rx} \equiv g^{H(m)} \pmod p$$

2. Fiat-Shamir 签名体制

1) 体制参数

n：$n=pq$，其中 p 和 q 是两个保密的大素数。

k：固定的正整数。

$y_1,y_2,\cdots,y_k$：用户 A 的公开钥，对每一 $i(1\leqslant i\leqslant k)$，$y_i$ 都是模 n 的平方剩余。

$x_1,x_2,\cdots,x_k$：用户 A 的秘密钥，对每一 $i(1\leqslant i\leqslant k)$，$x_i\equiv\sqrt{y_i^{-1}}\pmod n$。

2) 签名的产生过程

对于待签名的消息 m，A 执行以下步骤：

(1) 随机选取一个正整数 t。

(2) 随机选取 t 个 $1\sim n$ 的数 $r_1,r_2,\cdots,r_t$，并对每一 $j(1\leqslant j\leqslant t)$，计算 $R_j\equiv r_j^2\pmod n$。

(3) 计算哈希值 $H(m,R_1,R_2,\cdots,R_t)$，并依次取出 $H(m,R_1,R_2,\cdots,R_t)$ 的前 kt 个比特值 $b_{11},b_{12},\cdots,b_{1t},b_{21},b_{22},\cdots,b_{2t},\cdots,b_{k1},b_{k2},\cdots,b_{kt}$。

(4) 对每一 $j(1\leqslant j\leqslant t)$，计算 $s_j\equiv r_j\prod_{i=1}^{k} x_i^{b_{ij}}\pmod n$。

A 以 $((b_{11},b_{12},\cdots,b_{1t},b_{21},b_{22},\cdots,b_{2t},\cdots,b_{k1},b_{k2},\cdots,b_{kt}),(s_1,s_2,\cdots,s_t))$ 作为对 m 的数字签名。

3) 签名的验证过程

收方在收到消息 m 和签名 $((b_{11},b_{12},\cdots,b_{1t},b_{21},b_{22},\cdots,b_{2t},\cdots,b_{k1},b_{k2},\cdots,b_{kt}),(s_1,s_2,\cdots,s_t))$ 后，用以下步骤验证：

(1) 对每一 $j(1\leqslant j\leqslant t)$，计算 $R_j'\equiv s_j^2\prod_{i=1}^{k} y_i^{b_{ij}}\pmod n$。

(2) 计算 $H(m,R_1',R_2',\cdots,R_t')$。

(3) 验证 $b_{11},b_{12},\cdots,b_{1t},b_{21},b_{22},\cdots,b_{2t},\cdots,b_{k1},b_{k2},\cdots,b_{kt}$ 是否依次等于 $H(m,R_1',R_2',\cdots,R_t')$ 的前 kt 个比特。如果是，则以上数字签名是有效的。

正确性可以由下式证明：

$$\begin{aligned} R_j' &\equiv s_j^2\prod_{i=1}^{k} y_i^{b_{ij}} \equiv \left(r_j\prod_{i=1}^{k} x_i^{b_{ij}}\right)^2\prod_{i=1}^{k} y_i^{b_{ij}} \\ &\equiv r_j^2\prod_{i=1}^{k}(x_i^2 y_i)^{b_{ij}} \equiv r_j^2 \equiv R_j \pmod n \end{aligned}$$

3.6.2 数字签名中的分叉引理

定理 3-15(分叉引理) 在四元组 (m,σ_1,h,σ_2) 形式的签名方案中，设哈希函数 H 是随机谕言机，敌手 $\mathcal{A}$ 至多进行 q_H 次 H 询问。如果 $\mathcal{A}$ 能以 $\varepsilon(\kappa)$（κ 是安全参数）的优势输出一个有效的签名 (m,σ_1,h,σ_2)，那么 $\mathcal{A}$ 就能以 $(1-\mathrm{e}^{-1})\dfrac{\varepsilon(\kappa)}{q_H}$ 的概率输出两个有效的签名 (m,σ_1,h,σ_2) 和 $(m,\sigma_1,h',\sigma_2')$，其中 $h\neq h'$。

证明 设 $Q_1=(m_1,\sigma^{(1)}),Q_2=(m_2,\sigma^{(2)}),\cdots,Q_{q_H}=(m_{q_H},\sigma^{(q_H)})$ 是 $\mathcal{A}$ 对 H 所做的

q_H 次询问，$\rho_1,\rho_2,\cdots,\rho_{q_H}$ 是 H 的 q_H 次应答。又设$\mathcal{A}$在询问-应答完成后，以 $\varepsilon(\kappa)$的概率输出一个有效的签名(m,σ_1,h,σ_2)。由于 $H(m,\sigma_1)$是随机的，(m,σ_1)等于某个询问（设为 Q_β）的概率为 $1/q_H$。

A 仍以 $Q_1=(m_1,\sigma^{(1)}),Q_2=(m_2,\sigma^{(2)}),\cdots,Q_{q_H}=(m_{q_H},\sigma^{(q_H)})$询问 H，但得到的应答是 $\rho_1',\rho_2',\cdots,\rho_{q_H}'$。又设$\mathcal{A}$输出第 2 个有效的签名$(m',\sigma_1',h',\sigma_2')$，其中 $h\neq h'$，(m',σ_1')等于某个询问（设为 $Q_{\beta'}$）。

若(m,σ_1)等于 Q_β 且 $\beta'=\beta$（此时$(m',\sigma_1')=(m,\sigma_1)$），则在询问-应答链表上找到一个分叉，如图 3-2 所示。

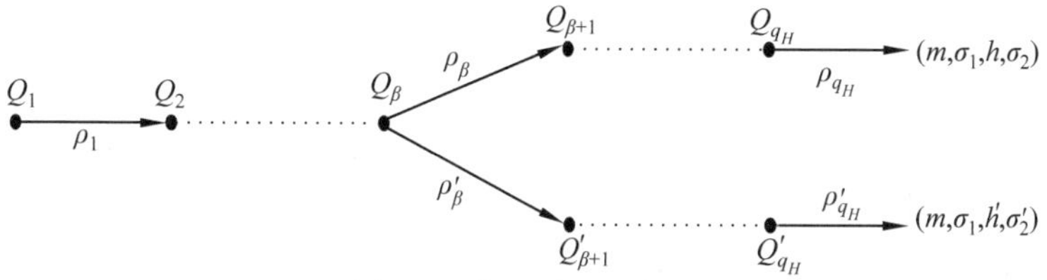

图 3-2 分叉引理示意图

设以下 3 个事件：

- $\mathcal{E}_1$：(m,σ_1)等于 Q_β。
- $\mathcal{E}_2$：$\beta'=\beta$，为 H 的一个碰撞。
- $\mathcal{E}$：找到一个分叉。

则 $\Pr[\mathcal{E}]=\Pr[\mathcal{E}_1\mathcal{E}_2]=\Pr[\mathcal{E}_1]\Pr[\mathcal{E}_2\mid\mathcal{E}_1]$

$$=\frac{1}{q_H}\left[1-\left(1-\frac{1}{q_H}\right)^{q_H}\right]\approx(1-\mathrm{e}^{-1})\frac{1}{q_H}$$

所以$\mathcal{A}$至少以$(1-\mathrm{e}^{-1})\dfrac{\varepsilon(\kappa)}{q_H}$的概率获得两个有效签名，分别为$(m,\sigma_1,h,\sigma_2)$和$(m,\sigma_1,h',\sigma_2')$，使得 $h\neq h'$。

（定理 3-15 证毕）

利用分叉引理可证明 ElGamal 签名体制和 Fiat-Shamir 签名体制，在适应性选择消息攻击下具有存在性不可伪造性，即这两种方案是 EUF-CMA 安全的。

定理 3-16 如果求解离散对数问题是困难的，则 ElGamal 签名体制是 EUF-CMA 安全的。

具体来说，假设存在一个 EUF-CMA 敌手$\mathcal{A}$至多进行 q_H 次 H 询问，以 $\varepsilon(\kappa)$的优势攻破 ElGamal 签名体制，那么一定存在一个敌手$\mathcal{B}$至少以

$$\mathrm{Adv}_{\mathrm{II},\mathcal{B}}(k)\geqslant(1-\mathrm{e}^{-1})\frac{\varepsilon(\kappa)}{q_H}$$

的优势求解一个离散对数问题的实例。

证明 设$\mathcal{B}$意欲求解 $y(\equiv g^x(\bmod p))$的离散对数。根据分叉引理，$\mathcal{A}$能以$(1-\mathrm{e}^{-1})\dfrac{\varepsilon(\kappa)}{q_H}$的概率获得以 y 作为公开钥的两个签名(m,r,h,s)和(m,r,h',s')，其中 $h\neq h'$。$\mathcal{B}$建立方程 $y^r r^s\equiv g^h(\bmod p)$和 $y^r r^{s'}\equiv g^{h'}(\bmod p)$。由于 g 是 Z_p^* 的生成元，所以存在

某个整数 $l<p-1$,使得 $r\equiv g^l \pmod p$,同时由 $y\equiv g^x \pmod p$,$\mathcal{B}$获得方程组

$$\begin{cases} xr+ls\equiv h \pmod{p-1} \\ xr+ls'\equiv h' \pmod{p-1} \end{cases}$$

由 $h'\not\equiv h \pmod{p-1}$,有 $s'\not\equiv s \pmod{p-1}$,可得

$$l\equiv\frac{h-h'}{s-s'} \pmod{p-1}$$

由于 r 的随机性,$\gcd(r,p-1)\neq1$ 的概率是可忽略的,所以$\mathcal{B}$得到 $x\equiv\frac{h-ls}{r} \pmod{p-1}$。$\mathcal{B}$获胜的概率为$(1-\mathrm{e}^{-1})\frac{\varepsilon(\kappa)}{q_H}$。

(定理 3-16 证毕)

定理 3-17 如果分解大整数问题是困难的,则 Fiat-Shamir 签名体制是 EUF-CMA 安全的。

具体来说,假设存在一个 EUF-CMA 敌手$\mathcal{A}$至多进行 q_H 次 H 询问,以 $\varepsilon(\kappa)$的优势攻破 Fiat-Shamir 签名体制,那么一定存在一个敌手$\mathcal{B}$至少以

$$\mathrm{Adv}_{\Pi,\mathcal{B}}(k)\geqslant(1-\mathrm{e}^{-1})\frac{\varepsilon(\kappa)}{2q_H}$$

的优势求解一个大整数分解问题的实例。

证明 设 n 是$\mathcal{B}$意欲分解的大整数。$\mathcal{B}$随机选择 $u\in Z_n^*$,计算 $u^{-1} \pmod n$的最小平方根 v 作为秘密钥。如果敌手$\mathcal{A}$能够攻破 Fiat-Shamir 签名体制,根据分叉引理,$\mathcal{A}$能以$(1-\mathrm{e}^{-1})\frac{\varepsilon(\kappa)}{q_H}$的概率获得两个签名$(m,\sigma_1,h,\sigma_2)$和$(m,\sigma_1,h',\sigma_2')$,使得 $h=(h_1,h_2,\cdots,h_k)\neq h'=(h_1',h_2',\cdots,h_k')$。设 $h_i\neq h_i'$,$i\in\{1,2,\cdots,k\}$,不妨设 $h_i=0$,$h_i'=1$,$\mathcal{B}$得到 $s_i\equiv r_i \pmod n$,$s_i'\equiv r_iv \pmod n$,设 $z\equiv s_i^{-1}s_i' \pmod n$,则 $z^2\equiv u^{-1}\equiv v^2 \pmod n$。因为 $z\neq v$ 的概率等于$\frac{1}{2}$,当 $z\neq v$ 时,$\gcd\{z-v,n\}$是 n 的因子,所以$\mathcal{B}$以$(1-\mathrm{e}^{-1})\frac{\varepsilon(\kappa)}{2q_H}$的概率得到 n 的因子。

(定理 3-17 证毕)

习题

1. 证明定理 3-13。
2. 证明 BLS 短签名方案改进二的安全性。
3. 利用分叉引理证明 Schnorr 签名体制在适应性选择消息攻击下具有存在性不可伪造性,即它是 EUF-CMA 安全的。
4. Cramer-Shoup 密码体制也使用哈希函数,其安全性证明为什么不是随机谕言机模型?
5. CDH 问题是已知(g,g^x,g^y),计算 g^{xy}。离散对数(Discrete Logarithm)问题(简称 DL 问题)是已知(g,g^x),计算 x。证明如下关系:

$$\mathrm{DL}\Leftarrow\mathrm{CDH}\Leftarrow\mathrm{DDH}$$

第4章 基于身份的密码体制

4.1 基于身份的密码体制定义和安全模型

4.1.1 基于身份的密码体制简介

1984年,Shamir提出了一种基于身份的加密方案(Identity-Based Encryption, IBE)[22]的思想,并征询具体的实现方案,方案中不使用任何证书,直接将用户的身份作为公开钥,以此简化公钥基础设施(Public Key Infrastructure,PKI)中基于证书的密钥管理过程。例如,用户A给用户B发加密的电子邮件,B的邮件地址是bob@company.com,A只要将bob@company.com作为B的公开钥加密邮件即可。当B收到加密的邮件后,向服务器证明自己,并从服务器获得解密用的秘密密钥,再解密就可以阅读邮件。该过程如图4-1所示。

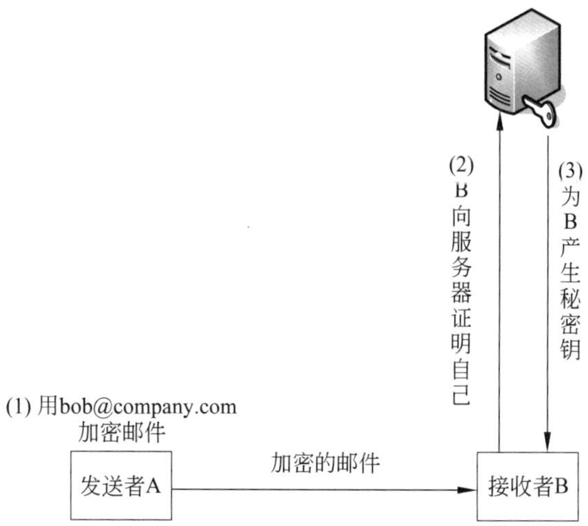

图4-1 基于身份的加密方案示例

与基于证书的安全电子邮件相比,即使B还未建立他的公钥证书,A也可以向他发送加密的邮件。因此,这种方法避免了公钥密码体制中公钥证书生成、签发、存储、维护、更新、撤销这一复杂的生命周期过程。自Shamir提出这种新思想以后,由于没有找到有效的实现工具,其实现一直是一公开问题。直到2001年,Boneh和Franklin获得了数学上的突破,提出了第一个实用的基于身份的公钥加密方案[1]。

一个IBE方案由以下4个算法组成:

(1) 初始化。

为随机化算法,输入是安全参数κ,输出为系统参数params(为公开的全程参数)和主密钥msk,表示为(params,msk)←Init(κ)。

(2) 加密。

为随机化算法,输入是消息M、系统参数params以及接收方的身份ID,输出密文CT,仅当接收方具有相同身份ID时,才能解密,表示为CT$=\mathcal{E}_{\mathrm{ID}}(M)$。

(3) 密钥产生。

为随机化算法,输入是系统参数params、接收方的身份ID以及主密钥msk,输出会话密钥sk,表示为sk←IBEGen(ID)。

(4) 解密。

为确定性算法,输入会话密钥sk及密文CT,输出消息M,表示为$M=\mathcal{D}_{\mathrm{sk}}(\mathrm{CT})$。

Boneh和Franklin的方案使用椭圆曲线上的双线性映射(称为Weil配对和Tate配对),将用户的身份映射为一对公开钥/秘密钥对。方案的安全性证明使用随机谕言机模型。随机谕言机模型见3.1.4节。

文献[23]给出了标准模型下的IBE方案,然而这些方案是在“选定身份”的模型下,其中攻击者在看到系统的公开参数前,就需要声明自己意欲攻击的身份,因而限制了攻击者的攻击能力,所以“选定身份”模型是一种弱安全模型。之所以要使用“选定身份”模型,是因为$\mathcal{B}$要把自己意欲攻击的困难问题以某种方式镶嵌在选定身份对应的公开参数中,使得$\mathcal{B}$一方面能够应答$\mathcal{A}$的询问,另一方面能利用$\mathcal{A}$的输出解决困难问题。

文献[24]给出的方案去掉了“选定身份”这一限制,这种方案称为完全安全模型。在完全安全模型中,$\mathcal{B}$无法猜测$\mathcal{A}$对哪个身份进行攻击,需要将身份空间随机划分为两部分,其中一部分用来为$\mathcal{A}$的密钥提取询问进行应答,另一部分用于$\mathcal{A}$的挑战,这种方式称为分离式策略。因为$\mathcal{B}$对身份空间的划分是随机的,存在失败的可能。对偶系统加密[25,26]可以克服分离式策略产生的上述问题,方案中将密文和密钥取两种不可区分的形式,$\mathcal{A}$经过密钥提取询问得到的所有密钥都不能解密挑战密文,从而使得安全性证明变得相对容易。

分层次的IBE系统(Hierarchical Identity-Based Encryption,HIBE)最早由文献[27]提出,它是对IBE系统的推广,反映的是组织的层次关系。然而文献[27]的方案中,密文长度、密钥长度以及加密时间、解密时间都随分层深度的增加而线性增长。文献[28]给出了一种密文长度为常数的HIBE方案。

4.1.2 选择明文安全的IBE方案

要定义IBE的语义安全,应允许敌手根据自己的选择获取用户ID的秘密钥(多项式有界次),在获取攻击目标ID^*后,仍然可以获取其他身份(但不是ID^*)相应的秘密钥,我们把这一要求看作对密钥产生算法的询问。

记IBE方案为Π,用如下描述的IND游戏(称为IND-ID-CPA游戏)刻画它的安全性:

（1）初始化。挑战者输入安全参数 κ，产生公开的系统参数 params 和保密的主密钥。

（2）阶段 1（训练）。敌手发出对 ID 的秘密钥产生询问。挑战者运行秘密钥产生算法，产生与 ID 对应的秘密钥 d，并把它发送给敌手，这一过程可重复多项式有界次。

（3）挑战。敌手输出两个长度相等的明文 M_0、M_1 和一个意欲挑战的公开钥 ID^*。唯一的限制是 ID^* 不在阶段 1 中的任何秘密钥询问中出现。挑战者随机选取一个比特值 $\beta \leftarrow_R \{0,1\}$，计算 $C^* = \mathcal{E}_{ID^*}(M_\beta)$，并将 C^* 发送给敌手。

（4）阶段 2（训练）。敌手发出对另外的 ID 的秘密钥产生询问，唯一的限制是 $ID \neq ID^*$，挑战者以阶段 1 中的方式进行回应，这一过程可重复多项式有界次。

（5）猜测。敌手输出猜测 $\beta' \in \{0,1\}$，如果 $\beta' = \beta$，则敌手攻击成功。

敌手的优势定义为安全参数 κ 的函数：

$$\mathrm{Adv}_{\Pi,\mathcal{A}}^{\mathrm{ID\text{-}CPA}}(\kappa) = \left| \Pr[\beta' = \beta] - \frac{1}{2} \right|$$

IND-ID-CPA 游戏的形式化描述如下：

$\underline{\mathrm{Exp}_{\Pi,\mathcal{A}}^{\mathrm{IND\text{-}ID\text{-}CPA}}(\kappa)}$：

$ID^* \leftarrow \mathcal{A}$/选定身份的；

$(\mathrm{params}, \mathrm{msk}) \leftarrow \mathrm{Init}(\kappa)$；

$(M_0, M_1, ID^*) \leftarrow \mathcal{A}^{\mathrm{IBEGen}(\cdot)}(\mathrm{params})$；

/若是选定身份的，此时没有 ID^*，$\mathrm{IBEGen}(\cdot)$ 改为 $\mathrm{IBEGen}_{\neq ID^*}(\cdot)$；

$\beta \leftarrow \{0,1\}, C^* = \mathcal{E}_{ID^*}(M_\beta)$；

$\beta' \leftarrow \mathcal{A}^{\mathrm{IBEGen}_{\neq ID^*}(\cdot)}(C^*)$；

如果 $\beta' = \beta$，则返回 1；否则返回 0.

其中，$\mathcal{A}$ 右肩上的 $\mathrm{IBEGen}(\cdot)$ 表示敌手 $\mathcal{A}$ 向挑战者做身份的秘密钥询问，$\mathrm{IBEGen}_{\neq ID^*}(\cdot)$ 表示敌手 $\mathcal{A}$ 向挑战者做除 ID^* 外的身份的秘密钥询问。

敌手的优势为

$$\mathrm{Adv}_{\Pi,\mathcal{A}}^{\mathrm{IND\text{-}ID\text{-}CPA}}(\kappa) = \left| \Pr[\mathrm{Exp}_{\Pi,\mathcal{A}}^{\mathrm{IND\text{-}ID\text{-}CPA}}(\kappa) = 1] - \frac{1}{2} \right|$$

定义 4-1　如果对任何多项式时间的敌手 $\mathcal{A}$，存在一个可忽略的函数 $\varepsilon(\kappa)$，使得 $\mathrm{Adv}_{\Pi,\mathcal{A}}^{\mathrm{IND\text{-}ID\text{-}CPA}}(\kappa) \leqslant \varepsilon(\kappa)$，那么就称这个加密算法 Π 在选择明文攻击下具有不可区分性，或者称为 IND-ID-CPA 安全。若是选定身份安全的，则称为 IND-sID-CPA 安全。

4.1.3　选择密文安全的 IBE 方案

在定义选择密文安全的 IBE 方案时，除了允许敌手进行密钥产生算法的询问（除了攻击目标 ID^*）外，还应允许敌手获得通过任何 ID（$ID \neq ID^*$）加密的密文对应的明文，这一过程称为解密询问。

用如下描述的 IND 游戏（称为 IND-ID-CCA 游戏）刻画它的安全性。

（1）初始化。挑战者输入安全参数 κ，产生公开的系统参数 params 和保密的主密钥。

(2) 阶段1(训练)。敌手执行以下询问之一(多项式有界次):

- 对ID的秘密钥产生询问。挑战者运行秘密钥产生算法,产生与ID对应的秘密钥d,并把它发送给敌手。
- 对(ID,C)的解密询问。挑战者运行秘密钥产生算法,产生与ID对应的秘密钥d,再运行解密算法,用d解密C,并将所得明文发送给敌手。

上面的询问可以自适应地进行,是指执行每个询问时可以依赖于以前询问得到的询问结果。

(3) 挑战。敌手输出两个长度相等的明文M_0、M_1和一个意欲挑战的公开钥ID^*。唯一的限制是ID^*不在阶段1中的任何秘密钥询问中出现。挑战者随机选取一个比特值$\beta \leftarrow_R \{0,1\}$,计算$C^* = \mathcal{E}_{\mathrm{ID}^*}(M_\beta)$,并将$C^*$发送给敌手。

(4) 阶段2(训练)。敌手产生更多的询问,每个询问为下面的询问之一:

- 对ID的秘密钥产生询问($\mathrm{ID} \neq \mathrm{ID}^*$)。挑战者以阶段1中的方式进行回应。
- 对(ID,C)的解密询问($(\mathrm{ID},C) \neq (\mathrm{ID}^*,C^*)$)。挑战者以阶段1中的方式进行回应。

(5) 猜测。敌手输出猜测$\beta' \in \{0,1\}$。如果$\beta' = \beta$,则敌手攻击成功。

敌手的优势定义为安全参数κ的函数:

$$\mathrm{Adv}_{\Pi,\mathcal{A}}^{\text{ID-CCA}}(\kappa) = \left| \Pr[\beta' = \beta] - \frac{1}{2} \right|$$

IND-ID-CCA游戏的形式化描述为

$\underline{\mathrm{Exp}_{\Pi,\mathcal{A}}^{\text{IND-ID-CCA}}(\kappa)}$:

$\mathrm{ID}^* \leftarrow \mathcal{A}$/选定身份的;

$(\mathrm{params},\mathrm{msk}) \leftarrow \mathrm{Init}(\kappa)$;

$(M_0,M_1,\mathrm{ID}^*) \leftarrow \mathcal{A}^{\mathrm{IBEGen}(\cdot),\mathcal{D}(\cdot)}(\mathrm{params})$;

/若是选定身份的,此时没有ID^*,IBEGen(·)改为$\mathrm{IBEGen}_{\neq \mathrm{ID}^*}(\cdot)$;

$\beta \leftarrow \{0,1\}, C^* = \mathcal{E}_{\mathrm{ID}^*}(M_\beta)$;

$\beta' \leftarrow \mathcal{A}^{\mathrm{IBEGen}_{\neq \mathrm{ID}^*}(\cdot),\mathcal{D}_{\neq(\mathrm{ID}^*,C^*)}(\cdot)}(C^*)$;

如果$\beta' = \beta$,则返回1;否则返回0.

其中,$\mathcal{A}$右肩上的IBEGen(·)表示敌手向挑战者做身份的秘密钥询问,$\mathcal{D}(\cdot)$表示敌手向挑战者做解密询问:挑战者先运行秘密钥产生算法IBEGen(·),再运行解密算法,用IBEGen(·)产生的秘密钥对询问的密文解密。$\mathrm{IBEGen}_{\neq \mathrm{ID}^*}(\cdot)$表示敌手向挑战者做除$\mathrm{ID}^*$以外的身份的秘密钥询问,$\mathcal{D}_{\neq(\mathrm{ID}^*,C^*)}(\cdot)$表示敌手向挑战者做除$(\mathrm{ID}^*,C^*)$以外的解密询问。询问可以自适应地进行,是指执行每个询问时可以依赖于执行前面询问时得到的询问结果。

敌手的优势定义为安全参数κ的函数:

$$\mathrm{Adv}_{\Pi,\mathcal{A}}^{\text{IND-ID-CCA}}(\kappa) = \left| \Pr[\mathrm{Exp}_{\Pi,\mathcal{A}}^{\text{IND-ID-CCA}}(\kappa) = 1] - \frac{1}{2} \right|$$

定义4-2 如果对任何多项式时间的敌手$\mathcal{A}$,存在一个可忽略的函数$\varepsilon(\kappa)$,使得$\mathrm{Adv}_{\Pi,\mathcal{A}}^{\text{IND-ID-CCA}}(\kappa) \leqslant \varepsilon(\kappa)$,那么就称这个加密算法Π在选择密文攻击下具有不可区分性,或

者称为 IND-ID-CCA 安全。若是选定身份安全的，则称为 IND-sID-CCA 安全。

4.1.4 分层次的 IBE 方案

分层次的 IBE 系统(HIBE)通过对组织层级进行划分而提供了更多的功能，高层用户可以将秘密钥委派给低层的用户。例如，身份是“University of Texas：computer science department”的用户可以将秘密钥委派给身份是“University of Texas：computer science department：grad student”的用户，但不能委派给身份不是以“University of Texas：computer science department”作为开头的用户。

在 HIBE 中，身份是一个向量。一个 ℓ 维向量表示一个分层深度为 ℓ 的身份。密钥产生算法输入分层深度为 ℓ 的身份 $\overrightarrow{\mathrm{ID}}=(I_1,I_2,\cdots,I_\ell)$，输出身份 $\overrightarrow{\mathrm{ID}}$ 对应的秘密钥 $d_{\overrightarrow{\mathrm{ID}}}$。

此外，在 HIBE 中还有一个算法，称为委派：输入分层深度为 $\ell-1>0$ 的父身份 $\overrightarrow{\mathrm{ID}}|\ell-1=(I_1,I_2,\cdots,I_{\ell-1})$ 对应的秘密钥 $d_{\overrightarrow{\mathrm{ID}}|\ell-1}$，输出身份 $\overrightarrow{\mathrm{ID}}$ 对应的秘密钥 $d_{\overrightarrow{\mathrm{ID}}}$，记为 $d_{\overrightarrow{\mathrm{ID}}}\leftarrow \mathrm{Delegate}(d_{\overrightarrow{\mathrm{ID}}|\ell-1},\overrightarrow{\mathrm{ID}})$。

可见委派过程并未使用可信方的主密钥，而是由高层用户用自己的秘密钥为低层用户产生秘密钥，因此高层用户知道低层用户的秘密钥，层级越低，知道的上层用户就越多，安全性就越低。

若将主密钥看作分层深度为 0 时的秘密钥，IBE 系统就是一个分层深度为 1 的 HIBE 系统。

用如下描述的 IND 游戏(称为 IND-sID-CCA2-游戏)刻画它的选定身份攻击下的安全性：

(1) 初始化。敌手输出挑战身份 $\overrightarrow{\mathrm{ID}}^*=(I_1^*,I_2^*,\cdots,I_k^*)$。

(2) 系统建立。由挑战者完成，输入最大深度 ℓ(IBE 时 $\ell=1$)，产生系统参数 params 和主密钥 msk，params 公开，msk 保密。

(3) 阶段 1。敌手发出以下两种询问之一(可多项式有界次)：

- $\overrightarrow{\mathrm{ID}}$ 的秘密钥产生询问或委派询问，其中 $\overrightarrow{\mathrm{ID}}=(I_1,I_2,\cdots,I_u)(1\leqslant u\leqslant\ell)$。要求 $\overrightarrow{\mathrm{ID}}$ 不是 $\overrightarrow{\mathrm{ID}}^*$ 的前缀(即不存在 $u\leqslant k$，使得对所有的 $i=1,2,\cdots,u$ 有 $I_i=I_i^*$)。挑战者运行密钥产生算法或委派算法获得 $\overrightarrow{\mathrm{ID}}$ 对应的秘密钥 d，将 d 发送给敌手作为本次询问的响应。
- $(\overrightarrow{\mathrm{ID}},C)$ 的解密询问($\overrightarrow{\mathrm{ID}}$ 可以等于 $\overrightarrow{\mathrm{ID}}^*$ 或 $\overrightarrow{\mathrm{ID}}^*$ 的前缀)。挑战者运行秘密钥产生算法或委派算法，产生与 $\overrightarrow{\mathrm{ID}}$ 对应的秘密钥 d，再运行解密算法，用秘密钥 d 解密 C，并将所得明文发送给敌手作为本次询问的响应。

上面的询问可以自适应地进行。

(4) 挑战。敌手输出两个长度相等的明文 M_0、M_1。挑战者随机选取一个比特值 $\beta\leftarrow_R\{0,1\}$，计算 $C^*=\mathcal{E}_{\overrightarrow{\mathrm{ID}}}(M_\beta)$，并将 C^* 发送给敌手。

(5) 阶段 2。敌手发出另外的适应性询问(可多项式有界次)，其中每次询问是下面两种之一：

- $\overrightarrow{\mathrm{ID}}$ 的秘密钥产生询问或委派询问，其中 $\overrightarrow{\mathrm{ID}}$ 不是 $\overrightarrow{\mathrm{ID}}^*$ 的前缀。挑战者以阶段 1 中的

方式进行回应。

- $(\overrightarrow{\mathrm{ID}},C)$的解密询问，其中当$\overrightarrow{\mathrm{ID}}=\overrightarrow{\mathrm{ID}}^*$或$\overrightarrow{\mathrm{ID}}^*$的前缀时，$C\neq C^*$。挑战者以阶段1中的方式进行回应。

(6) 猜测。敌手输出猜测$\beta'\in\{0,1\}$，如果$\beta'=\beta$，则敌手攻击成功。

$\mathcal{A}$的优势定义为

$$\mathrm{Adv}_{\mathrm{II},\mathcal{A}}^{\mathrm{HIBE}}(\kappa)=\left|\Pr[\beta'=\beta]-\frac{1}{2}\right|$$

IND-sID-CCA2游戏的形式化描述如下：

$$\underline{\mathrm{Exp}_{\mathrm{II},\mathcal{A}}^{\mathrm{HIBE}}(\kappa):}$$

$$\overrightarrow{\mathrm{ID}}^*=(I_1^*,I_2^*,\cdots,I_k^*);$$

$$(\mathrm{params},\mathrm{msk})\leftarrow\mathrm{Init}(\kappa);$$

$$(M_0,M_1)\leftarrow\mathcal{A}^{(\mathrm{IBEGen}_{\neq\leqslant\overrightarrow{\mathrm{ID}}^*}(\cdot),\mathrm{Delegate}_{\neq\leqslant\overrightarrow{\mathrm{ID}}^*}(\cdot))\text{或}\mathcal{D}(\cdot)}(\mathrm{params});$$

$$\beta\leftarrow\{0,1\},C^*=\mathcal{E}_{\overrightarrow{\mathrm{ID}}^*}(M_\beta);$$

$$\beta'\leftarrow\mathcal{A}^{(\mathrm{IBEGen}_{\neq\leqslant\overrightarrow{\mathrm{ID}}^*}(\cdot),\mathrm{Delegate}_{\neq\leqslant\overrightarrow{\mathrm{ID}}^*}(\cdot))\text{或}\mathcal{D}_{\neq(\overrightarrow{\mathrm{ID}}^*,C^*)}(\cdot)}(C^*).$$

其中，用$\leqslant\overrightarrow{\mathrm{ID}}^*$表示$\overrightarrow{\mathrm{ID}}^*$的前缀(包括$\overrightarrow{\mathrm{ID}}^*$本身)，$\neq\leqslant\overrightarrow{\mathrm{ID}}^*$表示不能取$\overrightarrow{\mathrm{ID}}^*$的前缀(包括$\overrightarrow{\mathrm{ID}}^*$本身)。$\mathcal{A}$右肩上的表示$\mathcal{A}$的询问。$\mathcal{A}$的优势定义为

$$\mathrm{Adv}_{\mathrm{II},\mathcal{A}}^{\mathrm{HIBE}}(\kappa)=\left|\Pr[\mathrm{Exp}_{\mathrm{II},\mathcal{A}}^{\mathrm{HIBE}}(\kappa)=1]-\frac{1}{2}\right|$$

本方案的安全性定义与定义4-2类似。

如果模型不是选定身份攻击下的，则在上述IND-sID-CCA2游戏中，敌手在挑战阶段选择意欲攻击的身份$\overrightarrow{\mathrm{ID}}^*$。

4.2 随机谕言机模型的IBE方案

本节介绍Boneh和Franklin提出的IBE[1]，简称BF方案。

4.2.1 BF方案所基于的困难问题

1. 椭圆曲线上的DDH问题

设$\mathbb{G}_1$是一个阶为q的群(椭圆曲线上的点群)，$\mathbb{G}_1$中的DDH(Decision Diffie-Hellman)问题是指已知P、aP、bP、cP，判定$c\equiv ab \pmod q$是否成立，其中P是$\mathbb{G}_1^*$中的随机元素，a、b、c是$\mathbb{Z}_q^*$中的随机数。

由双线性映射的性质可知：

$$c\equiv ab \pmod q \Leftrightarrow \hat{e}(P,cP)=\hat{e}(aP,bP)$$

因此，可将判定$c\equiv ab \pmod q$是否成立转变为判定$\hat{e}(P,cP)=\hat{e}(aP,bP)$是否成立，所以$\mathbb{G}_1$中的DDH问题是简单的。

2. 椭圆曲线上的CDH问题

$\mathbb{G}_1$(仍是椭圆曲线上的点群)中的计算性Diffie-Hellman(Computational Diffie-

Hellman)问题，简称 CDH 问题，是指已知 P、aP、bP，求 abP，其中 P 是$\mathbb{G}_1^*$中的随机元素，a、b 是$\mathbb{Z}_q^*$ 中的随机数。

与$\mathbb{G}_1$中的 DDH 问题不同，$\mathbb{G}_1$中的 CDH 问题不因引入双线性映射而解决，因此它仍是困难问题。

3. BDH 问题和 BDH 假设

由于$\mathbb{G}_1$中的 DDH 问题简单，那么就不能用它构造$\mathbb{G}_1$中的密码体制。BF 方案的安全性是基于 CDH 问题的一种变形，称为计算性双线性 DH 假设。

计算性双线性 DH(Bilinear Diffie-Hellman)问题，简称 BDH 问题，是指给定$(P,aP,bP,cP)(a,b,c\in\mathbb{Z}_q^*)$，计算 $w=\hat{e}(P,P)^{abc}\in\mathbb{G}_2$，其中，$\hat{e}$ 是一个双线性映射，P 是$\mathbb{G}_1$的生成元，$\mathbb{G}_1$、$\mathbb{G}_2$是阶为素数 q 的两个群。设算法 A 用来解决 BDH 问题，其优势定义为概率 $\Pr[A(P,aP,bP,cP)=\hat{e}(P,P)^{abc}]$。

目前还没有有效的算法解决 BDH 问题，因此可假设 BDH 问题是一个困难问题，这就是 BDH 假设。

4.2.2　BF 方案描述

下面用$\mathbb{Z}_q$表示在 mod q 加法下的群$\{0,1,\cdots,q-1\}$。对于阶为素数的群$\mathbb{G}$，用$\mathbb{G}^*$表示集合$\mathbb{G}-\{O\}$，这里 O 为$\mathbb{G}$中的单位元素。用$\mathbb{Z}^+$表示正整数集。

下面描述的 BF 方案是基本方案，称为 BasicIdent。

令 κ 是安全参数，$\mathcal{G}$是 BDH 参数生成算法，其输出包括素数 q、两个阶为 q 的群$\mathbb{G}_1$和$\mathbb{G}_2$以及一个双线性映射 $\hat{e}$：$\mathbb{G}_1\times\mathbb{G}_1\rightarrow\mathbb{G}_2$的描述。$\kappa$ 用来确定 q 的大小，例如可以取 q 为 κ 比特长。

(1) 初始化：

<u>Init(κ)</u>：

$(q,\mathbb{G}_1,\mathbb{G}_2,\hat{e})\leftarrow\mathcal{G}$;

$P\leftarrow_R \mathbb{G}_1$;

$y\leftarrow_R \mathbb{Z}_q^*$, $P_{\text{pub}}=yP$;

选 H_1: $\{0,1\}^*\rightarrow\mathbb{G}_1^*$, H_2: $\mathbb{G}_2\rightarrow\{0,1\}^n$;

params$=(q,\mathbb{G}_1,\mathbb{G}_2,\hat{e},n,P,P_{\text{pub}},H_1,H_2)$，msk$=y$.

其中，P 是$\mathbb{G}_1$的一个生成元，y 为主密钥，H_1、H_2 是两个杂凑函数，n 是待加密的消息的长度。消息空间为$\{0,1\}^n$，密文空间为$\mathcal{C}=\mathbb{G}_1^*\times\{0,1\}^n$，系统参数 params$=(q,\mathbb{G}_1,\mathbb{G}_2,\hat{e},n,P,P_{\text{pub}},H_1,H_2)$是公开的，主密钥 y 是保密的。

(2) 加密(用接收方的身份 ID 作为公开钥，其中 $M\in\{0,1\}^n$)：

<u>$\mathcal{E}_{\text{ID}}(M)$</u>：

$Q_{\text{ID}}=H_1(\text{ID})\in\mathbb{G}_1^*$;

$s\leftarrow_R \mathbb{Z}_q^*$; /加密指数

$\text{CT}=(sP,M\oplus H_2(g_{\text{ID}}^s))$.

其中,$g_{ID}=\hat{e}(Q_{ID},P_{pub})\in\mathbb{G}_2^*$,$\oplus$是异或运算。

(3) 密钥产生(其中 $ID\in\{0,1\}^*$):

$$\underline{\text{IBEGen}(y,\text{ID}):}$$
$$Q_{ID}=H_1(\text{ID})\in\mathbb{G}_1^*;$$
$$d_{ID}=yQ_{ID}.$$

(4) 解密(其中 $CT=(C_1,C_2)\in\mathcal{C}$):

$$\underline{\mathcal{D}_{d_{ID}}(\text{CT}):}$$
$$\text{返回 } C_2\oplus H_2(\hat{e}(d_{ID},C_1)).$$

这是因为

$$\hat{e}(d_{ID},C_1)=\hat{e}(yQ_{ID},sP)=\hat{e}(Q_{ID},P)^{ys}=\hat{e}(Q_{ID},P_{pub})^s=g_{ID}^s.$$

方案中用到了主密钥的概念。密钥可根据其不同用途分为会话密钥和主密钥两种类型,会话密钥又称为数据加密密钥,主密钥又称为密钥加密密钥。如果主密钥泄露了,则相应的会话密钥也将泄露,因此主密钥的安全性高于会话密钥的安全性。

4.2.3 BF 方案的安全性

定理 4-1 在 BasicIdent 中,设哈希函数 H_2 是随机谕言机,如果 BDH 问题在$\mathcal{G}$生成的群上是困难的,那么 BasicIdent 是 IND-ID-CPA 安全的。

具体来说,假设存在一个 IND-ID-CPA 敌手$\mathcal{A}$以 $\varepsilon(\kappa)$的优势攻破 BasicIdent 方案,$\mathcal{A}$最多进行 $q_E>0$ 次密钥提取询问、$q_{H_2}>0$ 次 H_2 询问,那么一定存在一个敌手$\mathcal{B}$至少以

$$\text{Adv}_{\mathcal{G},\mathcal{B}}^{\text{BDH}}(\kappa)\geq\frac{2\varepsilon(\kappa)}{\text{e}(1+q_E)q_{H_2}}$$

的优势解决$\mathcal{G}$生成的群中的 BDH 问题,其中 e 是自然对数的底。

定理 4-1 是将 BasicIdent 归约到 BDH 问题,为了证明这个归约,先将 BasicIdent 归约到一个非基于身份的加密方案 BasicPub,再将 BasicPub 归约到 BDH 问题,归约的传递性是显然的。

BasicPub 加密方案如下定义:

(1) 密钥产生。这一步将初始化和密钥产生两步合在一起。

$$\underline{\text{IBEGen}(\kappa):}$$
$$(q,\mathbb{G}_1,\mathbb{G}_2,\hat{e})\leftarrow\mathcal{G};$$
$$P\leftarrow_R\mathbb{G}_1;$$
$$y\leftarrow_R\mathbb{Z}_q^*,P_{pub}=yP;$$
$$Q\leftarrow_R\mathbb{G}_1^*,d=yQ;$$
$$\text{选 } H_2:\mathbb{G}_2\rightarrow\{0,1\}^n;$$
$$\text{params}=(q,\mathbb{G}_1,\mathbb{G}_2,\hat{e},n,P,P_{pub},Q,H_2),\text{msk}=y.$$

其中,P 是$\mathbb{G}_1$的一个生成元,y 为主密钥,d 为秘密钥,H_2 是杂凑函数,n 是待加密的消息的长度。系统参数 $\text{params}=(q,\mathbb{G}_1,\mathbb{G}_2,\hat{e},n,P,P_{pub},Q,H_2)$是公开的,主密钥 y 是保密的。

(2) 加密(用公开钥 P_{pub} 加密,其中 $M\in\{0,1\}^n$):

$$\underline{\mathcal{E}_{P_{\text{pub}}}(M):}$$

$$s\leftarrow_R \mathbb{Z}_q^*\text{ ;/加密指数}$$

$$\text{CT}=(sP, M\oplus H_2(g_0^s)).$$

其中,$g_0=\hat{e}(Q,P_{\text{pub}})\in\mathbb{G}_2^*$,$\oplus$是异或运算。

(3) 解密(用秘密钥 d 解密,其中 $\text{CT}=(C_1,C_2)\in\mathcal{C}$):

$$\underline{\mathcal{D}_d(\text{CT}):}$$

$$\text{返回 } C_2\oplus H_2(\hat{e}(d,C_1)).$$

在 BasicIdent 中,Q_{ID}是根据用户的身份通过 H_1 产生的。而在 BasicPub 中,Q 是随机选取的一个固定值,与用户的身份无关,因此无需 H_1。

首先证明 BasicIdent 到 BasicPub 的归约。

引理 4-1　设$\mathcal{A}$是 IND-ID-CPA 游戏中以优势 $\varepsilon(\kappa)$攻击 BasicIdent 的敌手。假设$\mathcal{A}$最多进行 $q_E>0$ 次密钥提取询问,那么存在一个 IND-CPA 敌手$\mathcal{B}$以最少$\dfrac{\varepsilon(\kappa)}{\text{e}(1+q_E)}$的优势攻击 BasicPub。

证明　挑战者先建立 BasicPub 方案,敌手$\mathcal{B}$攻击 BasicPub 方案时,以$\mathcal{A}$为子程序,过程如图 1-7 所示,其中方案 1 为 BasicIdent,方案 2 为 BasicPub。

具体过程如下:

(1) 初始化。挑战者运行 BasicPub 中的密钥产生算法生成公开参数 $\text{params}=(q,\mathbb{G}_1,\mathbb{G}_2,\hat{e},n,P,P_{\text{pub}},Q,H_2)$,保留秘密钥 $d=yQ$。$\mathcal{B}$获得公开参数。

下面第(2)~(6)步,$\mathcal{B}$模拟$\mathcal{A}$的挑战者和$\mathcal{A}$进行 IND 游戏。

(2) $\mathcal{B}$的初始化。$\mathcal{B}$为了承担$\mathcal{A}$的挑战者,利用 BasicPub 中的公开参数 $\text{params}=(q,\mathbb{G}_1,\mathbb{G}_2,\hat{e},n,P,P_{\text{pub}},Q,H_2)$产生 BasicIdent 的公开钥 $K_{\text{pub}}=(q,\mathbb{G}_1,\mathbb{G}_2,\hat{e},n,P,P_{\text{pub}},H_1,H_2)$。为此$\mathcal{B}$需要构造一个 H_1 列表 H_1^{list},它的元素类型是四元组$(\text{ID}_i,Q_i,b_i,\text{coin})$,其中 ID_i 是身份,Q_i 是$\mathcal{B}$为 ID_i 产生的 H_1 值,b_i 是用来产生 Q_i 的随机值,coin 是$\mathcal{B}$的猜测:coin=0 表示$\mathcal{A}$将对这次询问的 ID_i 发起攻击,coin=1 表示$\mathcal{A}$不对这次询问的 ID_i 发起攻击。因此,$\mathcal{B}$根据 coin 的值将身份空间划分成两部分。具体构造方式是在$\mathcal{A}$询问 ID_i 的 H_1 值时动态地进行,如第(3)步所示。

(3) H_1 询问。设$\mathcal{A}$询问 ID_i 的 H_1 值,$\mathcal{B}$如下应答:

① 如果 ID_i 已经在 H_1^{list},则$\mathcal{B}$以 $Q_i\in\mathbb{G}_1^*$ 作为 H_1 的值应答$\mathcal{A}$。

② 否则,$\mathcal{B}$随机选择一个 $\text{coin}\leftarrow_R\{0,1\}$并设 $\Pr[\text{coin}=0]=\delta$($\delta$ 的值待定)。$\mathcal{B}$再选择随机数 $b_i\leftarrow_R\mathbb{Z}_q^*$。

- 如果 coin=0,则计算 $Q_i=b_iQ\in\mathbb{G}_1^*$。
- 否则,计算 $Q_i=b_iP\in\mathbb{G}_1^*$。

$\mathcal{B}$将$(\text{ID}_i,Q_i,b_i,\text{coin})$加入 H_1^{list},并以 $H_1(\text{ID}_i)=Q_i$ 回应$\mathcal{A}$。

(4) 密钥提取询问阶段 1(最多进行 q_E 次)。设 ID_i 是$\mathcal{A}$向$\mathcal{B}$发出的密钥提取询问。

① 如果 coin=0,则$\mathcal{B}$报错并退出($\mathcal{B}$原猜测$\mathcal{A}$对此时的 ID_i 进行攻击,因此不能为其

产生秘密钥)。

② 否则,$\mathcal{B}$从 H_1^{list} 取出$(\text{ID}_i, Q_i, b_i, \text{coin})$,求 $d_i = b_i P_{\text{pub}}$,并将 d_i 作为 ID_i 对应的 BasicIdent 的秘密钥给$\mathcal{A}$。

这是因为 $d_i = b_i P_{\text{pub}} = b_i(yP) = y(b_i P) = yQ_i$。

注意,$d = yQ$ 是 BasicPub 中的秘密钥,$d_i = yQ_i = b_i P_{\text{pub}}$是 BasicIdent 中的秘密钥。

(5) $\mathcal{A}$发出挑战。

设$\mathcal{A}$的挑战是 ID^*、M_0 和 M_1,$\mathcal{B}$在 H^{list}查找项$(\text{ID}_i, Q_i, b_i, \text{coin})$,使得 $\text{ID}_i = \text{ID}^*$。

① 如果 coin=1,则$\mathcal{B}$报错并退出($\mathcal{B}$原猜测$\mathcal{A}$攻击 coin=0 对应的 ID,因而出错了)。

② 如果 coin=0,则$\mathcal{B}$将 M_0、M_1 给自己的挑战者,挑战者随机选 $\beta \leftarrow_R \{0,1\}$,以 BasicPub 方案加密 M_β 得 $C^* = (C_1, C_2)$(BasicPub 密文)作为对$\mathcal{B}$的应答。$\mathcal{B}$则以 $C^{*\prime} = (b_i^{-1}C_1, C_2)$(BasicIdent 密文)作为对$\mathcal{A}$的应答。这是因为 ID^* 对应的秘密钥 $d^* = yQ_i = yb_iQ = b_iyQ = b_id$,即 BasicIdent 秘密钥 d^* 是 BasicPub 秘密钥 d 的 b_i 倍,将 C^* 的第 1 项改为 $b_i^{-1}C_1$,有

$$\hat{e}(d^*, b_i^{-1}C_1) = \hat{e}(b_id, b_i^{-1}C_1) = \hat{e}(d, C_1)$$

挑战过程如图 4-2 所示。

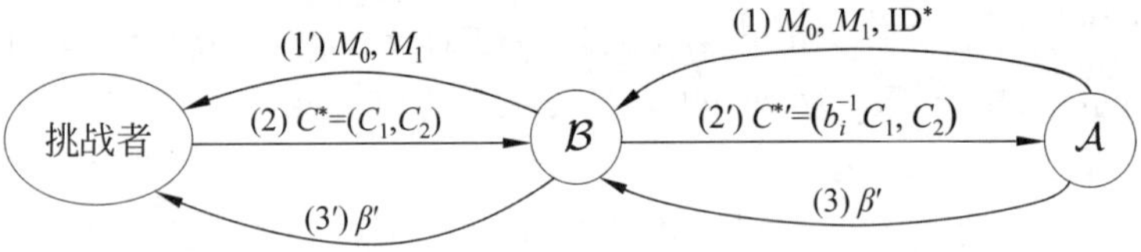

图 4-2 BasicIdent 到 BasicPub 归约过程中的挑战过程

(6) 密钥提取询问阶段 2:与密钥提取询问阶段 1 相同。

(7) 猜测。$\mathcal{A}$输出猜测 β',$\mathcal{B}$也以 β'作为自己的猜测。

断言 4-1 在以上归约过程中,如果$\mathcal{B}$不中断,则$\mathcal{B}$的模拟是完备的。

证明 在以上模拟中,当$\mathcal{B}$猜测正确时,$\mathcal{A}$的视图与其在真实攻击中的视图是同分布的。这是因为

① $\mathcal{A}$的 H_1 询问中的每一个都是用随机值应答的:

- coin=0 时是用 $Q_i = b_iQ$ 来应答的;
- coin=1 时是用 $Q_i = b_iP$ 来应答的。

由 b_i 的随机性,知 Q_i 是随机均匀的。而在$\mathcal{A}$对 BasicIdent 的真实攻击中,$\mathcal{A}$得到的是 H_1 的函数值,由于假定 H_1 是随机谕言机,所以$\mathcal{A}$得到的 H_1 的函数值是均匀的。

② $\mathcal{B}$对$\mathcal{A}$的密钥提取询问的应答 $d_i = b_iP_{\text{pub}}$等于 yQ_i,因而是有效的。

所以两种视图不可区分。

(断言 4-1 证毕)

继续引理 4-1 的证明。由断言 4-1 知,$\mathcal{A}$在模拟攻击中的优势 $\text{Adv}_{\text{Sim},\mathcal{A}}^{\text{IND-ID-CPA}}(\kappa) = \left|\Pr[\text{Exp}_{\text{II},\mathcal{A}}^{\text{IND-ID-CPA}}(\kappa)=1] - \frac{1}{2}\right|$ 与真实攻击中的优势 $\text{Adv}_{\text{II},\mathcal{A}}^{\text{IND-ID-CPA}}(\kappa)$相等,为 $\varepsilon(\kappa)$。

若$\mathcal{B}$的猜测是正确的,且$\mathcal{A}$在第(7)步成功攻击了 BasicIdent 的不可区分性,则$\mathcal{B}$就成

功攻击了 BasicPub 的不可区分性。

因为$\mathcal{B}$在第(4)、(6)步不中断的概率为$(1-\delta)^{q_E}$，在第(5)步不中断的概率为δ，因此$\mathcal{B}$不中断的概率为$(1-\delta)^{q_E}\delta$，$\mathcal{B}$的优势为

$$(1-\delta)^{q_E}\delta \mathrm{Adv}_{\mathrm{Sim},\mathcal{A}}^{\mathrm{IND\text{-}ID\text{-}CPA}}(\kappa)=(1-\delta)^{q_E}\delta\varepsilon(\kappa)$$

类似于定理 3-11，$\delta=\dfrac{1}{q_E+1}$时，$(1-\delta)^{q_E}\delta\varepsilon(\kappa)$达到最大，最大值为$\dfrac{\varepsilon(\kappa)}{e(q_E+1)}$。

(引理 4-1 证毕)

注意：类似于定理 3-10，在引理 4-1 的证明中，$\mathcal{B}$可以猜测$\mathcal{A}$将对某一身份进行攻击，现在是猜测对满足 coin=0 的一族身份进行攻击，因此对身份空间的划分更为细致。

下面证明 BasicPub 到 BDH 问题的归约，如图 4-3 所示。

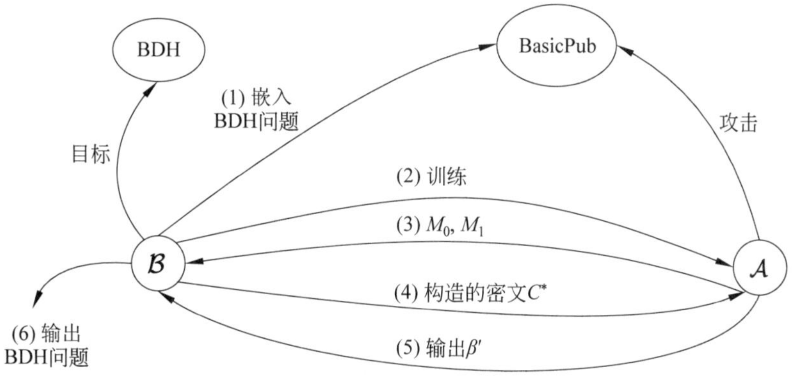

图 4-3 BasicPub 到 BDH 问题的归约

引理 4-2 设 H_2 是从$\mathbb{G}_2$到$\{0,1\}^n$ 的随机谕言机，$\mathcal{A}$是以 $\varepsilon(\kappa)$的优势攻击 BasicPub 的敌手，且$\mathcal{A}$最多对 H_2 询问 $q_{H_2}>0$ 次，那么存在一个敌手$\mathcal{B}$能以至少 $2\varepsilon(\kappa)/q_{H_2}$ 的优势解决$\mathcal{G}$上的 BDH 问题。

证明 为了证明 BasicPub 到 BDH 问题的归约，即$\mathcal{B}$已知$(P,aP,bP,cP)=(P,P_1,P_2,P_3)$，想通过$\mathcal{A}$对 BasicPub 的攻击求 $D=\hat{e}(P,P)^{abc}\in\mathbb{G}_2$。$\mathcal{B}$在以下思维实验中作为$\mathcal{A}$的挑战者建立 BasicPub 方案，$\mathcal{B}$设法要把 BDH 问题嵌入 BasicPub 方案。为了更好地理解这个过程，图 4-3 中的步数和下面证明中的步数不对应。

(1) $\mathcal{B}$生成 BasicPub 的公开钥 $K_{\mathrm{pub}}=(q,\mathbb{G}_1,\mathbb{G}_2,\hat{e},n,P,P_{\mathrm{pub}},Q,H_2)$，其中取 $P_{\mathrm{pub}}=P_1$，$Q=P_2$。由 $P_{\mathrm{pub}}=P_1=aP$，隐含地设置了主密钥 $y=a$。进一步由 $Q=P_2$，隐含地设置了秘密钥为 $d=yQ=aQ=abP$。H_2 的建立在第(2)步。

(2) H_2 询问。$\mathcal{B}$建立一个 H_2^{list}(初始为空)，元素类型为(X_i,H_i)，$\mathcal{A}$在任何时候都能发出对 H_2^{list} 的询问(最多 q_{H_2} 次)，$\mathcal{B}$做如下应答：

- 如果 X_i 已经在 H_2^{list} 中，以 $H_2(X_i)=H_i$ 应答。
- 否则随机选择 $H_i\leftarrow_R\{0,1\}^n$，以 $H_2(X_i)=H_i$ 应答，并将(X_i,H_i)加入 H_2^{list}。

(3) 挑战。$\mathcal{A}$输出两个要挑战的消息 M_0 和 M_1，$\mathcal{B}$随机选择 $\Phi\leftarrow_R\{0,1\}^n$，定义 $C^*=(P_3,\Phi)$，C^* 的解密应为 $\Phi\oplus H_2(\hat{e}(d,P_3))=\Phi\oplus H_2(D)$，即$\mathcal{B}$已将 BDH 问题的解 D 嵌入 H_2^{list}。

(4) 猜测。算法$\mathcal{A}$输出猜测 $\beta'\leftarrow_R\{0,1\}$。同时，$\mathcal{B}$从 H_2^{list} 中随机取(X_j,H_j)，把 X_j

作为 BDH 问题的解。

下面证明$\mathcal{B}$能以至少 $2\varepsilon(\kappa)/q_{H_2}$ 的优势输出 D。

设$\mathcal{H}$表示事件,在模拟中$\mathcal{A}$发出 $H_2(D)$询问。下面的证明仍然是倒逼法,即$\mathcal{A}$能以 $\varepsilon(\kappa)$的优势攻破 BasicPub,则 D 一定以某个概率出现在 H_2^{list} 中。

断言 4-2 在以上模拟过程中,$\mathcal{B}$的模拟是完备的。

证明 在以上模拟中,$\mathcal{A}$的视图与其在真实攻击中的视图是同分布的。这是因为

(1) $\mathcal{A}$的 q_{H_2} 次 H_2 询问中的每一个都是用随机值应答的,而在$\mathcal{A}$对 BasicPub 的真实攻击中,$\mathcal{A}$得到的是 H_2 的函数值,由于假定 H_2 是随机谕言机,所以$\mathcal{A}$得到的 H_2 的函数值是均匀的。

(2) 由 Φ 的随机性,不论$\mathcal{A}$是否询问到 $H_2(D)$,$\mathcal{A}$得到的密文 $\Phi\oplus H_2(D)$对$\mathcal{A}$来说是完全随机的。

所以两种视图不可区分。 (断言 4-2 证毕)

断言 4-3 在上述模拟攻击中,$\Pr[\mathcal{H}]\geqslant 2\varepsilon(\kappa)$。

证明与 3.1.5 节的断言 3-4 一样。

由断言 4-3 知,在模拟结束后,D 以至少 $2\varepsilon(\kappa)$的概率出现在 H_2^{list}。又由引理 4-2 的假定,$\mathcal{A}$对 H_2 的询问至少有 $q_{H_2}>0$ 次,$\mathcal{B}$建立的 H_2^{list} 至少有 q_{H_2} 项,所以$\mathcal{B}$在 H_2^{list} 随机选取一项作为 D,概率至少为 $2\varepsilon(\kappa)/q_{H_2}$。

(引理 4-2 证毕)

定理 4-1 的证明:设存在一个 IND-ID-CPA 敌手$\mathcal{A}$以 $\varepsilon(\kappa)$的优势攻破 BasicIdent 方案,$\mathcal{A}$最多进行了 $q_E>0$ 次密钥提取询问,对随机谕言机 H_2 至多 $q_{H_2}>0$ 次询问。由引理 4-1,存在 IND-CPA 敌手$\mathcal{B}'$以最少 $\varepsilon_1=\dfrac{\varepsilon(\kappa)}{\mathrm{e}(1+q_E)}$的优势成功攻击 BasicPub。由引理 4-2,存在$\mathcal{B}$能以至少$\dfrac{2\varepsilon_1}{q_{H_2}}=\dfrac{2\varepsilon(\kappa)}{\mathrm{e}(1+q_E)q_{H_2}}$的优势解决$\mathcal{G}$生成的群中的 BDH 问题。

(定理 4-1 证毕)

4.2.4 选择密文安全的 BF 方案

类似于 3.1.4 节,虽然 BasicIdent 是 IND-ID-CPA 安全的,但不是 IND-ID-CCA 安全的。构造 CCA 安全的密码体制就是要防止敌手的延展攻击,下面构造的方案通过两步式加密且在解密时通过验证解密结果,可防止延展攻击。

方案如下:

(1) 初始化。和 BasicIdent 的 Init(κ)相同,此外还需选取两个哈希函数 $H_3:\{0,1\}^n\times\{0,1\}^n\rightarrow\mathbb{Z}_q^*$ 和 $H_4:\{0,1\}^n\rightarrow\{0,1\}^n$,其中 n 是待加密消息的长度。

(2) 加密(用接收方的身份 ID 作为公开钥,其中 $M\in\{0,1\}^n$):

$\underline{\mathcal{E}_{\mathrm{ID}}(M)}$:

$Q_{\mathrm{ID}}=H_1(\mathrm{ID})\in\mathbb{G}_1^*$;

$\sigma\leftarrow_R\{0,1\}^n$;

$s=H_3(\sigma,M)$;

$\mathrm{CT}=(sP,\sigma\oplus H_2(g_{\mathrm{ID}}^s),M\oplus H_4(\sigma))$.

其中，$g_{ID}=\hat{e}(Q_{ID},P_{pub})\in\mathbb{G}_2^*$。

(3) 密钥产生。

和 BasicIdent 中的 IBEGen(ID)相同。

(4) 解密(其中 $CT=(C_1,C_2,C_3)$)：

$\underline{D_{d_{ID}}(CT)}$：

如果 $C_1\notin\mathbb{G}_1^*$，返回⊥；

$\sigma=C_2\oplus H_2(\hat{e}(d_{ID},C_1))$；

$M=C_3\oplus H_4(\sigma)$；

$s=H_3(\sigma,M)$；

如果 $C_1\neq sP$，返回⊥；

返回 M.

加密过程中(C_1,C_2)是对 σ 以 BF 方案加密的密文，作为对对称加密密钥 $H_4(\sigma)$的封装。C_3 是用封装的密钥 $H_4(\sigma)$以一次一密方案加密 M 的密文。解密时先对(C_1,C_2)解封装，求出封装的密钥 $H_4(\sigma)$，再通过 C_3 解密出 M。用 $C_1=sP$ 防止延展。证明过程略。

4.3 无随机谕言机模型的选定身份安全的 IBE 方案

下面介绍的方案中哈希函数的内部结构是定义好的，安全性证明中使用定义好的内部结构，而不是把哈希函数看作随机谕言机，这种模型称为无随机谕言机模型。本节介绍 D.Boneh 和 X.Boyen[2] 提出的两个无随机谕言机模型的选定身份安全的 IBE 方案，该方案的安全性分别基于判定性双线性 Diffie-Hellman(Decision Bilinear Diffie-Hellman, DBDH)假设和双线性 Diffie-Hellman 求逆(Bilinear Diffie-Hellman Inversion, BDHI)假设。

4.3.1 判定性双线性 Diffie-Hellman 假设

设$\mathbb{G}_1$、$\mathbb{G}_2$是两个阶为素数 p 的群，双线性映射 $\hat{e}:\mathbb{G}_1\times\mathbb{G}_1\rightarrow\mathbb{G}_2$。挑战者随机选取 $a,b,c,z\leftarrow_R\mathbb{Z}_p$，生成两个五元组 $R=(g,A=g^a,B=g^b,C=g^c,Z=\hat{e}(g,g)^z)$和 $D=(g,A=g^a,B=g^b,C=g^c,Z=\hat{e}(g,g)^{abc})$。

DBDH 问题是指，敌手$\mathcal{B}$判断得到的 T 是 R 还是 D，优势定义为

$$|\Pr[\mathcal{B}(D)=1]-\Pr[\mathcal{B}(R)=1]|$$

为方便表述，记

$$\mathcal{P}_{DBDH}=\{(g,g^a,g^b,g^c,\hat{e}(g,g)^{abc})\},\mathcal{R}_{DBDH}=\{(g,g^a,g^b,g^c,\hat{e}(g,g)^z)\}$$

DBDH 假设：没有多项式时间的敌手能以不可忽略的优势解决 DBDH 问题。

4.3.2 双线性 Diffie-Hellman 求逆假设

群$\mathbb{G}_1$、$\mathbb{G}_2$及映射 $\hat{e}:\mathbb{G}_1\times\mathbb{G}_1\rightarrow\mathbb{G}_2$与 4.3.1 节相同。

设 q 是一个常数,计算性 q-BDHI 问题定义如下:

已知 $q+1$ 元组$(g, g^{a}, g^{a^2}, \cdots, g^{a^q}) \in (\mathbb{G}_1^*)^{q+1}$,计算 $\hat{e}(g,g)^{\frac{1}{a}} \in \mathbb{G}_2$,其中$\mathbb{G}_1^* = \mathbb{G}_1 - \{1_{\mathbb{G}_1}\}$,$1_{\mathbb{G}_1}$是$\mathbb{G}_1$的单位元。

定义算法$\mathcal{A}$求解计算性 q-BDHI 问题的优势为

$$\Pr[\mathcal{A}(g, g^{a}, g^{a^2}, \cdots, g^{a^q}) = \hat{e}(g,g)^{\frac{1}{a}}]$$

计算性 q-BDHI 问题假设:没有多项式时间的敌手能以不可忽略的优势求解计算性 q-BDHI 问题。

判定性 q-BDHI 问题:

设 $D=(g, g^{a}, g^{a^2}, \cdots, g^{a^q}, \hat{e}(g,g)^{\frac{1}{a}})$,$R=(g, g^{a}, g^{a^2}, \cdots, g^{a^q}, Z)$,其中 Z 是$\mathbb{G}_2$中的随机数。

判定性 q-BDHI 问题是指,敌手$\mathcal{B}$判断得到的 $q+2$ 元组 T 是 D 还是 R,敌手的优势定义为

$$|\Pr[\mathcal{B}(D)=1] - \Pr[\mathcal{B}(R)]=1|$$

判定性 q-BDHI 问题假设:没有多项式时间的敌手能以不可忽略的优势解决判定性 q-BDHI 问题。

记

$$\mathcal{P}_{\text{BDHI}} = \{(g, g^{a}, g^{a^2}, \cdots, g^{a^q}, \hat{e}(g,g)^{\frac{1}{a}})\}, \mathcal{R}_{\text{BDHI}} = \{(g, g^{a}, g^{a^2}, \cdots, g^{a^q}, T)\}$$

4.3.3 基于 DBDH 假设的 IBE 方案

基于 DBDH 假设的 IBE 方案如下:

(1) 初始化:

$\underline{\text{Init}(\ell)}$:

生成元 $g \leftarrow_R \mathbb{G}_1^*$, $y \leftarrow_R \mathbb{Z}_p$;

$g_1 = g^y$;

$h \leftarrow_R \mathbb{G}_1$, $g_2 \leftarrow_R \mathbb{G}_1$;

params$=(g, g_1, g_2, h)$, msk$=y$;

定义函数 H: $\mathbb{Z}_p \rightarrow \mathbb{G}_1$, $H(\text{ID}) = g_1^{\text{ID}} h$.

(2) 密钥产生(其中 ID$\in \mathbb{Z}_p$):

$\underline{\text{IBEGen}(\text{msk}, \text{ID})}$:

$r \leftarrow_R \mathbb{Z}_p$;/密钥指数

$d_{\text{ID}} = (g_2^y (H(\text{ID}))^r, g^r)$.

(3) 加密(用接收方的身份 ID$\in \mathbb{Z}_p$作为公开钥,其中 $M \in \mathbb{G}_2$):

$\underline{\mathcal{E}_{\text{ID}}(M)}$:

$s \leftarrow_R \mathbb{Z}_p$;/加密指数

CT$=(\hat{e}(g_1, g_2)^s \cdot M, g^s, H(\text{ID})^s)$.

注意:$\hat{e}(g_1, g_2)$可预先计算好,以后将反复使用。

(4) 解密(其中 $d_{ID}=(d_1,d_2)$,$CT=(C_1,C_2,C_3)$):

$$\underline{\mathcal{D}_{d_{ID}}(CT)}:$$

$$\text{返回 } C_1\frac{\hat{e}(C_3,d_2)}{\hat{e}(C_2,d_1)}.$$

这是因为

$$\frac{\hat{e}(C_3,d_2)}{\hat{e}(C_2,d_1)}=\frac{\hat{e}(H(ID),g)^{sr}}{\hat{e}(g,g_2)^{sy}\hat{e}(g,H(ID))^{sr}}=\frac{1}{\hat{e}(g_1,g_2)^s}$$

注意:

(1) 密钥生成过程中 $H(ID)$是由身份构造的哈希函数,该函数的内部结构是已知的,因此上述方案不使用随机谕言机。而且加解密过程并未使用这一内部结构,内部结构仅在证明中使用。

(2) 密文中的第一项 $\hat{e}(g_1,g_2)^t M$ 没有身份信息,以方便模块化构造。

定理 4-2　假设在$(\mathbb{G}_1,\mathbb{G}_2)$上 DBDH 假设成立,那么上述方案是 IND-sID-CPA 安全的。

具体地,如果存在敌手$\mathcal{A}$以 $\varepsilon(\kappa)$的优势攻击上述方案,那么就存在一个敌手$\mathcal{B}$以相同的优势 $\varepsilon(\kappa)$攻击 DBDH 问题。

证明　设$\mathcal{B}$已知五元组(g,g^a,g^b,g^c,T),它可能取自于$\mathcal{P}_{BDH}$,此时 $T=\hat{e}(g,g)^{abc}$;也可能取自于$\mathcal{R}_{BDH}$,此时 T 从$\mathbb{G}_2$中随机独立选取。$\mathcal{B}$的目标是区分哪种情况发生。如果 $T=\hat{e}(g,g)^{abc}$,$\mathcal{B}$输出 1;否则输出 0。$\mathcal{B}$设置 $g_1=g^a,g_2=g^b,g_3=g^c$,在下面的选定身份游戏中与$\mathcal{A}$交互。

设敌手$\mathcal{A}$的挑战身份为 $ID^*\in\mathbb{Z}_p$。

(1) 密钥产生。$\mathcal{B}$为了生成系统参数,首先随机选取 $y'\leftarrow_R Z_p$,并且定义 $h=g_1^{-ID^*}g^{y'}\in\mathbb{G}_2$。$\mathcal{B}$把公开参数 $params=(g,g_1,g_2,h)$给$\mathcal{A}$。$\mathcal{B}$由 $g_1=g^a$ 隐含地设置了主密钥 $y=a$。

定义函数 $H(ID)$: $\mathbb{Z}_p\to\mathbb{G}_1$,$H(ID)=g_1^{ID}h=g_1^{ID-ID^*}g^{y'}$。

(2) 阶段 1。敌手$\mathcal{A}$向$\mathcal{B}$发出秘密钥产生询问,设总计 q_s 次。考虑关于身份 $ID\in\mathbb{Z}_p^*$ 的秘密钥询问,唯一的限制是 $ID\neq ID^*$。

首先,$\mathcal{B}$选取随机数 $r'\rightarrow_R Z_p$,并且令

$$d_1=g_2^{\frac{-y'}{ID-ID^*}}H(ID)^{r'},d_2=g_2^{\frac{-1}{ID-ID^*}}g^{r'}$$

如此构造的 $d_{ID}=(d_1,d_2)$是关于身份 ID 的有效的随机秘密钥。为了证明这个结论,令 $\tilde{r}=r'-\frac{b}{ID-ID^*}\in\mathbb{Z}_p$,$b$ 是未知的,$\tilde{r}$ 是隐含的。那么

$$\begin{aligned}d_1&=g_2^{\frac{-y'}{ID-ID^*}}H(ID)^{r'}=g_2^{\frac{-y'}{ID-ID^*}}(g_1^{ID-ID^*}g^{y'})^{r'}\\&=g_1^b(g_1^{ID-ID^*}g^{y'})^{\frac{-b}{ID-ID^*}}(g_1^{ID-ID^*}g^{y'})^{r'}\\&=g^{ab}(g_1^{ID-ID^*}g^{y'})^{r'-\frac{b}{ID-ID^*}}=g_2^a(g_1^{ID-ID^*}g^{y'})^{r'-\frac{b}{ID-ID^*}}\\&=g_2^aH(ID)^{\tilde{r}}\end{aligned}$$

$$d_2=g_2^{\frac{-1}{ID-ID^*}}g^{r'}=g^{r'-\frac{-b}{ID-ID^*}}=g^{\tilde{r}}$$

即$\mathcal{B}$构造的$d_{\mathrm{ID}}=(d_1,d_2)$中有一个隐含的$\tilde{r}$，使得$d_{\mathrm{ID}}=(d_1,d_2)$符合密钥产生的构造过程。

(3) 挑战。当$\mathcal{A}$决定结束阶段1时，它输出两个希望挑战的等长明文$M_0,M_1\in\mathbb{G}_2$。$\mathcal{B}$选取随机比特$\beta\leftarrow_R\{0,1\}$，计算密文$C^*=(M_\beta\cdot T,g^c,g_3^{y'})$，隐含地取加密指数$s=c$。这是因为，对所有的$g_3^{y'}=g^{cy'}=(g^{y'})^c=H(\mathrm{ID}^*)^c$，如果$T=\hat{e}(g,g)^{abc}=\hat{e}(g_1,g_2)^c$，那么$C^*$是公开钥$\mathrm{ID}^*$下明文$M_\beta$对应的有效密文；反之，如果$T$是从$\mathbb{G}_2$中独立随机选取的，那么在敌手看来$C^*$独立于$\mathcal{B}$。

(4) 阶段2。$\mathcal{A}$继续发出如阶段1中的询问，$\mathcal{B}$以阶段1中的方式进行回应。

(5) 猜测。$\mathcal{A}$输出猜测$\beta'\in\{0,1\}$。$\mathcal{B}$按照如下规则判断自己的游戏输出：如果$\beta'=\beta$，$\mathcal{B}$输出1，表示$T=\hat{e}(g,g)^{abc}$；否则$\mathcal{B}$输出0，表示$T\neq\hat{e}(g,g)^{abc}$。

当$\mathcal{B}$输入的五元组取自$\mathcal{P}_{\mathrm{BDH}}$时，$T=\hat{e}(g,g)^{abc}$，模拟过程中敌手$\mathcal{A}$的视图与其在真实攻击中的视图相同，于是$|\Pr[\beta'=\beta]-1/2|>\varepsilon(\kappa)$；反之，当$\mathcal{B}$输入的五元组取自$\mathcal{R}_{\mathrm{BDH}}$时，$T$从$\mathbb{G}_2$中随机选取，那么$\Pr[\beta'=\beta]=1/2$。因此，对于随机的$a,b,c\in\mathbb{Z}_p$，$T\in\mathbb{G}_2$有

$$
\begin{aligned}
&|\Pr[\mathcal{B}(g,g^a,g^b,g^c,\hat{e}(g,g)^{abc})=1]-\Pr[\mathcal{B}(g,g^a,g^b,g^c,T)=1]|\\
\geqslant&\left|\left(\frac{1}{2}\pm\varepsilon(\kappa)\right)-\frac{1}{2}\right|=\varepsilon(\kappa)
\end{aligned}
$$

(定理4-2证毕)

4.3.4 基于判定性 q-BDHI 问题假设的 IBE 方案

下面基于判定性q-BDHI问题假设构造IND-sID-CPA安全的IBE方案，其中的解密算法比4.3.3节的解密算法高效，加密效率和密文长度与4.3.3节的相同。

假设：①公开钥ID是$\mathbb{Z}_p^*$中的元素；②被加密的消息是$\mathbb{G}_2$中的元素。

(1) 初始化：

<u>Init(κ)</u>：

生成元$g\leftarrow_R\mathbb{G}_1^*$，$x,y\leftarrow_R\mathbb{Z}_p^*$；

$X=g^x$，$Y=g^y$；

params$=(g,X,Y)$，msk$=(x,y)$.

(2) 密钥产生(其中$\mathrm{ID}\in\mathbb{Z}_p^*$)：

<u>IBEGen(msk,ID)</u>：

$r\leftarrow_R\mathbb{Z}_p$；

$K=h^{1/(\mathrm{ID}+x+ry)}$；

输出$d_{\mathrm{ID}}=(r,K)$.

注意，$\mathrm{ID}+x+ry=0$的概率忽略不计。

(3) 加密(用接收方的身份$\mathrm{ID}\in Z_p^*$作为公开钥，其中$M\in\mathbb{G}_2$)：

<u>$\mathcal{E}_{\mathrm{ID}}(M)$</u>：

$s\leftarrow_R\mathbb{Z}_p^*$；/加密指数

$CT=(g^{s\cdot\mathrm{ID}}X^s,Y^s,\hat{e}(g,g)^sM)$.

注意：$\hat{e}(g,g)^s$ 可预先计算好，以后将反复使用。

(4) 解密（其中 $d_{\mathrm{ID}}=(r,K)$，$\mathrm{CT}=(C_1,C_2,C_3)$）：

$$\underline{\mathcal{D}_{d_{\mathrm{ID}}}(\mathrm{CT})}:$$

$$\text{返回}\frac{C_3}{\hat{e}(C_1C_2^r,K)}.$$

这是因为

$$\frac{C_3}{\hat{e}(C_1C_2^r,K)}=\frac{C_3}{\hat{e}(g^{s(\mathrm{ID}+x+ry)},g^{1/(\mathrm{ID}+x+ry)})}=\frac{C_3}{\hat{e}(g,g)^s}=M$$

与 4.3.3 节的方案比较，本方案中解密算法仅需一个配对运算，加密效率和密文长度与 4.3.3 节的相同。

定理 4-3　假设在$(\mathbb{G}_1,\mathbb{G}_2)$上判定性 q-BDHI 问题假设成立，那么以上方案是 IND-sID-CPA 安全的。

具体地，如果存在敌手$\mathcal{A}$以 $\varepsilon(\kappa)$的优势攻击上述方案，其中敌手进行秘密钥询问的次数 $q_s<q$，那么就存在一个敌手$\mathcal{B}$以相同的优势 $\varepsilon(\kappa)$攻击判定性 q-BDHI 问题。

证明　设$\mathcal{B}$已知 $q+2$ 元组$(g,g^a,g^{a^2},\cdots,g^{a^q},T)\in(\mathbb{G}_1^*)^{q+1}\times\mathbb{G}_2$，它可能取自$\mathcal{P}_{\mathrm{BDHI}}$，此时 $T=\hat{e}(g,g)^{1/a}$；也可能取自$\mathcal{R}_{\mathrm{BDHI}}$，此时 T 从$\mathbb{G}_2$中随机独立选取。$\mathcal{B}$的目标是区分哪种情况发生。如果 $T=\hat{e}(g,g)^{1/a}$，$\mathcal{B}$输出 1；否则输出 0。$\mathcal{B}$在下面的选定身份游戏中与$\mathcal{A}$交互。

(1) 准备阶段。$\mathcal{B}$先在$\mathbb{Z}_p^*$上取 $q-1$ 个随机数 $w_1,w_2,\cdots,w_{q-1}$，产生一个 $q-1$ 次随机多项式 $f(z)$，然后利用$(g,g^a,g^{a^2},\cdots,g^{a^{q-1}})$在 g 的指数上求 $f(a)$，即 $g^{f(a)}$，作为$\mathbb{G}_1^*$的生成元 h。用多项式 $f(a)$求 $g^{f(a)}$ 的目的是将$(g,g^a,g^{a^2},\cdots,g^{a^{q-1}})$嵌入，再利用$(g,g^a,g^{a^2},\cdots,g^{a^q})$，求 $g^{af(a)}$ 作为主密钥的第 2 项。然后建立 $q-1$ 个形如$(w_i,h^{1/(a+w_i)})$的对，以备应答$\mathcal{A}$的秘密钥询问时使用。最后求出 $\hat{e}(g,h)^{1/a}$ 以备应答$\mathcal{A}$的挑战询问时使用。具体过程如下：

① 随机选取 $w_1,w_2,\cdots,w_{q-1}\leftarrow_R\mathbb{Z}_p^*$，构造多项式 $f(z)=\prod_{i=1}^{q-1}(z+w_i)$，展开得 $f(z)=\sum_{i=0}^{q-1}c_iz^i$，其中常数项 $c_0\neq0$。

② 计算 $h=\prod_{i=0}^{q-1}(g^{a^i})^{c_i}=g^{f(a)}$，$u=\prod_{i=1}^{q}(g^{a^i})^{c_{i-1}}=g^{af(a)}$。注意，$u=h^a$。

③ 检查是否 $h\in\mathbb{G}_1^*$。因为如果 $h=1$，则意味着存在某个 j，使得 $w_j=-a$，因而$\mathcal{B}$由 $f(-w_j)=0$ 可求出 $a=-w_j$，从而攻破判定性 q-BDHI 问题假设。所以下面假定 $w_j\neq-a(j=1,2,\cdots,q-1)$。

④ 对每一 $i(i=1,2,\cdots,q-1)$，计算 $f_i(z)=f(z)/(z+w_i)=\sum_{i=0}^{q-2}d_iz^i$ 及 $h_i=h^{1/(a+w_i)}=g^{f_i(a)}=\prod_{i=0}^{q-2}(g^{a^i})^{d_i}$，保留 $q-1$ 个$(w_i,h_i)=(w_i,h^{1/(a+w_i)})$，以备应答$\mathcal{A}$的秘密钥询问时使用。

⑤ 计算 $T_h=T^{c_0}T_0$,其中 $T_0=\prod_{j=1}^{q-1}\hat{e}(g,g^{c_j a^{j-1}})=\hat{e}(g,g)^{\frac{f(a)}{a}}\hat{e}(g,g)^{-\frac{c_0}{a}}$。如果 $T=\hat{e}(g,g)^{1/a}$,则 $T_h=\hat{e}(g,g^{f(a)/a})=\hat{e}(g,h)^{1/a}$;如果 T 是随机均匀的,则 T_h 也是随机均匀的,保留 T_h 以备应答$\mathcal{A}$的挑战询问时使用。

(2) 初始化。$\mathcal{A}$输出它意欲攻击的身份 $\mathrm{ID}^*\in\mathbb{Z}_p^*$。$\mathcal{B}$按照下面3步产生系统参数:

① 随机选取 $\sigma,\tau\leftarrow_R\mathbb{Z}_p^*$,满足 $\sigma\tau=\mathrm{ID}^*$。

② 计算 $X=u^{-\sigma}h^{-\sigma\tau}=h^{-\sigma(a+\tau)}$,$Y=u=h^a$。

③ 公开 params$=(h,X,Y)$。在$\mathcal{A}$看来,X、Y 与 ID^* 是无关的。

上面隐含地定义了 $x=-\sigma(a+\tau)$,$y=a$,使得 $X=h^x$,$Y=h^y$。$\mathcal{B}$不知道 x、y 的值,但知道 $x+\sigma y=-\sigma\tau=-\mathrm{ID}^*$。

(3) 阶段1。$\mathcal{A}$发出 $q_s<q$ 次秘密钥产生询问。设第 i 次询问的身份为 $\mathrm{ID}_i\neq\mathrm{ID}^*$,$\mathcal{B}$如下应答:

① 设$(w_i,h_i)=(w_i,h^{1/(a+w_i)})$是$\mathcal{B}$在准备阶段产生的第 i 个对。

② 建立关于 r 的方程$(r-\sigma)(a+w_i)=\mathrm{ID}_i+x+ry=\mathrm{ID}_i-\sigma(a+\tau)+ra$,方程两边的 a 虽然是未知的,但从方程两边消去了。由方程解出 $r=\sigma+\dfrac{\mathrm{ID}_i-\sigma\tau}{w_i}\in\mathbb{Z}_p$。

③ $(r,h_i^{1/(r-\sigma)})$是关于 ID_i 的有效秘密钥,这是因为

- $h_i^{1/(r-\sigma)}=(h^{1/(a+w_i)})^{1/(r-\sigma)}=h^{1/(r-\sigma)(a+w_i)}=h^{1/(\mathrm{ID}_i+x+ry)}$。
- 对于满足 $\mathrm{ID}_i+x+ry\neq0$ 和 $r\neq\sigma$ 的所有 r,在$\mathbb{Z}_p$上是均匀分布的。这是因为 w_i 在$\mathbb{Z}_p\backslash\{0,-a\}$上是均匀分布且独立于$\mathcal{A}$的视图。

而对于 $r=\sigma$,$\mathcal{B}$也能构造$(r,h^{1/(\mathrm{ID}_i-\mathrm{ID}^*)})$作为 ID_i 的秘密钥,因此对于满足 $\mathrm{ID}_i+x+ry\neq0$ 的所有 r,在$\mathbb{Z}_p$上是均匀分布的。

需要指出的是,如果 $\mathrm{ID}_i=\mathrm{ID}^*$,上述过程失败。因为 $r=\sigma$ 且 $\mathrm{ID}_i+x+ry=0$。

(4) 挑战。$\mathcal{A}$输出两个等长明文 $M_0,M_1\in\mathbb{G}_2$。$\mathcal{B}$选取随机比特 $\beta\leftarrow_R\{0,1\}$和 $\nu\leftarrow_R\mathbb{Z}_p^*$,计算应答 $C^*=(h^{-\sigma\nu},h^{\nu},T_h^{\nu}M_\beta)$。

定义加密指数 $s=\nu/a$,则当 $T_h=\hat{e}(g,h)^{1/a}$时,有

$$h^{-\sigma\nu}=h^{-\sigma a(\nu/a)}=h^{(x+\sigma\tau)(\nu/a)}=h^{(x+\mathrm{ID}^*)(\nu/a)}=h^{s\mathrm{ID}^*}X^s$$
$$h^{\nu}=Y^{\nu/y}=Y^{\nu/a}=Y^s$$
$$T_h^{\nu}=\hat{e}(g,h)^{\nu/a}=\hat{e}(g,h)^s$$

因此,C^* 是 M_β 在 ID^* 下的有效密文。

(5) 阶段2。$\mathcal{A}$继续发出如阶段1中的询问,$\mathcal{B}$以阶段1中的方式进行回应。

(6) 猜测。$\mathcal{A}$输出猜测 $\beta'\in\{0,1\}$。如果 $\beta'=\beta$,$\mathcal{B}$输出1,表示 $T=\hat{e}(g,g)^{1/a}$;否则$\mathcal{B}$输出0,表示 T 是$\mathbb{G}_2$上随机均匀的。

当$\mathcal{B}$的输入$(g,g^a,g^{a^2},\cdots,g^{a^q},T)\in(\mathbb{G}_1^*)^{q+1}\times\mathbb{G}_2$取自$\mathcal{P}_{\mathrm{BDHI}}$(即 $T=\hat{e}(g,g)^{1/a}$)时,$T_h=\hat{e}(g,h)^{1/a}$,对$\mathcal{A}$来说,有$|\Pr[\beta'=\beta]-1/2|>\varepsilon(\kappa)$;反之,当$\mathcal{B}$的输入取自$\mathcal{R}_{\mathrm{BDHI}}$(即 T 是$\mathbb{G}_2$上随机均匀的)时,那么 $\Pr[\beta'=\beta]=1/2$。因此,对于$\mathbb{G}_1^*$上均匀分布的 g、$\mathbb{Z}_p^*$ 中均匀分布的 a 和$\mathbb{G}_2$中均匀分布的 T,有

$$|\Pr[\mathcal{B}(g,g^{a},g^{a^2},\cdots,g^{a^q},\hat{e}(g,g)^{\frac{1}{a}})=1]-\Pr[\mathcal{B}(g,g^{a},g^{a^2},\cdots,g^{a^q},T)=1]|$$
$$\geqslant\left|\left(\frac{1}{2}\pm\varepsilon(\kappa)\right)-\frac{1}{2}\right|\geqslant\varepsilon(\kappa)$$

（定理 4-3 证毕）

4.4　无随机谕言机模型的完全安全的 IBE 方案

本节介绍的无随机谕言机模型下完全安全的 IBE 方案[24]，其安全性基于判定性的双线性 Diffie-Hellman 假设。

该方案的具体构造如下，其中身份表示为长度为 n 的比特串，也可由抗碰撞的哈希函数 $H:\{0,1\}^*\to\{0,1\}^n$ 将任意长的身份信息映射为长度为 n 的比特串，参数 n 与群的阶 p 无关。

(1) 初始化：

$\underline{\text{Init}(\kappa)}$：

$y\leftarrow_R \mathbb{Z}_p, g\leftarrow_R \mathbb{G}_1$；

$g_1=g^y$；

$g_2\leftarrow_R \mathbb{G}_1$；

$u'\leftarrow_R \mathbb{G}_1, u_i\leftarrow\mathbb{G}_1(i=1,\cdots,n), \boldsymbol{u}=(u_i)$；

$\text{params}=\langle g,g_1,g_2,u',\boldsymbol{u}\rangle, \text{msk}=y$.

其中，$\text{msk}=y$ 为主密钥，$\boldsymbol{u}=(u_i)$是长度为 n 的向量。

(2) 密钥生成。令 ID 为 n 比特长的身份信息，ID_i 表示身份 ID 中的第 i 位，集合$\mathcal{V}\subseteq\{1,2,\cdots,n\}$表示 $\text{ID}_i=1$ 的所有下标 i 组成的集合。ID 的秘密钥的生成过程如下：

$\underline{\text{IBEGen}(\kappa)}$：

$r\leftarrow_R \mathbb{Z}_p$；/ 密钥指数

$$d_{\text{ID}}=\left(g_2^y\cdot\left(u'\prod_{i\in\mathcal{V}}u_i\right)^r, g^r\right).$$

(3) 加密（用身份 ID 对消息 $M\in\mathbb{G}_2$进行加密）：

$\underline{\mathcal{E}_{\text{ID}}(M)}$：

$s\leftarrow_R \mathbb{Z}_p$；/ 加密指数

$$\text{CT}=\left(\hat{e}(g_1,g_2)^s M, g^s, \left(u'\prod_{i\in\mathcal{V}}u_i\right)^s\right).$$

(4) 解密（设 $\text{CT}=(C_1,C_2,C_3), d_{\text{ID}}=(d_1,d_2)$）：

$\underline{\mathcal{D}_{d_{\text{ID}}}(\text{CT})}$：

$$\text{返回 } C_1\frac{\hat{e}(d_2,C_3)}{\hat{e}(d_1,C_2)}.$$

这是因为

$$C_1\frac{\hat{e}(d_2,C_3)}{\hat{e}(d_1,C_2)}=\hat{e}(g_1,g_2)^sM\frac{\hat{e}(g^r,(u'\prod_{i\in\mathcal{V}}u_i)^s)}{\hat{e}(g_2^y(u'\prod_{i\in\mathcal{V}}u_i)^r,g^s)}$$

$$=\hat{e}(g_1,g_2)^sM\frac{\hat{e}(g,(u'\prod_{i\in\mathcal{V}}u_i))^{rs}}{\hat{e}(g_2,g^y)^s\hat{e}((u'\prod_{i\in\mathcal{V}}u_i),g)^{rs}}=M$$

注意:

(1) 密钥生成过程中 $u'\prod_{i\in\mathcal{V}}u_i$ 是由身份构造的哈希函数,加解密过程并未使用这一内部结构,内部结构仅在证明中使用。

(2) 密文中的第一项 $\hat{e}(g_1,g_2)^sM$ 没有身份信息,以方便模块化构造。

方案的安全性可归约到 DBDH 假设。

定理 4-4 设$\mathcal{A}$是 IND-ID-CPA 游戏中以优势 $\varepsilon(\kappa)$攻击上述方案的敌手,那么存在一个敌手$\mathcal{B}$至少能以优势$\frac{\varepsilon(\kappa)}{4(n+1)q}$解决 DBDH 假设问题,其中 n 是身份长度,q 是$\mathcal{A}$秘密钥提取询问的次数。

证明 设敌手$\mathcal{B}$的输入为五元组 $T=(g,A=g^a,B=g^b,C=g^c,Z)$,$\mathcal{B}$通过与$\mathcal{A}$进行下述游戏判断 T 是 DBDH 五元组还是随机五元组。

(1) 初始化。由$\mathcal{B}$完成。首先设置一个整数 m(下文计算可知 $m=2q$)。随机选取参数 $k\leftarrow_R[0,n]$(用户身份的长度为 n,k 选定后保持不变,用于下面构造 $F(\mathrm{ID})$);随机选取 $x'\leftarrow_R[0,m-1]$和 n 比特长的向量 $\boldsymbol{x}=(x_i)$,其中向量 $\boldsymbol{x}$ 中的元素 x_i 均从区间$[0,m-1]$中随机选取;随机选取 $y'\leftarrow_R Z_p$ 和 n 比特长的向量 $\boldsymbol{y}=(y_i)$,其中 y_i 均从$\mathbb{Z}_p$中随机选取。初始化完成后,$\mathcal{B}$秘密保存上述参数。

注意:$\mathcal{B}$在构建参数系统时,未直接选取参数 u'和向量$\boldsymbol{u}$,而是构造了参数 $x'\leftarrow_R[0,m-1]$,n 比特长的向量 $\boldsymbol{x}=(x_i)$,$y'\leftarrow_R\mathbb{Z}_p$和 n 比特长的向量 $\boldsymbol{y}=(y_i)$,通过上述参数的计算生成参数 u'和向量$\boldsymbol{u}$。

对于身份信息 ID,令集合$\mathcal{V}\subseteq\{1,2,\cdots,n\}$表示 $\mathrm{ID}_i=1$ 的所有下标 i 组成的集合。$\mathcal{B}$定义下述 3 个关于身份的函数:

$$F(\mathrm{ID})=(p-mk)+x'+\sum_{i\in\mathcal{V}}x_i$$

$$J(\mathrm{ID})=y'+\sum_{i\in\mathcal{V}}y_i$$

$$K(\mathrm{ID})=\begin{cases}0, & \text{若 } x'+\sum_{i\in\mathcal{V}}x_i\equiv 0(\bmod m)\\ 1, & \text{其他}\end{cases}$$

$\mathcal{B}$令 $g_1=A$,$g_2=B$,即隐含地设置了主密钥 $y=a$ 计算 $u'=g_2^{p-mk+x'}g^{y'}$ 和 $u_i=g_2^{x_i}g^{y_i}(i=1,2,\cdots,n)$,公开系统参数 $\mathrm{params}=(g,g_1,g_2,u',\boldsymbol{u}=(u_i))$。对于$\mathcal{A}$而言,$\mathcal{B}$公开的系统参数与真实系统中的参数是同分布的。

(2) 阶段 1。$\mathcal{A}$进行多项式次的秘密钥提取询问。收到$\mathcal{A}$关于身份 ID 的秘密钥提取询问时，$\mathcal{B}$如下操作：

① 若 $K(\mathrm{ID})=0$，$\mathcal{B}$中断。

② 否则，$\mathcal{B}$随机选取 $r \leftarrow_R \mathbb{Z}_p$，构造身份 ID 对应的秘密钥 $d_{\mathrm{ID}}=(d_1,d_2)$。

$$d_{\mathrm{ID}}=(d_1,d_2)=(g_1^{\frac{-J(\mathrm{ID})}{F(\mathrm{ID})}}(g_2^{F(\mathrm{ID})}g^{J(\mathrm{ID})})^r, g_1^{\frac{-1}{F(\mathrm{ID})}}g^r)$$

对于$\mathcal{B}$而言，身份 ID 的合法秘密钥应为 $d_{\mathrm{ID}}=(g_2^y(u'\prod_{i\in\mathcal{V}}u_i)^r, g^r)$，其中 r 为随机数，y 为主密钥。但由于$\mathcal{B}$并未掌握主密钥，因此需要用已知的参数通过计算生成未知的 g_2^y。

已知

$$\begin{aligned} u'\prod_{i\in\mathcal{V}}u_i &= g_2^{p-mk+x'}g^{y'}\prod_{i\in\mathcal{V}}g_2^{x_i}g^{y_i} = g_2^{p-mk+x'}g^{y'}g_2^{\sum\limits_{i\in\mathcal{V}}x_i}g^{\sum\limits_{i\in\mathcal{V}}y_i} \\ &= g_2^{p-mk+x'+\sum\limits_{i\in\mathcal{V}}x_i}g^{y'+\sum\limits_{i\in\mathcal{V}}y_i} = g_2^{F(\mathrm{ID})}g^{J(\mathrm{ID})} \end{aligned}$$

$$\begin{aligned} d_1 &= g_1^{\frac{-J(\mathrm{ID})}{F(\mathrm{ID})}}(g_2^{F(\mathrm{ID})}g^{J(\mathrm{ID})})^r = g_2^a(g_2^{F(\mathrm{ID})}g^{J(\mathrm{ID})})^{-\frac{a}{F(\mathrm{ID})}}(g_2^{F(\mathrm{ID})}g^{J(\mathrm{ID})})^r \\ &= g_2^a(g_2^{F(\mathrm{ID})}g^{J(\mathrm{ID})})^{r-\frac{a}{F(\mathrm{ID})}} = g_2^a(g_2^{F(\mathrm{ID})}g^{J(\mathrm{ID})})^{\tilde{r}} = g_2^a(u'\prod_{i\in\mathcal{V}}u_i)^{\tilde{r}} \end{aligned}$$

$$d_2 = g_1^{\frac{-1}{F(\mathrm{ID})}}g^r = g^{r-\frac{a}{F(\mathrm{ID})}} = g^{\tilde{r}}$$

其中 $\tilde{r}=r-\dfrac{y}{F(\mathrm{ID})}$，所以 $d_{\mathrm{ID}}=(d_1,d_2)$为隐含的指数 $\tilde{r}$ 生成的合法秘密钥。

(3) 挑战。敌手$\mathcal{A}$向$\mathcal{B}$提交两个等长的消息 $M_0,M_1\in\mathbb{G}_2$和一个挑战身份 ID^*，令集合$\mathcal{V}^*\subseteq\{1,2,\cdots,n\}$表示 ID^* 的分量为 1 的所有下标组成的集合。$\mathcal{B}$进行下述操作：

① 若 $x'+\sum\limits_{i\in\mathcal{V}^*}x_i\neq km$，$\mathcal{B}$中断。

② 否则 $x'+\sum\limits_{i\in\mathcal{V}^*}x_i=km$，即 $F(\mathrm{ID}^*)\equiv 0 \pmod p$，$\mathcal{B}$随机选取 $\beta\leftarrow_R\{0,1\}$，构造消息 M_β 在身份 ID^* 下的挑战密文 $C^*=(ZM_\beta,C,C^{J(\mathrm{ID}^*)})$。

若$\mathcal{B}$的输入是 DBDH 元组，即 $Z=\hat{e}(g,g)^{abc}$ 时，意味着加密过程得到的密文中加密指数 $s=c$；密文的第三部分为

$$(u'\prod_{i\in\mathcal{V}^*}u_i)^c=(g_2^{F(\mathrm{ID}^*)}g^{J(\mathrm{ID}^*)})^c=g^{cJ(\mathrm{ID}^*)}=C^{J(\mathrm{ID}^*)}$$

所以挑战密文为

$$C^*=(ZM_\beta,C,C^{J(\mathrm{ID}^*)})=(\hat{e}(g_1,g_2)^cM_\beta,g^c,(u'\prod_{i\in\mathcal{V}^*}u_i)^c)$$

(4) 阶段 2。$\mathcal{A}$继续发出如阶段 1 中的询问，$\mathcal{B}$以阶段 1 中的方式进行回应。

(5) 猜测。$\mathcal{A}$输出猜测 $\beta'\in\{0,1\}$。如果 $\beta'=\beta$，$\mathcal{B}$输出 1，表示 $Z=\hat{e}(g,g)^{abc}$；否则$\mathcal{B}$输出 0，表示 Z 是$\mathbb{G}_2$上随机均匀的。

注意：$K(\mathrm{ID})$用于$\mathcal{B}$划分身份空间 D，使得

$$D_{\mathrm{no}}=\{\mathrm{ID}\mid K(\mathrm{ID})\neq 0\},D_{\mathrm{yes}}=\{\mathrm{ID}\mid K(\mathrm{ID})=0\}$$

但 D_{yes}中有一部分使得 $F(\mathrm{ID})\neq 0$，这样的 ID 仍然不能嵌入困难问题，因此将 D_{yes}修改为

$D_{yes}=\{ID \mid K(ID)=0\}-\{ID \mid F(ID)\neq 0\}$，如图 4-4 所示。

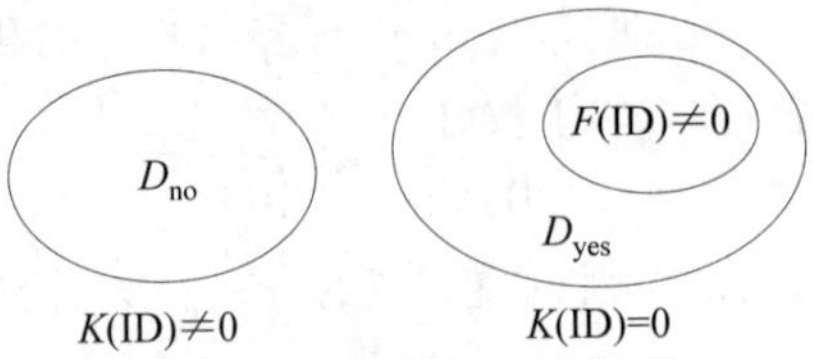

图 4-4　身份空间 D 的划分

断言 4-4　$\mathcal{B}$不中断的概率至少是$\frac{1}{4(n+1)q}$。

证明　假设$\mathcal{A}$进行最大次数为 q 的秘密钥提取询问，即针对不同的身份 $ID_1,ID_2,\cdots,ID_q$ 进行 q 次秘密钥提取询问。对于 $ID_1,ID_2,\cdots,ID_q$ 和挑战身份 ID^*，$\mathcal{B}$不中断的概率可表示为

$$\begin{aligned}\Pr[\overline{\text{Abort}}]&=\Pr[(\bigcap_{i=1}^{q} K(ID_i)=1)\cap(F(ID^*)=0)]\\&=\Pr[(\bigcap_{i=1}^{q} K(ID_i)=1))]\Pr[F(ID^*)=0]\\&=\left(1-\Pr\left[\bigcup_{i=1}^{q} K(ID_i)=0\right]\right)\Pr[F(ID^*)=0]\\&\geqslant\left(1-\sum_{i=1}^{q}\Pr[K(ID_i)=0]\right)(\Pr[F(ID^*)=0]\end{aligned}$$

令 $X=x'+\sum_{i\in\mathcal{V}}x_i$，由 $0\leqslant x'\leqslant m-1,0\leqslant x_i\leqslant m-1(i=1,2,\cdots,n)$ 得 $0\leqslant X\leqslant(n+1)(m-1)$，其中 m 的倍数有 $n+1$ 个，即 $0m,1m,\cdots,nm$，所以 $\Pr[K(ID_i)=0]=\Pr[X\text{ 是 }m\text{ 的倍数}]=\frac{n+1}{(n+1)(m-1)}\approx\frac{1}{m}$

而

$$\begin{aligned}\Pr[F(ID^*)=0]=&\Pr[K(ID^*)=0]\Pr[F(ID^*)=0 \mid K(ID^*)=0]\\&+\Pr[K(ID^*)=1]\Pr[F(ID^*)=0 \mid K(ID^*)=1]\end{aligned}$$

当 $F(ID^*)=0$ 时，必有 $K(ID^*)=0$。等价地，当 $K(ID^*)=1$ 时，必有 $F(ID^*)=1$，所以 $\Pr[F(ID^*)=0 \mid K(ID^*)=1]=0$。而当 $K(ID^*)=0$，X 是 m 的倍数，有 $n+1$ 个取值，其中有 1 个使得 $F(ID^*)=0$，所以 $\Pr[F(ID^*)=0 \mid K(ID^*)=0]=\frac{1}{n+1}$。所以

$$\begin{aligned}\Pr[F(ID^*)=0]&=\Pr[K(ID^*)=0]\Pr[F(ID^*)=0 \mid K(ID^*)=0]\\&=\frac{1}{m}\times\frac{1}{n+1}\end{aligned}$$

$$\Pr[\overline{\text{Abort}}]\geqslant\left(1-\sum_{i=1}^{q}\Pr[K(ID_i)=0]\right)(\Pr[F(ID^*)=0]=\left(1-\frac{q}{m}\right)\times\frac{1}{m}\times\frac{1}{n+1}$$

当 $m=2q$ 时，上式取得最小值$\frac{1}{4(n+1)q}$。

（断言 4-4 证毕）

若敌手$\mathcal{A}$能以优势 $\varepsilon(\kappa)$ 攻破上述加密方案，则敌手$\mathcal{B}$解决 DBDH 假设的优势为$\frac{\varepsilon(\kappa)}{4(n+1)q}$。

（定理 4-4 证毕）

4.5 基于 DBDH 假设的分层次 IBE 方案

本方案是 4.3.3 节方案的推广。假设如下：

(1) 深度为 ℓ 的公开钥$\overrightarrow{\mathrm{ID}}$是由$\mathbb{Z}_p^{\ell}$中的元素组成的向量，记为$\overrightarrow{\mathrm{ID}}=(I_1,I_2,\cdots,I_{\ell})\in\mathbb{Z}_p^{\ell}$，其中的第 j 个元素是第 j 层身份。也可使用一个抗碰撞哈希函数 $H:\{0,1\}^*\rightarrow\mathbb{Z}_p^*$ 对$\overrightarrow{\mathrm{ID}}$的每一个成分 I_j 进行运算，从而把这个结构扩展到$\{0,1\}^*$上的任意公开钥。

(2) 被加密的消息是$\mathbb{G}_2$中的元素。

将$\overrightarrow{\mathrm{ID}}=(I_1,I_2,\cdots,I_j)\in\mathbb{Z}_p^j$的父节点$(I_1,I_2,\cdots,I_{j-1})$记为$\overrightarrow{\mathrm{ID}}_{|j-1}=(I_1,I_2,\cdots,I_{j-1})$，方案如下：

(1) 初始化：

$\underline{\mathrm{Init}(\ell)}$：

生成元 $g\leftarrow_R\mathbb{G}_1^*$，$y\leftarrow_R\mathbb{Z}_p$；

$g_1=g^y$；

$h_1,h_2,\cdots,h_{\ell}\leftarrow_R\mathbb{G}_1$，$g_2\leftarrow_R\mathbb{G}_1$；

$\mathrm{params}=(g,g_1,g_2,h_1,h_2,\cdots,h_{\ell})$，$\mathrm{msk}=y$；

定义函数 $F_j:\mathbb{Z}_p\rightarrow\mathbb{G}_1$，$F_j(x)=g_1^x h_j(j=1,2,\cdots,\ell)$.

(2) 密钥产生(其中$\overrightarrow{\mathrm{ID}}=(I_1,I_2,\cdots,I_j)\in\mathbb{Z}_p^j(j\leqslant\ell)$)：

$\underline{\mathrm{IBEGen}(\mathrm{msk},\overrightarrow{\mathrm{ID}})}$：

$r_1,r_2,\cdots,r_j\leftarrow_R\mathbb{Z}_p$；/密钥指数

$$d_{\overrightarrow{\mathrm{ID}}}=\left(g_2^y\prod_{k=1}^{j}(F_k(I_k))^{r_k},g^{r_1},g^{r_2},\cdots,g^{r_j}\right).$$

(3) 委派。已知父节点$\overrightarrow{\mathrm{ID}}_{|j-1}=(I_1,I_2,\cdots,I_{j-1})\in(\mathbb{Z}_p^*)^{j-1}$对应的秘密钥 $d_{\overrightarrow{\mathrm{ID}}|j-1}=(d_0,d_1,\cdots,d_{j-1})\in\mathbb{G}_1^j$，$d_{\overrightarrow{\mathrm{ID}}}$可如下产生：

$\underline{\mathrm{Delegate}(d_{\overrightarrow{\mathrm{ID}}|j-1},\overrightarrow{\mathrm{ID}})}$：

$r_j\leftarrow_R\mathbb{Z}_p$；/密钥指数

$d_{\overrightarrow{\mathrm{ID}}}=(d_0F_j(I_j)^{r_j},d_1,d_2,\cdots,d_{j-1},g^{r_j})$.

(4) 加密(用接收方的身份$\overrightarrow{\mathrm{ID}}=(I_1,I_2,\cdots,I_j)\in\mathbb{Z}_p^j(j\leqslant\ell)$作为公开钥，其中 $M\in\mathbb{G}_2$)：

$\underline{\mathcal{E}_{\overrightarrow{\mathrm{ID}}}(M)}$：

$s\leftarrow_R\mathbb{Z}_p$；/加密指数

$\mathrm{CT}=(\hat{e}(g_1,g_2)^sM,g^s,F_1(I_1)^s,F_2(I_2)^s,\cdots,F_j(I_j)^s)$.

注意：$\hat{e}(g_1,g_2)$可预先计算好，以后将反复使用。

(5) 解密(其中 $d_{\overrightarrow{\mathrm{ID}}}=(d_0,d_1,\cdots,d_j)$，$\mathrm{CT}=(A,B,C_1,C_2,\cdots,C_j)$)：

$\underline{\mathcal{D}_{d_{\overrightarrow{\mathrm{ID}}}}(\mathrm{CT})}$：

$$\text{返回 } A \cdot \frac{\prod_{k=1}^{j} \hat{e}(C_k, d_k)}{\hat{e}(B, d_0)}.$$

这是因为

$$\frac{\prod_{k=1}^{j} \hat{e}(C_k, d_k)}{\hat{e}(B, d_0)} = \frac{\prod_{k=1}^{j} \hat{e}(F_k(I_k), g)^{sr_k}}{\hat{e}(g, g_2)^{sy} \prod_{k=1}^{j} \hat{e}(g, F_k(I_k))^{sr_k}} = \frac{1}{\hat{e}(g_1, g_2)^s}$$

注意：加解密过程并未使用 $F_j(x)$ 的定义形式，定义形式在证明中使用。

定理 4-5 假设在$(\mathbb{G}_1, \mathbb{G}_2)$上 DBDH 假设成立，那么上述方案是 IND-sID-CPA 安全的。

具体地，如果存在敌手$\mathcal{A}$以 $\varepsilon(\kappa)$的优势攻击上述方案，那么就存在一个敌手$\mathcal{B}$以相同的优势 $\varepsilon(\kappa)$攻击 DBDH 问题。

证明 设$\mathcal{B}$已知五元组(g, g^a, g^b, g^c, T)。该五元组可能取自$\mathcal{P}_{\mathrm{BDH}}$，此时 $T=\hat{e}(g,g)^{abc}$；也可能取自$\mathcal{R}_{\mathrm{BDH}}$，此时 T 从$\mathbb{G}_2$中随机独立选取。$\mathcal{B}$的目标是区分哪种情况发生。如果 $T=\hat{e}(g,g)^{abc}$，$\mathcal{B}$输出 1；否则输出 0。$\mathcal{B}$设置 $g_1=g^a, g_2=g^b, g_3=g^c$，在下面的选定身份游戏中与$\mathcal{A}$交互。

(1) 初始化。敌手$\mathcal{A}$输出深度 $k \leqslant \ell$ 的挑战身份$\overrightarrow{\mathrm{ID}}^*=(I_1^*, I_2^*, \cdots, I_k^*) \in \mathbb{Z}_p^k$。如果 $k<\ell$，$\mathcal{B}$也可给$\overrightarrow{\mathrm{ID}}^*$后面填补 $\ell-k$ 个 $\mathbb{Z}_p^*$ 中的随机元素，使得$\overrightarrow{\mathrm{ID}}^*$成为长度为 ℓ 的向量。下面假设$\overrightarrow{\mathrm{ID}}^*$是$(\mathbb{Z}_p^*)^\ell$上的向量。

(2) 密钥产生。$\mathcal{B}$为了生成系统参数，首先随机选取 $y_1, y_2, \cdots, y_\ell \leftarrow_R \mathbb{Z}_p$，并且定义 $h_j = g_1^{-I_j^*} g^{y_j} \in \mathbb{G}_2\ (j=1,2,\cdots,\ell)$。$\mathcal{B}$把公开参数 $\mathrm{params}=(g, g_1, g_2, h_1, h_2, \cdots, h_\ell)$给$\mathcal{A}$。由 $g_1=g^a$ 隐含地设置了主密钥为 a，但$\mathcal{B}$并不知道主密钥的值。

类似地，定义函数 $F_j: \mathbb{Z}_p \to \mathbb{G}_1, F_j(x)=g_1^x h_j = g_1^{x-I_j^*} g^{y_j}\ (j=1,2,\cdots,\ell)$。

(3) 阶段 1。敌手$\mathcal{A}$向$\mathcal{B}$发出秘密钥产生询问，设总计 q_s 次。考虑关于身份$\overrightarrow{\mathrm{ID}}=(I_1, I_2, \cdots, I_u) \in (\mathbb{Z}_p^*)^u\ (u \leqslant \ell)$的秘密钥询问，唯一的限制是$\overrightarrow{\mathrm{ID}}$不为$\overrightarrow{\mathrm{ID}}^*$的前缀。设 $j \in \{1, 2, \cdots, u\}$是使得 $I_j \neq I_j^*$ 的最小下标，为应答$\overrightarrow{\mathrm{ID}}$的秘密钥询问，$\mathcal{B}$首先构造身份$(I_1, I_2, \cdots, I_j)$对应的秘密钥，然后以此通过委派算法得到身份$\overrightarrow{\mathrm{ID}}=(I_1, \cdots, I_j, \cdots, I_u)$的秘密钥。

首先，$\mathcal{B}$选取随机数 $r_1, r_2, \cdots, r_j \leftarrow_R \mathbb{Z}_p$，并且令

$$d_0 = g_2^{\frac{-y_j}{I_j-I_j^*}} \prod_{v=1}^{j} (F_v(I_v))^{r_v}, d_1 = g^{r_1}, \cdots, d_{j-1} = g^{r_{j-1}}, d_j = g_2^{\frac{-1}{I_j-I_j^*}} g^{r_j}$$

如此构造的 $d_{\overrightarrow{\mathrm{ID}}}=(d_0, d_1, \cdots, d_j)$是关于身份$(I_1, I_2, \cdots, I_j)$的有效的随机秘密钥，为了证明这个结论，令 $\tilde{r}_j = r_j - \dfrac{b}{I_j - I_j^*} \in \mathbb{Z}_p$，那么

$$g_2^{\frac{-y_j}{I_j-I_j^*}}(F_j(I_j))^{r_j}=g_2^{\frac{-y_j}{I_j-I_j^*}}(g_1^{I_j-I_j^*}g^{y_j})^{r_j}=g_1^b(g_1^{I_j-I_j^*}g^{y_j})^{\frac{-b}{I_j-I_j^*}}(g_1^{I_j-I_j^*}g^{y_j})^{r_j}$$

$$=g^{ab}(g_1^{I_j-I_j^*}g^{y_j})^{r_j-\frac{b}{I_j-I_j^*}}=g_2^a(F_j(I_j))^{\widetilde{r}_j}$$

由此得出上面定义的秘密钥 $d_{\overrightarrow{\text{ID}}}=(d_0,d_1,\cdots,d_j)$满足

$$d_0=g_2^a\left(\prod_{v=1}^{j-1}(F_v(I_v))^{r_v}\right)(F_j(I_j))^{\widetilde{r}_j},d_1=g^{r_1},\cdots,d_{j-1}=g^{r_{j-1}},d_j=g^{\widetilde{r}_j}$$

这里的指数 $r_1,r_2,\cdots,r_{j-1},\widetilde{r}_j$ 在$\mathbb{Z}_p$中均匀独立分布。所以由$\mathcal{B}$随机选取的 r_1，$r_2,\cdots,r_{j-1}$及隐含的 $\widetilde{r}_j$ 产生的秘密钥与系统中密钥产生算法产生的秘密钥相匹配，即 $d_{\overrightarrow{\text{ID}}}=(d_0,d_1,\cdots,d_j)$是关于$(I_1,I_2,\cdots,I_j)$的一个有效的秘密钥。

然后，$\mathcal{B}$根据$(I_1,I_2,\cdots,I_j)$对应的秘密钥$(d_0,d_1,\cdots,d_j)$，反复使用 $u-j$ 次委派算法，可得身份$(I_1,\cdots,I_j,\cdots,I_u)$对应的秘密钥，作为对$\mathcal{A}$的应答。

注意：如果$\mathcal{A}$试图询问$\overrightarrow{\text{ID}}^*$的任何前缀对应的秘密钥，这个过程就会失败。因此，$\mathcal{B}$能产生除了$\overrightarrow{\text{ID}}^*$的前缀之外的所有身份的秘密钥。

(4) 挑战。当$\mathcal{A}$决定结束阶段 1 时，它输出两个希望挑战的等长明文 $M_0,M_1\in\mathbb{G}_2$。$\mathcal{B}$选取随机比特 $\beta\leftarrow_R\{0,1\}$，计算密文 $C^*=(M_\beta\cdot T,g^c,g_3^{y_1},g_3^{y_2},\cdots,g_3^{y_k})$。因为对所有的 i，$g_3^{y_i}=(g^{y_i})^c=F_i(I_i^*)^c$，得到

$$C^*=(M_\beta\cdot T,g^c,(F_1(I_1^*))^c,(F_2(I_2^*))^c,\cdots,((F_k(I_k^*)))^c)$$

如果 $T=\hat{e}(g,g)^{abc}=\hat{e}(g_1,g_2)^c$，$C^*$是公开钥$\overrightarrow{\text{ID}}^*=(I_1^*,I_2^*,\cdots,I_k^*)$下明文 M_β 对应的有效密文；反之，如果 T 是从$\mathbb{G}_2$中独立随机选取的，那么 $M_\beta\cdot T$ 是对 M_β 的一次一密的密文。

(5) 阶段 2。$\mathcal{A}$继续发出如阶段 1 中的询问，$\mathcal{B}$以阶段 1 中的方式进行回应。

(6) 猜测。$\mathcal{A}$输出猜测 $\beta'\in\{0,1\}$。$\mathcal{B}$按照如下规则判断自己的游戏输出：如果 $\beta'=\beta$，$\mathcal{B}$输出 1，表示 $T=\hat{e}(g,g)^{abc}$；否则$\mathcal{B}$输出 0，表示 T 是从$\mathbb{G}_2$中独立随机选取的。

其余部分与定理 4-2 相同。

（定理 4-5 证毕）

4.6 基于弱 BDHI 假设的分层次 IBE 方案

本节介绍的 HIBE 系统密文长度和解密代价均与分层深度 ℓ 无关[28]，其中密文由 3 个群元素组成，解密运算仅需两次双线性配对运算，秘密钥包含 ℓ 个群元素。

不同于之前的 HIBE 系统，BDHI 系统中的秘密钥会随着分层深度的加深而缩短。

4.6.1 弱双线性 Diffie-Hellman 求逆假设

该方案的安全性基于弱双线性 Diffie-Hellman 求逆假设，称之为弱 BDHI，表示为 ℓ-wBDHI。设$\mathbb{G}_1$和$\mathbb{G}_2$都是阶为素数 p 的群，$\hat{e}$：$\mathbb{G}_1\times\mathbb{G}_1\rightarrow\mathbb{G}_2$是一个双线性映射，$g$ 和 h 是$\mathbb{G}_1$中的两个随机生成元，a 是$\mathbb{Z}_p^*$中的随机数。$\mathbb{G}_1$上的 ℓ-wBDHI 和 ℓ-wBDHI* 问题定义

如下：

$$\ell\text{-wBDHI：给定 } g,h,g^{a},g^{a^2},\cdots,g^{a^{\ell}}\text{，计算 } \hat{e}(g,h)^{1/a}$$

$$\ell\text{-wBDHI}^{*}\text{：给定 } g,h,g^{a},g^{a^2},\cdots,g^{a^{\ell}}\text{，计算 } \hat{e}(g,h)^{a^{\ell+1}}$$

这两个问题在线性时间归约下是等价的，即 ℓ-wBDHI⇔ℓ-wBDHI*。

证明 首先证明 ℓ-wBDHI⇐ℓ-wBDHI*。

已知 ℓ-wBDHI 问题实例 $(g,h,g^{a},g^{a^2},\cdots,g^{a^{\ell}})=(w,h,w_1,w_2,\cdots,w_{\ell})$。由此得

$$\begin{aligned}(w_{\ell},h,w_{\ell-1},\cdots,w_1,w)&=(g^{a^{\ell}},h,g^{a^{\ell-1}},\cdots,g^{a},g)\\&=(g^{a^{\ell}},h,(g^{a^{\ell}})^{a^{-1}},(g^{a^{\ell}})^{a^{-2}},\cdots,(g^{a^{\ell}})^{a^{-\ell+1}},(g^{a^{\ell}})^{a^{-\ell}})\end{aligned}$$

令 $b=a^{-1}$，$w'=g^{a^{\ell}}$，则上式变为 $(w',h,(w')^{b},(w')^{b^2},\cdots,(w')^{b^{\ell}})$，此为一个 ℓ-wBDHI* 问题实例。由 ℓ-wBDHI* 问题的求解得

$$\hat{e}(w',h)^{b^{\ell+1}}=\hat{e}(g^{a^{\ell}},h)^{a^{-\ell-1}}=\hat{e}(g,h)^{a^{\ell}a^{-\ell-1}}=\hat{e}(g,h)^{1/a}$$

类似地，可证明 ℓ-wBDHI*⇐ℓ-wBDHI。

在 ℓ-wBDHI 问题中，若取 $h=g$，ℓ-wBDHI 问题则为 ℓ-BDHI 问题，因此 ℓ-BDHI 问题是 ℓ-wBDHI 问题的特例。ℓ-wBDHI 问题的困难性大于 ℓ-BDHI 问题的困难性，以 ℓ-wBDHI 问题做假设弱于以 ℓ-BDHI 问题做假设。

wBDHI 问题更接近 BDHI 问题，但为了概念理解的方便，下面对方案的证明用 wBDHI* 问题。

下面定义计算性和判定性 ℓ-wBDHI 假设。为了方便，按照 ℓ-wBDHI* 问题定义。

设 g、h 是 $\mathbb{G}_1^{*}$ 中的随机生成元，a 是 $\mathbb{Z}_p^{*}$ 中的随机数，$y_i=g^{a^{i}}\in\mathbb{G}_1^{*}$，定义算法 $\mathcal{A}$ 解决 $\mathbb{G}_1$ 中 ℓ-wBDHI* 问题的优势为

$$\Pr[\mathcal{A}(g,h,y_1,y_2,\cdots,y_{\ell})=\hat{e}(g,h)^{a^{\ell+1}}]$$

$\mathbb{G}_1$ 中的判定性 ℓ-wBDHI* 问题定义如下。随机选取 $T\leftarrow_R\mathbb{G}_2^{*}$，令 $\boldsymbol{y}_{g,a,\ell}=(y_1,y_2,\cdots,y_{\ell})$。定义算法 $\mathcal{B}$ 解决 $\mathbb{G}_1$ 中判定性 ℓ-wBDHI* 问题的优势为

$$|\Pr[\mathcal{B}(g,h,\boldsymbol{y}_{g,a,\ell},\hat{e}(g,h)^{a^{\ell+1}})=1]-\Pr[\mathcal{B}(g,h,\boldsymbol{y}_{g,a,\ell},T)=1]|$$

ℓ-wBDHI* 问题假定：没有多项式时间算法以不可忽略的优势解决 $\mathbb{G}_1$ 中的(判定性) ℓ-wBDHI* 问题。

记 $\mathcal{P}_{\text{wBDHI}^{*}}=\{(g,h,\boldsymbol{y}_{g,a,\ell},\hat{e}(g,h)^{a^{\ell+1}})\}$，$\mathcal{R}_{\text{wBDHI}^{*}}=\{(g,h,\boldsymbol{y}_{g,a,\ell},T)\}$。

4.6.2 密文长度固定的 HIBE 系统

设 $\mathbb{G}_1$ 是阶为素数 p 的双线性群，$\hat{e}$：$\mathbb{G}_1\times\mathbb{G}_1\to\mathbb{G}_2$ 是双线性映射，第 k 层的公开钥(即身份 ID)是 $(\mathbb{Z}_p^{*})^{k}$ 上的向量，记为 $\overrightarrow{\text{ID}}=(I_1,I_2,\cdots,I_k)\in(\mathbb{Z}_p^{*})^{k}$，其中第 j 个元素对应于第 j 层的身份。通过使用一个抗碰撞哈希函数 H：$\{0,1\}^{*}\to\mathbb{Z}_p^{*}$ 作用于每个元素 I_j，可将公开钥扩展到 $\{0,1\}^{*}$ 上。假设被加密的消息是 $\mathbb{G}_2$ 中的元素。

(1) 初始化。设最大深度为 ℓ

<u>Init(ℓ)：</u>

生成元 $g\leftarrow_R\mathbb{G}_1^{*}$，$y\leftarrow_R\mathbb{Z}_p^{*}$；

$g_1=g^{y}$；

$g_2,g_3,h_1,h_2,\cdots,h_{\ell}\leftarrow_R\mathbb{G}_1$；

params $=(g,g_1,g_2,g_3,h_1,h_2,\cdots,h_{\ell})$，msk $=y$.

(2) 密钥产生(其中$\overrightarrow{\mathrm{ID}}=(I_1,I_2,\cdots,I_k)\in\mathbb{Z}_p^k(k\leqslant\ell)$):

$\underline{\mathrm{IBEGen}(\mathrm{msk},\overrightarrow{\mathrm{ID}})}$:

$r\leftarrow_R\mathbb{Z}_p$;/密钥指数

$d_{\overrightarrow{\mathrm{ID}}}=(g_2^y\cdot(h_1^{I_1}h_2^{I_2}\cdots h_k^{I_k}g_3)^r,g^r,h_{k+1}^r,\cdots,h_\ell^r)\in\mathbb{G}_1^{2+\ell-k}$.

注意:$d_{\overrightarrow{\mathrm{ID}}}$会随着$\overrightarrow{\mathrm{ID}}$深度的加深而变短。

(3) 委派。已知父节点$\overrightarrow{\mathrm{ID}}_{|k-1}=(I_1,I_2,\cdots,I_{k-1})\in(\mathbb{Z}_p^*)^{k-1}$对应的秘密钥$d_{\overrightarrow{\mathrm{ID}}|k-1}=(g_2^y(h_1^{I_1}\cdots h_{k-1}^{I_{k-1}}g_3)^{r'},g^{r'},h_k^{r'},\cdots,h_\ell^{r'})=(d'_0,d'_1,d'_k,\cdots,d'_\ell)$,$d_{\overrightarrow{\mathrm{ID}}}$可如下产生:

$\underline{\mathrm{Delegate}(d_{\overrightarrow{\mathrm{ID}}|k-1},\overrightarrow{\mathrm{ID}})}$:

$t\leftarrow_R\mathbb{Z}_p$;/密钥指数

$d_{\overrightarrow{\mathrm{ID}}}=(d_0,d_1,d_{k+1},\cdots,d_\ell)$.

其中,

$$\begin{aligned}d_0&=d'_0(d'_k)^{I_k}(h_1^{I_1}h_2^{I_2}\cdots h_k^{I_k}g_3)^t=g_2^y(h_1^{I_1}h_2^{I_2}\cdots h_{k-1}^{I_{k-1}}g_3)^{r'}(h_k^{r'})^{I_k}(h_1^{I_1}h_2^{I_2}\cdots h_k^{I_k}g_3)^t\\&=g_2^y(h_1^{I_1}h_2^{I_2}\cdots h_k^{I_k}g_3)^{r'+t}\\d_1&=d'_1g^t=g^{r'}g^t=g^{r'+t},\\d_{k+1}&=d'_{k+1}h_{k+1}^t=h_{k+1}^{r'}h_{k+1}^t=h_{k+1}^{r'+t}\\&\vdots\\d_\ell&=d'_\ell h_\ell^t=h_\ell^{r'}h_\ell^t=h_\ell^{r'+t}\end{aligned}$$

可见,$d_{\overrightarrow{\mathrm{ID}}}$与第(2)步密钥产生算法中取$r=r'+t\in\mathbb{Z}_p$时密钥的产生结果一致。

(4) 加密(用接收方的身份$\overrightarrow{\mathrm{ID}}=(I_1,I_2,\cdots,I_k)\in(\mathbb{Z}_p^*)^k$作为公开钥,其中$M\in\mathbb{G}_2$):

$\underline{\mathcal{E}_{\overrightarrow{\mathrm{ID}}}(M)}$:

$s\leftarrow_R\mathbb{Z}_p$;/加密指数

$\mathrm{CT}=(\hat{e}(g_1,g_2)^s\cdot M,g^s,(h_1^{I_1}h_2^{I_2}\cdots h_k^{I_k}\cdot g_3)^s)\in\mathbb{G}_2\times\mathbb{G}_1^2$.

注意:$\hat{e}(g_1,g_2)$可预先计算好,以后将反复使用。

(5) 解密(其中$d_{\overrightarrow{\mathrm{ID}}}=(d_0,d_1,d_{k+1},\cdots,d_\ell)$,$\mathrm{CT}=(C_1,C_2,C_3)$):

$\underline{\mathcal{D}_{d_{\overrightarrow{\mathrm{ID}}}}(\mathrm{CT})}$:

$$\text{返回 }C_1\cdot\frac{\hat{e}(d_1,C_3)}{\hat{e}(C_2,d_0)}.$$

这是因为

$$\frac{\hat{e}(d_1,C_3)}{\hat{e}(C_2,d_0)}=\frac{\hat{e}(g^r,(h_1^{I_1}h_2^{I_2}\cdots h_k^{I_k}\cdot g_3)^s)}{\hat{e}(g^s,g_2^y(h_1^{I_1}h_2^{I_2}\cdots h_k^{I_k}\cdot g_3)^r)}=\frac{1}{\hat{e}(g,g_2)^{sy}}=\frac{1}{\hat{e}(g_1,g_2)^s}$$

可见,不论身份在哪一层,密文仅包含 3 个元素,解密仅需两次配对运算。而在前面的 HIBE 系统中,密文大小和解密时间会随着身份深度的加深线性增长。另外,解密运算仅使用$d_{\overrightarrow{\mathrm{ID}}}=(d_0,d_1,d_{k+1},\cdots,d_\ell)$中的$d_0$和$d_1$,而$d_{k+1},\cdots,d_\ell$仅用于由父节点产生后继节点(最多$\ell-k$级)的秘密钥。

该方案的安全性如定理 4-6 所述。

定理 4-6 假设在$(\mathbb{G}_1,\mathbb{G}_2)$上判定性 ℓ-wBDHI* 假设成立,那么以上方案是 IND-sID-CPA 安全的。

具体地,如果存在敌手$\mathcal{A}$以 $\varepsilon(\kappa)$的优势攻击上述方案,那么就存在一个敌手$\mathcal{B}$以相同的优势 $\varepsilon(\kappa)$攻击判定性 ℓ-wBDHI* 问题。

证明 假设$\mathcal{A}$攻击系统的优势为 $\varepsilon(\kappa)$。可以构造一个算法$\mathcal{B}$解决$\mathbb{G}_1$中的判定性 ℓ-wBDHI* 问题。

算法$\mathcal{B}$的输入是一个随机元组$(g,h,y_1,y_2,\cdots,y_\ell,T)$,其中 $g\in\mathbb{G}_1$是生成元,$y_i=g^{a^i}\in\mathbb{G}_1(i=1,2,\cdots,\ell)$($a\in\mathbb{Z}_p^*$ 是$\mathcal{B}$未知的)。它可能取自 $\mathcal{P}_{\text{wBDHI}^*}$(此时 $T=\hat{e}(g,h)^{a^{\ell+1}}$),也可能取自$\mathcal{R}_{\text{wBDHI}^*}$(此时 T 是$\mathbb{G}_2^*$ 中均匀独立的元素)。$\mathcal{B}$的目标是区分哪种情况发生。如果 $T=\hat{e}(g,h)^{a^{\ell+1}}$,$\mathcal{B}$输出 1;否则输出 0。$\mathcal{B}$在下面的选定身份游戏中与$\mathcal{A}$交互。

(1) 初始化。$\mathcal{A}$首先输出一个要攻击的目标身份$\overrightarrow{\text{ID}}^*=(I_1^*,I_2^*,\cdots,I_m^*)\in(\mathbb{Z}_p^*)^m$ $(m\leqslant\ell)$。如果 $m<\ell$,$\mathcal{B}$可在$\overrightarrow{\text{ID}}^*$右边填充 $\ell-m$ 个 0,使得$\overrightarrow{\text{ID}}^*$的长为 ℓ。下面假设$\overrightarrow{\text{ID}}^*$是$(\mathbb{Z}_p^*)^\ell$ 上的向量。

(2) 系统建立。$\mathcal{B}$做如下运算:选取$\mathbb{Z}_p$中的一个随机数 γ,令 $g_1=y_1=g^a$(隐含地设置主密钥为 a),$g_2=y_\ell g^\gamma=g^{\gamma+a^\ell}$。选取$\mathbb{Z}_p$中的随机数 $\gamma_1,\gamma_2,\cdots,\gamma_\ell$,令 $h_i=g^{\gamma_i}/y_{\ell-i+1}$ $(i=1,2,\cdots,\ell)$。选取$\mathbb{Z}_p$中的随机数 δ,令 $g_3=g^\delta\prod_{i=1}^{\ell}y_{\ell-i+1}^{I_i^*}$。

$\mathcal{B}$将系统参数 params$=(g,g_1,g_2,g_3,h_1,h_2,\cdots,h_\ell)$发送给$\mathcal{A}$。所有这些值都在$\mathbb{G}_1$中均匀独立分布。隐含地,$g_2^a=g^{a(a^\ell+\gamma)}=y_{\ell+1}y_1^\gamma$。

(3) 阶段 1。$\mathcal{A}$发起 q_s 次秘密钥询问。考虑关于身份$\overrightarrow{\text{ID}}=(I_1,I_2,\cdots,I_u)\in(\mathbb{Z}_p^*)^u$ $(u\leqslant\ell)$的秘密钥询问,唯一的限制是$\overrightarrow{\text{ID}}$不为$\overrightarrow{\text{ID}}^*$的前缀。设 $k\in\{1,2,\cdots,u\}$是使得 $I_k\neq I_k^*$ 的最小下标。为应答$\overrightarrow{\text{ID}}$的秘密钥询问,$\mathcal{B}$首先构造身份$(I_1,I_2,\cdots,I_k)$对应的秘密钥,然后由委派算法求出身份$\overrightarrow{\text{ID}}=(I_1,\cdots,I_k,\cdots,I_u)$的秘密钥。

$\mathcal{B}$首先选取$\mathbb{Z}_p$中的随机数 $\tilde{r}$,假设 $r=\dfrac{a^k}{(I_k-I_k^*)}+\tilde{r}\in\mathbb{Z}_p$。因为 a^k 是未知的,所以 r 也是未知的,r 是$\mathcal{B}$想象的。$\mathcal{B}$生成秘密钥

$$(g_2^a(h_1^{I_1}h_2^{I_2}\cdots h_k^{I_k}g_3)^r,g^r,h_{k+1}^r,\cdots,h_\ell^r)\tag{4-1}$$

这是身份$(I_1,I_2,\cdots,I_k)$的一个正确分布的秘密钥。虽然 r 是$\mathcal{B}$想象的,但$\mathcal{B}$计算式(4-1)时不直接使用 r,而是通过已知的值计算。

下面证明式(4-1)可通过已知的值计算。在此用到一个重要关系式:对于任意的 i、j,有 $y_i^{a^j}=y_{i+j}$,这是因为 $y_i^{a^j}=(g^{a^i})^{a^j}=g^{a^{i+j}}=y_{i+j}$。

先看式(4-1)的第二个元素 g^r,它等于 $y_k^{1/(I_k-I_k^*)}g^{\tilde{r}}$,可直接计算求出。

再看第一个元素,其中,

$$(h_1^{I_1}h_2^{I_2}\cdots h_k^{I_k}g_3)^r=\left(g^{\delta+\sum_{i=1}^{k}I_i\gamma_i}\left(\prod_{i=1}^{k-1}y_{\ell-i+1}^{-I_i}\right)y_{\ell-k+1}^{(I_k^*-I_k)}\left(\prod_{i=1}^{\ell}y_{\ell-i+1}^{I_i^*}\right)\right)^r$$

$$=\left(g^{\delta+\sum_{i=1}^{k}I_i\gamma_i}\left(\prod_{i=1}^{k-1}y_{\ell-i+1}^{(I_i^*-I_i)}\right)y_{\ell-k+1}^{(I_k^*-I_k)}\left(\prod_{i=k+1}^{\ell}y_{\ell-i+1}^{I_i^*}\right)\right)^r$$

$$=\left(g^{\delta+\sum_{i=1}^{k}I_i\gamma_i}y_{\ell-k+1}^{(I_k^*-I_k)}\left(\prod_{i=k+1}^{\ell}y_{\ell-i+1}^{I_i^*}\right)\right)^r$$

$$=(g^r)^{\delta+\sum_{i=1}^{k}I_i\gamma_i}y_{\ell-k+1}^{r(I_k^*-I_k)}\left(\prod_{i=k+1}^{\ell}y_{\ell-i+1}^{I_i^*}\right)^r$$

$$=(g^r)^{\delta+\sum_{i=1}^{k}I_i\gamma_i}y_{\ell-k+1}^{\widetilde{r}(I_k^*-I_k)-a^k}\left(\prod_{i=k+1}^{\ell}y_{\ell-i+1}^{I_i^*}\right)^{\frac{a^k}{(I_k-I_k^*)}}\left(\prod_{i=k+1}^{\ell}y_{\ell-i+1}^{I_i^*}\right)^{\widetilde{r}}$$

$$=(y_k^{1/(I_k-I_k^*)}g^{\widetilde{r}})^{\delta+\sum_{i=1}^{k}I_i\gamma_i}\frac{y_{\ell-k+1}^{\widetilde{r}(I_k^*-I_k)}}{y_{\ell+1}}\left(\prod_{i=k+1}^{\ell}y_{\ell+k-i+1}^{I_i^*}\right)^{\frac{1}{(I_k-I_k^*)}}\left(\prod_{i=k+1}^{\ell}y_{\ell-i+1}^{I_i^*}\right)^{\widetilde{r}}$$

其中，$\prod_{i=1}^{k-1}y_{\ell-i+1}^{(I_i^*-I_i)}=1$（因为对所有的 $i<k, I_i=I_i^*$）。

因此，式(4-1)中秘密钥的第一个元素等于

$$g_2^a(h_1^{I_1}h_2^{I_2}\cdots h_k^{I_k}g_3)^r$$

$$=(y_{\ell+1}y_1^{\gamma})(y_k^{1/(I_k-I_k^*)}g^{\widetilde{r}})^{\delta+\sum_{i=1}^{k}I_i\gamma_i}\frac{y_{\ell-k+1}^{\widetilde{r}(I_k^*-I_k)}}{y_{\ell+1}}\left(\prod_{i=k+1}^{\ell}y_{\ell+k-i+1}^{I_i^*}\right)^{\frac{1}{(I_k-I_k^*)}}\left(\prod_{i=k+1}^{\ell}y_{\ell-i+1}^{I_i^*}\right)^{\widetilde{r}}$$

$$=y_1^{\gamma}(y_k^{1/(I_k-I_k^*)}g^{\widetilde{r}})^{\delta+\sum_{i=1}^{k}I_i\gamma_i}y_{\ell-k+1}^{\widetilde{r}(I_k^*-I_k)}\left(\prod_{i=k+1}^{\ell}y_{\ell+k-i+1}^{I_i^*}\right)^{\frac{1}{(I_k-I_k^*)}}\left(\prod_{i=k+1}^{\ell}y_{\ell-i+1}^{I_i^*}\right)^{\widetilde{r}}$$

所有项都为$\mathcal{B}$已知的，$\mathcal{B}$能够计算该值。

类似地，式(4-1)的第三项到最后一项 $h_{k+1}^r,\cdots,h_\ell^r$ 也可由$\mathcal{B}$已知的值表达。

这就证明了$\mathcal{B}$可为身份$(I_1,I_2,\cdots,I_k)$产生秘密钥，然后由委派算法求出身份$\overrightarrow{\mathrm{ID}}=(I_1,\cdots,I_k,\cdots,I_u)$的秘密钥，作为询问结果返回给$\mathcal{A}$。

(4) 挑战。当$\mathcal{A}$结束阶段 1 后，输出两个等长的消息 $M_0,M_1\in\mathbb{G}_2$。算法$\mathcal{B}$选一个随机比特 $\beta\leftarrow_R\{0,1\}$，生成挑战密文作为应答：

$$C^*=(M_\beta\cdot T\cdot\hat{e}(y_1,h^{\gamma}),h,h^{\delta+\sum_{i=1}^{\ell}I_i^*\gamma_i})$$

其中，h 和 T 来自于$\mathcal{B}$的输入。设 $h=g^c$（c 未知），则

$$h^{\delta+\sum_{i=1}^{\ell}I_i^*\gamma_i}=(g^{\delta+\sum_{i=1}^{\ell}I_i^*\gamma_i})^c=(g^{\delta}\prod_{i=1}^{\ell}(g^{\gamma_i})^{I_i^*})^c$$

$$=\left(\prod_{i=1}^{\ell}\left(\frac{g^{\gamma_i}}{y_{\ell-i+1}}\right)^{I_i^*}\left(g^{\delta}\prod_{i=1}^{\ell}y_{\ell-i+1}^{I_i^*}\right)\right)^c=(h_1^{I_1^*}h_2^{I_2^*}\cdots h_\ell^{I_\ell^*}g_3)^c$$

若 $T=\hat{e}(g,h)^{a^{\ell+1}}$（即输入元组取自$\mathcal{P}_{\mathrm{wBDHI}^*}$），则

$$T\cdot\hat{e}(y_1,h^{\gamma})=\hat{e}(g,h)^{a^{\ell+1}}\cdot\hat{e}(y_1,h^{\gamma})=\hat{e}(g,g^c)^{a^{\ell+1}}\cdot\hat{e}(y_1,g^{c\gamma})$$

$$=(\hat{e}(g^a,g^{a^\ell})\cdot\hat{e}(y_1,g^{\gamma}))^c=(\hat{e}(y_1,y_\ell)\cdot\hat{e}(y_1,g^{\gamma}))^c$$

$$=\hat{e}(y_1,y_\ell g^{\gamma})^c=\hat{e}(g_1,g_2)^c$$

挑战密文是在初始(未填充)身份$\overrightarrow{\mathrm{ID}}^*=(I_1^*,I_2^*,\cdots,I_m^*)$下对 M_β 的一个有效加密，因为

$$\begin{aligned} C^* &= (M_\beta \cdot \hat{e}(g_1, g_2)^c, g^c, (h_1^{I_1^*} \cdots h_m^{I_m^*} \cdots h_\ell^{I_\ell^*} g_3)^c) \\ &= (M_\beta \cdot \hat{e}(g_1, g_2)^c, g^c, (h_1^{I_1^*} h_2^{I_2^*} \cdots h_m^{I_m^*} g_3)^c) \end{aligned}$$

另一方面,当 T 是从$\mathbb{G}_2$中独立随机选取的,那么 $M_\beta \cdot T$ 是对 M_β 的一次一密加密的密文。

(5) 阶段 2。$\mathcal{A}$发起阶段 1 没有问过的询问。$\mathcal{B}$以阶段 1 中的方式进行回应。

(6) 猜测。$\mathcal{A}$输出猜测 $\beta' \in \{0,1\}$。$\mathcal{B}$按照如下规则判断自己的游戏输出:如果 $\beta' = \beta$,$\mathcal{B}$输出 1,表示 $T = \hat{e}(g, h)^{a^{\ell+1}}$;否则$\mathcal{B}$输出 0,表示 T 是$\mathbb{G}_2$中的随机元。

当输入元组取自$\mathcal{P}_{\text{wBDHI}^*}$(其中 $T = \hat{e}(g, h)^{a^{\ell+1}}$)时,$\mathcal{A}$的视图与真实攻击游戏的视图相同,所以$|\Pr[\beta' = \beta] - 1/2| \geqslant \varepsilon(\kappa)$。当输入元组取自$\mathcal{R}_{\text{wBDHI}^*}$(其中 T 在$\mathbb{G}_2^*$中均匀分布),则 $\Pr[\beta' = \beta] = 1/2$。因此,对于$\mathbb{G}_1$中的均匀元素 g 和 h,$\mathbb{Z}_p$中的均匀元素 a 以及$\mathbb{G}_2$中的均匀元素 T,有

$$\begin{aligned} &|\Pr[\mathcal{B}(g, h, \boldsymbol{y}_{g,a,\ell}, \hat{e}(g, h)^{a^{\ell+1}}) = 1] - \Pr[\mathcal{B}(g, h, \boldsymbol{y}_{g,a,\ell}, T) = 1]| \\ \geqslant &\left| \left(\frac{1}{2} \pm \varepsilon(\kappa) \right) - \frac{1}{2} \right| = \varepsilon(\kappa) \end{aligned}$$

(定理 4-6 证毕)

4.7 基于对偶系统加密的完全安全的 IBE 和 HIBE 方案

4.7.1 对偶系统加密的概念

IBE 方案的安全性分为选定身份安全模型和完全安全模型。在选定身份安全模型下的 IBE 方案中,$\mathcal{A}$首先声称要攻击的身份;而在完全安全模型中,模拟器(即敌手$\mathcal{B}$)在扮演$\mathcal{A}$的挑战者时(见图 1-7),首先猜测$\mathcal{A}$要攻击的身份。在这两种情况下,$\mathcal{B}$将身份空间(论述域 D)划分为两部分:一部分是$\mathcal{B}$猜测或$\mathcal{A}$声称要攻击的(记为 D_{yes}),$\mathcal{B}$为其中的身份产生挑战密文,$\mathcal{B}$在这个过程中设法将困难问题嵌入;另一部分是$\mathcal{A}$可进行秘密钥提取询问的(记为 D_{no}),$\mathcal{B}$为$\mathcal{A}$询问的身份产生秘密钥。这种安全性证明方式称为分离式策略。分离式策略虽然很有用,但有局限性。一是系统的参数可能过大,实现不方便;二是对诸如 HIBE 和基于属性的加密(简称 ABE)系统,分离式策略不适合安全性证明。例如,在 HIBE 中,分离式策略必须保证:$\mathcal{B}$如果能为某个身份产生秘密钥,那么也能为该身份的所有后继身份产生秘密钥。但安全性随着层次深度的增加而指数级减弱,使得分离式策略失去意义。而在 ABE 方案中,不同的密钥会因为共享相同属性而相关,使得对属性空间做随机划分无法得到完全安全。

对偶系统加密可以克服分离式策略产生的上述问题。在该方案中将密文和密钥取两种不可区分的形式:半功能的和正常的。半功能的密文和密钥仅用来完成方案的安全性证明,不会在真实的加密方案中使用。正常密钥可以解密正常密文和半功能密文,半功能密钥可以解密正常密文。然而,当用半功能密钥解密半功能密文时,解密失败,这是因为密钥和密文中的半功能部分通过相互作用而引入了一个额外的随机项,与密文中原来的

盲化因子相乘。它们的关系见图 4-5，其中，Normal 表示正常，SF 表示半功能，列表示密钥，行表示密文，√表示可以解密，×表示不可以解密。

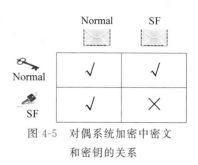

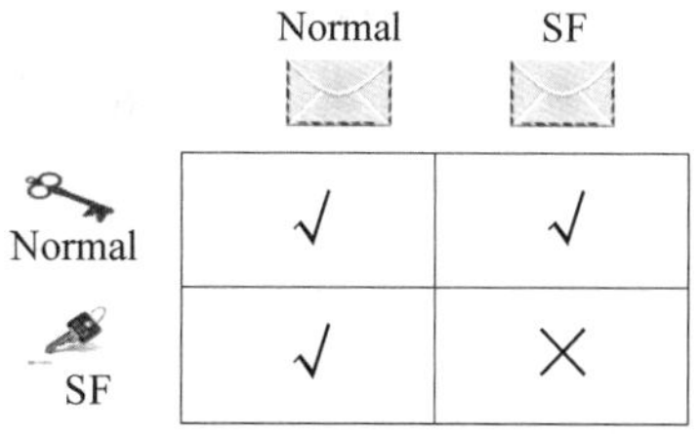

图 4-5　对偶系统加密中密文和密钥的关系

对偶系统加密的安全性证明是通过一系列不可区分的游戏进行的。其中，第一个游戏中所有密文和密钥都是正常的；下一个游戏中，将密文改为半功能的，所有的密钥保持正常不变。设敌手进行 q 次密钥提取询问，则在其中第 k 个游戏中，前 k 个密钥是半功能的，其余密钥是正常的。在游戏 q 中，返回给攻击者的所有密钥和密文都是半功能的，因此所有的密钥都不能解密挑战密文。所以没有必要对身份空间进行划分，从而使得安全性证明变得相对容易。表 4-1 是对偶系统加密中密文和密钥的变化情况。

表 4-1　对偶系统加密中密文和密钥的变化情况

<table>
<tr><th rowspan="2">游戏</th><th rowspan="2">挑战密文 C^*</th><th colspan="5">秘密钥询问</th></tr>
<tr><th>1</th><th>…</th><th>k</th><th>…</th><th>q</th></tr>
<tr><td>Real</td><td colspan="6">Normal</td></tr>
<tr><td>0</td><td>SF</td><td colspan="5">Normal</td></tr>
<tr><td>1</td><td colspan="2">SF</td><td colspan="4">Normal</td></tr>
<tr><td colspan="7">⋮</td></tr>
<tr><td>k</td><td colspan="4">SF</td><td colspan="2">Normal</td></tr>
<tr><td colspan="7">⋮</td></tr>
<tr><td>q</td><td colspan="6">SF</td></tr>
<tr><td>Final</td><td>随机消息</td><td colspan="5">SF</td></tr>
</table>

当证明游戏 k 和游戏 $k-1$ 不可区分的时候，模拟器(即敌手$\mathcal{B}$)可以使用任何合法身份 ID($\mathcal{A}$询问的)建立挑战密文和秘密钥，这导致了一个潜在的问题。$\mathcal{B}$生成 ID 的半功能密文和第 k 个密钥 sk 后，$\mathcal{A}$用 sk 解密这一半功能密文，根据是否能够解密就可确定 sk 是否为半功能的，从而区分游戏 k 和游戏 $k-1$。为解决这一问题，Lewko 和 Waters 引入了半功能密钥的一个变形概念[25,26]，称为名义上的半功能密钥。这些名义上的半功能密钥和半功能密钥的分布是相同的，但在解密半功能密文时，两个半功能部分相互抵消，导致解密成功，从而使得$\mathcal{A}$无法区分这个密钥是正常的还是半功能的。

该方案是在合数 N 阶群上构造的，其中 N 是 3 个不同素数的乘积。

4.7.2　合数阶双线性群

设$\mathcal{G}$表示双线性群生成算法，其输入是安全参数 κ，输出($N=p_1p_2p_3$，$\mathbb{G}$，$\mathbb{G}_T$，$\hat{e}$)作为双线性群的描述。其中，p_1、p_2、p_3 是 3 个互不相同的素数；$\mathbb{G}$和$\mathbb{G}_T$是 N 阶循环群(假设群$\mathbb{G}$和$\mathbb{G}_T$的描述包括各自的生成元)；$\hat{e}$：$\mathbb{G}\times\mathbb{G}\to\mathbb{G}_T$是双线性映射。

进一步要求群$\mathbb{G}$和$\mathbb{G}_T$中的运算以及双线性运算$\hat{e}$都可以在安全参数κ的多项式时间内完成。用$\mathbb{G}_{p_1}$、$\mathbb{G}_{p_2}$和$\mathbb{G}_{p_3}$表示群$\mathbb{G}$中阶分别为p_1、p_2和p_3的子群,由定理 1-14 知$\mathbb{G}_{p_1}$、$\mathbb{G}_{p_2}$和$\mathbb{G}_{p_3}$仍是循环群。注意,若$i \neq j$,$h_i \in \mathbb{G}_{p_i}$,$h_j \in \mathbb{G}_{p_j}$,则$\hat{e}(h_i, h_j)$是群$\mathbb{G}_T$中的单位元。为了证明这一点,假设$h_1 \in \mathbb{G}_{p_1}$和$h_2 \in \mathbb{G}_{p_2}$。用g表示群$\mathbb{G}$的生成元,则$g^{p_1 p_2}$是$\mathbb{G}_{p_3}$的生成元,$g^{p_1 p_3}$是$\mathbb{G}_{p_2}$的生成元,$g^{p_2 p_3}$是$\mathbb{G}_{p_1}$的生成元。因此,对于$h_1 \in \mathbb{G}_{p_1}$和$h_2 \in \mathbb{G}_{p_2}$,存在$\alpha_1(0 \leqslant \alpha_1 \leqslant p_1)$、$\alpha_2(0 \leqslant \alpha_2 \leqslant p_2)$,使得$h_1 = (g^{p_2 p_3})^{\alpha_1}$,$h_2 = (g^{p_1 p_3})^{\alpha_2}$。因此

$$\hat{e}(h_1, h_2) = \hat{e}(g^{p_2 p_3 \alpha_1}, g^{p_1 p_3 \alpha_2}) = \hat{e}(g^{\alpha_1}, g^{p_3 \alpha_2})^{p_1 p_2 p_3} = 1$$

这一性质称为$\mathbb{G}_{p_1}$和$\mathbb{G}_{p_2}$是正交的。类似地,$\mathbb{G}_{p_1}$和$\mathbb{G}_{p_3}$是正交的,$\mathbb{G}_{p_2}$和$\mathbb{G}_{p_3}$是正交的。

该方案中 3 个子群$\mathbb{G}_{p_1}$、$\mathbb{G}_{p_2}$和$\mathbb{G}_{p_3}$的用处不同:系统的运算(包括参数的建立、加密、解密)都在$\mathbb{G}_{p_1}$上,称$\mathbb{G}_{p_1}$为运算空间;$\mathbb{G}_{p_3}$用来对密钥进一步随机化,即密钥产生后用$\mathbb{G}_{p_3}$中的元素乘以密钥,称$\mathbb{G}_{p_3}$为随机化空间;而$\mathbb{G}_{p_2}$在加解密中并不直接使用,仅作为半功能空间在证明中使用,当密钥和密文含有$\mathbb{G}_{p_2}$中的元素时就是半功能的,此时称$\mathbb{G}_{p_2}$为半功能空间。正常密钥和半功能密文做配对运算或者半功能密钥和正常密文做配对运算时,由于 3 个子群的相互正交性,$\mathbb{G}_{p_2}$中的元素将被削去;而半功能密钥和半功能密文做配对运算时,得到$\mathbb{G}_{p_2}$中额外的项,使得解密失败(除非密钥是名义上半功能的。)

用$\mathbb{G}_{p_1 p_2}$、$\mathbb{G}_{p_1 p_3}$和$\mathbb{G}_{p_2 p_3}$分别表示群$\mathbb{G}$中阶数为$p_1 p_2$、$p_1 p_3$和$p_2 p_3$的子群,$\mathbb{G}_{p_1 p_2}$、$\mathbb{G}_{p_1 p_3}$和$\mathbb{G}_{p_2 p_3}$仍是循环群。

下面给出的复杂性假设都是静态的,即问题不依赖于分级深度和攻击者进行询问的次数。第一个假设是当群的阶是 3 个不同素数乘积时的子群判定假设。

假设 1(3 个素数的子群判定问题) 给定一个群生成算法$\mathcal{G}$,定义如下分布:

$$\Omega = (N = p_1 p_2 p_3, \mathbb{G}, \mathbb{G}_T, \hat{e}) \leftarrow \mathcal{G}$$
$$g \leftarrow_R \mathbb{G}_{p_1}, X_3 \leftarrow_R \mathbb{G}_{p_3}$$
$$D = (\Omega, g, X_3)$$
$$T_1 \leftarrow_R \mathbb{G}_{p_1 p_2}, T_2 \leftarrow_R \mathbb{G}_{p_1}$$

定义算法$\mathcal{A}$攻破假设 1 的优势是

$$\mathrm{Adv1}_{\mathcal{G},\mathcal{A}}(\kappa) = |\Pr[\mathcal{A}(D, T_1) = 1] - \Pr[\mathcal{A}(D, T_2) = 1]|$$

T_1可以被写成$\mathbb{G}_{p_1}$和$\mathbb{G}_{p_2}$中元素的乘积,将乘积中的两项分别称为T_1的$\mathbb{G}_{p_1}$部分和T_1的$\mathbb{G}_{p_2}$部分。

定义 4-3 对于任意一个多项式时间算法$\mathcal{A}$和一个群生成算法$\mathcal{G}$,如果$\mathrm{Adv1}_{\mathcal{G},\mathcal{A}}(\kappa)$是安全参数$\kappa$的一个可忽略函数,则称群生成算法$\mathcal{G}$满足假设 1。

在假设 1 中,$T_1 \leftarrow_R \mathbb{G}_{p_1 p_2}$为半功能的元素(密文或密钥),$T_2 \leftarrow_R \mathbb{G}_{p_1}$为正常元素(密文或密钥)。假设 1 可理解为半功能元素(密文或密钥)和正常元素(密文或密钥)是不可区分的,或者说,$\mathbb{G}_{p_2}$的元素隐藏了$\mathbb{G}_{p_1}$的元素。

假设 2 给定一个群生成算法$\mathcal{G}$,定义如下分布:

$$\Omega = (N = p_1 p_2 p_3, \mathbb{G}, \mathbb{G}_T, \hat{e}) \leftarrow \mathcal{G}$$
$$(g, X_1) \leftarrow_R \mathbb{G}_{p_1}, (X_2, Y_2) \leftarrow_R \mathbb{G}_{p_2}, (X_3, Y_3) \leftarrow_R \mathbb{G}_{p_3}$$

$$D=(\Omega,g,X_1X_2,X_3,Y_2Y_3)$$

$$T_1 \leftarrow_R \mathbb{G},T_2 \leftarrow_R \mathbb{G}_{p_1p_3}$$

定义算法$\mathcal{A}$攻破假设 2 的优势是

$$\mathrm{Adv2}_{\mathcal{G},\mathcal{A}}(\kappa)=|\Pr[\mathcal{A}(D,T_1)=1]-\Pr[\mathcal{A}(D,T_2)=1]|$$

T_1 可以被写成$\mathbb{G}_{p_1}$、$\mathbb{G}_{p_2}$和$\mathbb{G}_{p_3}$中元素的乘积，将乘积中的 3 项分别称为 T_1 中的$\mathbb{G}_{p_1}$部分、T_1 中的$\mathbb{G}_{p_2}$部分和 T_1 中的$\mathbb{G}_{p_3}$部分。类似地，T_2 可以被写成$\mathbb{G}_{p_1}$和$\mathbb{G}_{p_3}$中元素的乘积。

定义 4-4　对于任意一个多项式时间算法$\mathcal{A}$和一个群生成算法$\mathcal{G}$，如果 $\mathrm{Adv2}_{\mathcal{G},\mathcal{A}}(\kappa)$是安全参数 κ 的一个可忽略函数，则称群生成算法$\mathcal{G}$满足假设 2。

假设 2 可以理解为$\mathbb{G}_{p_1p_3}$中的元素被半功能化前后是不可区分的，即使已知$\mathbb{G}_{p_1p_2}$、$\mathbb{G}_{p_3}$和$\mathbb{G}_{p_2p_3}$的某些元素。

假设 3　给定一个群生成算法$\mathcal{G}$，定义如下分布：

$$\Omega=(N=p_1p_2p_3,\mathbb{G},\mathbb{G}_T,\hat{e})\leftarrow\mathcal{G},y,s\leftarrow_R\mathbb{Z}_N$$

$$g\leftarrow_R\mathbb{G}_{p_1},(X_2,Y_2,Z_2)\leftarrow_R\mathbb{G}_{p_2},X_3\leftarrow_R\mathbb{G}_{p_3}$$

$$D=(\Omega,g,g^yX_2,X_3,g^sY_2,Z_2)$$

$$T_1=\hat{e}(g,g)^{ys},T_2\leftarrow_R\mathbb{G}_T$$

定义算法$\mathcal{A}$攻破假设 3 的优势是

$$\mathrm{Adv3}_{\mathcal{G},\mathcal{A}}(\kappa)=|\Pr[\mathcal{A}(D,T_1)=1]-\Pr[\mathcal{A}(D,T_2)=1]|$$

定义 4-5　对于任意一个多项式时间算法$\mathcal{A}$和一个群生成算法$\mathcal{G}$，如果 $\mathrm{Adv3}_{\mathcal{G},\mathcal{A}}(\kappa)$是安全参数 κ 的一个可忽略函数，则称群生成算法$\mathcal{G}$满足假设 3。

假设 3 可以理解为两个半功能元素 g^yX_2 和 g^sY_2 做双线性运算，结果和$\mathbb{G}_T$中的元素不可区分，即使已知$\mathbb{G}_{p_3}$、$\mathbb{G}_{p_2}$的某些元素；或者理解为$\mathbb{G}_{p_1}$中两个被$\mathbb{G}_{p_2}$元素隐藏的元素经 $\hat{e}$ 运算后仍被隐藏。

4.7.3 基于对偶系统加密的 IBE 方案

设$\mathbb{G}$是阶为 $N=p_1p_2p_3$ 的双线性群，其中 p_1、p_2 和 p_3 是 3 个不同的素数，$\mathbb{G}_{p_1}$、$\mathbb{G}_{p_2}$和$\mathbb{G}_{p_3}$表示群$\mathbb{G}$中阶分别为 p_1、p_2 和 p_3 的子群。身份 ID 是$\mathbb{Z}_N$中的元素。

(1) 初始化：

$\underline{\mathrm{Init}(\kappa)}$：

$u,g,h\leftarrow_R\mathbb{G}_{p_1}$；

$y\leftarrow_R\mathbb{Z}_N$；/主密钥

$\mathrm{params}=(N,u,g,h,\hat{e}(g,g)^y)$，$\mathrm{msk}=y$.

(2) 加密(用接收方的身份 $\mathrm{ID}\in\mathbb{Z}_n$ 作为公开钥，其中 $M\in\mathbb{G}_T$)：

$\underline{\mathcal{E}_{\mathrm{ID}}(M)}$：

$s\leftarrow_R\mathbb{Z}_N$；/加密指数

$C_0=M\cdot\hat{e}(g,g)^{ys}$，$C_1=(u^{\mathrm{ID}}h)^s$，$C_2=g^s$；

$\mathrm{CT}=(C_0,C_1,C_2)$.

(3) 密钥产生(其中 $\text{ID}\in\mathbb{Z}_N$):

$$\underline{\text{IBEGen}(\text{ID},\text{msk}):}$$
$$r \leftarrow_R \mathbb{Z}_N\text{;/密钥指数}$$
$$(R_3,R_3')\leftarrow_R \mathbb{G}_{p_3};$$
$$K_1=g^r R_3,K_2=g^y(u^{\text{ID}}h)^r R_3';$$
$$K=(K_1,K_2).$$

(4) 解密(其中 $K=(K_1,K_2)$,$\text{CT}=(C_0,C_1,C_2)$):

$$\underline{\mathcal{D}_K(\text{CT}):}$$
$$\text{返回}\frac{C_0}{\dfrac{\hat{e}(K_2,C_2)}{\hat{e}(K_1,C_1)}}$$

这是因为

$$\frac{\hat{e}(K_2,C_2)}{\hat{e}(K_1,C_1)}=\frac{\hat{e}(g,g)^{ys}\hat{e}(u^{\text{ID}}h,g)^{rs}}{\hat{e}(u^{\text{ID}}h,g)^{rs}}=\hat{e}(g,g)^{ys}$$

注意:与4.3节、4.5节类似,$u^{\text{ID}}h$ 是关于身份ID的哈希函数,加解密过程并未使用这个函数的定义形式,定义形式在证明中使用。

为了证明该方案的安全性,首先给出半功能密文和半功能密钥的产生方式。

(1) 半功能密文。设 g_2 是子群 $\mathbb{G}_{p_2}$ 的生成元。半功能密文可按如下方式产生:利用加密算法生成正常的密文 (C_0',C_1',C_2')。选取随机指数 $x,z_c\leftarrow_R\mathbb{Z}_N$,构造

$$C_0=C_0',C_1=C_1'g_2^{xz_c},C_2=C_2'g_2^{x}$$

(C_0,C_1,C_2) 即为半功能密文。

(2) 半功能密钥。半功能密钥可按如下方式产生:利用密钥生成算法生成正常的密钥 (K_1',K_2')。选取随机指数 $\gamma,z_k\leftarrow_R\mathbb{Z}_N$,构造

$$K_1=K_1'g_2^{\gamma},K_2=K_2'g_2^{\gamma z_k}$$

(K_1,K_2) 即为半功能密钥。

如果用半功能密钥解密半功能密文,则会产生额外的盲化因子 $\hat{e}(g_2,g_2)^{x\gamma(z_k-z_c)}$。若 $z_k=z_c$,则盲化因子被消除,因而解密成功。在这种情况下,密钥包含 $\mathbb{G}_{p_2}$ 的项,但又不妨碍解密,称这样的密钥是名义上半功能的。

方案的安全性基于4.7.2节中给出的3个假设,利用一系列游戏的混合论证方式加以证明。称第一个游戏为 Exp_{Real},它是真实的游戏。称第二个游戏为 $\text{Exp}_{\text{Restricted}}$,它与 Exp_{Real} 的区别在于攻击者询问的身份与挑战密文所对应的身份不能是模 p_2 相等的。在 Exp_{Real} 中,要求攻击者询问的身份与挑战密文对应的身份不能是模 N 相等的,但有可能是模 p_2 相等的。因为模 N 相等的一定是模 p_2 相等的,而模 p_2 相等的不一定是模 N 相等的(见1.1.3节模运算的性质(5)),所以 $\text{Exp}_{\text{Restricted}}$ 的限制比 Exp_{Real} 的限制更加严格。在后面的游戏中,将保留这个更加严格的限制,并且会在后面的证明中解释这样做的原因。

用 q 表示攻击者进行密钥提取询问的次数。对于 $0\sim q$ 的某个 k,定义 Exp_k 如下(见表4-1):

Exp_0：将 $\mathrm{Exp}_{\mathrm{Restricted}}$ 中的挑战密文改为半功能的，密钥保持正常的不变。

Exp_1：将 Exp_0 中的第一个密钥改为半功能的，其余部分保持不变。

……

Exp_k：将 Exp_{k-1} 中的第 k 个密钥改为半功能的，其余部分保持不变。

……

$\mathrm{Exp}_{\mathrm{Final}}$：将 Exp_q 中的挑战密文改为对一个随机消息的半功能加密。

引理 4-3～引理 4-6 将证明各个相邻的游戏是不可区分的。

引理 4-3　如果存在敌手 $\mathcal{A}$ 能以 ε 的优势区分 $\mathrm{Exp}_{\mathrm{Restricted}}$ 和 $\mathrm{Exp}_{\mathrm{Real}}$，则存在敌手 $\mathcal{B}$ 能以 ε 的优势攻破假设 1 或假设 2。

证明　$\mathcal{B}$ 模拟与 $\mathcal{A}$ 之间的游戏 $\mathrm{Exp}_{\mathrm{Real}}$ 或 $\mathrm{Exp}_{\mathrm{Restricted}}$。如果 $\mathrm{Exp}_{\mathrm{Real}}$ 和 $\mathrm{Exp}_{\mathrm{Restricted}}$ 有区别，则 $\mathcal{A}$ 询问的某个身份 ID 和挑战身份 ID^* 在 $\mathrm{Exp}_{\mathrm{Real}}$ 中满足 $\mathrm{ID}\neq\mathrm{ID}^* \bmod N$，在 $\mathrm{Exp}_{\mathrm{Restricted}}$ 中满足 $\mathrm{ID}=\mathrm{ID}^* \bmod p_2$。$\mathcal{A}$ 区分 $\mathrm{Exp}_{\mathrm{Real}}$ 和 $\mathrm{Exp}_{\mathrm{Restricted}}$，意味着 $\mathcal{A}$ 找到了上述的 ID。$\mathcal{B}$ 可以利用 ID 和 ID^* 计算 N 的一个非平凡因子 $a=(\mathrm{ID}-\mathrm{ID}^*, N)$，进一步有 $b=N/a$。

由 $p_2 | a$ 及 $N=p_1p_2p_3=ab$，得 $p_1p_3=\dfrac{a}{p_2}b$，有两种可能：

(1) p_1 是 b 的因子，即 $p_1|b$。

(2) p_1 不是 b 的因子，则 p_1 是 $\dfrac{a}{p_2}$ 的因子，此时 $p_3=\dfrac{a}{p_1p_2}b$。由 p_3 是素数，必有 $\dfrac{a}{p_1p_2}=1$，否则得到 p_3 的非平凡的分解。进一步有 $p_3=b$。

第一种情况：$\mathcal{B}$ 可攻破假设 1。已知 $D=(\Omega, g, X_3)$ 和 T，$\mathcal{B}$ 判断 T 是取自 $\mathbb{G}_{p_1p_2}$ 还是取自 $\mathbb{G}_{p_1}$。

$\mathcal{B}$ 首先验证 $g^b=1$ 是否成立。若成立，则一定有 $p_1|b$，即为第一种情况。然后验证 $T^b=1$ 是否成立。若成立，则 $T\in\mathbb{G}_{p_1}$；否则 $T\in\mathbb{G}_{p_1p_2}$

第二种情况：$\mathcal{B}$ 可攻破假设 2。已知 $D=(\Omega, g, X_1X_2, X_3, Y_2Y_3)$ 和 T，$\mathcal{B}$ 判断 T 是取自 $\mathbb{G}$ 还是取自 $\mathbb{G}_{p_1p_3}$。$\mathcal{B}$ 首先计算测试 $(X_1X_2)^a=1$ 是否成立。若成立，则为第二种情况。由 $b=p_3$ 得 $(Y_2Y_3)^b=Y_2^{p_3}$，$\hat{e}(T,(Y_2Y_3)^b)=\hat{e}(T, Y_2^{p_3})$，由正交性，仅当 T 无 $\mathbb{G}_{p_2}$ 部分时，$\hat{e}(T,(Y_2Y_3)^b)=1$，所以 $\mathcal{B}$ 计算测试 $\hat{e}(T,(Y_2Y_3)^b)=1$ 是否成立。若成立，则 $T\in\mathbb{G}_{p_1p_3}$；否则 $T\in\mathbb{G}$。

以上两种情况必有一个发生，所以 $\mathcal{B}$ 以 ε 的优势攻破假设 1 或假设 2。

（引理 4-3 证毕）

引理 4-4　如果存在攻击者 $\mathcal{A}$ 能以 ε 的优势区分 Exp_0 和 $\mathrm{Exp}_{\mathrm{Restricted}}$，则存在敌手 $\mathcal{B}$，能以 ε 的优势攻破假设 1。

证明　已知 $D=(\Omega, g, X_3)$ 和 T，$\mathcal{B}$ 判断 T 是取自 $\mathbb{G}_{p_1p_2}$ 还是取自 $\mathbb{G}_{p_1}$。

在 Exp_0 和 $\mathrm{Exp}_{\mathrm{Restricted}}$ 中，密钥都是正常的，区别在于挑战密文。因此 $\mathcal{B}$ 为 $\mathcal{A}$ 产生正常密钥，并用 T 产生挑战密文。$\mathcal{A}$ 根据 T 是取自 $\mathbb{G}_{p_1p_2}$ 还是取自 $\mathbb{G}_{p_1}$ 判断挑战密文是半功能的或正常的；反过来，$\mathcal{B}$ 根据 $\mathcal{A}$ 对挑战密文的判断，以决定 T 是取自 $\mathbb{G}_{p_1p_2}$ 还是取自 $\mathbb{G}_{p_1}$。

$\mathcal{B}$ 模拟与 $\mathcal{A}$ 之间的交互式游戏 Exp_0 或 $\mathrm{Exp}_{\mathrm{Restricted}}$。$\mathcal{B}$ 按照如下方式设定公开参数：随

机选取 $y,a,b\leftarrow_R \mathbb{Z}_N$,设 $g=g,u=g^a,h=g^b$,将公开参数$(N,u,g,h,\hat{e}(g,g)^y)$发送给$\mathcal{A}$。当$\mathcal{A}$进行 ID_i 的秘密钥提取询问时,$\mathcal{B}$选取随机元素 $r_i,t_i,w_i\leftarrow_R \mathbb{Z}_N$,令

$$K_1=g^{r_i}X_3^{t_i},K_2=g^y(u^{\mathrm{ID}}h)^{r_i}X_3^{w_i}$$

$\mathcal{A}$向$\mathcal{B}$发送两个等长的消息 M_0、M_1 和一个挑战身份 ID。$\mathcal{B}$随机选取 $\beta\leftarrow_R\{0,1\}$,生成如下密文:

$$C^*=(C_0=M_\beta\cdot\hat{e}(T,g)^y,C_1=T^{a\mathrm{ID}+b},C_2=T)$$

如果 $T\in\mathbb{G}_{p_1p_2}$,令 $T=g^sg_2^x$,$z_c=a\mathrm{ID}+b$(g_2 是子群$\mathbb{G}_{p_2}$的生成元),则 $C_0=M_\beta\hat{e}(g,g)^{sy}$,$C_1=g^{sz_c}g_2^{xz_c}=(g^{a\mathrm{ID}+b})^sg_2^{xz_c}=(u^{\mathrm{ID}}h)^sg_2^{xz_c}$,所以 C^* 是半功能的。如果 $T\in\mathbb{G}_{p_1}$,则该密文是正常的。因为$\mathcal{A}$能以 ε 的优势区分 Exp_0 和 $\mathrm{Exp}_{\mathrm{Restricted}}$,如果$\mathcal{A}$认为$\mathcal{B}$模拟的是 Exp_0,即 C^* 是半功能的,则$\mathcal{B}$认为 $T\in\mathbb{G}_{p_1p_2}$;如果$\mathcal{A}$认为$\mathcal{B}$模拟的是 $\mathrm{Exp}_{\mathrm{Restricted}}$,即 C^* 是正常的,则$\mathcal{B}$认为 $T\in\mathbb{G}_{p_1}$。因此,$\mathcal{B}$可以根据$\mathcal{A}$的判断区分 T 的两种不同情况。

(引理 4-4 证毕)

引理 4-5 假设存在攻击者$\mathcal{A}$能以 ε 的优势区分 Exp_k 和 Exp_{k-1},则存在敌手$\mathcal{B}$能以 ε 的优势攻破假设 2。

证明 已知 $D=(\Omega,g,X_1X_2,X_3,Y_2Y_3)$和 T,$\mathcal{B}$判断 T 是取自$\mathbb{G}$还是取自$\mathbb{G}_{p_1p_3}$。

Exp_k 和 Exp_{k-1}的前 $k-1$ 个询问密钥都是半功能的,从第 $k+1$ 个询问密钥起都是正常的,区别仅在第 k 个询问密钥。因此$\mathcal{B}$用 Y_2Y_3 产生前 $k-1$ 个密钥,从第 $k+1$ 个密钥起用 X_3 产生,用 T 产生第 k 个密钥。$\mathcal{A}$根据 T 是取自$\mathbb{G}$还是取自$\mathbb{G}_{p_1p_3}$判断第 k 个密钥是半功能的或正常的;反过来,$\mathcal{B}$根据$\mathcal{A}$对询问密钥的判断,以决定 T 是取自$\mathbb{G}$还是取自$\mathbb{G}_{p_1p_3}$。

$\mathcal{B}$模拟与$\mathcal{A}$之间的交互式游戏 Exp_k 或 Exp_{k-1}如下:随机选取 $y,a,b\leftarrow_R \mathbb{Z}_N$,设定公开参数:$g=g,u=g^a,h=g^b,\hat{e}(g,g)^y$,将其发送给$\mathcal{A}$。

$\mathcal{A}$对身份 ID_i 进行密钥提取询问:

(1) 当 $i<k$ 时,$\mathcal{B}$按照如下方式构造半功能密钥:选取随机元素 $r_i,t_i,z_i\leftarrow_R \mathbb{Z}_N$,计算

$$K_1=g^{r_i}(Y_2Y_3)^{t_i},K_2=g^y(u^{\mathrm{ID}_i}h)^{r_i}(Y_2Y_3)^{z_i}$$

该密钥是半功能的,其中半功能密钥定义中的 $g_2^\gamma=Y_2^{t_i}$。

(2) 当 $i>k$ 时,$\mathcal{B}$按照如下方式构造正常密钥:随机选取 $r_i,t_i,w_i\leftarrow_R \mathbb{Z}_N$,计算

$$K_1=g^{r_i}X_3^{t_i},K_2=g^y(u^{\mathrm{ID}_i}h)^{r_i}X_3^{w_i}$$

(3) 当 $i=k$ 时,$\mathcal{B}$令 $z_k=a\mathrm{ID}_k+b$,随机选取 $w_k\leftarrow_R \mathbb{Z}_N$,计算

$$K_1=T,K_2=g^yT^{z_k}X_3^{w_k}$$

如果 $T\in\mathbb{G}_{p_1p_3}$,设 $T=g^sg_3^x$,则 $K_2=g^y(u^{\mathrm{ID}_k}h)^sg_3^{x3_k}X_3^{w_k}$ 此时密钥为正常的;如果 $T\in\mathbb{G}$,设 $T=g^sg_2^wg_3^x$,则 $K_2=g^y(u^{\mathrm{ID}_k}h)^sg_2^{w3_k}g_3^{x3_k}X_3^{w_k}$ 则密钥为半功能的或名义上半功能的。

秘密钥询问结束后,$\mathcal{A}$向$\mathcal{B}$发送两个等长的消息 M_0、M_1 和一个挑战身份 ID。$\mathcal{B}$随机选取 $\beta\leftarrow_R\{0,1\}$,生成如下密文:

$$(C_0=M_\beta\cdot\hat{e}(X_1X_2,g)^y, C_1=(X_1X_2)^{a\mathrm{ID}+b}, C_2=X_1X_2)$$

令 $X_1=g^s, z_c=a\mathrm{ID}+b, X_2=g_2^x$，则

$$C_0=M_\beta\cdot\hat{e}(g,g)^{sy}$$

$$C_1=g^{sz_c}g_2^{xz_c}=(g^{a\mathrm{ID}+b})^s g_2^{xz_c}=(u^{\mathrm{ID}}h)^s g_2^{xz_c}$$

$$C_2=X_1X_2=g^sg_2^x$$

所以 C^* 是半功能的。

如果 $\mathrm{ID}_k\not\equiv\mathrm{ID}(\mathrm{mod}\ p_2)$，$z_c\neq z_k$，因此密钥 k 是半功能的，而非名义上半功能的。

而如果 $\mathrm{ID}_k\equiv\mathrm{ID}(\mathrm{mod}\ p_2)$，则$\mathcal{A}$对 ID_k 所进行的秘密钥询问得到的是名义上半功能的，用此密钥解密挑战密文会无条件成功。这就是对模数进行额外限制的原因。

如果 $T\in\mathbb{G}_{p_1p_3}$，则$\mathcal{B}$模拟的是游戏 Exp_{k-1}；如果 $T\in\mathbb{G}$，则$\mathcal{B}$模拟的是游戏 Exp_k。因此，$\mathcal{B}$可以根据$\mathcal{A}$的判断（$\mathcal{B}$模拟的是 Exp_k 还是 Exp_{k-1}）区分 T 的两种不同情况。

（引理 4-5 证毕）

引理 4-6　如果存在攻击者$\mathcal{A}$能以 ε 的优势区分 $\mathrm{Exp}_{\mathrm{Final}}$ 和 Exp_q，则存在敌手$\mathcal{B}$能以 ε 的优势攻破假设 3。

证明　$D=(\Omega, g, g^yX_2, X_3, g^sY_2, Z_2)$ 和 T，$\mathcal{B}$判断 T 是等于 $\hat{e}(g,g)^{ys}$ 还是取自 $\mathbb{G}_T$ 的随机数。

$\mathrm{Exp}_{\mathrm{Final}}$ 和 Exp_q 中的密钥都是半功能的，区别在于 Exp_q 中的密文是对正常消息产生的半功能密文，$\mathrm{Exp}_{\mathrm{Final}}$ 中的密文是对随机消息产生的半功能密文。所以$\mathcal{B}$用 T 产生密文时，若 $T=\hat{e}(g,g)^{ys}$，则产生正常消息的半功能密文；若 T 是$\mathbb{G}_T$中的随机元素，则产生随机消息的半功能密文。反过来，$\mathcal{B}$根据$\mathcal{A}$的判断可以区分 T 是等于 $\hat{e}(g,g)^{ys}$ 还是取自 $\mathbb{G}_T$ 的随机数。

$\mathcal{B}$模拟与$\mathcal{A}$之间的交互式游戏 Exp_q 或 $\mathrm{Exp}_{\mathrm{Final}}$ 如下：随机选取 $a,b\leftarrow_R\mathbb{Z}_N$，设定公开参数：$g=g, u=g^a, h=g^b, \hat{e}(g,g)^y=\hat{e}(g^yX_2,g)$，将其发送给$\mathcal{A}$。当$\mathcal{A}$对身份 ID_i 进行密钥提取询问时，$\mathcal{B}$按照如下方式构造半功能密钥。

首先选取随机指数 $c_i, r_i, t_i, w_i, \gamma_i\leftarrow_R\mathbb{Z}_N$，令

$$K_1=g^{r_i}Z_2^{\gamma_i}X_3^{t_i}, K_2=g^yX_2(u^{\mathrm{ID}_i}h)^{r_i}Z_2^{c_i}X_3^{w_i}$$

秘密钥询问结束后，$\mathcal{A}$向$\mathcal{B}$发送两个等长的消息 M_0、M_1 和一个挑战身份 ID。$\mathcal{B}$随机选取 $\beta\leftarrow_R\{0,1\}$，生成挑战密文：

$$(C_0=M_\beta T, C_1=(g^sY_2)^{a\mathrm{ID}+b}, C_2=g^sY_2)$$

解密时，$\dfrac{\hat{e}(K_2,C_2)}{\hat{e}(K_1,C_1)}$产生的盲化因子等于

$$\frac{\hat{e}(X_2Z_2^{c_i},Y_2)}{\hat{e}(Z_2^{\gamma_i},Y_2^{z_c})}=\hat{e}(X_2,Y_2)\hat{e}(Z_2,Y_2)^{c_i-\gamma_iz_c}$$

其中，$z_c=a\mathrm{ID}+b$。由于 X_2、Y_2、Z_2、c_i、γ_i、z_c 的随机性，盲化因子不为 1，所以密钥是非名义上半功能的。

如果 $T=\hat{e}(g,g)^{ys}$，则该密文是对应于明文 M_β 的半功能密文，$\mathcal{B}$模拟的是 Exp_q；如

果 T 是$\mathbb{G}_T$中的随机元素,则该密文是对应于某个随机消息的半功能密文,$\mathcal{B}$模拟的是 $\mathrm{Exp}_{\mathrm{Final}}$。因此,$\mathcal{B}$可以根据$\mathcal{A}$的输出区分 T 的两种不同情况。

(引理 4-6 证毕)

由引理 4-3～引理 4-6,$\mathrm{Exp}_{\mathrm{Real}}$与 $\mathrm{Exp}_{\mathrm{Final}}$是不可区分的。而在 $\mathrm{Exp}_{\mathrm{Final}}$中,$\beta$ 对于$\mathcal{A}$来说是信息论隐藏的,所以$\mathcal{A}$攻击方案时,优势是可忽略的。由此得到定理 4-7。

定理 4-7 如果假设 1、假设 2 和假设 3 成立,则基于对偶系统加密的 IBE 是 CPA 安全的。

4.7.4 基于对偶系统加密的 HIBE 方案

扩展 4.7.3 节的 IBE 方案,可以得到一个密文长度较短的 HIBE 方案。方案中在密钥委派过程中对密钥进行再随机化。在构造中需要再次用到合数阶群,利用$\mathbb{G}_{p_3}$中的元素对密钥进行随机化。$\mathbb{G}_{p_2}$仍然是一个半功能空间,不在真实方案中使用。

设$\mathbb{G}$是阶为 $N=p_1p_2p_3$ 的双线性群,其中 p_1、p_2 和 p_3 是 3 个不同的素数,$\mathbb{G}_{p_1}$、$\mathbb{G}_{p_2}$ 和$\mathbb{G}_{p_3}$表示群$\mathbb{G}$中阶分别为 p_1、p_2 和 p_3 的子群,ℓ 表示 HIBE 方案的最大分层深度。

(1) 初始化:

$\underline{\mathrm{Init}(\ell)}$:

$g,h,u_1,u_2,\cdots,u_\ell \leftarrow_R \mathbb{G}_{p_1}$;

$X_3 \leftarrow_R \mathbb{G}_{p_3}$;

$y \leftarrow_R \mathbb{Z}_N$;/主密钥

$\mathrm{params}=(N,g,h,u_1,u_2,\cdots,u_\ell,X_3,\hat{e}(g,g)^y)$,$\mathrm{msk}=y$.

(2) 加密(用接收方的身份$\overrightarrow{\mathrm{ID}}=(\mathrm{ID}_1,\mathrm{ID}_2,\cdots,\mathrm{ID}_j)\in(\mathbb{Z}_N)^j$ 作为公开钥,其中 $M\in\mathbb{G}_T$):

$\underline{\mathcal{E}_{\overrightarrow{\mathrm{ID}}}(M)}$:

$s\leftarrow_R \mathbb{Z}_N$; /加密指数

$C_0=M\cdot\hat{e}(g,g)^{ys}$,$C_1=(u_1^{\mathrm{ID}_1}u_2^{\mathrm{ID}_2}\cdots u_j^{\mathrm{ID}_j}h)^s$,$C_2=g^s$;

$\mathrm{CT}=(C_0,C_1,C_2)$.

(3) 密钥产生(其中$\overrightarrow{\mathrm{ID}}=(\mathrm{ID}_1,\mathrm{ID}_2,\cdots,\mathrm{ID}_j)\in(\mathbb{Z}_N)^j$):

$\underline{\mathrm{IBEGen}(\overrightarrow{\mathrm{ID}},\mathrm{msk})}$:

$r\leftarrow_R \mathbb{Z}_N$; /密钥指数

$(R_3,R_3',R_{j+1},\cdots,R_\ell)\leftarrow_R \mathbb{G}_{p_3}$;

$K_1=g^rR_3$,$K_2=g^y(u_1^{\mathrm{ID}_1}u_2^{\mathrm{ID}_2}\cdots u_j^{\mathrm{ID}_j}h)^rR_3'$,$E_{j+1}=u_{j+1}^rR_{j+1}$,$\cdots$,$E_\ell=u_\ell^rR_\ell$;

$K=(K_1,K_2,E_{j+1},\cdots,E_\ell)$.

(4) 委派。已知父节点$\overrightarrow{\mathrm{ID}_{|j}}=(\mathrm{ID}_1,\mathrm{ID}_2,\cdots,\mathrm{ID}_j)\in(\mathbb{Z}_p^*)^j$ 对应的秘密钥为 $K'=(K_1',K_2',E_{j+1}',\cdots,E_\ell')$,生成$\overrightarrow{\mathrm{ID}}=(\mathrm{ID}_1,\mathrm{ID}_2,\cdots,\mathrm{ID}_{j+1})$的秘密钥。

$\underline{\text{Delegate}(K',\overrightarrow{\text{ID}})}$：

$r' \leftarrow_R \mathbb{Z}_N$；

$(\widetilde{R}_3, \widetilde{R}'_3, \widetilde{R}_{j+2}, \cdots, \widetilde{R}_\ell) \leftarrow_R \mathbb{G}_{p_3}$；

$K_1 = K'_1 g^{r'} \widetilde{R}_3$；

$K_2 = K'_2 (u_1^{\text{ID}_1} u_2^{\text{ID}_2} \cdots u_j^{\text{ID}_j} h)^{r'} (E'_{j+1})^{\text{ID}_{j+1}} u_{j+1}^{r'\text{ID}_{j+1}} \widetilde{R}'_3$；

$E_{j+2} = E'_{j+2} u_{j+2}^{r'} \widetilde{R}_{j+2}, \cdots, E_\ell = E'_\ell u_\ell^{r'} \widetilde{R}_\ell$；

$K = (K_1, K_2, E_{j+2}, \cdots, E_\ell)$.

这个新密钥是完全随机的，它与父节点密钥仅通过 $\text{ID}_1, \text{ID}_2, \cdots, \text{ID}_j$ 的值相联系。

(5) 解密(其中 $K = (K_1, K_2, E_{j+1}, \cdots, E_\ell)$，$\text{CT} = (C_0, C_1, C_2)$)：

$\underline{\mathcal{D}_K(\text{CT})}$：

$$\text{返回}\frac{C_0}{\dfrac{\hat{e}(K_2, C_2)}{\hat{e}(K_1, C_1)}}.$$

这是因为

$$\frac{\hat{e}(K_2, C_2)}{\hat{e}(K_1, C_1)} = \frac{\hat{e}(g, g)^{ys} \hat{e}(u_1^{\text{ID}_1} u_2^{\text{ID}_2} \cdots u_j^{\text{ID}_j} h, g)^{rs}}{\hat{e}(u_1^{\text{ID}_1} u_2^{\text{ID}_2} \cdots u_j^{\text{ID}_j} h, g)^{rs}} = \hat{e}(g, g)^{ys}$$

注意：

(1) 类似于 4.3 节和 4.5 节，$u_1^{\text{ID}_1} u_2^{\text{ID}_2} \cdots u_j^{\text{ID}_j} h$ 是关于身份 $\overrightarrow{\text{ID}} = (\text{ID}_1, \text{ID}_2, \cdots, \text{ID}_j)$ 的哈希函数，加解密过程并未使用这个函数的定义形式，定义形式在证明中使用。

(2) 解密时仅使用 $K = (K_1, K_2, E_{j+1}, \cdots, E_\ell)$ 的前两项，其他项用于由父节点产生后继节点的秘密钥。

证明 HIBE 方案的安全性，仍然需要利用 4.7.2 节中的 3 个静态的复杂性假设。半功能密文和半功能密钥按如下方式产生，它们不在真实加密系统中出现，仅用来完成方案的安全性证明。

(1) 半功能密文。设 g_2 是子群 $\mathbb{G}_{p_2}$ 的生成元，利用加密算法生成正常的密文 (C'_0, C'_1, C'_2)。选取随机指数 $x, z_c \leftarrow_R \mathbb{Z}_N$，构造

$$C_0 = C'_0, C_1 = C'_1 g_2^{xz_c}, C_2 = C'_2 g_2^x.$$

(C_0, C_1, C_2) 即为半功能密文。

(2) 半功能密钥。利用密钥产生算法生成正常的密钥 $(K'_1, K'_2, E'_{j+1}, \cdots, E'_\ell)$。选取随机指数 $\gamma, z_k, z_{j+1}, \cdots, z_\ell \leftarrow_R \mathbb{Z}_N$，构造

$$K_1 = K'_1 g_2^\gamma, K_2 = K'_2 g_2^{\gamma z_k}, E_{j+1} = E'_{j+1} g_2^{\gamma z_{j+1}}, \cdots, E_\ell = E'_\ell g_2^{\gamma z_\ell}$$

$(K_1, K_2, E_{j+1}, \cdots, E_\ell)$ 即为半功能密钥。

注意，在使用半功能密钥解密半功能密文时，会产生额外的盲化因子 $\hat{e}(g_2, g_2)^{x\gamma(z_k - z_c)}$。如果 $z_k = z_c$，解密成功，称这样的半功能密钥是名义上半功能的。

下面利用一系列游戏的混合论证方式完成证明。

称第一个游戏为 Exp_{Real}，它是真实的游戏，其中密钥可以通过密钥产生算法得到，也

可以通过委派算法得到。

称第二个游戏为 $\mathrm{Exp}_{\mathrm{Real}'}$,它与真实游戏的区别在于攻击者所有的密钥询问都是由密钥产生算法而不是委派算法计算的。

称第三个游戏为 $\mathrm{Exp}_{\mathrm{Restricted}}$,它与 $\mathrm{Exp}_{\mathrm{Real}'}$ 的区别在于攻击者进行密钥询问的身份不能是挑战密文所对应身份的模 q_2 前缀。

用 q 表示允许攻击者进行密钥提取询问的次数。Exp_k $(0\leqslant k\leqslant q)$ 和 $\mathrm{Exp}_{\mathrm{Final}}$ 的定义与 4.7.3 节相同。

引理 4-7~引理 4-11 证明各个相邻的游戏是不可区分的。整个证明过程与 4.7.3 节的 IBE 方案的证明类似。

引理 4-7 对于任意攻击者 $\mathcal{A}$,$\mathrm{Exp}_{\mathrm{Real}}$ 和 $\mathrm{Exp}_{\mathrm{Real}'}$ 是不可区分的。

证明 两个游戏中,密钥的分布是相同的(不管是利用密钥委派算法生成密钥,还是利用密钥产生算法生成密钥)。因此,在攻击者看来,这两个游戏之间是没有任何区别的。

引理 4-8 如果存在敌手 $\mathcal{A}$ 能以 ε 的优势区分 $\mathrm{Exp}_{\mathrm{Real}'}$ 和 $\mathrm{Exp}_{\mathrm{Restricted}}$,则存在敌手 $\mathcal{B}$,能以 ε 的优势攻破假设 1 或假设 2。

证明 与引理 4-3 的证明相同。

引理 4-9 如果存在敌手 $\mathcal{A}$ 能以 ε 的优势区分 Exp_0 和 $\mathrm{Exp}_{\mathrm{Restricted}}$,则存在敌手 $\mathcal{B}$ 能以 ε 的优势攻破假设 1。

证明 已知 $D=(\Omega,g,X_3)$ 和 T,$\mathcal{B}$ 判断 T 是取自 $\mathbb{G}_{p_1p_2}$ 还是取自 $\mathbb{G}_{p_1}$。

$\mathcal{B}$ 模拟与 $\mathcal{A}$ 之间的交互式游戏 Exp_0 或 $\mathrm{Exp}_{\mathrm{Restricted}}$。$\mathcal{B}$ 按照如下方式设定公开参数:随机选取指数 $y,a_1,a_2,\cdots,a_\ell,b\leftarrow_R \mathbb{Z}_N$,设 $g=g,u_i=g^{a_i}(1\leqslant i\leqslant\ell)$ 和 $h=g^b$,将 $(N,g,u_1,u_2,\cdots,u_\ell,h,\hat{e}(g,g)^y)$ 作为公开参数发送给攻击者 $\mathcal{A}$。当 $\mathcal{A}$ 进行 $(\mathrm{ID}_1,\mathrm{ID}_2,\cdots,\mathrm{ID}_j)$ 的密钥提取询问时,$\mathcal{B}$ 随机选取指数 $r,t,\omega,v_{j+1},\cdots,v_\ell\leftarrow_R \mathbb{Z}_N$,计算并返回

$$K_1=g^rX_3^t,K_2=g^y(u_1^{\mathrm{ID}_1}u_2^{\mathrm{ID}_2}\cdots u_j^{\mathrm{ID}_j}h)^rX_3^\omega,E_{j+1}=u_{j+1}^rX_3^{v_{j+1}},\cdots,E_\ell=u_\ell^rX_3^{v_\ell}$$

$\mathcal{A}$ 向 $\mathcal{B}$ 发送两个等长的消息 M_0、M_1 和一个挑战身份 $(\mathrm{ID}_1^*,\mathrm{ID}_2^*,\cdots,\mathrm{ID}_j^*)$ 时,$\mathcal{B}$ 随机选取 $\beta\leftarrow_R\{0,1\}$,计算挑战密文:

$$(C_0=M_\beta\cdot\hat{e}(T,g)^y,C_1=T^{a_1\mathrm{ID}_1^*+a_2\mathrm{ID}_2^*+\cdots+a_j\mathrm{ID}_j^*+b},C_2=T)$$

这意味着已将 T 中的 $\mathbb{G}_{p_1}$ 部分设置为 g^s。如果 $T\in\mathbb{G}_{p_1p_2}$,则以上挑战密文是半功能的,相应地 $z_c=a_1\mathrm{ID}_1^*+a_2\mathrm{ID}_2^*+\cdots+a_j\mathrm{ID}_j^*+b$;如果 $T\in\mathbb{G}_{p_1}$,则以上挑战密文是正常的。因此,$\mathcal{B}$ 可以根据 $\mathcal{A}$ 的输出区分 T 的两种不同情况。

(引理 4-9 证毕)

引理 4-10 如果存在攻击者 $\mathcal{A}$ 能以 ε 的优势区分 Exp_k 和 Exp_{k-1},则存在敌手 $\mathcal{B}$ 能以 ε 的优势攻破假设 2。

证明 已知 $D=(\Omega,g,X_1X_2,X_3,Y_2Y_3)$ 和 T,$\mathcal{B}$ 判断 T 是取自 $\mathbb{G}$ 还是取自 $\mathbb{G}_{p_1p_3}$。

$\mathcal{B}$ 模拟与 $\mathcal{A}$ 之间的交互式游戏 Exp_k 或 Exp_{k-1} 如下:随机选取指数 $y,a_1,a_2,\cdots,a_\ell,b\leftarrow_R\mathbb{Z}_N$,设置公开参数:$g=g,u_i=g^{a_i}(1\leqslant i\leqslant\ell),h=g^b,\hat{e}(g,g)^y$,将其发送给 $\mathcal{A}$。

$\mathcal{A}$ 对身份 $(\mathrm{ID}_1,\mathrm{ID}_2,\cdots,\mathrm{ID}_j)$ 进行第 i 次密钥提取询问:

- 当 $i<k$ 时,$\mathcal{B}$ 按照如下方式构造半功能密钥:随机选取指数 $r,z,t,z_{j+1},\cdots,$

$z_\ell \leftarrow_R \mathbb{Z}_N$，计算并返回

$$K_1=g^r(Y_2Y_3)^t, K_2=g^y(u_1^{ID_1}u_2^{ID_2}\cdots u_j^{ID_j}h)^r(Y_2Y_3)^z$$

$$E_{j+1}=u_{j+1}^r(Y_2Y_3)^{z_{j+1}},\cdots,E_\ell=u_\ell^r(Y_2Y_3)^{z_\ell}$$

这是一个正常分布的半功能密钥，其中半功能密钥定义中的 $g_2^\gamma=Y_2^t$。

- 当 $i>k$ 时，$\mathcal{B}$调用正常的密钥生成算法生成正常的密钥。
- 当 $i=k$ 时，$\mathcal{B}$设 $z_k=a_1\mathrm{ID}_1+a_2\mathrm{ID}_2+\cdots+a_j\mathrm{ID}_j+b$，选取随机指数 $\omega_k,\omega_{j+1},\cdots,\omega_\ell\leftarrow_R \mathbb{Z}_N$，计算 $K_1=T, K_2=g^yT^{z_k}X_3^{\bar{\omega}_k}, E_{j+1}=T^{a_{j+1}}X_3^{\bar{\omega}_{j+1}},\cdots,E_\ell=T^{a_\ell}X_3^{\bar{\omega}_\ell}$。

如果 $T\in\mathbb{G}_{p_1p_3}$，则这是一个正常密钥，其中 g^r 等于 T 的$\mathbb{G}_{p_1}$部分；如果 $T\in\mathbb{G}$，则这是一个半功能密钥。

秘密钥询问结束后，$\mathcal{A}$选取两个等长的明文 M_0 和 M_1，并对身份$(\mathrm{ID}_1^*,\mathrm{ID}_2^*,\cdots,\mathrm{ID}_j^*)$进行挑战询问。$\mathcal{B}$随机选取 $\beta\leftarrow_R\{0,1\}$，计算挑战密文如下：

$$(C_0=M_\beta\cdot\hat{e}(X_1X_2,g)^y, C_1=(X_1X_2)^{a_1\mathrm{ID}_1^*+a_2\mathrm{ID}_2^*+\cdots+a_j\mathrm{ID}_j^*+b}, C_2=X_1X_2)$$

这意味着将 g^s 设置为 X_1，并且 $z_c=a_1\mathrm{ID}_1^*+a_2\mathrm{ID}_2^*+\cdots+a_j\mathrm{ID}_j^*+b$。由于第 k 次密钥提取询问的身份不能是挑战询问对应身份的模 p_2 前缀，$z_c\neq z_k$，因此密钥 k 是半功能的，而非名义上半功能的。

如果 $T\in\mathbb{G}_{p_1p_3}$，则$\mathcal{B}$正确模拟了游戏 Exp_{k-1}；如果 $T\in\mathbb{G}$，则$\mathcal{B}$正确模拟了游戏 Exp_k。因此，$\mathcal{B}$可以根据攻击者$\mathcal{A}$的输出判断相应 T 的可能性。

（引理 4-10 证毕）

引理 4-11 如果存在攻击者$\mathcal{A}$能以 ε 的优势区分 Exp_q 和 $\mathrm{Exp}_{\mathrm{Final}}$，则存在敌手$\mathcal{B}$能以 ε 的优势攻破假设 3。

证明 已知 $D=(\Omega,g,g^yX_2,X_3,g^sY_2,Z_2)$和 T，$\mathcal{B}$判断 T 是等于 $\hat{e}(g,g)^{ys}$ 还是取自$\mathbb{G}_T$的随机数。$\mathcal{B}$模拟与$\mathcal{A}$之间的交互式游戏 Exp_q 或 $\mathrm{Exp}_{\mathrm{Final}}$ 如下：随机选取指数 $a_1,a_2,\cdots,a_\ell,b\leftarrow_R\mathbb{Z}_N$，设置公开参数：$g=g,u_i=g^{a_i},h=g^b,\hat{e}(g,g)^y=\hat{e}(g^yX_2,g)$，其中 $1\leqslant i\leqslant\ell$，并将这些参数发送给攻击者$\mathcal{A}$。当$\mathcal{A}$对身份$(\mathrm{ID}_1,\mathrm{ID}_2,\cdots,\mathrm{ID}_j)$做密钥提取询问时，$\mathcal{B}$按照如下方式构造一个半功能密钥：随机选取指数 $c,r,t,w,z,z_{j+1},\cdots,z_\ell,w_{j+1},\cdots,w_\ell\leftarrow_R\mathbb{Z}_N$，计算并返回

$$K_1=g^rZ_2^zX_3^t, K_2=g^yX_2Z_2^c(u_1^{ID_1}u_2^{ID_2}\cdots u_j^{ID_j}h)^rX_3^w$$

$$E_{j+1}=u_{j+1}^rZ_2^{z_{j+1}}X_3^{w_{j+1}},\cdots,E_\ell=u_\ell^rZ_2^{z_\ell}X_3^{w_\ell}.$$

当$\mathcal{A}$选取两个等长的明文 M_0、M_1 和身份$(\mathrm{ID}_1^*,\mathrm{ID}_2^*,\cdots,\mathrm{ID}_j^*)$进行挑战询问时，$\mathcal{B}$随机选取 $\beta\leftarrow_R\{0,1\}$，计算挑战密文如下：

$$(C_0=M_\beta T, C_1=(g^sY_2)^{a_1\mathrm{ID}_1^*+a_2\mathrm{ID}_2^*+\cdots+a_j\mathrm{ID}_j^*+b}, C_2=g^sY_2)$$

类似于引理 4-6，$\dfrac{\hat{e}(K_2,C_2)}{\hat{e}(K_1,C_1)}$中盲化因子不为 1，所以密钥是非名义上半功能的。

如果 $T=\hat{e}(g,g)^{ys}$，则该密文是对应于明文 M_β 的半功能密文；如果 T 是$\mathbb{G}_T$中的随机元素，则该密文是对应于某个随机消息的半功能密文。因此，$\mathcal{B}$可以根据$\mathcal{A}$的输出区分 T 的两种不同情况。

（引理 4-11 证毕）

由引理4-7～引理4-11,Exp_{Real}与Exp_{Final}是不可区分的,而在Exp_{Final}中,β对于$\mathcal{A}$来说是信息论隐藏的,所以$\mathcal{A}$攻击方案时优势是可忽略的,由此得定理4-8。

定理4-8 如果假设1、假设2和假设3成立,则基于对偶系统加密的HIBE是CPA安全的。

4.8 从选择明文安全到选择密文安全

4.8.1 引言

抗适应性选择密文攻击(CCA2)的公钥密码体制是抗主动攻击的一个强而有用的安全性定义,它的构造过程通常是:先构造抗适应性选择明文攻击(CPA)的公钥密码体制,然后再将其转换为CCA2安全的公钥密码体制。在标准模型下构造CCA2安全的公钥加密体制有以下方法:

(1) CPA安全的PKE方案＋非交互式零知识证明系统(NIZK),如2.3节介绍的Naor-Yung方案以及Dolev、Dwork和Naor给出的改进。因为采用了NIZK证明方法,这种方案效率非常低。

(2) Cramer和Shoup使用平滑哈希证明系统给出的构造[29]。

(3) CCA安全的KEM＋CCA安全的DEM[30]。

(4) 从CPA安全的IBE转换到CCA安全的公钥加密体制[31,32]。

文献[31]利用Waters的基于身份的加密体制[24],其中密文只由3个元素构成,前两个元素(C_0,C_1)和Waters的方案相同(与接收者的身份无关);构造第三个元素时,由(C_0,C_1)经无碰撞的哈希函数作用得到的$w=H_s(C_0,C_1)$作为接收者的身份。因此文献[32]的方案不具有一般性。本节介绍文献[32]给出的从CPA安全的IBE转换到CCA安全的公钥加密体制的方法,称为CHK方法。

4.8.2 CHK方法

CHK方法是由Canetti、Halevi和Katz提出的,是从CPA安全的IBE加密方案转换到CCA安全的公钥加密体制的方法。该方案中要求IBE方案是选定身份安全的,即允许敌手在获得系统公开钥之前,适应性地选择一个意欲攻击的“目标身份”。转换后的方案是标准模型下CCA2安全的。

过程如下:新方案的系统参数简单地取为IBE方案的系统参数,主密钥取为IBE方案对应的主密钥。加密消息时,发送方首先生成一次性强签名方案的一对密钥(vk,sk),其中vk是验证密钥,sk是签名密钥。一次性强签名方案的性质是,已知一个签名,产生新的签名(即使是对以前已签过名的消息)是不可行的。发送方然后使用vk作为身份(即IBE的公开钥)对消息加密,得到密文C,再用sk对C签名得到σ。最终的密文由验证公开钥vk、IBE的密文C和签名σ组成。接收方对密文(vk,C,σ)解密时,首先使用vk验证密文C的签名σ。如果验证失败,则输出$\perp$;否则,先由IBE方案的秘密钥产生算法生成身份vk对应的秘密钥SK_{vk},然后根据IBE方案使用SK_{vk}对C进行解密。

该方案的具体构造如下：设 $\Pi=(\text{Init},\text{IBEGen},\mathcal{E},\mathcal{D})$ 是选定身份攻击下 CPA 安全的 IBE 方案，$\text{Sig}=(\text{SigGen},\text{Sign},\text{Vrfy})$ 是强不可伪造的一次性签名方案，其中 $\text{SigGen}(1^\kappa)$ 输出的验证密钥长度为 $\ell_s(\kappa)$。构造 CCA2 安全的公钥加密方案 $\Pi'=(\text{IBEGen}',\mathcal{E}',\mathcal{D}')$ 如下：

（1）密钥产生：

$\underline{\text{IBEGen}'(1^\kappa)}$：

$(\text{params},\text{msk})\leftarrow\text{Init}(1^\kappa,\ell_s(\kappa))$.

（2）加密：

$\underline{\mathcal{E}'(M)}$：

$(\text{vk},\text{sk})\leftarrow\text{SigGen}(1^\kappa)(|\text{vk}|=\ell_s(\kappa))$；

$C\leftarrow\mathcal{E}_{\text{vk}}(\text{params},M)$；

$\sigma\leftarrow\text{Sign}_{\text{sk}}(C)$；

输出 $\text{CT}=(\text{vk},C,\sigma)$.

（3）解密（其中 $\text{CT}=(\text{vk},C,\sigma)$）：

$\underline{\mathcal{D}'(\text{vk},C,\sigma)}$：

如果 $\text{Vrfy}_{\text{vk}}(C,\sigma)\neq 1$ 返回 $\perp$，否则继续；

$\text{SK}_{\text{vk}}\leftarrow\text{IBEGen}_{\text{msk}}(\text{vk})$；

返回 $\mathcal{D}_{\text{SK}_{\text{vk}}}(C)$.

如果 σ 是 C 的一个合法签名（vk 是验证密钥），就说密文 (vk,C,σ) 是合法的。该方案的 CCA2 安全性可以如下理解：敌手得到挑战密文 $\text{CT}^*=(\text{vk}^*,C^*,\sigma^*)$ 后，可以对任何合法密文 $\text{CT}=(\text{vk},C,\sigma)(\text{CT}\neq\text{CT}^*)$ 进行解密询问，分以下两种情况：

（1）$\text{vk}=\text{vk}^*$。必有 $(C,\sigma)\neq(C^*,\sigma^*)$，与 Sig 是强不可伪造的一次性签名方案矛盾。

（2）$\text{vk}\neq\text{vk}^*$。对 CT（用 vk 加密）的解密询问对于解密挑战密文 CT^*（用 vk^* 加密）没有任何帮助。这就是要求 IBE 方案是选定身份攻击下 CPA 安全的原因。

定理 4-9　如果 Π 是选定身份攻击下 CPA 安全的 IBE 方案，Sig 是强不可伪造的一次性签名方案，那么 Π' 是 CCA2 安全的 PKE 方案。

具体来说，假设有一个 PPT 敌手 $\mathcal{A}$ 以 $\varepsilon_1(\kappa)$ 的优势攻击 Π' 的 CCA2 安全性，以 $\varepsilon_2(\kappa)$ 的优势攻击 Sig 的强不可伪造性，那么存在 PPT 敌手 $\mathcal{B}$，以至少 $\varepsilon_1(\kappa)(1-\varepsilon_2(\kappa))$ 的优势在选定身份攻击下攻击 Π 的 CPA 安全性。

证明　设挑战者建立方案 Π，公开 params。假设有 PPT 敌手 $\mathcal{A}$ 攻击 Π' 的 CCA2 安全性，那么能构造一个 PPT 敌手 $\mathcal{B}$，以 $\mathcal{A}$ 作为子程序，在选定身份下攻击 Π 的 CPA 安全性。

设 $\text{CT}^*=(\text{vk}^*,C^*,\sigma^*)$ 是 $\mathcal{A}$ 接收到的挑战密文，Forge 表示 $\mathcal{A}$ 输出密文 (vk^*,C,σ) 这一事件，其中 $(C,\sigma)\neq(C^*,\sigma^*)$ 但是 $\text{Vrfy}_{\text{vk}^*}(C,\sigma)=1$。$\Pr[\text{Forge}]$ 等于 $\mathcal{A}$ 攻破签名方案 Sig 的概率，因为 Sig 是强不可伪造的一次性签名方案，所以 $\Pr[\text{Forge}]$ 是可忽略的。

$\mathcal{B}$ 的构造如下：

(1) $\mathcal{B}(1^\kappa,\ell_s(\kappa))$运行 SigGen$(1^\kappa)$ 产生(vk^*,sk^*),输出目标身份 $ID^*=vk^*$。$\mathcal{B}$以 1^κ 和 params 运行$\mathcal{A}$。

(2) $\mathcal{A}$做 $CT=(vk,C,\sigma)$的解密询问时,$\mathcal{B}$如下应答:

- 如果 $Vrfy_{vk}(C,\sigma)\neq 1$,那么 $CT=(vk,C,\sigma)$ 是不合法的,$\mathcal{B}$以$\perp$应答。
- 如果 $Vrfy_{vk}(C,\sigma)=1$ 且 $vk=vk^*$,必有$(C,\sigma)\neq(C^*,\sigma^*)$(即事件 Forge 发生),那么$\mathcal{B}$终止并输出一个随机比特。
- 如果 $Vrfy_{vk}(C,\sigma)=1$ 且 $vk\neq vk^*$,那么$\mathcal{B}$向挑战者做密钥产生询问$IBEGen_{msk}(vk)$,获得 SK_{vk},然后计算 $M\leftarrow\mathcal{D}_{SK_{vk}}(C)$并向$\mathcal{A}$返回 M。

(3) $\mathcal{A}$输出两个等长的消息 M_0 和 M_1,$\mathcal{B}$将 M_0 和 M_1 给挑战者,挑战者为$\mathcal{B}$产生挑战密文 C^*(M_β的密文),$\mathcal{B}$计算 $\sigma^*=Sign_{vk^*}(C^*)$并将 $CT^*=(vk^*,C^*,\sigma^*)$作为挑战密文返回给$\mathcal{A}$。

(4) $\mathcal{A}$继续向$\mathcal{B}$做解密询问,$\mathcal{B}$应答如前(注意,$\mathcal{A}$不能对挑战密文本身进行解密询问)。

(5) $\mathcal{A}$输出一个猜测 β',$\mathcal{B}$也输出 β'。

如果 Forge 不发生,则$\mathcal{B}$对$\mathcal{A}$的解密询问的应答是有效的,所以有断言 4-4。

断言 4-5 在以上过程中,如果 Forge 不发生,则$\mathcal{B}$的模拟是完备的。

记$\mathcal{A}$成功(即 $\beta'=\beta$)的概率为 $\Pr[\mathcal{A}]$,则$\mathcal{B}$成功(即 $\beta'=\beta$)的概率为

$$\Pr[\mathcal{B}]=\Pr[\mathcal{A}|\text{Forge}]\Pr[\text{Forge}]+\Pr[\mathcal{A}|\overline{\text{Forge}}]\Pr[\overline{\text{Forge}}]$$

若 Forge 发生,$\mathcal{B}$在第(2)步终止游戏,$\mathcal{A}$只能随机猜测 β',所以 $\Pr[\mathcal{A}|\text{Forge}]=\frac{1}{2}$。因此

$$\begin{aligned}\Pr[\mathcal{B}]&=\Pr[\mathcal{A}|\text{Forge}]\Pr[\text{Forge}]+\Pr[\mathcal{A}|\overline{\text{Forge}}]\Pr[\overline{\text{Forge}}]\\&=\frac{1}{2}[1-\Pr[\overline{\text{Forge}}]]+\Pr[\mathcal{A}|\overline{\text{Forge}}]\Pr[\overline{\text{Forge}}]\end{aligned}$$

所以$\mathcal{B}$的优势为

$$\begin{aligned}Adv_{\Pi,\mathcal{B}}(\kappa)&=\left|\Pr[\mathcal{B}]-\frac{1}{2}\right|=\left|\Pr[\mathcal{A}|\overline{\text{Forge}}]\Pr[\overline{\text{Forge}}]-\frac{1}{2}\Pr[\overline{\text{Forge}}]\right|\\&=\left|\left[\Pr[\mathcal{A}|\overline{\text{Forge}}]-\frac{1}{2}\right]\Pr[\overline{\text{Forge}}]\right|=Adv_{\Pi',\mathcal{A}}(\kappa)(1-\Pr[\text{Forge}])\\&=\varepsilon_1(\kappa)(1-\varepsilon_2(\kappa))\end{aligned}$$

(定理 4-9 证毕)

简单地修改上述方案,能得到一个 CCA1 安全的方案:用一个随机选择的比特串 $r\leftarrow_R\{0,1\}^\kappa$ 代替 vk(不做签名),用 r 作为身份加密消息得到C,密文是(r,C)。因为敌手无法提前猜测发送者使用的 r,所以用以上论证方法能证明该方案是 CCA1 安全的。

文献[13]通过使用 MAC 而不是一次性签名方案改进了上述方案的效率。但该改进方案的缺点是接收方也需要知道 MAC 的验证密钥。

习题

1. BF 方案的安全性证明是将 BasicIdent 归约到 BasicPub,再将 BasicPub 归约到

BDH 问题。给出将两步归约合并成一步的证明。

2. 在 4.4 节无随机谕言机模型下完全安全的 IBE 方案安全性证明中，将身份空间按 $K(\mathrm{ID})$是否为 0 划分为两部分。能否按 $F(\mathrm{ID})$是否为 0 划分身份空间？

3. 在定理 3-1 及引理 4-1 的证明中使用的是倒逼法。现实中哪些证明使用了倒逼法？

第5章 基于属性的密码体制

5.1 基于属性的密码体制的一般概念

加密可被认为是加密者与接收者(用户或设备)共享数据的一种方法,但仅限于加密者明确知道他想要共享数据的用户。然而,在许多应用中,加密者并不明确知道想要共享数据的用户。例如,加密者意欲在某个特定时间段与具有某个特定 IP 地址的用户共享数据,加密者就必须把自己的秘密钥给这些特定的用户。这种共享数据的方式只能实现一对一的加密,因而是粗粒度的,限制了加密者以细粒度方式和其他用户共享加密数据。基于属性的加密(Attribute-Based Encryption, ABE)机制是传统公钥加密的一种延伸,由 Sahai 和 Waters 在 2005 年欧密会上提出[34],其中加密者能够在加密算法中表达他想要如何分享数据,他可根据接收用户的凭证制定一些策略,并根据这些策略共享数据。因此,可实现一对多或多对多的加密。用户的凭证用属性集合描述,属性是描述用户的信息要素,通常指用户本身所拥有的特性或身份标识,如学生的属性可包括所在的院系、专业、类别、年级等。

基于属性的加密机制又分为基于密钥策略的属性加密(Key-Policy Attribute-Based Encryption, KP-ABE)和基于密文策略的属性加密(Ciphertext-Policy Attribute-Based Encryption, CP-ABE),在 KP-ABE 中,密文包含属性集合,而密钥则与该属性集合的访问策略相关联,只有当密文的属性集合满足密钥所关联的访问策略时才能解密。CP-ABE 则相反,其中接收者的密钥与属性集合相关联,而密文则包含该属性集合上的访问策略,只有当接收者密钥所关联的属性集合满足密文所包含的访问策略时才能解密。如图 5-1 所示,其中 TA(Trusted Authority)是建立系统的可信机构。KP-ABE 与 CP-ABE 的区别如表 5-1 所示。

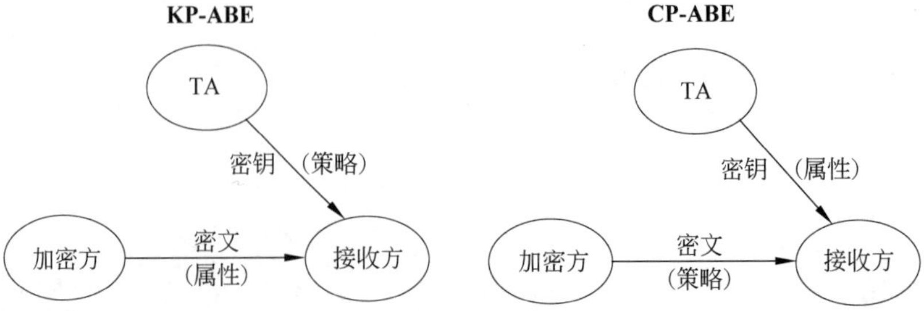

图 5-1 KP-ABE 与 CP-ABE 的关系

表 5-1　KP-ABE 与 CP-ABE 的区别

比　较　项	KP-ABE	CP-ABE
密文	密文包含属性	密文包含策略
密钥	密钥关联策略	密钥关联属性
策略	策略掌握在中心 TA 手中(稳定)	策略掌握在自己(加密者)手中(灵活)
应用模式	收费点播模式	传统访问控制模式
计算量	计算量小	计算量大

IBE 方案可看作一种特殊的 KP-ABE 方案,如图 5-2 所示。其中,密文包含的属性为接收者的身份 ID′。密钥所关联的访问策略为:密文包含的接收者身份 ID′与密钥的属主身份 ID 一样,即 ID′=ID 时,可以解密。

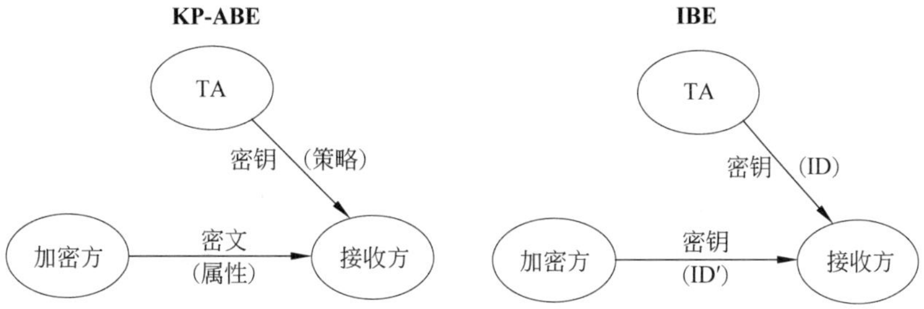

图 5-2　KP-ABE 与 IBE 的关系

因为策略集合远大于属性集合,因此在 KP-ABE 中,按照属性集合加密,计算量要小于 CP-ABE 中按照策略加密。

访问结构是实现访问策略的集合表示,是由属性集合$\{P_1, P_2, \cdots, P_n\}$的一些非空子集构成的单调集合(见 1.5.1 节定义 1-18),表示为$\mathbb{A}$。$\mathbb{A}$中的元素 r 满足访问策略,称为授权集合,表示为 $\gamma \in \mathbb{A}$。不在$\mathbb{A}$中的元素则不满足访问策略,称为非授权集合,表示为 $\gamma \notin \mathbb{A}$。

4 个常用的概念如下:

- 主密钥:由 TA 掌握,用于为接收方产生解密密钥。
- 会话密钥:TA 为接收方产生的解密密钥。
- 密钥指数:用主密钥产生会话密钥时使用的随机数。
- 加密指数:发送方加密明文时使用的随机数。

KP-ABE 方案由以下 4 个算法组成:

(1) 初始化。

TA 执行,为随机化算法,输入安全参数 κ 和属性总体的描述,输出系统参数 params 和主密钥 msk,表示为(params,msk)$\leftarrow$Init(κ)。

(2) 加密。

发送方执行,为随机化算法,输入消息 M、系统参数 params 以及属性集 γ,输出密文 CT,表示为 CT$=\mathcal{E}_\gamma(M)$。

(3) 密钥产生。

TA 执行,为随机化算法,输入系统参数 params、主密钥 msk 以及访问结构$\mathbb{A}$,输出会话密钥 sk,表示为 sk←ABEGen($\mathbb{A}$)。

TA 在密钥产生过程中实施策略的具体方式是用秘密分割方案在属性总体上对主密钥进行分割,使得只有授权集合可以隐含地恢复主密钥。"隐含"是指在指数上恢复被加密指数随机化了的主密钥。

(4) 解密。

接收方执行,为确定性算法,输入系统参数 params、会话密钥 sk(访问结构$\mathbb{A}$对应的密钥)及密文 CT(包含属性集合 γ),如果 $\gamma\in\mathbb{A}$,解密算法将解密 CT 并返回消息 M,表示为 $M=\mathcal{D}_{\text{sk}}(\text{CT})$。

KP-ABE 的安全模型与 IBE 机制类似,仍是由挑战者和敌手的交互式游戏刻画。

将 KP-ABE 方案记为 Π,Π 的 IND 游戏(称为 IND-KP-ABE-CPA 游戏)如下:

(1) 初始化。由挑战者运行,产生系统参数 params 和主密钥 msk,将 params 给敌手。

(2) 阶段 1(训练)。敌手发出对访问结构$\mathbb{A}$的秘密钥产生询问;挑战者运行秘密钥产生算法,产生与$\mathbb{A}$对应的秘密钥 d,并把它发送给敌手。这一过程可重复多项式有界次。

(3) 挑战。敌手提交两个长度相等的消息 M_0、M_1 和一个意欲挑战的属性集合 γ^*,其中 γ^* 不满足阶段 1 中的每一个访问结构$\mathbb{A}$;挑战者选择随机数 $\beta\leftarrow_R\{0,1\}$,以 γ^* 加密 M_β,将密文 C^* 给敌手。

(4) 阶段 2(训练)。重复阶段 1 的过程,敌手发出对另外的访问结构$\mathbb{A}$的秘密钥产生询问,唯一的限制是挑战阶段产生的属性集合 γ^* 均不满足该访问结构$\mathbb{A}$,表示为 $\gamma^*\notin\mathbb{A}$;挑战者以阶段 1 中的方式进行回应。这一过程可重复多项式有界次。

(5) 猜测。敌手输出猜测 $\beta'\in\{0,1\}$,如果 $\beta'=\beta$,则敌手攻击成功。

敌手的优势定义为安全参数 κ 的函数:

$$\text{Adv}_{\Pi,\mathcal{A}}^{\text{KP-ABE}}(\kappa)=\left|\Pr[\beta'=\beta]-\frac{1}{2}\right|$$

如果敌手在初始化阶段前声称一个意欲挑战的属性集合 γ^*,则称这个系统是选定属性安全的。

IND-KP-ABE-CPA 游戏的形式化描述如下:

$\underline{\text{Exp}_{\Pi,\mathcal{A}}^{\text{IND-KP-ABE-CPA}}(\kappa)}$:

$\gamma^*\leftarrow A$;/选定属性的

(params,msk)←Init(κ);

$(M_0,M_1,\gamma^*)\leftarrow\mathcal{A}^{\text{ABEGen}(\cdot)}(\text{params})$;

/如果是选定属性的,此时无 γ^*

/ABEGen(·)改为 $\text{ABEGen}_{\neq\gamma^*}(\cdot)$

$\beta\leftarrow_R\{0,1\}$,$C^*=\mathcal{E}_{\gamma^*}(M_\beta)$;

$\beta'\leftarrow\mathcal{A}^{\text{ABEGen}_{\neq\gamma^*}(\cdot)}(C^*)$;

如果 $\beta'=\beta$,则返回 1;否则返回 0.

其中，$\mathcal{A}$右肩上的 ABEGen(·)表示敌手$\mathcal{A}$向挑战者做访问结构的秘密钥询问，$\text{ABEGen}_{\neq\gamma^*}(\cdot)$表示敌手$\mathcal{A}$向挑战者做访问结构$\mathbb{A}$的秘密钥询问，要求 $\gamma^* \notin \mathbb{A}$。

敌手的优势为

$$\text{Adv}_{\Pi,\mathcal{A}}^{\text{KP-ABE}}(\kappa)=\left|\Pr[\text{Exp}_{\Pi,\mathcal{A}}^{\text{IND-KP-ABE-CPA}}(\kappa)=1]-\frac{1}{2}\right|$$

定义 5-1　如果对任何多项式时间的敌手$\mathcal{A}$在上述游戏中的优势是可忽略的，则称此 KP-ABE 加密机制是语义安全的。

CP-ABE 方案由以下 4 个算法组成：

(1) 初始化。为随机化算法，输入安全参数 κ 和属性总体的描述，输出系统参数 params 和主密钥 msk，表示为(params，msk)←Init(κ)。

(2) 加密。为随机化算法，输入消息 M、系统参数 params 以及属性总体上的访问结构$\mathbb{A}$，输出密文 CT，CT 中隐含地包含访问结构$\mathbb{A}$，表示为 $\text{CT}=\mathcal{E}_{\mathbb{A}}(M)$。仅当接收方拥有满足访问结构的属性集合时才能解密该密文。

发送方实施的策略：首先为每一消息选择一个加密指数，然后用秘密分割方案在密文上分割加密指数，使得只有授权集合可以隐含地恢复加密指数。"隐含"是指在指数上恢复被加密指数随机化了的主密钥。

(3) 密钥产生。为随机化算法，输入系统参数 params、主密钥 msk 以及用来描述密钥的属性集 γ，输出会话密钥 sk，表示为 sk←ABEGen(γ)。

(4) 解密。接收方执行，为确定性算法，输入系统参数 params、会话密钥 sk(属性集合 γ 对应的密钥)及密文 CT(包含访问结构$\mathbb{A}$)，如果 γ 满足访问结构$\mathbb{A}$(即 $\gamma\in\mathbb{A}$)，解密算法将 CT 解密并返回消息 M，表示为 $M=\mathcal{D}_{\text{sk}}(\text{CT})$。

CP-ABE 机制的安全模型与 IBE 机制类似，其中允许敌手对任意的密钥(除了用来解密挑战密文的密钥以外)进行询问。敌手会选择挑战一个满足访问结构$\mathbb{A}^*$的密文，并且能够对任何不满足访问结构$\mathbb{A}^*$的属性集合 γ 进行密钥询问。记 CP-ABE 方案为 Π，Π 的 IND 游戏(称为 IND-CP-ABE-CPA 游戏)如下：

(1) 初始化。由挑战者运行，产生系统参数 params 并将其给敌手。

(2) 阶段 1(训练)。敌手发出对属性集合 γ 的秘密钥产生询问，挑战者运行秘密钥产生算法，产生与 γ 对应的秘密钥 d，并把它发送给敌手。这一过程可重复多项式有界次。

(3) 挑战。敌手提交两个长度相等的消息 M_0 和 M_1。此外，敌手选定一个意欲挑战的访问结构$\mathbb{A}^*$，其中敌手在阶段 1 中询问过的属性集合均不能满足此访问结构。挑战者选择随机数 $\beta\leftarrow_R\{0,1\}$并以$\mathbb{A}^*$加密 M_β，将密文 C^* 给敌手。

(4) 阶段 2(训练)。敌手发出对另外的属性集合 γ 的秘密钥产生询问，唯一的限制是这些 γ 均不满足挑战阶段的访问结构$\mathbb{A}^*$；挑战者以阶段 1 中的方式进行回应。这一过程可重复多项式有界次。

(5) 猜测。敌手输出猜测 $\beta'\in\{0,1\}$，如果 $\beta'=\beta$，则敌手攻击成功。

敌手的优势定义为安全参数 κ 的函数：

$$\text{Adv}_{\Pi,\mathcal{A}}^{\text{CP-ABE}}(\kappa)=\left|\Pr[\beta'=\beta]-\frac{1}{2}\right|$$

如果敌手在初始化阶段前声称一个意欲挑战的访问结构$\mathbb{A}^*$,则称这个系统是选定访问结构安全的。

IND-CP-ABE-CPA 游戏的形式化描述如下:

$$\underline{\mathrm{Exp}_{\Pi,\mathcal{A}}^{\mathrm{IND\text{-}CP\text{-}ABE\text{-}CPA}}(\kappa)}:$$

$\mathbb{A}^* \leftarrow \mathcal{A}$;/选定访问结构的

$(\mathrm{params}, \mathrm{msk}) \leftarrow \mathrm{Init}(\kappa)$;

$(M_0, M_1, \mathbb{A}^*) \leftarrow \mathcal{A}^{\mathrm{ABEGen}(\cdot)}(\mathrm{params})$;

/如果是选定访问结构的,此时没有$\mathbb{A}^*$;

/ABEGen(·)修改为 $\mathrm{ABEGen}_{\neq\mathbb{A}^*}(\cdot)$

$\beta \leftarrow_R \{0,1\}, C^* = \mathcal{E}_{\mathbb{A}^*}(M_\beta)$;

$\beta' \leftarrow \mathcal{A}^{\mathrm{ABEGen}_{\neq A^*}(\cdot)}(C^*)$;

如果 $\beta' = \beta$,则返回 1;否则返回 0.

其中,$\mathcal{A}$右肩上的 ABEGen(·)表示敌手$\mathcal{A}$向挑战者做属性集合的秘密钥询问,$\mathrm{ABEGen}_{\neq\mathbb{A}^*}(\cdot)$表示敌手$\mathcal{A}$向挑战者做不满足$\mathbb{A}^*$的属性集合 γ 的秘密钥询问。

敌手的优势为

$$\mathrm{Adv}_{\Pi,\mathcal{A}}^{\mathrm{CP\text{-}ABE}}(\kappa) = \left| \Pr\left[\mathrm{Exp}_{\Pi,\mathcal{A}}^{\mathrm{IND\text{-}CP\text{-}ABE\text{-}CPA}}(\kappa) = 1\right] - \frac{1}{2} \right|$$

定义 5-2 如果对任何多项式时间的敌手$\mathcal{A}$在上述游戏中的优势是可忽略的,则称此 CP-ABE 加密机制是语义安全的。

与 IBE 方案类似,ABE 方案的安全模型也分为选定属性(或访问结构)安全的和完全安全的。完全安全的模型用对偶加密系统实现。

本章分别介绍模糊身份的 KP-ABE 加密方案[34]、基于访问树结构的 KP-ABE 方案[35]、基于 LSSS 的 CP-ABE 加密方案[36]、基于对偶加密系统的完全安全的 CP-ABE 方案[37]。

5.2 基于模糊身份的 KP-ABE 方案

基于模糊身份的加密方案简称 Fuzzy IBE(Fuzzy Identity-Based Encryption),是 Sahai 和 Waters 于 2005 年提出的,是对使用生物特征数据作为身份信息的 IBE 方案的改进。该方案通过引入门限方案的思想,将用户的生物特征作为身份信息,可实现容错的基于身份的加密。若用户拥有身份 ω 对应的秘密钥,就可解密身份 ω' 加密的消息,当且仅当在某种度量下,ω 和 ω' 在某个距离之内。作为身份信息的生物特征,其距离度量可取海明距离、集合差、编辑距离。而如果将身份 ω 取为属性集合,则 Fuzzy IBE 系统可用于基于密钥策略的属性加密(KP-ABE)。

5.2.1 Fuzzy IBE 的安全模型及困难性假设

Fuzzy IBE 的选定身份(Fuzzy Selective-ID)模型与基于身份的标准模型类似,区别

在于前者仅允许敌手询问与目标身份在某个距离范围外的身份的秘密钥，其中距离度量取集合差。设 ω 和 ω' 是两个集合，它们的对称差是集合 $\omega\Delta\omega'=\{x\in\omega\cup\omega' \mid x\notin\omega\cap\omega'\}$，$\omega$ 和 ω' 之间的集合差定义为 $|\omega\Delta\omega'|$。为使集合差大于某个门限值，$|\omega\cap\omega'|$ 必须小于某个定值。这样就可以把集合差转换为集合交来描述。

设 $\mathcal{A}$ 表示一个攻击者，$\mathcal{A}$ 可以对任一身份做秘密钥产生询问，限制条件是该身份与要攻击的身份交集少于 d 个元素。

下面是 Fuzzy IBE 机制(记为 Π)安全游戏。

(1) 敌手声称意欲挑战的身份 α。

(2) 初始化。由挑战者运行，产生系统参数 params 和主密钥 msk，将 params 给敌手。

(3) 阶段 1(训练)。敌手对满足 $|\gamma_j\cap\alpha|<d$ 的身份 γ_j 进行秘密钥询问。

(4) 挑战。敌手提交两个长度相等的消息 M_0 和 M_1。挑战者选择随机数 $\beta\leftarrow_R\{0,1\}$，以 α 加密 M_β，将密文 C^* 给敌手。

(4) 阶段 2(训练)。重复阶段 1 的过程。

(5) 猜测。敌手输出猜测 $\beta'\in\{0,1\}$，如果 $\beta'=\beta$，则敌手攻击成功。

敌手的优势定义为安全参数 κ 的函数：

$$\mathrm{Adv}_{\Pi,\mathcal{A}}^{\mathrm{ABE}}(\kappa)=\left|\Pr[\beta'=\beta]-\frac{1}{2}\right|$$

定义 5-3　如果对任何多项式时间的敌手 $\mathcal{A}$ 在上述游戏中的优势是可忽略的，则称此 Fuzzy IBE 加密机制是安全的。

下面的 Fuzzy IBE 方案的安全性基于修改版的 DBDH 假设，记为判定性 MBDH (Modified Bilinear Diffie-Hellman)。回忆 DBDH 假设，挑战者随机选择 $a,b,c\leftarrow_R\mathbb{Z}_p$，不存在多项式时间的敌手能以不可忽略的优势区分以下两个分布总体：

$$\{(g,A=g^a,B=g^b,C=g^c,Z=\hat{e}(g,g)^{abc})\}$$

$$\{(g,A=g^a,B=g^b,C=g^c,Z=\hat{e}(g,g)^{z})\}$$

随机选择 $a,b,c\leftarrow_R\mathbb{Z}_p$，定义以下两个分布总体：

$$\mathcal{P}_{\mathrm{MBDH}}=\{(g,A=g^a,B=g^b,C=g^c,Z=\hat{e}(g,g)^{\frac{ab}{c}})\}$$

$$\mathcal{R}_{\mathrm{MBDH}}=\{(g,A=g^a,B=g^b,C=g^c,Z=\hat{e}(g,g)^{z})\}$$

判定性 MBDH 问题是指，敌手 $\mathcal{B}$ 得到 T，判断 $T\in\mathcal{P}_{\mathrm{MBDH}}$ 还是 $T\in\mathcal{R}_{\mathrm{MBDH}}$。优势定义为

$$|\Pr[\mathcal{B}(T\in\mathcal{P}_{\mathrm{MBDH}})=1]-\Pr[\mathcal{B}(T\in\mathcal{R}_{\mathrm{MBDH}})=1]|$$

MBDH 假设：没有多项式时间的敌手能以不可忽略的优势解决 MBDH 问题。

已知 c，可由推广的欧几里得算法求 $\frac{1}{c}$，因此 MBDH 问题和 DBDH 问题等价。

5.2.2　基于模糊身份的加密方案

基于模糊身份的加密方案将身份看作属性集合，参数设置如下：g 是阶为素数 p 的群 $\mathbb{G}_1$ 的生成元，$\hat{e}$：$\mathbb{G}_1\times\mathbb{G}_1\rightarrow\mathbb{G}_2$ 为双线性映射。κ 为安全参数，代表群的大小。对 $i\in\mathbb{Z}$

$_p$及$\mathbb{Z}_p$中元素的集合S,定义拉格朗日系数为$\Delta_{i,S}(x)=\prod_{j\in S,j\neq i}\frac{x-j}{i-j}$。属性总体记为$\mathcal{U}$,大小记为$|\mathcal{U}|$,其元素用$\mathbb{Z}_p^*$中的前$|\mathcal{U}|$个元素$1,2,\cdots,|\mathcal{U}|(\bmod p)$表示。身份为$\mathcal{U}$的元素构成的子集。访问策略是将主密钥$y$由$(d,|\mathcal{U}|)$门限秘密分割方案进行分配,由身份$\omega'$产生的密文仅由满足$|\omega\cap\omega'|\geqslant d$的身份$\omega$才能解密。

基于模糊身份的加密方案如下:

(1) 初始化:

$\underline{\mathrm{Init}(\kappa)}$:

$t_1,t_2,\cdots,t_{|\mathcal{U}|},y\leftarrow_R\mathbb{Z}_p$;

$\mathrm{params}=(T_1=g^{t_1},T_2=g^{t_2},\cdots,T_{|\mathcal{U}|}=g^{t_{|\mathcal{U}|}},Y=\hat{e}(g,g)^y)$;

$\mathrm{msk}=(t_1,t_2,\cdots,t_{|\mathcal{U}|},y)$.

注意:主密钥与每个属性成分关联。

(2) 密钥产生(其中$\omega\subseteq\mathcal{U}$):

$\underline{\mathrm{ABEGen}(\mathrm{msk},\omega)}$:

随机选取一个$d-1$次多项式q,满足$q(0)=y$;

$D_i=g^{\frac{q(i)}{t_i}},i\in\omega$;

$d_\omega=\{D_i\}_{i\in\omega}$.

注意:d_ω作为对ω产生的秘密钥,秘密钥的每个成分D_i与主密钥分割后的份额$q(i)$关联。

(3) 加密(用接收方的属性ω'作为公开钥,其中$M\in\mathbb{G}_2$):

$\underline{\mathcal{E}_{\omega'}(M)}$:

$s\leftarrow_R\mathbb{Z}_p$;/加密指数

$\mathrm{CT}=(\omega',C'=M\cdot Y^s,\{C_i=T_i^s\}_{i\in\omega'})$.

注意:加密指数与公开参数关联,而公开参数与属性元素关联,所以加密指数与属性元素关联。

(4) 解密(用ω解密CT,其中$|\omega\cap\omega'|\geqslant d$):

$\underline{\mathcal{D}_{d_\omega}(\mathrm{CT})}$:

在$\omega\cap\omega'$选d个元素,构成集合S;

返回$\dfrac{C'}{\prod_{i\in S}(\hat{e}(D_i,C_i))^{\Delta_{i,S}(0)}}$.

这是因为

$$\prod_{i\in S}(\hat{e}(D_i,C_i))^{\Delta_{i,S}(0)}=\prod_{i\in S}(\hat{e}(g^{\frac{q(i)}{t_i}},g^{st_i}))^{\Delta_{i,S}(0)}=\prod_{i\in S}(\hat{e}(g,g)^{sq(i)})^{\Delta_{i,S}(0)}$$

$$=\hat{e}(g,g)^{s\sum_{i\in S}q(i)\Delta_{i,S}(0)}=\hat{e}(g,g)^{sy}$$

定理 5-1 在选定身份模型下,如果存在多项式时间的敌手$\mathcal{A}$以ε的优势攻破该方案,则存在另一敌手$\mathcal{B}$以ε的优势解决判定性MBDH问题。

证明　设$\mathcal{B}$收到五元组 $T=(g,g^a,g^b,g^c,Z)$，它可能取自$\mathcal{P}_{\mathrm{MBDH}}$，此时 $Z=\hat{e}(g,g)^{\frac{ab}{c}}$；也可能取自$\mathcal{R}_{\mathrm{MBDH}}$，此时 Z 从$\mathbb{G}_2$中随机独立选取。$\mathcal{B}$的目标是区分哪种情况发生。如果 $Z=\hat{e}(g,g)^{\frac{ab}{c}}$，则$\mathcal{B}$输出 1；否则输出 0。$\mathcal{B}$在下面的选定身份游戏中与$\mathcal{A}$交互，假定属性总体$\mathcal{U}$是公开的。

游戏开始前，$\mathcal{B}$首先获得$\mathcal{A}$意欲挑战的身份 α。

(1) 初始化。$\mathcal{B}$产生系统参数：$Y=\hat{e}(g,A)=\hat{e}(g,g)^a$（隐含地取主密钥成分 $y=a$）；对所有的 $i\in\alpha$，随机选择 $v_i\leftarrow_R\mathbb{Z}_p$，令 $T_i=C^{v_i}=g^{cv_i}$（隐含地取主密钥成分 $t_i=cv_i$）；对所有的 $i\in\mathcal{U}-\alpha$，随机选择 $w_i\leftarrow_R\mathbb{Z}_p$，令 $T_i=g^{w_i}$（隐含地取主密钥成分 $t_i=w_i$）。设系统参数 params$=(T_1,T_2,\cdots,T_{|\mathcal{U}|},Y)$，将其发送给敌手$\mathcal{A}$。在$\mathcal{A}$看来，所有参数均为随机的。

注意，初始化过程采用的是分离策略，将属性总体$\mathcal{U}$划分为 α 和$\mathcal{U}-\alpha$。

(2) 阶段 1。$\mathcal{A}$对身份 γ 做秘密钥产生询问，其中 γ 满足$|\gamma\cap\alpha|<d$。$\mathcal{B}$按以下方式定义 Γ、Γ'和 S 3 个集合：

- $\Gamma=\gamma\cap\alpha$；
- Γ'是满足$\Gamma\subseteq\Gamma'\subseteq\gamma$ 且$|\Gamma'|=d-1$ 的集合；
- $S=\Gamma'\cup\{0\}$。

这样构造的 S 有 d 个点，可通过 S 由插值法（在指数上）构造 $d-1$ 次多项式 $q(x)$（常数项取主密钥成分 $y=a$），求出 $q(x)$在 γ 中的每一个值（指数上），从而可应答敌手对身份 γ 的秘密钥询问。

Γ、Γ'与挑战身份 α 和 γ 之间的关系如图 5-3 所示。

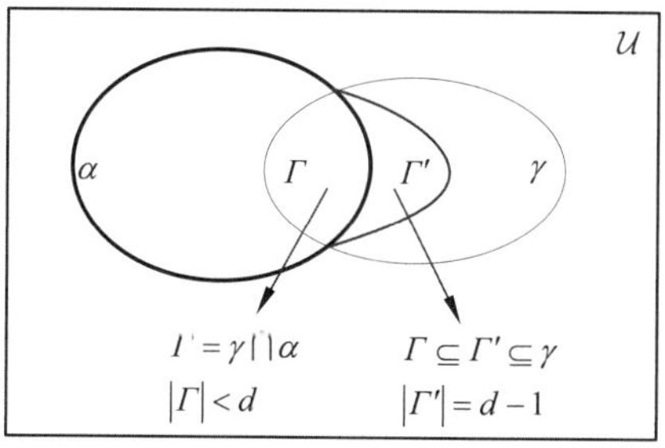

图 5-3　4 个集合之间的关系

然后$\mathcal{B}$按以下方式为 γ 产生秘密钥：

- 若 $i\in\Gamma$，随机选取 $s_i\leftarrow_R\mathbb{Z}_p$，计算 $D_i=g^{s_i}$（隐含地有 $q(i)=t_is_i=cv_is_i$）。
- 若 $i\in\Gamma'-\Gamma$，随机选取 $\lambda_i\leftarrow_R\mathbb{Z}_p$，计算 $D_i=g^{\frac{\lambda_i}{w_i}}$（隐含地有 $q(i)=\lambda_i$）。
- 若$i\in\gamma-\Gamma'$，计算$D_i=\left(\prod_{j\in\Gamma}C^{\frac{v_js_j\Delta_{j,S}(i)}{w_i}}\right)\left(\prod_{j\in\Gamma'-\Gamma}g^{\frac{\lambda_j\Delta_{j,S}(i)}{w_i}}\right)A^{\frac{\Delta_{0,S}(i)}{w_i}}$（隐含地取$q(0)=a$）。

这是因为

$$
\begin{aligned}
D_i&=\left(\prod_{j\in\Gamma}C^{\frac{v_js_j\Delta_{j,S}(i)}{w_i}}\right)\left(\prod_{j\in\Gamma'-\Gamma}g^{\frac{\lambda_j\Delta_{j,S}(i)}{w_i}}\right)A^{\frac{\Delta_{0,S}(i)}{w_i}}\\
&=\left(\prod_{j\in\Gamma}g^{\frac{cv_js_j\Delta_{j,S}(i)}{w_i}}\right)\left(\prod_{j\in\Gamma'-\Gamma}g^{\frac{\lambda_j\Delta_{j,S}(i)}{w_i}}\right)g^{\frac{a\Delta_{0,S}(i)}{w_i}}
\end{aligned}
$$

$$=\left(\prod_{j\in\Gamma}g^{\frac{q(j)\Delta_{j,S}(i)}{w_i}}\right)\left(\prod_{j\in\Gamma'-\Gamma}g^{\frac{q(j)\Delta_{j,S}(i)}{w_i}}\right)g^{\frac{q(0)\Delta_{0,S}(i)}{w_i}}$$

$$=g^{\sum_{j\in\Gamma}\frac{q(j)\Delta_{j,S}(i)}{w_i}}g^{\sum_{j\in\Gamma'-\Gamma}\frac{q(j)\Delta_{j,S}(i)}{w_i}}g^{\frac{q(0)\Delta_{0,S}(i)}{w_i}}$$

$$=g^{\frac{1}{w_i}\sum_{j\in S}q(j)\Delta_{j,S}(i)}=g^{\frac{q(i)}{w_i}}$$

在敌手$\mathcal{A}$看来,$\mathcal{B}$按以上方式为 γ 产生的秘密钥与真实方案中的秘密钥是同分布的。

(3) 挑战。$\mathcal{A}$向$\mathcal{B}$提交两个挑战消息 M_0 和 M_1。$\mathcal{B}$随机选 $\beta\leftarrow_R\{0,1\}$,计算 M_β 的密文:

$$C^*=(\alpha,C'=M_\beta\cdot Z,\{C_i=B^{v_i}\}_{i\in\alpha})$$

如果 $Z=\hat{e}(g,g)^{\frac{ab}{c}}$,设加密指数 $s=\dfrac{b}{c}$,则有

$$C'=M_\beta\cdot Z=M_\beta\cdot\hat{e}(g,g)^{\frac{ab}{c}}=M_\beta\cdot\hat{e}(g,g)^{ys}=M_\beta\cdot Y^s$$

$$C_i=B^{v_i}=g^{bv_i}=g^{\frac{b}{c}cv_i}=g^{scv_i}=(T_i)^s$$

所以该密文是消息 M_β 在身份 α 下的加密结果。

如果 Z 从$\mathbb{G}_2$中随机独立选取,则 $C'=M_\beta\cdot Z$ 是 M_β 的一次一密加密的密文。

(4) 阶段 2。与阶段 1 类似。

(5) 猜测。$\mathcal{A}$输出对 β 的猜测 β'。如果 $\beta'=\beta$,则$\mathcal{B}$输出 1,表示 $T\in\mathcal{P}_{\text{MBDH}}$;如果 $\beta'\neq\beta$,则$\mathcal{B}$输出 0,表示 $T\in\mathcal{R}_{\text{MBDH}}$。

如果 $T\in\mathcal{P}_{\text{MBDH}}$,则模拟过程中敌手$\mathcal{A}$的视图与其在真实攻击中的视图相同,于是 $\left|\Pr[\beta'=\beta]-\dfrac{1}{2}\right|>\varepsilon(\kappa)$;反之,如果 $T\in\mathcal{R}_{\text{MBDH}}$,则 $\Pr[\beta'=\beta]=\dfrac{1}{2}$。$\mathcal{B}$的优势为

$$|\Pr[\mathcal{B}(T\in\mathcal{P}_{\text{MBDH}})=1]-\Pr[\mathcal{B}(T\in\mathcal{R}_{\text{MBDH}})=1]|\geqslant\left|\left(\frac{1}{2}\pm\varepsilon(\kappa)\right)-\frac{1}{2}\right|=\varepsilon(\kappa)$$

(定理 5-1 证毕)

5.2.3 大属性集上的基于模糊身份的加密方案

在 5.2.2 节的方案中,公开参数随着属性集的大小$|\mathcal{U}|$而线性增长。若属性总体为$\mathbb{Z}_p^*$,则 params 大到使方案失去实际意义。本方案用插值法在 g(生成元)的指数上构造一个 n 次多项式,其中 n 是加密的最大的身份长度(即表示身份的最多的属性个数),由此得到一个函数 $T(x)$,用此函数表达属性 x。因此建立 params 时,不用显式地表达每个属性。通过大属性集上一个抗碰撞的哈希函数 $H:\{0,1\}^*\to\mathbb{Z}_p^*$,可以把任意串映射到$\mathbb{Z}_p^*$上。该方案的安全性基于判定性 BDH 假设(见 4.3.1 节)。

参数设置与 5.2.2 节相同,加密身份固定长度为 n,即身份由$\mathbb{Z}_p^*$中的 n 个元素构成。如果取一个将任意串映射到$\mathbb{Z}_p^*$的抗碰撞的哈希函数 H,则身份可取为 n 个任意的元素。访问策略仍是将主密钥 y 按$(d,|\mathcal{U}|)$门限秘密分割方案进行分配,由身份 ω'产生的密文仅由满足$|\omega\cap\omega'|\geqslant d$ 的身份 ω 解密。

该方案的具体构造如下:

(1) 初始化:

$\underline{\text{Init}(\kappa)}$：

$y \leftarrow_R \mathbb{Z}_p$；/ 主密钥

$g_2 \leftarrow_R \mathbb{G}_1$；

$t_1, t_2, \cdots, t_{n+1} \leftarrow_R \mathbb{G}_1$；

N 定义为集合$\{1,2,\cdots,n+1\}$；

$T(x)$ 定义为函数 $g_2^{x^n} \prod_{i=1}^{n+1} t_i^{\Delta_{i,N}(x)}$；

$\text{params} = (g, g_2, t_1, t_2, \cdots, t_{n+1})$；/$g$ 是$\mathbb{G}_1$的生成元

$\text{msk} = y$.

其中定义的函数 $T(x) = g_2^{x^n} \prod_{i=1}^{n+1} t_i^{\Delta_{i,N}(x)}$，可看作存在某个 n 次多项式 $h(x)$ 使得 $T(x) = g_2^{x^n} g^{h(x)}$。

(2) 密钥产生(其中 $\omega \subseteq \mathcal{U}$)：

$\underline{\text{ABEGen}(\text{msk}, \omega)}$：

随机选取一个 $d-1$ 次多项式 q，满足 $q(0) = y$；

对每一 $i \in \omega$

{

$r_i \leftarrow_R \mathbb{Z}_p$；/密钥指数

$D_i = g_2^{q(i)} T(i)^{r_i}, d_i = g^{r_i}$

}；

$d_\omega = \{D_i, d_i\}_{i \in \omega}$.

注意：d_ω 作为对 ω 产生的秘密钥，其每个成分 D_i 与主密钥的分割份额 $q(i)$ 关联。

(3) 加密(用接收方的属性 ω' 作为公开钥，其中 $M \in \mathbb{G}_2$)：

$\underline{\mathcal{E}_{\omega'}(M)}$：

$s \leftarrow_R \mathbb{Z}_p$；/加密指数

$\text{CT} = (\omega', C' = M \cdot \hat{e}(g, g_2)^{ys}, C'' = g^s, \{C_i = T(i)^s\}_{i \in \omega'})$

注意：加密指数与属性的每个元素关联。

(4) 解密(用 ω 解密 CT，其中$|\omega \cap \omega'| \geqslant d$)：

$\underline{\mathcal{D}_{d_\omega}(\text{CT})}$：

在 $\omega \cap \omega'$ 中选取 d 个元素，构成集合 S；

返回 $C' \prod_{i \in S} \left(\frac{\hat{e}(d_i, C_i)}{\hat{e}(D_i, C'')} \right)^{\Delta_{i,S}(0)}$.

这是因为

$$
\begin{aligned}
C' \prod_{i \in S} \left(\frac{\hat{e}(d_i, C_i)}{\hat{e}(D_i, C'')} \right)^{\Delta_{i,S}(0)} &= M \cdot \hat{e}(g, g_2)^{ys} \prod_{i \in S} \left(\frac{\hat{e}(g^{r_i}, T(i)^s)}{\hat{e}(g_2^{q(i)} T(i)^{r_i}, g^s)} \right)^{\Delta_{i,S}(0)} \\
&= M \cdot \hat{e}(g, g_2)^{ys} \prod_{i \in S} \left(\frac{\hat{e}(g^{r_i}, T(i)^s)}{\hat{e}(g_2^{q(i)}, g^s) \hat{e}(T(i)^{r_i}, g^s)} \right)^{\Delta_{i,S}(0)}
\end{aligned}
$$

$$
\begin{aligned}
&= M \cdot \hat{e}(g, g_2)^{ys} \prod_{i \in S} \frac{1}{\hat{e}(g, g_2)^{q(i)s\Delta_{i,S(0)}}} \\
&= M \cdot \hat{e}(g, g_2)^{ys} \frac{1}{\hat{e}(g, g_2)^{s\sum_{i \in S} q(i)\Delta_{i,S(0)}}} \\
&= M \cdot \hat{e}(g, g_2)^{ys} \frac{1}{\hat{e}(g, g_2)^{sy}} \\
&= M.
\end{aligned}
$$

加解密过程与 $T(x)$ 的结构无关,将其定义为 $T(x)=g_2^{x^n}\prod_{i=1}^{n+1} t_i^{\Delta_{i,N}(x)}$,是为了在证明过程中使用分离策略,即为非挑战身份产生秘密钥,并将困难问题嵌入为挑战身份而产生的密文。

定理 5-2 在选定身份模型下,如果存在多项式时间的敌手$\mathcal{A}$以 ε 的优势攻破该方案,则存在另一敌手$\mathcal{B}$以 ε 的优势解决 DBDH 问题。

证明 设$\mathcal{B}$收到五元组 $T=(g, g^a, g^b, g^c, Z)$,它可能取自 $\mathcal{P}_{\text{BDH}}$,此时 $Z=\hat{e}(g,g)^{abc}$;也可能取自$\mathcal{R}_{\text{BDH}}$,此时 Z 从$\mathbb{G}_2$中随机独立选取。$\mathcal{B}$的目标是区分哪种情况发生。如果 $Z=\hat{e}(g,g)^{abc}$,$\mathcal{B}$输出 1;否则输出 0。$\mathcal{B}$在下面的选定身份游戏中与$\mathcal{A}$交互,假定属性总体$\mathcal{U}$是公开的。

游戏开始前,$\mathcal{B}$首先获得$\mathcal{A}$意欲挑战的身份 α。

(1) 初始化。$\mathcal{B}$产生系统参数:

① 令 $g_1=A, g_2=B$。

② 随机选择一个 n 次多项式 $f(x)$。

③ 定义一个 n 次多项式 $u(x)$,当且仅当 $x\in\alpha$ 时满足 $u(x)=-x^n$,即 α 以外的 x 都不满足该式。因为 n 次多项式 $u(x)$ 可由 $n+1$ 个点完全确定,如果再有另一 $x\notin\alpha$,满足 $u(x)=-x^n$,则 $u(x)$ 就被完全确定,即 $\forall x\in\mathcal{U}, u(x)=-x^n$。

④ 令 $t_i=g_2^{u(i)}g^{f(i)}(i=1,2,\cdots,n+1)$,则 $T(x)=g_2^{x^n+u(x)}g^{f(x)}$。当 $x\in\alpha$ 时,$T(x)=g^{f(x)}$。这是因为

$$
\begin{aligned}
T(x) &= g_2^{x^n}\prod_{i=1}^{n+1} t_i^{\Delta_{i,N}(x)} = g_2^{x^n}\prod_{i=1}^{n+1} g_2^{u(i)\Delta_{i,N}(x)} g^{f(i)\Delta_{i,N}(x)} \\
&= g_2^{x^n} g_2^{u(x)} g^{f(x)} = g_2^{x^n+u(x)} g^{f(x)} \\
&= \begin{cases} g^{f(x)}, & x\in\alpha \\ g_2^{x^n+u(x)} g^{f(x)}, & x\notin\alpha \end{cases}
\end{aligned}
$$

注意:初始化过程采用的是分离策略,将属性总体$\mathcal{U}$划分为 α 和$\mathcal{U}-\alpha$。

(2) 阶段 1。$\mathcal{A}$对身份 γ 做秘密钥产生询问,其中 γ 满足$|\gamma\cap\alpha|<d$。$\mathcal{B}$按以下方式定义 Γ、Γ'和 S 3 个集合(见图 5-3):

- $\Gamma=\gamma\cap\alpha$。
- Γ'是满足 $\Gamma\subseteq\Gamma'\subseteq\gamma$ 且$|\Gamma'|=d-1$ 的集合。
- $S=\Gamma'\cup\{0\}$。

然后$\mathcal{B}$按以下方式为 γ 产生秘密钥：

- 当 $i\in\Gamma'$，随机选取 $r_i,\lambda_i\leftarrow_R \mathbb{Z}_p$，计算 $D_i=g_2^{\lambda_i}T(i)^{r_i}$，$d_i=g^{r_i}$，即隐含地有一个 $d-1$ 次多项式 $q(x)$满足 $q(i)=\lambda_i(i\in\Gamma')$。

注意：定理 5-1 将 Γ'分成 Γ 和 $\Gamma'-\Gamma$ 是为了将 c 放入 Γ，本定理不需要这样做。

- 当 $i\in\gamma-\Gamma'$，随机选取 $r_i'\leftarrow_R \mathbb{Z}_p$，并由上一步选取的 r_i 及 λ_j（对所有 $j\in\Gamma'$），计算 D_i 和 d_i：

$$D_i=\Big(\prod_{j\in\Gamma'}g_2^{\lambda_j\Delta_{j,S}(i)}\Big)\Big(g_1^{\frac{-f(i)}{i^n+u(i)}}(g_2^{i^n+u(i)}\ g^{f(i)})^{r_i'}\Big)^{\Delta_{0,S}(i)}$$

$$d_i=(g_1^{\frac{-1}{i^n+u(i)}}g^{r_i'})^{\Delta_{0,S}(i)}$$

即隐含地设置了 $q(0)=a$。

从 $u(x)$的构造可知，当 $i\notin\alpha$（包括 $i\in\gamma-\Gamma'$）时，$u(i)\neq -i^n$，即 $i^n+u(i)\neq 0$。

如果设 $r_i=\left(r_i'-\dfrac{a}{i^n+u(i)}\right)\Delta_{0,S}(i)$，而 $q(x)$如上隐含地定义，因为

$$\left(\left(g_1^{\frac{-f(i)}{i^n+u(i)}}\right)(g_2^{i^n+u(i)}\ g^{f(i)})^{r_i'}\right)^{\Delta_{0,S}(i)}=\left(\left(g^{\frac{-af(i)}{i^n+u(i)}}\right)(g_2^{i^n+u(i)}\ g^{f(i)})^{r_i'}\right)^{\Delta_{0,S}(i)}\quad(g_1=g^a)$$

$$=\left(g_2^a\ (g_2^{i^n+u(i)}g^{f(i)})^{\frac{-a}{i^n+u(i)}}(g_2^{i^n+u(i)}\ g^{f(i)})^{r_i'}\right)^{\Delta_{0,S}(i)}=\left(g_2^a\ (g_2^{i^n+u(i)}g^{f(i)})^{r_i'-\frac{a}{i^n+u(i)}}\right)^{\Delta_{0,S}(i)}$$

$$=g_2^{a\Delta_{0,S}(i)}\ (T(i))^{r_i}$$

所以

$$D_i=\Big(\prod_{j\in\Gamma'}g_2^{\lambda_j\Delta_{j,S}(i)}\Big)\left(g_1^{\frac{-f(i)}{i^n+u(i)}}(g_2^{i^n+u(i)}\ g^{f(i)})^{r_i'}\right)^{\Delta_{0,S}(i)}=\Big(\prod_{j\in\Gamma'}g_2^{\lambda_j\Delta_{j,S}(i)}\Big)g_2^{a\Delta_{0,S}(i)}\ (T(i))^{r_i}$$

$$=g_2^{q(i)}\ (T(i))^{r_i}\text{（隐含地 }q(j)=\lambda_j(j\in\Gamma'),q(0)=a\text{）}$$

$$d_i=\left(g_1^{\frac{-1}{i^n+u(i)}}g^{r_i'}\right)^{\Delta_{0,S}(i)}=\left(g^{r_i'-\frac{a}{i^n+u(i)}}\right)^{\Delta_{0,S}(i)}=g^{r_i}$$

所以有一个隐含的 r_i，使得(D_i,d_i)符合密钥产生的构造过程。

综上，$\mathcal{B}$能够应答敌手对 γ 的秘密钥询问。

(3) 挑战。$\mathcal{A}$向$\mathcal{B}$提交两个挑战消息 M_0 和 M_1。$\mathcal{B}$随机选 $\beta\leftarrow_R\{0,1\}$，计算 M_β 的密文：

$$C^*=(\alpha,C'=M_\beta\cdot Z,C''=C,\{C_i=C^{f(i)}\}_{i\in\alpha})$$

如果 $Z=\hat{e}(g,g)^{abc}$，密文为

$$C^*=(\alpha,C'=M_\beta\cdot\hat{e}(g,g)^{abc},C''=g^c,\{C_i=(g^c)^{f(i)}=T(i)^c\}_{i\in\alpha})$$

其中，$\hat{e}(g,g)^{abc}=\hat{e}(g,g^b)^{ac}=\hat{e}(g,g_2)^{ac}=\hat{e}(g,g_2)^{ys}$，隐含地有 $y=a,s=c$。所以 C^* 是消息 M_β 在身份 α 下、主密钥为 a、加密指数取为 c 的有效密文。

如果 Z 从$\mathbb{G}_2$中随机独立选取，则 $C'=M_\beta\cdot Z$ 是对 M_β 的一次一密加密的密文。

(4) 阶段 2。与阶段 1 类似。

(5) 猜测。$\mathcal{A}$输出对 β 的猜测 β'。如果 $\beta'=\beta$，$\mathcal{B}$输出 1，表示 $T\in\mathcal{P}_{\mathrm{BDH}}$；如果 $\beta'\neq\beta$，$\mathcal{B}$输出 0，表示 $T\in\mathcal{R}_{\mathrm{BDH}}$。

如果 $T\in\mathcal{P}_{\mathrm{BDH}}$，模拟过程中敌手$\mathcal{A}$的视图与其在真实攻击中的视图相同，于是$|\Pr[\beta'=\beta]-1/2|>\varepsilon(\kappa)$。反之，如果 $T\in\mathcal{R}_{\mathrm{BDH}}$，$\Pr[\beta'=\beta]=1/2$。$\mathcal{B}$的优势为

$$|\Pr[\mathcal{B}(T\in\mathcal{P}_{\mathrm{BDH}})=1]-\Pr[\mathcal{B}(T\in\mathcal{R}_{\mathrm{BDH}})=1]|\geqslant\left|\left(\frac{1}{2}\pm\varepsilon(\kappa)\right)-\frac{1}{2}\right|=\varepsilon(\kappa)$$

(定理 5-2 证毕)

5.3 基于访问树结构的 KP-ABE 方案

本节介绍的 KP-ABE 方案[35]中的访问结构采用树结构,简称访问树。

5.3.1 访问树结构

访问树结构是 ABE 体制中用于表示访问策略的另一种常见结构,可以视为(t,n)门限访问结构的进一步扩展。其具体做法是:用树的内部节点表示门限结构(与门或者或门),用叶节点表示属性。该方案中的策略是:为用户建立密钥时,将主密钥从树根开始往下按门限结构分配,直到叶节点,将叶节点收到的份额与其表示的属性进行关联;解密时,若接收方的属性满足访问树,则可从叶节点往上恢复各层节点分配的秘密值,直至在根节点恢复出主密钥(在指数上)。

设$\mathcal{T}$是一棵访问树。$\mathcal{T}$中每个内部节点 x 表示一个门限结构,用(k_x,num_x)描述,其中 num_x 表示 x 的子节点的个数,k_x 表示门限值,$0<k_x\leqslant\mathrm{num}_x$。$k_x=1$ 表示或门,$k_x=\mathrm{num}_x$ 表示与门。叶节点 x 用于描述属性,其门限值 $k_x=1$。

在访问树结构上定义 3 个函数:

- $\mathrm{parent}(x)$:返回节点 x 的父节点。
- $\mathrm{att}(x)$:仅当 x 是叶节点时,返回该节点描述的属性。
- $\mathrm{index}(x)$:返回 x 在其兄弟节点中的编号。

设$\mathcal{T}$是以 r 为根节点的访问树,用$\mathcal{T}_x$表示以 x 为根的子树,$\mathcal{T}_r$就是$\mathcal{T}$。如果一个属性集合 γ 满足访问树$\mathcal{T}_x$,就表示为$\mathcal{T}_x(\gamma)=1$,可以通过如下递归算法计算$\mathcal{T}_x(\gamma)$。

(1) 如果 x 是叶节点,当且仅当 x 表示的属性 $\mathrm{att}(x)$是属性集合 γ 中的元素,即 $\mathrm{att}(x)\in\gamma$ 时,$\mathcal{T}_x(\gamma)=1$。

(2) 如果 x 是非叶节点,对 x 的所有子节点 x',计算$\mathcal{T}_{x'}(\gamma)$。当且仅当至少有 k_x 个子节点 x'返回$\mathcal{T}_{x'}(\gamma)=1$ 时,$\mathcal{T}_x(\gamma)=1$。

已知属性集合 γ 和访问树$\mathcal{T}$,可通过调用上述递归算法验证 γ 是否满足$\mathcal{T}$。如果满足,则 γ 是授权集合;否则 γ 是非授权集合。

图 5-4 所示的访问树结构对应的逻辑表达式为

(属性 1 OR 属性 2) AND (属性 3 OR (属性 4 AND 属性 5))

已知以下 4 个属性集:

A:{属性 1,属性 3}

B:{属性 1,属性 3,属性 4}

C:{属性 3,属性 5}

D:{属性 2,属性 3,属性 5}

满足该访问树的属性集有 A、B、D,所以 A、B、D 是授权集合,C 是非授权集合。

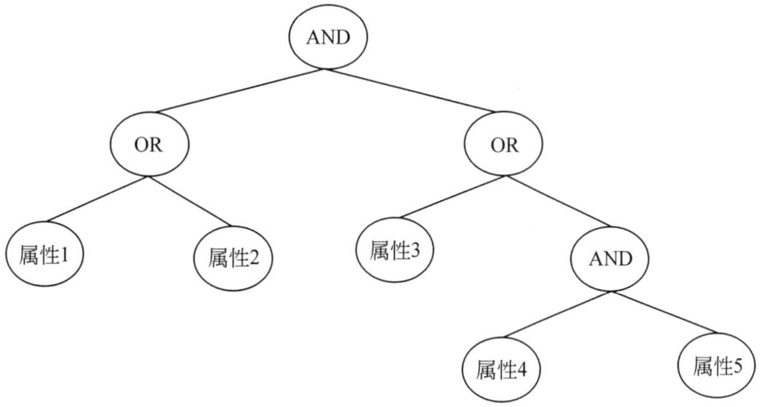

图 5-4　访问树结构示例

5.3.2　KP-ABE 方案构造

KP-ABE 方案构造时的参数设置与 5.2.2 节相同。

（1）初始化：

$\underline{\text{Init}(\kappa)}$：

$t_1, t_2, \cdots, t_{|U|}, y \leftarrow_R \mathbb{Z}_p$；

$\text{params}=(T_1=g^{t_1}, T_2=g^{t_2}, \cdots, T_{|U|}=g^{t_{|U|}}, Y=\hat{e}(g,g)^y)$；

$\text{msk}=(t_1, t_2, \cdots, t_{|U|}, y)$.

注意：主密钥与每个属性成分关联。

（2）加密（用接收方的属性 γ 作为公开钥，其中 $M\in\mathbb{G}_2$）：

$\underline{\mathcal{E}_\gamma(M)}$：

$s\leftarrow_R \mathbb{Z}_p$；/加密指数

$\text{CT}=(\gamma, C'=MY^s, \{C_i=T_i^s\}_{i\in\gamma})$.

注意：加密指数与每个属性成分关联。

（3）密钥产生（ABEGen($\mathcal{T}$, msk)）：

算法输入访问树$\mathcal{T}$和主密钥 msk，输出解密密钥 D，使得当属性集合 γ 满足$\mathcal{T}(\gamma)=1$ 时，D 能够解密由 γ 加密的密文。

策略：将主密钥 y 在$\mathcal{T}$上秘密分割。首先从根节点 r 开始，将 y 在 r 的子节点上分割，每个子节点将自己得到的值继续在自己的子节点上分割，直至叶节点。将叶节点得到的分割值与叶节点对应的属性关联，得到叶节点对应的密钥。密钥产生过程如图 5-5 所示。

具体地，从根节点 r 开始，自上而下地遍历$\mathcal{T}$，为每个节点 x（包括叶节点）建立一个随机多项式 q_x，多项式的次数取为 $d_x=k_x-1$，其中 k_x 为节点 x 的门限值，以 num_x 表示 x 的子节点数，则 $0<k_x\leqslant\text{num}_x$。多项式的 d_x 个非常数项系数随机选择，而常数项如下选择：

- 若 $x=r$，令 $q_r(0)=y$。

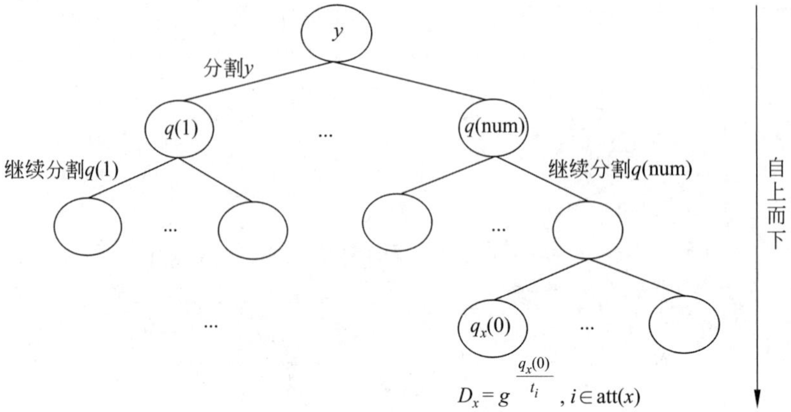

图 5-5　密钥产生过程

• 若 $x \neq r$,令 $q_x(0) = q_{\text{parent}(x)}(\text{index}(x))$(即父节点分配的份额)。

所有节点的多项式定义完成后,对于每一个叶节点 x,计算其上的秘密值:

$$D_x = g^{\frac{q_x(0)}{t_i}}, i \in \text{att}(x)$$

解密密钥取为 $D = \{D_x\}$。

注意:主密钥的分割值与每个属性成分关联。

(4) 解密(用 D 解密 CT):

解密过程如图 5-6 所示。设 D 中包含访问树$\mathcal{T}$,从$\mathcal{T}$的叶节点开始,自下而上恢复上层节点分配的秘密值,直至在根节点恢复出主密钥 y(在指数上)。具体地,对$\mathcal{T}$的节点 x 定义以下两个集合:

• S_x,即 x 的 k_x 个子节点的集合。

• $S'_x = \{j \mid z \in S_x, j = \text{index}(z)\}$,即 x 的 k_x 个子节点的编号集合。

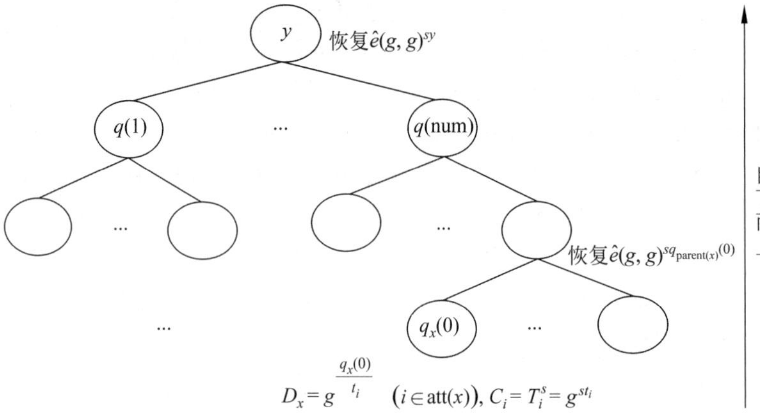

图 5-6　解密过程

定义一个递归算法 DecryptNode(CT, D, x),表示输入为密文 CT $= (\gamma, C', \{C_i\}_{i \in \gamma})$、解密密钥 $D = \{D_x\}$(访问树为$\mathcal{T}$)和$\mathcal{T}$的节点 x,输出为群$\mathbb{G}_2$上的元素或⊥。

令 $i = \text{att}(x)$。

• 若 x 是叶节点，计算

$$F_x=\text{DecryptNode}(\text{CT},D,x)$$

$$=\begin{cases}\hat{e}(D_x,C_i)=\hat{e}(g^{\frac{q_x(0)}{t_i}},g^{s\cdot t_i})=\hat{e}(g,g)^{s\cdot q_x(0)}, & i\in\gamma\\ \perp, & \text{否则}\end{cases}$$

• 若 x 是非叶节点，则对 $z\in S_x$ 的所有子节点 z，调用 $F_z=\text{DecryptNode}(\text{CT},D,z)$。计算

$$\begin{aligned}F_x&=\prod_{z\in S_x}F_z^{\Delta_{j,S'_x}(0)}=\prod_{z\in S_x}(\hat{e}(g,g)^{s\cdot q_z(0)})^{\Delta_{j,S'_x}(0)}\\&=\prod_{z\in S_x}(\hat{e}(g,g)^{s\cdot q_{\text{parent}(z)}(\text{index}(z))})^{\Delta_{j,S'_x}(0)}\\&=\prod_{z\in S_x}\hat{e}(g,g)^{s\cdot q_x(j)\cdot\Delta_{j,S'_x}(0)}=\hat{e}(g,g)^{s\cdot q_x(0)}\end{aligned}$$

其中，最后一个等式由在指数上进行多项式插值得到。

由递归算法 DecryptNode(CT,D,x)得解密算法如下：

$\underline{\mathcal{D}_D(\text{CT})}$：

$F_r=\text{DecryptNode}(\text{CT},D,r)$；

$M=\dfrac{C'}{F_r}$.

这是因为

$$F_r=\text{DecryptNode}(\text{CT},D,r)=\hat{e}(g,g)^{s\cdot q_r(0)}=\hat{e}(g,g)^{s\cdot y}=Y^s$$

说明：

(1) 在此方案中，用户密钥由随机多项式和随机数建立，不同用户的密钥无法联合，从而可以防止共谋攻击。

(2) 方案的公开参数 params$=(T_1=g^{t_1},T_2=g^{t_2},\cdots,T_{|\mathcal{U}|}=g^{t_{|\mathcal{U}|}},Y=\hat{e}(g,g)^y)$的大小随属性数量而线性增长，因而该方案仅适合小属性域。

在选定属性集合模型下，该方案的安全性可归约到 DBDH 假设上。

定理 5-3　在选定属性集合模型下，如果存在多项式时间的敌手$\mathcal{A}$以 ε 的优势攻破该方案，则存在另一敌手$\mathcal{B}$以 ε 的优势解决 DBDH 问题。

证明　设$\mathcal{B}$收到五元组 $T=(g,g^a,g^b,g^c,Z)$，它可能取自 $\mathcal{P}_{\text{BDH}}$，此时 $Z=\hat{e}(g,g)^{abc}$；也可能取自 $\mathcal{R}_{\text{BDH}}$，此时 Z 从 $\mathbb{G}_2$ 中随机独立选取。$\mathcal{B}$的目标是区分哪种情况发生。如果 $Z=\hat{e}(g,g)^{abc}$，$\mathcal{B}$输出 1；否则输出 0。

$\mathcal{B}$在下面的选定身份游戏中与$\mathcal{A}$交互，假定属性总体$\mathcal{U}$是公开的。

游戏开始前，$\mathcal{B}$首先获得$\mathcal{A}$意欲挑战的身份 γ。

(1) 初始化。$\mathcal{B}$产生公开参数：

① $Y=\hat{e}(A,B)=\hat{e}(g,g)^{ab}$(即隐含地设置主密钥中的 $y=ab$)。

② 对每一 $i\in\mathcal{U}$，

• 如果 $i\in\gamma$，随机选择 $r_i\leftarrow_R\mathbb{Z}_p$，设置 $T_i=g^{r_i}$，因此 $t_i=r_i$。

• 如果 $i\notin\gamma$，随机选择 $v_i\leftarrow\mathbb{Z}_p$，设置 $T_i=B^{v_i}=g^{bv_i}$，因此隐含地有 $t_i=bv_i$。

$\mathcal{B}$将公开参数发送给$\mathcal{A}$。

按照这种方式定义 T_i 的值是为了在证明过程中使用分离策略，即为非挑战身份产生秘密钥，并将困难问题嵌入为挑战身份而产生的密文。

(2) 阶段 1。$\mathcal{A}$自适应地对使 γ 不能满足的访问结构$\mathcal{T}$(即$\mathcal{T}(\gamma)=0$)做秘密钥产生询问。$\mathcal{B}$的策略是将 g^a 在$\mathcal{T}$上秘密分割，使得叶节点得到分割值，这个过程记为 PolyUnsat($\mathcal{T},\gamma,g^a$)。为此$\mathcal{B}$需要定义以下两个过程：PolySat 和 PolyUnsat。

Polysat($\mathcal{T}_x,\gamma,\lambda_x$)用于为以 x 为根节点，且$\mathcal{T}_x(\gamma)=1$ 的访问子树$\mathcal{T}_x$的每一节点创建多项式，它的输入为$\mathcal{T}_x$、属性集合 γ 以及整数 $\lambda_x\in\mathbb{Z}_p$。

首先为根节点 x 定义次数为 d_x 的多项式 q_x，q_x 的常数项设置为 $q_x(0)=\lambda_x$，其他 d_x 个系数取为随机数。然后调用过程 Polysat($\mathcal{T}_{x'},\gamma,q_x(0)$)为 x 的每个子节点 x'设置多项式，其中 $q_{x'}(0)=q_x(\text{index}(x'))$。注意由$\mathcal{T}_x(\gamma)=1$ 可知$\mathcal{T}_{x'}(\gamma)=1$。

PolyUnsat($\mathcal{T}_x,\gamma,g^{\lambda_x}$)用于为以 x 为根节点，且$\mathcal{T}_x(\gamma)=0$ 的访问子树$\mathcal{T}_x$的每一节点创建多项式，它的输入为$\mathcal{T}_x$、属性集合 γ 以及群元素 $g^{\lambda_x}\in\mathbb{G}_1$(其中 $\lambda_x\in\mathbb{Z}_p$ 是未知的)。

首先为根节点 x 定义次数为 d_x 的多项式 q_x，使得 $q_x(0)=\lambda_x$，其余 d_x 个取值为随机的。q_x 的取值过程就是为 x 的子节点 x'分配份额的过程，根据$\mathcal{T}_{x'}(\gamma)=1$ 或 0，分为以下 3 种情况：

① 设 x'是使得$\mathcal{T}_{x'}(\gamma)=1$ 的 x 的子节点，Γ 是所有 x'构成的集合。因为$\mathcal{T}_x(\gamma)=0$，则有$|\Gamma|=h_x\leqslant d_x$。对于 Γ 中的每一个 x'，随机选取 $\lambda_{x'}\leftarrow_R\mathbb{Z}_p$ 并令 $q_x(\text{index}(x'))=\lambda_{x'}$。

② 在剩余的 num_x-h_x 个子节点中随机取 d_x-h_x 个，记为 Γ'。对每一 $x\in\Gamma'$，随机选取 $v_{x'}\leftarrow_R\mathbb{Z}_p$ 并令 $q_x(\text{index}(x'))=v_{x'}$。

③ 对 x 的其他子节点 $x'\notin\Gamma\cup\Gamma'$，由插值法求 $g^{q_x(i)}=\prod\limits_{x'\in\Gamma}(g^{\lambda_{x'}\Delta_{j,S}(i)})\prod\limits_{x'\in\Gamma'}(g^{v_{x'}\Delta_{j,S}(i)})(g^{\lambda_x})^{\Delta_{0,S}(i)}$，其中 $i=q_x(\text{index}(x'))$。令 $g^{q_{x'}(0)}=g^{q_x(i)}$。

然后为 x'按以下方式调用子过程：

① 对 $x'\in\Gamma$，调用 Polysat($\mathcal{T}_{x'},\gamma,\lambda_{x'}$)。

② 对 $x'\in\Gamma'$，调用 PolyUnsat($\mathcal{T}_{x'},\gamma,g^{v_{x'}}$)。

③ 对 $x'\notin\Gamma\cup\Gamma'$，调用 PolyUnsat($\mathcal{T}_{x'},\gamma,g^{q_{x'}(0)}$)

PolySat 和 PolyUnsat 的终止条件是遍历完$\mathcal{T}$的每个叶节点 x，此时为 x 建立的多项式为 0 次，即常数项：

$$\text{常数项}=\begin{cases}q_x(0)=q_{\text{parent}(x)}(\text{index}(x)), & \mathcal{T}_x(\gamma)=1(\text{att}(x)\in\gamma)\\ g^{q_x(0)}=g^{q_{\text{parent}(x)}(\text{index}(x))}, & \mathcal{T}_x(\gamma)=0(\text{att}(x)\notin\gamma)\end{cases}$$

在定义了 PolySat 和 PolyUnsat 后，为了得到访问树$\mathcal{T}$的密钥，$\mathcal{B}$首先运行 PolyUnsat($\mathcal{T},\gamma,g^a$)，将 a 在$\mathcal{T}$上秘密分割。在得到每个叶节点 x 对应的值后，再对 x 对应的秘密钥做如下设置：设 $i=\text{att}(x)$，求

$$D_x=\begin{cases}B^{\frac{q_x(0)}{r_i}}, & \text{att}(x)\in\gamma\\ (g^{q_x(0)})^{\frac{1}{v_i}}, & \text{att}(x)\notin\gamma\end{cases}$$

这是因为，当 $\text{att}(x)\in\gamma$ 时，

$$D_x = B^{\frac{q_x(0)}{r_i}} = g^{\frac{bq_x(0)}{r_i}} = g^{\frac{Q_x(0)}{t_i}}$$

当 $\mathrm{att}(x) \notin \gamma$ 时，

$$D_x = (g^{q_x(0)})^{\frac{1}{v_i}} = g^{\frac{q_x(0)}{v_i}} = g^{\frac{bq_x(0)}{bv_i}} = g^{\frac{Q_x(0)}{t_i}}$$

因此，$\mathcal{B}$隐含地为$\mathcal{T}$的每个节点定义了多项式 $Q_x(\cdot) = bq_x(\cdot)$，满足 $Q_r(0) = ab = y$，并在叶节点得到解密密钥 $D = \{D_x\}$。$\mathcal{B}$按如上方式为$\mathcal{T}$建立的秘密钥，和原始方案中的密钥是同分布的。

(3) 挑战。$\mathcal{A}$向$\mathcal{B}$提交两个等长的挑战消息 M_0 和 M_1。$\mathcal{B}$随机选 $\beta \leftarrow_R \{0,1\}$，计算 M_β 的密文：

$$C^* = (\gamma, C' = M_\beta Z, \{C_i = C^{r_i}\}_{i \in \gamma})$$

如果 $Z = \hat{e}(g,g)^{abc}$，则隐含地有加密指数 $s = c$，$Z = (\hat{e}(g,g)^{ab})^c = (\hat{e}(g,g)^y)^s = Y^s$，$C_i = C^{r_i} = (g^c)^{r_i} = (g^{r_i})^c = T_i^s$。所以 C^* 是 M_β 的有效密文。

如果 Z 从$\mathbb{G}_2$中随机独立选取，则 $C' = M_\beta \cdot Z$ 是 M_β 的一次一密加密的密文。

(4) 阶段 2。与阶段 1 类似。

(5) 猜测。$\mathcal{A}$输出对 β 的猜测 β'。如果 $\beta' = \beta$，$\mathcal{B}$输出 1，表示 $T \in \mathcal{P}_{\mathrm{BDH}}$；如果 $\beta' \neq \beta$，$\mathcal{B}$输出 0，表示 $T \in \mathcal{R}_{\mathrm{BDH}}$。

$\mathcal{B}$的优势与定理 5-2 的证明中给出的相同。

（定理 5-3 证毕）

注意：类似于基于模糊身份的加密方案，本方案也可以将困难性假定取为 MBDH，主密钥取为 a，加密指数取为 $s = \dfrac{b}{c}$。

5.3.3 大属性集的 KP-ABE 方案构造

大属性集的 KP-ABE 方案与 5.2.3 节介绍的方案类似，设$\mathbb{Z}_p^*$为属性总体，公开参数关于 n 线性增长，其中 n 为加密的最大的属性集的大小。通过一个大属性集上抗碰撞的哈希函数 $H: \{0,1\}^* \to \mathbb{Z}_p^*$，可以把任意串映射到$\mathbb{Z}_p^*$上。该方案的参数设置与 5.2.2 节的方案相同，安全性仍然基于 DBDH 假设(见 4.3.1 节)。

该方案中属性集 γ 由$\mathbb{Z}_p^*$中的 n 个元素构成。方案的具体构造如下：

(1) 初始化：

Init(κ)：

$y \leftarrow_R \mathbb{Z}_p$；/主密钥

$g_2 \leftarrow_R \mathbb{G}_1$；

$t_1, t_2, \cdots, t_{n+1} \leftarrow_R \mathbb{G}_1$；

N 定义为集合$\{1,2,\cdots,n+1\}$；

$T(X)$ 定义为函数 $g_2^{X^n} \prod_{i=1}^{n+1} t_i^{\Delta_{i,N}(X)}$；

params $= (g, g_2, t_1, t_2, \cdots, t_{n+1})$；/$g$ 是$\mathbb{G}_1$的生成元

msk $= y$.

其中定义的函数 $T(X)=g_2^{X^n}\prod_{i=1}^{n+1}t_i^{\Delta_{i,N}(X)}$ 可看作存在某个 n 次多项式 $h(X)$ 使得 $T(X)=g_2^{X^n}g^{h(X)}$。

(2) 加密(用接收方的属性 γ 作为公开钥,其中 $M\in\mathbb{G}_2$):

$\underline{\mathcal{E}_\gamma(M)}$:

$s\leftarrow_R\mathbb{Z}_p$;/加密指数

$\mathrm{CT}=(\gamma,C'=M\hat{e}(g,g_2)^{ys},C''=g^s,\{C_i=T(i)^s\}_{i\in\gamma})$.

注意:加密指数与每个属性成分关联。

(3) 密钥产生(ABEGen($\mathcal{T}$,msk)):

算法输入访问树$\mathcal{T}$和主密钥 msk,输出解密密钥 D,使得当属性集合 γ 满足$\mathcal{T}(\gamma)=1$ 时,D 能够解密由 γ 加密的密文。

采用与5.3.2相同的策略,算法首先从根节点 r 开始,自上而下地遍历$\mathcal{T}$。为每一节点 x(包括叶节点)选择一个随机多项式 q_x,多项式的次数取为 $d_x=k_x-1$,其中 k_x 为节点 x 的门限值,以 num_x 表示 x 的子节点数,则 $0<k_x\leqslant\mathrm{num}_x$。多项式的 d_x 个非常数项系数随机选择,而常数项如下选择:

- 若 $x=r$,令 $q_r(0)=y$。
- 若 $x\neq r$,令 $q_x(0)=q_{\mathrm{parent}(x)}(\mathrm{index}(x))$。

所有节点的多项式定义完成后,对于每个叶节点 x,随机选取 $r_x\leftarrow_R\mathbb{Z}_p$,计算

$$D_x=g_2^{q_x(0)}T(i)^{r_x},R_x=g^{r_x}$$

其中 $i=\mathrm{att}(x)$。解密密钥为 $D=\{D_x,R_x\}$。

注意:主密钥的分割值与每个属性成分关联。

(4) 解密(用 D 解密 CT):

设 D 中包含访问树$\mathcal{T}$,对$\mathcal{T}$的节点 x 定义以下两个集合:

- S_x,即 x 的 k_x 个子节点的集合;
- $S'_x=\{j\mid z\in S_x,j=\mathrm{index}(z)\}$,即 x 的 k_x 个子节点的编号集合。

定义一个递归算法 DecryptNode(CT,D,x),表示输入为密文 $\mathrm{CT}=(\gamma,C',C'',\{C_i\}_{i\in\gamma})$、解密密钥 $D=\{D_x\}$(访问树为$\mathcal{T}$)和$\mathcal{T}$的节点 x,输出为群$\mathbb{G}_2$上的元素或$\perp$。

- 若 x 是叶节点,计算

$$F_x=\mathrm{DecryptNode}(\mathrm{CT},D,x)$$

$$=\begin{cases}\dfrac{\hat{e}(D_x,C'')}{\hat{e}(R_x,C_i)}=\dfrac{\hat{e}(g_2^{q_x(0)}\cdot T(i)^{r_x},g^s)}{\hat{e}(g^{r_x},T(i)^s)}\\ \qquad=\dfrac{\hat{e}(g_2^{q_x(0)},g^s)\cdot\hat{e}(T(i)^{r_x},g^s)}{\hat{e}(g^{r_x},T(i)^s)}=\hat{e}(g,g_2)^{s\cdot q_x(0)}, & \text{如果 } i\in\gamma\\ \perp, & \text{否则}\end{cases}$$

- 若 x 是非叶节点,则对 $z\in S_x$ 的所有子节点 z,调用 $F_z=\mathrm{DecryptNode}(\mathrm{CT},D,z)$。计算

$$F_x=\prod_{z\in S_x}F_z^{\Delta_{i,S'_x}(0)}=\prod_{z\in S_x}(\hat{e}(g,g_2)^{s\cdot q_z(0)})^{\Delta_{i,S'_x}(0)}$$

$$=\prod_{z\in S_x}(\hat{e}(g,g_2)^{s\cdot q_{\mathrm{parent}(z)}(\mathrm{index}(z))})^{\Delta_{i,S'_x}(0)}$$

$$=\prod_{z\in S_x}\hat{e}(g,g_2)^{s\cdot q_x(i)\cdot\Delta_{i,S'_x}(0)}=\hat{e}(g,g_2)^{s\cdot q_x(0)}$$

其中,最后一个等式由在指数上进行多项式插值得到。

由递归算法 DecryptNode(CT,D,x)得解密算法如下:

$\underline{\mathcal{D}_D(\mathrm{CT})}$:

$F_r=\mathrm{DecryptNode}(\mathrm{CT},D,r)$;

$$M=\frac{C'}{F_r}.$$

这是因为

$$F_r=\mathrm{DecryptNode}(\mathrm{CT},D,r)=\hat{e}(g,g_2)^{s\cdot q_r(0)}=\hat{e}(g,g_2)^{s\cdot y}$$

类似于 5.2.3 节,加解密过程仍不使用 $T(x)$的结构,$T(x)$的结构仅用于采用分离策略的安全性证明。

在选定属性集合模型下,该方案的安全性可归约到 DBDH。

定理 5-4 在选定属性集合模型下,如果存在多项式时间的敌手$\mathcal{A}$以 ϵ 的优势攻破该方案,则存在另一敌手$\mathcal{B}$以 ϵ 的优势解决 DBDH 问题。

证明 设$\mathcal{B}$收到五元组 $T=(g,g^a,g^b,g^c,Z)$,它可能取自$\mathcal{P}_{\mathrm{BDH}}$,此时 $Z=\hat{e}(g,g)^{abc}$;也可能取自$\mathcal{R}_{\mathrm{BDH}}$,此时 Z 从$\mathbb{G}_2$中随机独立选取。$\mathcal{B}$的目标是区分哪种情况发生,如果 $Z=\hat{e}(g,g)^{abc}$,$\mathcal{B}$输出 1;否则输出 0。

$\mathcal{B}$在下面的选定身份游戏中与$\mathcal{A}$交互,假定属性总体$\mathcal{U}$是公开的。

游戏开始前,$\mathcal{B}$首先获得$\mathcal{A}$意欲挑战的属性集合 γ,该集合由$\mathbb{Z}_p^*$ 中的 n 个元素构成。

(1) 初始化。$\mathcal{B}$取公开参数 $g_2=B=g^b$,然后随机选取一个 n 次多项式 $f(X)$,构造另一个 n 次多项式 $u(X)$。当 $X\in\gamma$ 时,$u(X)=-X^n$;当 $X\notin\gamma$ 时,$u(X)\neq -X^n$。

因为$-X^n$ 和 $u(X)$是两个 n 次多项式,要么至多在 n 个点上取值是相同的,要么就是完全相同的。这个构造确保了 $\forall X\in\mathcal{U}$,当且仅当 $X\in\gamma$ 时 $u(X)=-X^n$。

$\mathcal{B}$设置 $t_i=g_2^{u(i)}g^{f(i)}$,$i=1,2,\cdots,n+1$,因为 $f(X)$是随机的 n 次多项式,所以 t_i 是独立随机的。隐含地有 $T(i)=g_2^{i^n+u(i)}g^{f(i)}$,这是因为算法中

$$\begin{aligned}T(X)&=g_2^{X^n}\prod_{i=1}^{n+1}t_i^{\Delta_{i,N}(X)}=g_2^{X^n}\prod_{i=1}^{n+1}g_2^{u(i)\Delta_{i,N}(X)}g^{f(i)\Delta_{i,N}(X)}\\&=g_2^{X^n}g_2^{u(X)}g^{f(X)}=g_2^{X^n+u(X)}g^{f(X)}\\&=\begin{cases}g^{f(X)}, & X\in\gamma\\ g_2^{X^n+u(X)}g^{f(X)}, & X\notin\gamma\end{cases}\end{aligned}$$

其中,第 3 个等式由指数上的插值得到。

(2) 阶段 2。敌手$\mathcal{A}$自适应地对访问结构$\mathcal{T}$进行秘密钥产生询问,要求$\mathcal{T}(\gamma)=0$。为此,$\mathcal{B}$需要为$\mathcal{T}$中的每一个非叶节点产生一个次数为 d_x 的多项式 q_x,使得 $q_r(0)=a$(隐含地)。

类似于小属性集合方案的证明,定义两个过程:PolySat 和 PolyUnsat,它们的终止

条件都是遍历完$\mathcal{T}$的每个叶节点 x,此时为 x 建立的多项式为 0 次,即常数项。

$$常数项=\begin{cases} q_x(0)=q_{\text{parent}(x)}(\text{index}(x)), & \mathcal{T}_x(\gamma)=1(\text{att}(x)\in\gamma) \\ g^{q_x(0)}=g^{q_{\text{parent}(x)}(\text{index}(x))}, & \mathcal{T}_x(\gamma)=0(\text{att}(x)\notin\gamma) \end{cases}$$

PolySat 和 PolyUnsat 定义好以后,$\mathcal{B}$运行 PolyUnsat$(\mathcal{T},\gamma,A)$,得到每个叶节点 x 对应的值,再对 x 对应的秘密钥做如下设置:

设 $i=\text{att}(x)$。

- 如果 $i\in\gamma$,随机选择 $r_x\leftarrow_R \mathbb{Z}_p$,计算$(D_x=g_2^{q_x(0)}T(i)^{r_x},R_x=g^{r_x})$。
- 如果 $i\notin\gamma$,设 $g_1=g^{q_x(0)}$,随机选择 $r'_x\leftarrow_R \mathbb{Z}_p$,计算

$$\left(D_x=g_1^{\frac{-f(i)}{i^n+u(i)}}\left(g_2^{i^n+u(i)}g^{f(i)}\right)^{r'_x},R_x=g_1^{\frac{-1}{i^n+u(i)}}g^{r'_x}\right)$$

根据 $u(X)$的构造,对于所有 $i\notin\gamma$,$i^n+u(i)$值是非零的。

上面的秘密钥成分是合法的,因为如果设定 $r_x=r'_x-\dfrac{q_x(0)}{i^n+u(i)}$,则有

$$\begin{aligned} D_x&=g_1^{\frac{-f(i)}{i^n+u(i)}}\left(g_2^{i^n+u(i)}g^{f(i)}\right)^{r'_x}\\ &=g^{\frac{-q_x(0)\cdot f(i)}{i^n+u(i)}}\left(g_2^{i^n+u(i)}g^{f(i)}\right)^{r'_x}\\ &=g_2^{q_x(0)}\left(g_2^{i^n+u(i)}g^{f(i)}\right)^{\frac{-q_x(0)}{i^n+u(i)}}\left(g_2^{i^n+u(i)}g^{f(i)}\right)^{r'_x}\\ &=g_2^{q_x(0)}\left(g_2^{i^n+u(i)}g^{f(i)}\right)^{r'_x-\frac{q_x(0)}{i^n+u(i)}}\\ &=g_2^{q_x(0)}(T(i))^{r_x} \end{aligned}$$

$$R_x=g_1^{\frac{-1}{i^n+u(i)}}g^{r'_x}=g^{r'_x-\frac{q_x(0)}{i^n+u(i)}}=g^{r_x}$$

因此$\mathcal{B}$能够为$\mathcal{T}$构建秘密钥,而且秘密钥的分布和原始方案中的秘密钥分布是相同的。

(3) 挑战。$\mathcal{A}$向$\mathcal{B}$提交两个等长的挑战消息 M_0 和 M_1。$\mathcal{B}$随机选 $\beta\leftarrow_R\{0,1\}$,计算 M_β 的密文:

$$C^*=(\gamma,C'=M_\beta Z,C''=C,\{C_i=C^{f(i)}\}_{i\in\gamma})$$

- 如果 $Z=\hat{e}(g,g)^{abc}=\hat{e}(g,g_2)^{ac}$,则隐含地有主密钥 $y=a$、加密指数 $s=c$。而 $C''=C=g^c,C_i=(g^c)^{f(i)}=(g^{r_i})^c=T(i)^c(i\in\gamma)$。所以 C^* 是 M_β 的有效密文。
- 如果 Z 从$\mathbb{G}_2$中随机独立选取,则 $C'=M_\beta\cdot Z$ 是对 M_β 的一次一密加密。

(4) 阶段 2。与阶段 1 类似。

(5) 猜测。$\mathcal{A}$输出对 β 的猜测 β'。如果 $\beta'=\beta$,$\mathcal{B}$输出 1,表示 $T\in\mathcal{P}_{\text{BDH}}$;如果 $\beta'\neq\beta$,$\mathcal{B}$输出 0,表示 $T\in\mathcal{R}_{\text{BDH}}$。

$\mathcal{B}$的优势与定理 5-2 的证明中给出的相同。

(定理 5-4 证毕)

5.4 基于 LSSS 结构的 CP-ABE 方案

本节介绍的 CP-ABE 方案[36]，其中的访问结构采用张成方案，用于实现指数上的秘密分割。具体来说，发送方每次加密时，选取一个随机指数 s，根据张成方案$\mathbb{M}$ 将 s 分割为秘密份额，并将每个份额指定给一个属性。因为张成方案得到的秘密分割是线性的，下面将$\mathbb{M}$ 称为 LSSS(Linear Secret Sharing Scheme，线性秘密分割方案)结构。

在采用分离策略证明 ABE 的安全性时，挑战者在设置安全参数时将属性总体划分为两个不相交的集合，一个用于为敌手产生秘密钥，另一个用于嵌入困难问题。在 KP-ABE 机制中，挑战者已知敌手意欲挑战的属性集合 γ^* 后，对每个属性，根据其是否在 γ^* 中，分两种情况求它对应的公共参数，因此很容易将 γ^* 编排到公共参数。在 CP-ABE 机制中，情况会复杂一些，因为访问结构$\mathbb{M}^*$ 可能很大(通常，$\mathbb{M}^*$ 的规模会比公共参数的规模大很多)，而且一个访问结构可能多次包含同一个属性。因此，没有简单的方法将访问结构编排到公共参数中。

本方案的归约中，创建了一种直接将任何 LSSS 结构($\mathbb{M}^*,\rho^*$)编排到公共参数的方法(在选定访问结构的模型下)。考虑一个大小为 $n^*\times\ell^*$ 的 LSSS 结构($\mathbb{M}^*,\rho^*$)，对于它的每一行 i，挑战者将 ℓ 个信息片段($\mathbb{M}^*_{i,1},\mathbb{M}^*_{i,2},\cdots,\mathbb{M}^*_{i,\ell}$)编排到该行与属性相关联的参数中，目的是利用 1.5.4 节命题 1-1，转换为求出满足 $\vec{w}\cdot M_i^*=0$ 的 $\vec{w}=(w_1,w_2,\cdots,w_{l^*})\in\mathbb{Z}_p^{l^*}$，从而可回答敌手的密钥询问。

5.4.1 判定性 q-并行 BDHE 假设

定义判定性 q-并行双线性 Diffie-Hellman 指数(q-parallel Bilinear Diffie-Hellman Exponent)问题(简称为判定性 q-并行 BDHE 问题)如下。设$\mathbb{G}_1$、$\mathbb{G}_2$是两个阶为素数 p 的乘法循环群，g 是$\mathbb{G}_1$的生成元，$\hat{e}$：$\mathbb{G}_1\times\mathbb{G}_1\to\mathbb{G}_2$是双线性映射。随机选择 $a,s,b_1,b_2,\cdots,b_q\leftarrow\mathbb{Z}_p$，公开

$$
\begin{aligned}
\boldsymbol{Y}=\{&g,g^s,g^a,\cdots,g^{(a^q)},g^{(a^{q+2})},\cdots,g^{(a^{2q})},\\
&\forall_{1\leqslant j\leqslant q}\, g^{sb_j},g^{a/b_j},\cdots,g^{(a^q/b_j)},g^{(a^{q+2}/b_j)},\cdots,g^{(a^{2q}/b_j)},\\
&\forall_{1\leqslant j,k\leqslant q,k\neq j}\, g^{asb_k/b_j},\cdots,g^{(a^q sb_k/b_j)}\}
\end{aligned}
$$

判定性 q-并行 BDHE 假设是指不存在多项式时间的算法以不可忽略的优势区分 $\mathcal{P}_{q\text{-parallel BDHE}}=\{(\boldsymbol{Y},\hat{e}(g,g)^{a^{q+1}s})\}$和$\mathcal{R}_{q\text{-parallel BDHE}}=\{(\boldsymbol{Y},R)\}$的分布，其中 R 是$\mathbb{G}_2$中的随机元素。

5.4.2 基于密文策略的属性加密方案构造

基于密文策略的属性加密方案的参数设置如下：g 是阶为素数 p 的群$\mathbb{G}_1$的生成元，$\hat{e}$：$\mathbb{G}_1\times\mathbb{G}_1\to\mathbb{G}_2$是双线性映射。属性总体记为$\mathcal{U}$，大小记为$|\mathcal{U}|$。

该方案采取的策略为：加密过程先选择随机的加密指数 $s\in\mathbb{Z}_p$，用 LSSS 的访问矩阵$\mathbb{M}$ 对 s 进行分割，使得每一份额关联一个属性。解密时，任一授权集合均可在指数上恢

复 s。

(1) 初始化:

$\underline{\mathrm{Init}(\kappa)}$:

$h_1,h_2,\cdots,h_{|U|}\leftarrow_R \mathbb{G}_1$;

$y\leftarrow_R \mathbb{Z}_p$;/主密钥

$a\leftarrow_R \mathbb{Z}_p, h=g^a$;

$\mathrm{params}=(g,\hat{e}(g,g)^y,h,h_1,h_2,\cdots,h_{|U|})$;

$\mathrm{msk}=y$.

(2) 加密。加密算法的输入除了 params 和待加密的消息 $M\in\mathbb{G}_2$外,还输入用于 LSSS 的张成方案$(\mathbb{M},\rho)$,其中$\mathbb{M}$是一个 $n\times\ell$ 矩阵,函数 ρ 为$\mathbb{M}$的行指定属性。

$\underline{\mathcal{E}((\mathbb{M},\rho),\mathrm{params},M)}$:

$\vec{v}=(s,y_2,y_3,\cdots,y_\ell)\leftarrow_R \mathbb{Z}_p^\ell$;/$s$ 是加密指数

$\lambda_i=\boldsymbol{v}\cdot\mathbb{M}_i(i=1,2,\cdots,n)$;/$s$ 的份额

$r_1,r_2,\cdots,r_n\leftarrow_R \mathbb{Z}_p$;

$\mathrm{CT}=(C=M\cdot\hat{e}(g,g)^{ys},C'=g^s,(C_1=h^{\lambda_1}h_{\rho(1)}^{-r_1},D_1=g^{r_1}),$

$(C_2=h^{\lambda_2}h_{\rho(2)}^{-r_2},D_2=g^{r_2}),\cdots,(C_n=h^{\lambda_n}h_{\rho(n)}^{-r_n},D_n=g^{r_n}))$.

注意,$\boldsymbol{v}=(s,y_2,y_3,\cdots,y_\ell)\leftarrow_R \mathbb{Z}_p^\ell$用于分割加密指数 s,$\lambda_i=\boldsymbol{v}\mathbb{M}_i(i=1,2,\cdots,n)$是分割 s 得到的第 i 个份额,$C_i(i=1,2,\cdots,n)$将 λ_i 关联到第$\rho(i)$个属性。

(3) 密钥产生(ABEGen(msk,S))。算法的输入为主密钥 msk 和属性集合 S。

$\underline{\mathrm{ABEGen}(\mathrm{msk},S)}$:

$t\leftarrow_R \mathbb{Z}_p$;/密钥指数

$K=g^yh^t,L=g^t,K_x=h_x^t(\forall x\in S)$;

$\mathrm{SK}=(K,L,K_x(x\in S))$.

注意,密钥指数与 S 中的每一属性关联。

(4) 解密(Decrypt(CT,SK))。输入为访问结构$(\mathbb{M},\rho)$对应的密文 CT、属性集合 S 对应的秘密钥 SK,假定 S 满足访问结构。定义 $I=\{i:\rho(i)\in S\}\subset\{1,2,\cdots,n\}$是能够恢复秘密 s 的有效份额$\{\lambda_i\}$的指标集,即存在$\{\omega_i\in\mathbb{Z}_p\mid i\in I\}$,使得 $\sum_{i\in I}\omega_i\lambda_i=s$(注意,$\omega_i$ 的选择不唯一)。

$\underline{\mathcal{D}_{\mathrm{SK}}(\mathrm{CT})}$:

$$\text{返回 } C\cdot\frac{\prod_{i\in I}[\hat{e}(C_i,L)\cdot\hat{e}(D_i,K_{\rho(i)}))^{\omega_i}]}{\hat{e}(C',K)}.$$

这是因为

$$\frac{\prod_{i\in I}[\hat{e}(C_i,L)\hat{e}(D_i,K_{\rho(i)}))^{\omega_i}]}{\hat{e}(C',K)}=\frac{\prod_{i\in I}\hat{e}(g,h)^{t\lambda_i\omega_i}}{\hat{e}(g,g)^{ys}\hat{e}(g,h)^{st}}=\frac{1}{\hat{e}(g,g)^{ys}}$$

证明系统安全性的重要一步是在归约过程中将敌手意欲挑战的访问矩阵嵌入公共参数中，障碍是一个属性可能会与访问矩阵中的多行相关联（即函数 ρ^* 不是单射）。

当 $\rho^*(i)=x$ 时，应基于$\mathbb{M}^*$ 的第 i 行编排 h_x。但如果存在 $i\neq j$，使得 $x=\rho^*(i)=\rho^*(j)$，那么要解决的问题是如何编排 h_x 而不使得第 i 行和第 j 行产生冲突。通过使用判定性 q-并行 BDHE 假设中的不同项可解决这个问题。

定理 5-5　在选定访问结构$(\mathbb{M}^*,\rho^*)$模型下，如果存在多项式时间的敌手$\mathcal{A}$以 ε 的优势攻破该方案，则存在另一敌手$\mathcal{B}$以 ε 的优势解决判定性 q-并行 BDHE 假设问题。其中$\mathbb{M}^*$ 的大小为 $n^*\times\ell^*$，满足 $n^*\leqslant q,\ell^*\leqslant q$。

证明　设

$$\begin{aligned}\boldsymbol{Y}=\{&g,g^s,g^a,\cdots,g^{(a^q)},g^{(a^{q+2})},\cdots,g^{(a^{2q})},\\ &\forall_{1\leqslant j\leqslant q}g^{sb_j},g^{a/b_j},\cdots,g^{(a^q/b_j)},g^{(a^{q+2}/b_j)},\cdots,g^{(a^{2q}/b_j)},\\ &\forall_{1\leqslant j,k\leqslant q,k\neq j}g^{asb_k/b_j},\cdots,g^{(a^qsb_k/b_j)}\}\end{aligned}$$

设$\mathcal{B}$收到多元组 $T=(\boldsymbol{Y},Z)$。它可能取自$\mathcal{P}_{q\text{-parallel BDHE}}$，此时 $Z=\hat{e}(g,g)^{a^{q+1}s}$；也可能取自$\mathcal{R}_{q\text{-parallel BDHE}}$，此时 Z 是$\mathbb{G}_2$中随机独立选取。$\mathcal{B}$的目标是区分哪种情况发生。如果 $Z=\hat{e}(g,g)^{a^{q+1}s}$，则$\mathcal{B}$输出 1；否则输出 0。

$\mathcal{B}$收到多元组 T 后，通过与$\mathcal{A}$进行以下游戏来判断该多元组取自$\mathcal{P}_{q\text{-parallel BDHE}}$还是$\mathcal{R}_{q\text{-parallel BDHE}}$。

游戏开始前，$\mathcal{B}$首先获得$\mathcal{A}$意欲挑战的访问结构$(\mathbb{M}^*,\rho^*)$。

(1) 初始化。$\mathcal{B}$选择随机数 $y'\leftarrow_R\mathbb{Z}_p$，计算 $\hat{e}(g^a,g^{a^q})\hat{e}(g,g)^{y'}$，令其等于 $\hat{e}(g,g)^y$，则隐含地设置了主密钥 $y=y'+a^{q+1}$。

取 $h=g^a$。

$\mathcal{B}$按以下方式编排群元素 $h_1,h_2,\cdots,h_{|\mathcal{U}|}$。对于每一个 $x(1\leqslant x\leqslant|\mathcal{U}|)$都选择一个随机数 z_x，令 X 是使得 $\rho^*(i)=x$ 的指标 i 的集合。求 h_x：

$$h_x=g^{z_x}\prod_{i\in X}g^{a\mathbf{M}^*_{i,1}/b_i}g^{a^2\mathbf{M}^*_{i,2}/b_i}\cdots g^{a^{\ell^*}\mathbf{M}^*_{i,\ell^*}/b_i}$$

由于 g^{z_x} 的随机性，h_x 是随机分布的。如果 $X=\varnothing$，则有 $h_x=g^{z_x}$。

$$\text{params}=(g,\hat{e}(g,g)^y,h,h_1,h_2,\cdots,h_{|\mathcal{U}|})$$

(2) 阶段 1。$\mathcal{A}$对不满足矩阵$\mathbb{M}^*$ 的集合 S 做秘密钥提取询问。$\mathcal{B}$选择随机数 $r\leftarrow_R\mathbb{Z}_p$，求向量 $\boldsymbol{w}=(w_1,w_2,\cdots,w_{\ell^*})\in\mathbb{Z}_p^{\ell^*}$ 使得 $w_1=-1$ 且对所有满足 $\rho^*(i)\in S$ 的 i，$\boldsymbol{w}\cdot\mathbb{M}_i^*=0$。由命题 1-1 知这样的向量一定存在。

$\mathcal{B}$选择随机数 $r\leftarrow_R\mathbb{Z}_p$，求 $L=g^r\prod_{i=1,2,\cdots,\ell^*}(g^{a^{q+1-i}})^{w_i}$，令它等于 g^t，因而隐含地定义了密钥指数 t 为

$$r+w_1a^q+w_2a^{q-1}+\cdots+w_{\ell^*}a^{q-\ell^*+1}$$

通过这样定义 t，可以使得 g^{at} 包含项 $g^{-a^{q+1}}$，这样在构造 K 时就可以消掉 g^y 中的未知项 $g^{a^{q+1}}$，$\mathcal{B}$就能按照如下方式计算 K：

$$\begin{aligned}K&=g^yh^t=g^yg^{at}\\&=g^{y'+a^{q+1}}g^{a(r+w_1a^q+w_2a^{q-1}+\cdots+w_{\ell^*}a^{q-\ell^*+1})}\end{aligned}$$

$$=g^{y'}g^{a(r+w_2a^{q-1}+w_3a^{q-2}+\cdots+w_{\ell^*}a^{q-\ell^*+1})}\text{(因为 } w_1=-1\text{)}$$

$$=g^{y'}g^{ar}\prod_{i=2,3,\cdots,\ell^*}(g^{a^{q+2-i}})^{w_i}$$

现在对 $\forall x\in S$ 计算 K_x。首先考虑对 $x\in S$ 没有 i 使得 $\rho^*(i)=x$ 时的情况。这时可以简单地令 $K_x=L^{z_x}$。

当 $x\in S$ 且有多个 i 使得 $\rho^*(i)=x$ 时,由于$\mathcal{B}$不能模拟 g^{a^{q+1}/b_i},因此必须保证 K_x 的表达式中没有包含形如 g^{a^{q+1}/b_i} 的项。由$\boldsymbol{M}_i^*\cdot\boldsymbol{w}=0$,这种形式的所有式子都被能被消掉。

再次令 X 表示使得 $\rho^*(i)=x$ 的指标 i 的集合,$\mathcal{B}$可以按照下式构造 K_x:

$$\begin{aligned}K_x&=h_x^t\\&=g^{tz_x}\prod_{i\in X}g^{ta\boldsymbol{M}_{i,1}^*/b_i}g^{ta^2\boldsymbol{M}_{i,2}^*/b_i}\cdots g^{ta^{\ell^*}\boldsymbol{M}_{i,\ell^*}^*/b_i}\\&=L^{z_x}\prod_{i\in X}g^{ta\boldsymbol{M}_{i,1}^*/b_i}g^{ta^2\boldsymbol{M}_{i,2}^*/b_i}\cdots g^{ta^{\ell^*}\boldsymbol{M}_{i,\ell^*}^*/b_i}\end{aligned}$$

将 $t=r+w_1a^q+w_2a^{q-1}+w_{\ell^*}a^{q-\ell^*+1}$代入上式,并将连乘中的项展开:

$$\begin{aligned}&g^{ta\boldsymbol{M}_{i,1}^*/b_i}g^{ta^2\boldsymbol{M}_{i,2}^*/b_i}\cdots g^{ta^{\ell^*}\boldsymbol{M}_{i,\ell^*}^*/b_i}\\&=g^{(r+w_1a^q+w_2a^{q-1}+\cdots+w_{\ell^*}a^{q-\ell^*+1})a\boldsymbol{M}_{i,1}^*/b_i}\\&\quad g^{(r+w_1a^q+w_2a^{q-1}+\cdots+w_{\ell^*}a^{q-\ell^*+1})a^2\boldsymbol{M}_{i,2}^*/b_i}\\&\quad\cdots\\&\quad g^{(r+w_1a^q+w_2a^{q-1}+\cdots+w_{\ell^*}a^{q-\ell^*+1})a^{\ell^*}\boldsymbol{M}_{i,\ell^*}^*/b_i}\\&=g^{(r+w_2a^{q-1}+w_3a^{q-2}+\cdots+w_{\ell^*}a^{q-\ell^*+1})a\boldsymbol{M}_{i,1}^*/b_i}\\&\quad g^{(r+w_1a^q+w_2a^{q-1}+\cdots+w_{\ell^*}a^{q-\ell^*+1})a^2\boldsymbol{M}_{i,2}^*/b_i}\\&\quad\cdots\\&\quad g^{(r+w_1a^q+w_2a^{q-1}+\cdots+w_{\ell^*-1}a^{q-\ell^*+2})a^{\ell^*}\boldsymbol{M}_{i,\ell^*}^*/b_i}\end{aligned}$$

其中,第 2 个等式是由指数上的 a^{q+1}的系数之和为 $\boldsymbol{w}\cdot\boldsymbol{M}_i^*=0$ 得到的,因此

$$K_x=L^{z_x}\prod_{i\in X}\prod_{j=1,2,\cdots,\ell^*}\left(g^{(a^j/b_i)r}\prod_{\substack{k=1,2,\cdots,\ell^*\\k\neq j}}(g^{a^{q+1+j-k}/b_i})^{w_k}\right)^{\boldsymbol{M}_{i,j}^*}$$

(3) 挑战。$\mathcal{A}$向$\mathcal{B}$提交两个挑战消息 M_0 和 M_1。$\mathcal{B}$随机选取 $\beta\leftarrow_R\{0,1\}$,计算 M_β 的密文的各分量:$C=M_\beta\cdot Z\cdot\hat{e}(g^s,g^{y'})$和 $C'=g^s$。

在求$(C_i,D_i)(i=1,2,\cdots,n^*)$时,若按加密方案直接求,则有

$$\begin{aligned}&v_i\leftarrow_R\mathbb{Z}_p(i=2,3,\cdots,\ell^*)\\&\boldsymbol{v}=(s,v_2,v_3,\cdots,v_{\ell^*})\\&\lambda_i=\boldsymbol{v}\cdot\boldsymbol{M}_i^*(i=1,2,\cdots,n^*)\\&C_i=h^{\lambda_i}h_{\rho^*(i)}^{-r_i}=h_{\rho^*(i)}^{-r_i}g^{as\boldsymbol{M}_{i,1}^*}\prod_{j=2}^{\ell^*}g^{a\boldsymbol{M}_{i,j}^*v_j}\end{aligned}$$

但其中的 s 和 g^{as} 是未知的，所以无法直接求 $(C_i, D_i)(i=1,2,\cdots,n^*)$。

$\mathcal{B}$按以下方式计算：选择随机数 $y_2', y_3', \cdots, y_{\ell^*}'$，使用下面的向量对 s 进行秘密分割：

$$\boldsymbol{v}=(s, sa+y_2', sa^2+y_3', \cdots, sa^{\ell-1}+y_{\ell^*}')=\boldsymbol{v}_1^*+\boldsymbol{v}_2^* \in \mathbb{Z}_p^{\ell^*}$$

其中

$$\boldsymbol{v}_1^*=(s, sa, sa^2, \cdots, sa^{\ell^*-1}), \boldsymbol{v}_2^*=(0, y_2', y_3', \cdots, y_{\ell^*}')$$

计算份额：

$$\lambda_i=\boldsymbol{v}\cdot\boldsymbol{M}_{i,n^*}^*=\boldsymbol{v}_1^*\cdot\boldsymbol{M}_{i,n^*}^*+\boldsymbol{v}_2^*\cdot\boldsymbol{M}_i^*=\lambda_i^{(1)}+\lambda_i^{(2)}$$

$$h^{\lambda_i^{(2)}}=g^{a\lambda_i^{(2)}}=g^{a\sum_{j=2}^{\ell^*}y_j'\boldsymbol{M}_{i,j}^*}=\prod_{j=2}^{\ell^*}(g^a)^{y_j'\boldsymbol{M}_{i,j}^*}$$

上式中都是已知量。

$$h^{\lambda_i^{(1)}}=g^{a\lambda_i^{(1)}}=g^{a\sum_{j=1}^{\ell^*}sa^{j-1}\boldsymbol{M}_{i,j}^*}=\prod_{j=1}^{\ell^*}g^{sa^j\boldsymbol{M}_{i,j}^*}$$

其中，$g^{sa^j}(j=1,2,\cdots,\ell^*)$ 都是未知量，但和 $h_{\rho^*(i)}^{-sb_i}$ 相乘后可消去。

由 $h_x=g^{z_x}\prod_{i\in X}g^{a\boldsymbol{M}_{i,1}^*/b_i}g^{a^2\boldsymbol{M}_{i,2}^*/b_i}\cdots g^{a^{\ell^*}\boldsymbol{M}_{i,\ell^*}^*/b_i}(X=\{i \mid \rho(i)=x\})$ 得

$$h_{\rho^*(i)}=g^{z_{\rho^*(i)}}\prod_{k\in X}\prod_{j=1}^{\ell^*}g^{a^j\boldsymbol{M}_{k,j}^*/b_k}(X=\{k \mid \rho^*(k)=\rho^*(i)\})$$

进一步得

$$h^{\lambda_i^{(1)}}h_{\rho^*(i)}^{-sb_i}=\left(\prod_{j=1}^{\ell^*}g^{sa^j\boldsymbol{M}_{i,j}^*}\right)g^{-sb_iz_{\rho^*(i)}}\left(\prod_{k\in X}\prod_{j=1}^{\ell^*}(g^{a^jsb_i/b_k})^{\boldsymbol{M}_{k,j}^*}\right)^{-1}$$

$$=g^{-sb_iz_{\rho^*(i)}}\left(\prod_{k\in R_i}\prod_{j=1}^{\ell^*}(g^{a^jsb_i/b_k})^{\boldsymbol{M}_{k,j}^*}\right)^{-1}$$

未知量都已消去。其中 $R_i=\{k \mid \rho^*(k)=\rho^*(i), k\neq i\}$。

此外，$\mathcal{B}$选择随机数 $r_1', r_2', \cdots, r_\ell'$，计算

$$h^{\lambda_i^{(2)}}h_{\rho^*(i)}^{r_i'}=h_{\rho^*(i)}^{r_i'}\prod_{j=2}^{\ell^*}(g^a)^{y_j'\boldsymbol{M}_{i,j}^*}$$

(C_i, D_i) 如下生成：

$$C_i=h^{\lambda_i^{(1)}}h_{\rho^*(i)}^{-sb_i}h^{\lambda_i^{(2)}}h_{\rho^*(i)}^{r_i'}$$

$$=h_{\rho^*(i)}^{r_i'}\left(\prod_{j=2}^{\ell^*}(g^a)^{\boldsymbol{M}_{i,j}^*y_j'}\right)(g^{b_i\cdot s})^{-z_{\rho^*(i)}}\left(\prod_{k\in R_i}\prod_{j=1}^{\ell^*}(g^{a^j\cdot s\cdot(b_i/b_k)})^{\boldsymbol{M}_{k,j}^*}\right)$$

$$D_i=g^{r_i'}g^{-sb_i}$$

(4) 阶段 2。与阶段 1 类似。

(5) 猜测。$\mathcal{A}$输出对 β 的猜测 β'。如果 $\beta'=\beta$，$\mathcal{B}$输出 1，表示 $T\in\mathcal{P}_{q\text{-parallel BDHE}}$；如果 $\beta'\neq\beta$，$\mathcal{B}$输出 0，表示 $T\in\mathcal{R}_{q\text{-parallel BDHE}}$。

$\mathcal{B}$的优势与定理 5-2 的证明中给出的相同。

（定理 5-5 证毕）

如果一个属性只与挑战的访问矩阵中的一行相关联（即函数 ρ 是单射的），安全性则

基于判定性 q-双线性 Diffie-Hellman 指数(q-Bilinear Diffie-Hellman Exponent)问题(简称为 q-BDHE 问题):

已知 $a,s\leftarrow\mathbb{Z}_p$,公开 $\boldsymbol{Y}=\{g,g^s,g^a,\cdots,g^{(a^q)},g^{(a^{q+2})},\cdots,g^{(a^{2q})}\}$,不存在多项式时间的算法以不可忽略的优势区分 $\mathcal{P}_{q\text{-BDHE}}=\{(\boldsymbol{Y},\hat{e}(g,g)^{a^{q+1}s})\}$ 和 $\mathcal{R}_{q\text{-BDHE}}=\{(\boldsymbol{Y},R)\}$,其中 R 是 $\mathbb{G}_2$ 中的随机元素。

5.5 基于对偶系统加密的完全安全的 CP-ABE 方案

前面构造的 ABE 方案仅仅是选择性安全的,安全性证明采用分离式策略,即敌手 $\mathcal{B}$ 在得到 $\mathcal{A}$ 要攻击的对象(属性集 γ^* 或策略 $\mathbb{M}^*$)后,在设置公开参数时,将属性分成两类,一类是在建立密钥时将困难问题嵌入密钥,而按照另一类属性建立的密钥可以应答 $\mathcal{A}$ 的密钥询问。为了得到完全安全性,在 IBE 方案中,$\mathcal{B}$ 对身份空间做随机划分,并希望 $\mathcal{A}$ 的询问遵守这个划分。因此,$\mathcal{B}$ 的成功是概率性的。然而,在 ABE 方案中,不同的密钥会因为共享相同属性而相关,使得对属性空间做随机划分无法得到完全安全性。即在 ABE 方案中,由分离式策略无法得到完全安全性。

本节介绍的利用对偶系统加密方法实现的 CP-ABE 的完全安全方案[37],解决了分离式策略带来的问题,实现方式仍然是利用 3 个不同素数相乘的合数阶群,将密文和密钥取两种不可区分的形式:正常的和半功能的。安全性假设和证明方法与 4.7 节相同,但安全性证明依赖于一个限制:每个属性用于标记访问矩阵的行时只能用一次,否则敌手就有可能区分两个相邻的游戏,具体解释在下面。

参数设置如下:设 $\mathbb{G}$ 是阶为 $N=p_1p_2p_3$ 的双线性群,其中 p_1、p_2 和 p_3 是 3 个不同的素数,$\mathbb{G}_{p_1}$、$\mathbb{G}_{p_2}$ 和 $\mathbb{G}_{p_3}$ 分别表示群 $\mathbb{G}$ 中阶为 p_1、p_2 和 p_3 的子群,$\hat{e}:\mathbb{G}_1\times\mathbb{G}_1\rightarrow\mathbb{G}_2$ 为双线性映射。属性总体记为 $\mathcal{U}$,大小记为 $|\mathcal{U}|$。

该方案采取的策略为:加密过程先选择随机的加密指数 $s\in\mathbb{Z}_p$,用 LSSS 的访问矩阵 $\mathbb{M}$ 对 s 进行分割,使得每一份额关联一个属性。解密时,任一授权集合均可在指数上恢复 s。

(1) 初始化:

<u>$\text{Init}(\kappa,\mathcal{U})$</u>:

$y\leftarrow_R\mathbb{Z}_p$;/主密钥

$g,h\leftarrow_R\mathbb{G}_{p_1}$;

$s_i\leftarrow_R\mathbb{Z}_N(i\in\mathcal{U})$;

$\text{params}=(N,g,h,\hat{e}(g,g)^y,T_i=g^{s_i}(\forall i\in\mathcal{U})),\text{msk}=y.$

(2) 密钥产生(其中 $S\subseteq\mathcal{U}$ 为属性集):

<u>$\text{ABEGen}(S,\text{msk})$</u>:

$t\leftarrow_R\mathbb{Z}_N$;/密钥指数

$(R_0,R_0',R_i)\leftarrow_R\mathbb{G}_{p_3}$;

$\text{SK}=(S,K=g^yh^tR_0,L=g^tR_0',K_i=T_i^tR_i(\forall i\in S)).$

注意：密钥指数与属性每一元素关联。

(3) 加密。加密算法的输入除了 params 和待加密的消息 $M\in\mathbb{G}_2$ 外，还包括用于 LSSS 的张成方案 $(\mathbb{M},\rho)$，其中 $\mathbb{M}$ 是一个 $n\times\ell$ 矩阵，函数 ρ 为 $\mathbb{M}$ 的行指定属性。

$\underline{\mathcal{E}((\mathbb{M},\rho),\text{params},M)}$：

$\boldsymbol{v}=(s,v_2,v_3,\cdots,v_\ell)\leftarrow_R \mathbb{Z}_N^\ell$；

$\lambda_i=\boldsymbol{v}\mathbb{M}_i(i=1,2,\cdots,n)$；

$r_1,r_2,\cdots,r_n\leftarrow_R \mathbb{Z}_p$；

$$\text{CT}=(C=M\cdot\hat{e}(g,g)^{ys},C'=g^s,(C_1=h^{\lambda_1}T_{\rho(1)}^{-r_1},D_1=g^{r_1}),$$
$$(C_2=h^{\lambda_2}T_{\rho(2)}^{-r_2},D_2=g^{r_2}),\cdots,(C_n=h^{\lambda_n}T_{\rho(n)}^{-r_n},D_n=g^{r_n}))$$

注意：$\boldsymbol{v}=(s,v_2,v_3,\cdots,v_\ell)\leftarrow_R \mathbb{Z}_N^\ell$ 用于分割加密指数 s，$\lambda_i=\boldsymbol{v}\mathbb{M}_i(i=1,2,\cdots,n)$ 是分割 s 得到的第 i 个份额，$C_i(i=1,2,\cdots,n)$ 将 λ_i 关联到第 $\rho(i)$ 个属性。

(4) 解密(Decrypt(CT,SK))。输入为访问结构 $(\mathbb{M},\rho)$ 对应的密文 CT 和属性集合 S 对应的秘密钥 SK，假定 S 满足访问结构。定义 $I=\{i:\rho(i)\in S\}\subset\{1,2,\cdots,n\}$ 是能够恢复秘密 s 的有效份额 $\{\lambda_i\}$ 的指标集，即存在 $\{\omega_i\in\mathbb{Z}_p\mid i\in I\}$，使得 $\sum\limits_{i\in I}\omega_i\lambda_i=s$（注意，$\omega_i$ 的选择不唯一）。

$\underline{\mathcal{D}_{\text{SK}}(\text{CT})}$：

$$\text{返回 } C\frac{\prod\limits_{i\in I}[\hat{e}(C_i,L)\hat{e}(D_i,K_{\rho(i)}))^{\omega_i}]}{\hat{e}(C',K)}.$$

这是因为

$$\hat{e}(C_i,L)=\hat{e}(h^{\lambda_i}T_{\rho(i)}^{-r_i},g^tR_0')=\hat{e}(h^{\lambda_i},g^t)\hat{e}(T_{\rho(i)}^{-r_i},g^t)=\hat{e}(h,g)^{t\lambda_i}\hat{e}(T_{\rho(i)},g)^{-tr_i}$$

$$\hat{e}(D_i,K_{\rho(i)})=\hat{e}(g^{r_i},T_{\rho(i)}^tR_{\rho(i)})=\hat{e}(g^{r_i},T_{\rho(i)}^t)=\hat{e}(g,T_{\rho(i)})^{r_it}$$

$$\prod_{i\in I}(\hat{e}(C_i,L)\hat{e}(D_i,K_{\rho(i)}))^{\omega_i})=\hat{e}(g,h)^{t\sum\limits_{i\in I}\lambda_i\omega_i}=\hat{e}(g,h)^{ts}$$

$$\hat{e}(C',K)=\hat{e}(g^s,g^yh^tR_0)=\hat{e}(g^s,g^yh^t)=\hat{e}(g,g)^{ys}\hat{e}(g,h)^{st}$$

所以

$$\frac{\prod\limits_{i\in I}(\hat{e}(C_i,L)\hat{e}(D_i,K_{\rho(i)}))^{\omega_i})}{\hat{e}(C',K)}=\frac{1}{\hat{e}(g,g)^{ys}}$$

注意：方案中未使用 T_i 的结构，其结构仅在证明中使用。

为了证明方案的安全性，首先给出半功能密钥和半功能密文的产生方式。

半功能密文可按如下方式构造：首先，利用加密算法生成正常的密文 $(C_0',C_1',(C_i',D_i')(i=1,2,\cdots,n))$。设 g_2 是子群 $\mathbb{G}_{p_2}$ 的生成元，c 是模 N 的一个随机指数。选取随机值 $z_i\leftarrow_R\mathbb{Z}_N$ 与第 i 个属性关联，随机值 $\gamma_i\leftarrow_R\mathbb{Z}_N$ 与矩阵第 i 行关联（与第 $\rho(i)$ 个属性关联），再选一个随机向量 $\boldsymbol{u}\leftarrow_R\mathbb{Z}_N^\ell$。然后计算 $\lambda_i'=\boldsymbol{u}\cdot\mathbb{M}_i(i=1,2,\cdots,n)$ 及

$$C_0=C_0',C_1=C_1'g_2^c,C_i=C_i'g_2^{\lambda_i'+\gamma_iz_{\rho(i)}},D_i=D_i'g_2^{-\gamma_i}\quad(i=1,2,\cdots,n)\qquad(5\text{-}1)$$

$(C_0,C_1,(C_i,D_i)(i=1,2,\cdots,n))$ 即为半功能密文。

半功能密钥取两种类型。首先,利用密钥生成算法生成正常的密钥(K',L',K'_i $(\forall i\in S)$)。

第一类半功能密钥的产生如下:选取随机指数 $d,b\leftarrow_R \mathbb{Z}_N$,计算

$$(K=K'g_2^d,L=L'g_2^b,K_i=K'_ig_2^{bz_i}(\forall i\in S))$$

即为第一类半功能密钥,其中 z_i 与半功能密文中的一样。

第二类半功能密钥的产生如下:选取随机指数 $d\leftarrow_R \mathbb{Z}_N$,计算

$$(K=K'g_2^d,L=L',K_i=K'_i(\forall i\in S))$$

即为第二类半功能密钥。可将第二类半功能密钥看作第一类半功能密钥中的 b 取 0。

设 $\boldsymbol{u}$ 的第一个元素为 u_1,有 $\sum_{i\in I}\omega_i\lambda'_i=u_1$。如果用半功能密钥解密半功能密文,则会产生额外的盲化因子 $e(g_2,g_2)^{bu_1-cd}$。在半功能密文和第一类半功能密钥中,z_i 的值是相同的,当半功能密钥和半功能密文配对时,z_i 项可被删除,因此它不妨碍解密。攻击者得到一个第一类半功能密钥,不仅不能解密挑战密文,也不能获得 z_i 的太多信息。如果属性被使用多次,太多 z_i 的值会暴露给攻击者,攻击者就能区分两类半功能密钥,从而区分相邻游戏,这就是每个属性仅使用一次的原因所在。

所以在下面定义的游戏中,最多有一个密钥是第一类半功能密钥,其他都是第二类半功能密钥,从而防止 z_i 值的信息泄露。

如果 $bu_1-cd=0$,则称第一类半功能密钥是名义上半功能的。当名义上半功能的密钥解密相应的半功能密文时,解密成功。

下面用假设 1~3 通过一系列混合游戏证明该方案的安全性。第一个游戏 Exp_{Real} 是真实安全游戏(其中密文和所有的密钥是正常的)。用 q 表示攻击者的密钥询问次数。对 k 从 0 到 q,定义以下游戏:

Exp_0(记为 $\text{Exp}_{0,2}$):挑战密文改为半功能的,所有的密钥保持不变。

$\text{Exp}_{1,1}$:挑战密文保持半功能的不变,第 1 个密钥改为第一类半功能的,其余密钥保持不变。

……

$\text{Exp}_{k-1,2}$:挑战密文保持半功能的不变,第 $k-1$ 个密钥改为第二类半功能的,其余密钥保持不变。

$\text{Exp}_{k,1}$:挑战密文保持半功能的不变,第 k 个密钥改为第一类半功能的,其余密钥保持不变。

……

$\text{Exp}_{q,2}$:挑战密文保持半功能的不变,第 q 个密钥改为第二类半功能的,其余密钥保持不变(至此密钥都改为第二类半功能的了)。

$\text{Exp}_{\text{Final}}$:密文改为对一个随机消息的半功能加密,所有密钥保持第二类半功能的不变。

$\text{Exp}_{\text{Final}}$ 中密文与攻击者提供的两个消息无关,此时攻击者的优势为 0。

上述过程中密钥由正常的逐一变为第二类半功能的,而第一类半功能的密钥仅仅用于这个过程的过渡。过程如表 5-2 所示,其中 SF 表示半功能的密文,2SF 表示第二类半

功能密钥，Normal 表示正常的密钥和密文。

表 5-2　对偶系统加密中密文和密钥的变化情况

游戏	挑战密文 C^*	秘密钥询问				
		1	…	k	…	q
Real	Normal	Normal				
0	SF	Normal				
1	SF	2SF	Normal			
…						
k	SF	2SF		Normal		
…						
q	SF	2SF				
Final	随机消息	2SF				

下面的 4 个引理将证明这些游戏是不可区分的。其中用 Exp_0 表示 $\mathrm{Exp}_{0,2}$，$\mathrm{Exp}_{k,1}$ 作为过渡用于证明 $\mathrm{Exp}_{k-1,2} \approx \mathrm{Exp}_{k,2}$（用≈表示左右不可区分）。4 个引理的关系如下：

$$\mathrm{Exp}_{\mathrm{Real}} \overset{\text{引理5-1}}{\approx} \mathrm{Exp}_0(\mathrm{Exp}_{0,2}) \overset{\text{引理5-2}}{\approx} \mathrm{Exp}_{1,1} \overset{\text{引理5-3}}{\approx} \mathrm{Exp}_{1,2} \overset{\text{引理5-2}}{\approx} \mathrm{Exp}_{2,1}$$
$$\overset{\text{引理5-3}}{\approx} \mathrm{Exp}_{2,2} \overset{\text{引理5-2}}{\approx} \cdots \overset{\text{引理5-3}}{\approx} \mathrm{Exp}_{q,2} \overset{\text{引理5-4}}{\approx} \mathrm{Exp}_{\mathrm{Final}}$$

引理 5-1　如果存在敌手$\mathcal{A}$能以 ε 的优势区分 Exp_0 和 $\mathrm{Exp}_{\mathrm{Real}}$，则存在敌手$\mathcal{B}$能以 ε 的优势攻破假设 1。

证明　已知 $D=(\Omega, g, X_3)$和 T，$\mathcal{B}$判断 T 是取自$\mathbb{G}_{p_1p_2}$还是取自$\mathbb{G}_{p_1}$。为此$\mathcal{B}$模拟与$\mathcal{A}$之间的游戏 $\mathrm{Exp}_{\mathrm{Real}}$或 Exp_0。$\mathcal{B}$随机选取指数 $a, y \leftarrow_R \mathbb{Z}_N$，计算 $h=g^a$ 且对每个属性 i 选取随机指数 $s_i \leftarrow_R \mathbb{Z}_N$，构造如下的公共参数和主密钥：

$$\mathrm{params}=(N, g, h, \hat{e}(g,g)^y, T_i=g^{s_i}(\forall i \in \mathcal{U})), \mathrm{msk}=y$$

将公共参数发送给$\mathcal{A}$。

$\mathcal{B}$可用自己生成的主密钥，通过密钥生成算法为$\mathcal{A}$的密钥询问生成正常密钥。

$\mathcal{A}$给$\mathcal{B}$两个等长的消息 M_0、M_1 和一个访问结构$(\mathbb{M}^*, \rho^*)$，其中$\mathbb{M}^*$的大小为 $n^* \times \ell^*$。为了产生挑战密文，$\mathcal{B}$隐含地设置 g^s 为 T 的$\mathbb{G}_{p_1}$部分（意味着 T 等于 $g^s \in \mathbb{G}_{p_1}$，或者等于 $g^s \in \mathbb{G}_{p_1}$和$\mathbb{G}_{p_2}$中某一元素的乘积）。选择一个随机数 $\beta \leftarrow_R \{0,1\}$，令

$$C=M_\beta \cdot \hat{e}(g^y, T), C'=T$$

为了对$\mathbb{M}^*$的每一行 i 产生(C_i, D_i)，$\mathcal{B}$先随机选取 $v'_2, v'_3, \cdots, v'_{\ell^*} \leftarrow_R \mathbb{Z}_N$，构建向量 $\boldsymbol{v}'=(a, v'_2, v'_3, \cdots, v'_{\ell^*})$。选择一个随机数 $r'_i \leftarrow_R \mathbb{Z}_N$，令 $\lambda'_i=\boldsymbol{v}' \cdot \mathbb{M}^*_i (i=1,2,\cdots,n^*)$，$C_i=T^{\lambda'_i} T^{-r'_i s_{\rho^*(i)}}$，$D_i=T^{r'_i}$。

因此，如果 $T \in \mathbb{G}_{p_1}$，即 $T=g^s$，则

$$C_i=(g^s)^{\lambda'_i}(g^s)^{-r'_i s_{\rho^*(i)}}=h^{sa^{-1}\lambda'_i} T_{\rho^*(i)}^{-sr'_i}, D_i=T^{r'_i}=g^{sr'_i}$$

其中 $sa^{-1}\lambda'_i$是 s 的分割，这是因为

$$\boldsymbol{v}'=(a,v_2',v_3',\cdots,v_{\ell^*}'),\quad sa^{-1}\boldsymbol{v}'=(s,sa^{-1}v_2',sa^{-1}v_3',\cdots,sa^{-1}v_{\ell^*}')$$

$$\lambda_i'=\boldsymbol{v}'\mathbb{M}_i^*(i=1,2,\cdots,n^*),\quad sa^{-1}\lambda_i'=(sa^{-1}\boldsymbol{v}')\mathbb{M}_i^*(i=1,2,\cdots,n^*)$$

(C_i,D_i)中隐含地有$\boldsymbol{v}=sa^{-1}\boldsymbol{v}'=(s,sa^{-1}v_2',sa^{-1}v_3',\cdots,sa^{-1}v_{\ell^*}')$和$r_i=r_i's$,所以是正常密文。此时$\mathcal{B}$模拟的是$\text{Exp}_{\text{Real}}$。

如果$T\in\mathbb{G}_{p_1p_2}$,设$T=g^sg_2^c$,则有

$$C_i=T^{\lambda_i'}T^{-r_i's_{\rho^*(i)}}=(g^s)^{\lambda_i'}(g^s)^{-r_i's_{\rho^*(i)}}g_2^{c\lambda_i'-cr_i's_{\rho^*(i)}}=h^{sa^{-1}\lambda_i'}T_{\rho^*(i)}^{-sr_i'}g_2^{c\lambda_i'-cr_i's_{\rho^*(i)}}$$
$$=C_i'g_2^{c\lambda_i'-cr_i's_{\rho^*(i)}}$$
$$D_i=T^{r_i'}=g^{sr_i'}g_2^{cr_i'}=D_i'g_2^{cr_i'}$$

以上构造的是一个半功能密文,$\boldsymbol{u}=c\boldsymbol{v}'$,$\gamma_i=-cr_i'$,$z_{\rho^*(i)}=s_{\rho^*(i)}$。此时$\mathcal{B}$模拟的是$\text{Exp}_0$。所以$\mathcal{B}$可以根据$\mathcal{A}$的输出区分$T$的两种不同情况。

(引理5-1证毕)

引理5-2 假设存在攻击者$\mathcal{A}$能以ϵ的优势区分$\text{Exp}_{k-1,2}$和$\text{Exp}_{k,1}$,则存在敌手$\mathcal{B}$能以接近ϵ的优势攻破假设2。

证明 已知$D=(\Omega,g,X_1X_2,X_3,Y_2Y_3)$和$T$,$\mathcal{B}$判断$T$是取自$\mathbb{G}$还是取自$\mathbb{G}_{p_1p_3}$。

$\mathcal{B}$模拟与$\mathcal{A}$之间的交互式游戏$\text{Exp}_{k-1,2}$或$\text{Exp}_{k,1}$如下:随机选取指数$a,y\leftarrow_R\mathbb{Z}_N$,计算$h=g^a$,为每个属性$i$选取随机指数$s_i\leftarrow_R\mathbb{Z}_N$,构造如下的公共参数和主密钥:

$$\text{params}=(N,g,h,\hat{e}(g,g)^y,T_i=g^{s_i}(\forall i\in U)),\text{msk}=y$$

并将公共参数发送给$\mathcal{A}$。

为使前$k-1$个密钥是第二类半功能密钥,$\mathcal{B}$在应答每个密钥询问时,首先选取一个随机值$t\leftarrow_R\mathbb{Z}_N$和子群$\mathbb{G}_{p_3}$的随机元素$R_0'$、$R_i$,令

$$K=g^yh^t(Y_2Y_3)^t,L=g^tR_0',K_i=T_i^tR_i(\forall i\in S)$$

以上密钥是正确分布的第二类半功能密钥。

对k以后的密钥,$\mathcal{B}$可根据自己设定的主密钥,运行密钥生成算法,生成正常密钥。

对第k个密钥,$\mathcal{B}$随机选取$\mathbb{G}_{p_3}$的元素R_0、R_0'、R_i,令

$$K=g^yT^aR_0,L=TR_0',K_i=T^{s_i}R_i(\forall i\in S)$$

因此,隐含地设置g^t等于T的$\mathbb{G}_{p_1}$部分,$(g^t)^a=(g^a)^t=h^t$,K的$\mathbb{G}_{p_1}$部分等于g^yh^t。

如果$T\in\mathbb{G}_{p_1p_3}$,这是一个正确分布的正常密钥;如果$T\in\mathbb{G}$,这是一个第一类半功能密钥,其中隐含地设置了$z_i=s_i$。如果用g_2^b表示T的$\mathbb{G}_{p_2}$部分,则在模p_2下有$d=ba$(即K的$\mathbb{G}_{p_2}$部分是g_2^{ba},L的$\mathbb{G}_{p_2}$部分是g_2^b,K_i的$\mathbb{G}_{p_2}$部分是$g_2^{bz_i}$)。

$\mathcal{A}$给$\mathcal{B}$两个消息M_0、M_1和一个访问结构$(\mathbb{M}^*,\rho^*)$,其中$\mathbb{M}^*$的大小为$n^*\times\ell^*$。$\mathcal{B}$为了构造半功能的挑战密文,隐含地设置$g^s=X_1$,$g_2^c=X_2$,随机选取$u_2,u_3,\cdots,u_{\ell^*}\leftarrow_R\mathbb{Z}_N$,定义向量$\boldsymbol{u}'=(a,u_2,u_3,\cdots,u_{\ell^*})$,选取一个随机指数$r_i'\leftarrow_R\mathbb{Z}_N$,计算$\lambda_i'=\boldsymbol{u}'\cdot\mathbb{M}_i^*$ $(i=1,2,\cdots,n^*)$及挑战密文如下:

$$C=M_\beta\cdot\hat{e}(g^y,X_1X_2),C'=X_1X_2,(C_i=(X_1X_2)^{\lambda_i'}(X_1X_2)^{-r_i's_{\rho^*(i)}},D_i=(X_1X_2)^{r_i'})$$

将(C_i,D_i)展开:

$$C_i=(X_1X_2)^{\lambda'_i}(X_1X_2)^{-r'_i s_{\rho^*(i)}}=g^{s\lambda'_i}g^{-sr'_i s_{\rho^*(i)}}g_2^{c\lambda'_i}g_2^{-cr'_i s_{\rho^*(i)}}$$
$$=h^{a^{-1}s\lambda'_i}T_{\rho^*(i)}^{-sr'_i}g_2^{c\lambda'_i-cr'_i s_{\rho^*(i)}}=C'_i g_2^{c\lambda'_i-cr'_i s_{\rho^*(i)}}$$
$$D_i=(X_1X_2)^{r'_i}=g^{sr'_i}g_2^{cr'_i}=D'_i g_2^{cr'_i}$$

其中，$(C'_i,D'_i)=(h^{a^{-1}s\lambda'_i}T_{\rho^*(i)}^{-sr'_i},g^{sr'_i})$是正常密文，$a^{-1}s\lambda'_i$是对 s 的分割。与式(5-1)比较，$\lambda_i=sa^{-1}\lambda'_i$，$r_i=sr'_i$。可知在半功能密文产生过程中已隐含地设置了 $\boldsymbol{u}=c\boldsymbol{u}'$，$\gamma_x=-cr'_x$，$z_{\rho^*(x)}=s_{\rho^*(x)}$。

因此，如果 $T\in\mathbb{G}_{p_1p_3}$，$\mathcal{B}$正确模拟了 $\text{Exp}_{k-1,2}$；如果 $T\in\mathbb{G}$，$\mathcal{B}$正确模拟了 $\text{Exp}_{k,1}$。因此$\mathcal{B}$可通过$\mathcal{A}$的输出以接近 ε 的优势攻破假设 2。

（引理 5-2 证毕）

引理 5-3 假设存在敌手$\mathcal{A}$能以 ε 的优势区分 $\text{Exp}_{k,2}$ 和 $\text{Exp}_{k,1}$，则存在敌手$\mathcal{B}$能以 ε 的优势攻破假设 2。

证明 已知 $D=(\Omega,g,X_1X_2,X_3,Y_2Y_3)$ 和 T，$\mathcal{B}$判断 T 是取自$\mathbb{G}$还是取自$\mathbb{G}_{p_1p_3}$。

$\mathcal{B}$模拟与$\mathcal{A}$之间的交互式游戏 $\text{Exp}_{k,2}$ 或 $\text{Exp}_{k,1}$ 如下：随机选取指数 $a,y\leftarrow_R\mathbb{Z}_N$，计算 $h=g^a$，为每个属性 i 选取随机指数 $s_i\leftarrow_R\mathbb{Z}_N$，构造如下的公共参数和主密钥：

$$\text{params}=(N,g,h,\hat{e}(g,g)^y,T_i=g^{s_i}(\forall i\in\mathcal{U})),\text{msk}=y$$

并将公共参数发送给$\mathcal{A}$。

前 $k-1$ 个第二类半功能密钥、第 k 个以后的正常密钥以及挑战密文的构造与引理 5-2 相同。

第 k 个密钥的构造与引理 5-2 相同，但另外选取随机指数 $x\leftarrow_R\mathbb{Z}_N$，令

$$K=g^yT^aR_0(Y_2Y_3)^x,L=TR'_0,K_i=T^{s_i}R_i(\forall i\in S)$$

即比引理 5-2 在 K 上多加了$(Y_2Y_3)^x$ 项，使得 K 的$\mathbb{G}_{p_2}$部分被随机化，因此密钥不再是名义上半功能的。如果用它解密半功能密文，则解密失败(不再有 $bu_1-cd\equiv0(\text{mod }p_2)$ 的删除效果)。

如果 $T\in\mathbb{G}_{p_1p_3}$，这是一个正确分布的第二类半功能密钥；如果 $T\in\mathbb{G}$，这是一个正确分布的第一类半功能密钥。因此$\mathcal{B}$可通过$\mathcal{A}$的输出以 ε 的优势攻破假设 2。

（引理 5-3 证毕）

引理 5-4 如果存在攻击者$\mathcal{A}$能以 ε 的优势区分 $\text{Exp}_{q,2}$ 和 $\text{Exp}_{\text{Final}}$，则存在敌手$\mathcal{B}$，能以 ε 的优势攻破假设 3。

证明 已知 $D=(\Omega,g,g^yX_2,X_3,g^sY_2,Z_2)$ 和 T，$\mathcal{B}$判断 T 是等于 $\hat{e}(g,g)^{ys}$ 还是取自$\mathbb{G}_T$的随机数。$\mathcal{B}$模拟与$\mathcal{A}$之间的交互式游戏 $\text{Exp}_{q,2}$ 或 $\text{Exp}_{\text{Final}}$ 如下：选择随机指数 $a\leftarrow_R\mathbb{Z}_N$，计算 $h=g^a$，对每个属性 i 选取随机指数 $s_i\leftarrow_R\mathbb{Z}_N$，$y$ 取自 D 中的 g^yX_2，构造公共参数并发送给$\mathcal{A}$：

$$\text{params}=\{N,g,h,\hat{e}(g,g)^y=\hat{e}(g,g^yX_2),T_i=g^{s_i}\ \forall i\in\mathcal{U}\}$$

$\mathcal{B}$如下构造第二类半功能密钥以应答$\mathcal{A}$的密钥询问：取 $t\leftarrow_R\mathbb{Z}_N$，$(R_0,R'_0,R_i)\leftarrow_R\mathbb{G}_{p_3}$，令

$$K=(g^yX_2)h^tZ_2R_0=(g^yh^t)X_2Z_2R_0,L=g^tR'_0,K_i=T_i^tR_i(\forall i\in S)$$

$\mathcal{A}$发送给$\mathcal{B}$两个消息 M_0、M_1 和一个访问结构$(\mathbb{M}^*,\rho^*)$，其中$\mathbb{M}^*$的大小为 $n^*\times$

ℓ^*。$\mathcal{B}$如下构造半功能挑战密文：s 隐含地取自 D 中的 g^sY_2，选取随机值 $u_2,u_3,\cdots,u_{\ell^*}\leftarrow_R \mathbb{Z}_N$，定义向量 $\boldsymbol{u}'=(a,u_2,u_3,\cdots,u_{\ell^*})$，选取随机指数 $r_i'\leftarrow_R \mathbb{Z}_N$，计算 $\lambda_i'=\boldsymbol{u}'\cdot M_i^*(i=1,2,\cdots,n^*)$及挑战密文如下：

$$C=M_\beta T,C'=g^sY_2,(C_i=(g^sY_2)^{\lambda_i'}(g^sY_2)^{-r_i's_{\rho^*(i)}},D_i=(g^sY_2)^{r_i'})$$

设 $Y_2=g_2^c$，将(C_i,D_i)展开：

$$C_i=(g^sY_2)^{\lambda_i'}(g^sY_2)^{-r_i's_{\rho^*(i)}}=h^{a^{-1}s\lambda_i'}T_{\rho^*(i)}^{-sr_i'}g_2^{\lambda_i'c-cr_i's_{\rho^*(i)}}=C_i'g_2^{\lambda_i'c-cr_i's_{\rho^*(i)}}$$

$$D_i=(g^sY_2)^{r_i'}=g^{sr_i'}g_2^{cr_i'}=D_i'g_2^{cr_i'}$$

其中，$(C_i',D_i')=(h^{a^{-1}s\lambda_i'}T_{\rho^*(i)}^{-sr_i'},g^{sr_i'})$，$a^{-1}s\lambda_i'$是 s 的分割。

与式(5-1)比较，$\boldsymbol{v}=sa^{-1}\boldsymbol{u}'$，$r_i=r_i's$。$\boldsymbol{u}=c\boldsymbol{u}'$，$\gamma_i=-cr_i'$，$z_{\rho^*(i)}=s_{\rho^*(i)}$。

如果 $T=\hat{e}(g,g)^{ys}$，则该密文是对应于明文 M_β 的一个半功能密文；如果 T 是$\mathbb{G}_T$中的随机元素，则该密文是对应于某个随机消息的半功能密文。因此，$\mathcal{B}$可以根据$\mathcal{A}$的输出区分 T 的两种不同情况。

(引理 5-4 证毕)

由引理 5-1～引理 5-4，Exp_{Real}与 $\text{Exp}_{\text{Final}}$是不可区分的，而在 $\text{Exp}_{\text{Final}}$中，$\beta$ 对于$\mathcal{A}$来说是信息论隐藏的，所以$\mathcal{A}$攻击方案时的优势是可忽略的，由此得到定理 5-6。

定理 5-6 如果假设 1、假设 2 和假设 3 成立，则基于对偶系统加密的 CP-ABE 方案是 CPA 安全的。

习题

1. 在基于模糊身份的加密方案和基于访问树结构的 KP-ABE 方案中，使用 Shamir 门限秘密分割方案对主密钥进行分割。如果使用基于中国剩余定理的门限秘密分割方案，应如何实现？

2. 在大属性集上构造基于模糊身份的加密方案和基于访问树结构的 KP-ABE 方案中，都使用了一个预定义的函数 $T(X)$，但加解密并未使用 $T(X)$的定义形式，那么这个定义有什么作用？又是如何使用的？

3. 在基于 LSSS 结构的 CP-ABE 方案中，给出标记函数 ρ 是单射时的安全性证明。

4. 在基于对偶系统加密的完全安全的 CP-ABE 方案中，为什么定义两类半功能密钥？如果仅定义其中一类(第一类或第二类)是否可以？

第6章 抗密钥泄露的公钥加密系统

6.1 抗泄露密码体制介绍

传统上的加密方案依赖于如下假定：诚实参与方的内部状态对攻击者来说是完全保密的。但是攻击者可能会通过各种边信道攻击（如时间攻击、电源耗损、冷启动攻击及频谱分析等[38-41]），以获得诚实参与方的内部状态，这种攻击称为泄露攻击。在泄露攻击下，现有的许多可证明安全的密码方案在实际系统中不再保持其所声称的安全性。

Akavia 等首先引入了密钥泄露的概念[42]。为了刻画泄露，假定有一个泄露谕言机，敌手可以针对用户的密钥自适应地对谕言机进行询问，但是为避免敌手获得秘密信息的全部内容，设计的方案必须考虑系统所能容忍的泄露数量，为此对攻击者所获得的泄露信息的数量必须加以限定，即系统秘密信息的泄露量满足泄露率的限制。

根据泄露谕言机的输出，将泄露模型由弱到强划分为3种：

(1) 有界泄露模型[42-46]，模型中泄露谕言机输出长度的总和不能超过预先设定的边界值，该模型又称为输出长度缩减模型；

(2) 熵缩减模型[47,48]，模型中允许泄露谕言机的输出长度大于密钥长度，但是密钥最小熵的损失必须小于预先的设定值，该模型又称为噪声泄露模型；

(3) 辅助输入泄露模型[49-53]，模型中所提供的泄露函数在计算上是不可逆的，该模型又称为不可逆泄露模型。

根据泄露信息的来源，将敌手的攻击模型划分为两种：

(1) 唯计算泄露（Only Computation Leak，OCL）模型，该模型由 Micali 和 Rayzin 引入，即仅参与计算的存储器才可能产生信息泄露[54]；

(2) 存储泄露模型，由 Akavia 引入，即只要信息泄露不超过系统的泄露率，敌手就可在任何时刻获得用户秘密状态的泄露信息[42]。

本节仅介绍有界泄露模型中敌手仅进行唯计算泄露攻击的公钥加密系统[47]。

6.1.1 随机提取器

定义 6-1 设 X 和 Y 是取值于 Ω（有限）上的两个随机变量，X 和 Y 之间的统计距离

定义为

$$\mathrm{SD}(X,Y)=\frac{1}{2}\sum_{x\in\Omega}|\Pr[X=x]-\Pr[Y=x]|$$

性质1 设 f 是 Ω 上的(随机化)函数,那么 $\mathrm{SD}(f(X),f(Y))\leqslant\mathrm{SD}(X,Y)$,当且仅当 f 是一一对应的时候等号成立。换句话说,将函数应用到两个随机变量上,不能增加这两个随机变量之间的统计距离。

性质2 统计距离满足三角不等式,即 $\mathrm{SD}(X,Z)\leqslant\mathrm{SD}(X,Y)+\mathrm{SD}(Y,Z)$。

如果两个随机变量的统计距离至多为 ε,则称它们是 ε-接近的。

随机变量 X 的最小熵为 $\mathrm{H}_\infty(X)=-\log_2(\max_x\Pr[X=x])$。

已知随机变量 Y、X 的平均最小熵定义为 $\widetilde{\mathrm{H}}_\infty(X|Y)=-\log_2(E_{y\leftarrow Y}(2^{-H_\infty(X|Y=y)}))$。它刻画了已知 Y 时 X 剩下的不可预测性。

引理6-1[55] 如果 Y 有 2^r 个可能的取值,Z 是任意一个随机变量,则有

$$\widetilde{\mathrm{H}}_\infty(X|(Y,Z))\geqslant\widetilde{\mathrm{H}}_\infty(X|Z)-r$$

定义6-2[55] 设函数 $\mathrm{Ext}:\{0,1\}^n\times\{0,1\}^t\rightarrow\{0,1\}^m$。如果对任意的随机变量 X 和 I,满足 $X\in\{0,1\}^n$ 和 $\widetilde{\mathrm{H}}_\infty(X|I)\geqslant k$,有

$$\mathrm{SD}((\mathrm{Ext}(X,S),S,I),(U_m,S,I))\leqslant\varepsilon$$

其中 S 是 $\{0,1\}^t$ 上的均匀随机变量(称为种子),则称函数 Ext 是平均情况下的 (k,ε)-强提取器。

任何一个强提取器也是平均情况下的强提取器。

引理6-2[52] 对于任意 $\delta>0$,若函数 Ext 是一个最差情况下的 $(k\text{-}\log_2(1/\delta),\varepsilon)$-强提取器,那么它也是平均情况下的 $(k,\varepsilon+\delta)$-强提取器。

引理6-3说明两两独立的哈希函数族是一个平均情况下的强提取器。

引理6-3[55] 设随机变量 X、Y 满足 $X\in\{0,1\}^n$ 和 $\widetilde{H}_\infty(X|Y)\geqslant k$,又设 H 是从 $\{0,1\}^n$ 到 $\{0,1\}^m$ 的两两独立的哈希函数集合,则对于 $h\leftarrow_R H$,只要 $m\leqslant k-2\log_2(1/\varepsilon)$,就有 $\mathrm{SD}((Y,h,h(X)),(Y,h,U_m))\leqslant\varepsilon$。

6.1.2 通用投影哈希函数

设 X 和 Π 是两个有限非空集合,$H=(H_k)_{k\in K}$ 是一个指标集为 K 的哈希函数集合,即对每一个 $k\in K$,H_k 都是 X 到 Π 的哈希函数。注意,有可能存在 $k\neq k'$ 但是 $H_k=H'_k$ 的情况。称四元组 $\mathcal{F}=(H,K,X,\Pi)$ 为哈希函数族,如果在上下文中 X、Π 及 K 都很明确,则直接称 $H=(H_k)_{k\in K}$ 是哈希函数族。

定义6-3[56] 设 $\mathcal{F}=(H,K,X,\Pi)$ 是哈希函数族,对 $k\leftarrow_R K$,$x,x^*\leftarrow_R X$,如果 $x\neq x^*$,$H_k(x)$ 和 $H_k(x^*)$ 在 Π 上是独立均匀的,则称 $\mathcal{F}$ 是两两独立的。

定义6-4[56] 设 $\mathcal{F}=(H,K,X,\Pi)$ 是哈希函数族,L 是 X 的非空真子集,S 是一个有限的非空集合,$\alpha:K\rightarrow S$ 是一个函数,记七元组 $\mathcal{H}=(H,K,X,L,\Pi,S,\alpha)$。如果对所有的 $k\in K$,H_k 在 L 上的输出都能够由 $\alpha(k)$ 确定,则称该七元组为投影哈希函数族。

换言之,对所有的 $k\in K$,$\alpha(k)$ 决定了 H_k 在 L 上的输出。

如图 6-1 所示，$H_k: L \to H(L) \subseteq \Pi$ 由 α 决定，$\alpha(k)$ 可看作 H_k 的投影。

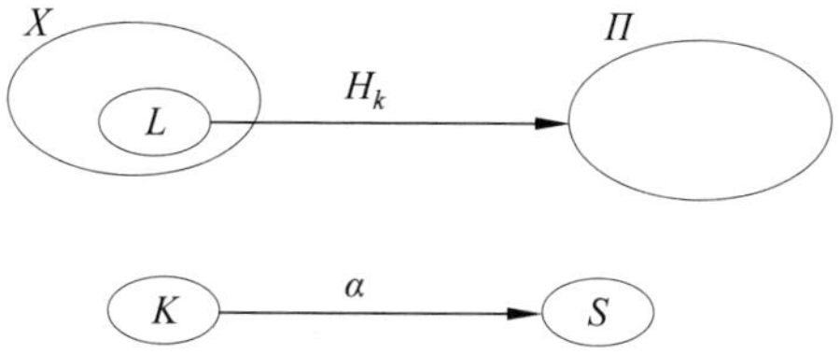

图 6-1　投影哈希函数族

定义 6-5[56]　设 $\mathcal{H}=(H,K,X,L,\Pi,S,\alpha)$ 是一个投影哈希函数族，$\varepsilon \geqslant 0$ 是一个实数，$k \leftarrow_R K$，如果对任意的 $s \in S$，$x \in X \backslash L$ 和 $\pi \in \Pi$，以下不等式成立：

$$\Pr[H_k(x)=\pi \wedge \alpha(k)=s] \leqslant \varepsilon \Pr[\alpha(k)=s]$$

则称 $\mathcal{H}$ 为 ε-通用的(ε-universal)。

如果对任意的 $s \in S$、$x, x^* \in X$ 和 $\pi, \pi^* \in \Pi$，其中 $x \notin L \cup \{x^*\}$，以下不等式成立：

$$\Pr[H_k(x)=\pi \wedge H_k(x^*)=\pi^* \wedge \alpha(k)=s] \leqslant \varepsilon \Pr[H_k(x^*)=\pi^* \wedge \alpha(k)=s]$$

则称 $\mathcal{H}$ 为第二类 ε-通用的(ε-universal$_2$)。

注意，当 $|X| \geqslant 2$ 时，如果 $\mathcal{H}$ 是第二类 ε-通用的，那么也是 ε-通用的。

换个角度理解定义 6-5。由概率的乘法公式，

$$\Pr[H_k(x)=\pi \wedge \alpha(k)=s]=\Pr[\alpha(k)=s]\Pr[H_k(x)=\pi \mid \alpha(k)=s]$$

所以

$$\Pr[H_k(x)=\pi \wedge \alpha(k)=s] \leqslant \varepsilon \Pr[\alpha(k)=s]$$

等价于

$$\Pr[H_k(x)=\pi \mid \alpha(k)=s] \leqslant \varepsilon$$

$\mathcal{H}=(H,K,X,L,\Pi,S,\alpha)$ 为 ε-通用的含义如下：虽然当 $x \in L$ 时 $H_k(x)$ 被 $\alpha(k)$ 确定，但当 $x \in X \backslash L$ 时，即使给定 $\alpha(k)$，$H_k(x)$ 的值被猜测到的概率也不超过 ε。类似地得到第二类 ε-通用的含义：已知 $\alpha(k)$ 和 $H_k(x^*)$($x^* \in X \backslash L$)，对任意 $x \in X \backslash L$，$H_k(x)$ 的值被猜测到的概率不超过 ε。

定义 6-4 和定义 6-5 是针对哈希函数的每一取值而言的，因此要求太强，这样的哈希函数难以实现，下面用统计距离给出哈希函数的平均情况描述。

6.1.3　平滑投影哈希函数

定义 6-6　已知通用投影哈希函数族 $\mathcal{H}=(H,K,X,L,\Pi,S,\alpha)$，如下定义两个随机变量 $U(\mathcal{H})$ 和 $V(\mathcal{H})$：随机选取 $k \in K$，$x \in X \backslash L$，$\pi' \in \Pi$，定义 $U(\mathcal{H})=(x,s,\pi')$ 和 $V(\mathcal{H})=(x,s,\pi)$，其中 $s=\alpha(k)$，$\pi=H_k(x)$。如果有

$$\mathrm{SD}(U(\mathcal{H}),V(\mathcal{H})) \leqslant \varepsilon$$

即 $U(\mathcal{H})$ 和 $V(\mathcal{H})$ 是 ε 接近的，则称 $\mathcal{H}=(H,K,X,L,\Pi,S,\alpha)$ 是 ε-平滑的。

定义 6-6 的含义：如果 ε 是可忽略的，则即使已知 $\alpha(k)$，$X \backslash L$ 上的哈希函数和 $X \backslash L$ 上的均匀分布也是不可区分的。

定义 6-7　已知通用投影哈希函数族 $\mathcal{H}=(H,K,X,L,\Pi,S,\alpha)$，如果 L 和 $X \backslash L$ 是计算上不可区分的，即对任一多项式时间的敌手 $\mathcal{A}$，区分 $x_0 \leftarrow_R L$ 和 $x_1 \leftarrow_R X \backslash L$ 的优势

$\mathrm{Adv}^{\mathrm{SM}}_{\mathrm{UPH},\mathcal{A}}(\kappa)$是可忽略的,$\mathrm{Adv}^{\mathrm{SM}}_{\mathrm{UPH},\mathcal{A}}(\kappa)$的定义如下:

$$\mathrm{Adv}^{\mathrm{SM}}_{\mathrm{UPH},\mathcal{A}}(\kappa)=|\Pr_{x_0\leftarrow L}[\mathcal{A}(X,L,x_0)=1]-\Pr_{x_1\leftarrow X\setminus L}[\mathcal{A}(X,L,x_1)=1]|$$

则称$\mathcal{H}=(H,K,X,L,\Pi,S,\alpha)$上的子集成员问题成立。

6.1.4 哈希证明系统

定义 6-8 若 ε-平滑的哈希函数族$\mathcal{H}=(H,K,X,L,\Pi,S,\alpha)$中子集成员问题成立,$H_k(x)$的计算方式有两种:

(1) 已知 $k\in K$,$x\in X$,可秘密地计算 $H_k(x)$。

(2) 已知 $\alpha(k)\in S$,$x\in L$,$w\in W$,可公开地计算 $H_k(x)$。其中,w 是 $x\in L$ 的证据,W 是 w 的集合。

当 $x\in L$ 时,这两种方式计算的 $H_k(x)$相等。称这个系统为 ε-平滑的哈希证明系统。

哈希证明系统可用于指定验证者的非交互零知识证明,证明者向验证者证明自己掌握 $x\in L$ 的证据 w,可按第二种方式计算 $H_k(x)$并发送给验证者,其中 $x\in X$ 指定了验证者。只有掌握 $x\in X$ 的验证者才能按第一种方式计算 $H_k(x)$,若与收到的 $H_k(x)$相等,则验证者相信证明者掌握 w。

6.1.5 作为密钥封装的哈希证明系统

在密钥封装机制中,封装算法 Encap(pk)的输入是公开钥 pk,输出是一个密文 C 和一个会话密钥 K,表示为$(C,K)=\mathrm{Encap}(\mathrm{pk})$,称 C 是对 K 的封装。解封装算法的输入是秘密钥 sk 和密文 C,输出会话密钥 K,表示为 $K=\mathrm{Decap}(\mathrm{sk},C)$。

本节把哈希证明系统看作密钥封装机制,密文由两种不同的模式生成。第一种模式称为有效密文,是对会话密钥的封装。也就是说,给定公开钥和有效的密文,就确定了被封装的密钥,该密钥能够用秘密钥进行解封装。此外,有效密文的生成过程也生成了一个用于证明该密文有效的证据。第二种模式生成的密文称为无效密文,它不包含关于被封装密钥的任何信息。也就是说,给定公开钥和无效密文,被封装密钥的分布几乎是完全均匀的。唯一的计算要求是两种模式在计算上是不可区分的,即任何已知公开钥的敌手都不能以不可忽略的优势区分有效密文和无效密文。注意,秘密钥和公开钥是使用相同的算法生成的,不可区分性的要求仅针对密文。

将 ε-平滑的哈希证明系统视为 3 个多项式时间算法,即 HPS=(Param,Pub,Priv),其中的 3 部分如下:

(1) Param(1^κ)是随机化算法,用于生成系统的一个实例(group,$\mathcal{K}$,$\mathcal{C}$,$\mathcal{V}$,SK,PK,$\Lambda_{(\cdot)}$,μ),其中,group 包含公开参数,SK、PK 和$\mathcal{K}$分别是秘密钥集合、公开钥集合以及被封装的对称密钥集合。$\mathcal{C}$和$\mathcal{V}\subset\mathcal{C}$分别为所有密文的集合和所有有效密文的集合,$\Lambda_{\mathrm{sk}}:\mathcal{C}\to\mathcal{K}$是以 sk∈SK 为索引的、把密文映射为对称密钥的 ε-平滑的投影哈希函数,投影 μ: SK→PK,使得 $\mu(\mathrm{sk})\in\mathrm{PK}$ 定义了 Λ_{sk}在有效密文集合$\mathcal{V}$上的取值,即对每个有效密文 $C\in\mathcal{V}$,$K=\Lambda_{\mathrm{sk}}(C)$的值由 $\mathrm{pk}=\mu(\mathrm{sk})$和 C 唯一确定。称 K 是由有效密文 C 产生的封装密钥,或者反过来称 C 是对 K 的封装。解封装算法有两种,一种是公开求值算法 Pub,另一种

是秘密求值算法 Priv。

(2) Pub 是确定性的公开求值算法。当已知一个证据 w(证明 $C\in\mathcal{V}$是有效的)时,用于对 C 解封装。具体地说,当输入为 $pk=\mu(sk)$、有效密文 $C\in\mathcal{V}$以及证据 w 时,Pub 输出封装密钥 $K=\Lambda_{sk}(C)$,即 $pub(pk,C,w)=\Lambda_{sk}(C)$。

(3) Priv 是确定性的秘密求值算法,用于已知 $sk\in SK$ 而无须知道 w 时,对有效密文解封装。具体地说,当输入为秘密钥 $sk\in SK$ 和有效密文 $C\in\mathcal{V}$时,Priv 输出封装密钥 $K=\Lambda_{sk}(C)$,即 $Priv(sk,C)=\Lambda_{sk}(C)$。

用于密钥封装机制的哈希证明系统如图 6-2 所示。

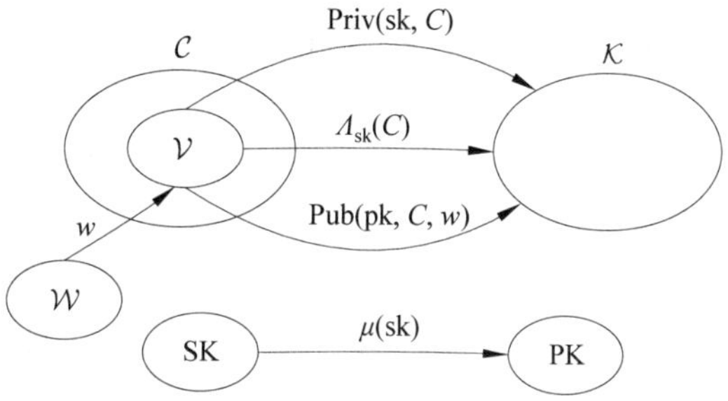

图 6-2　用于密钥封装机制的哈希证明系统

定义 6-7 的子集成员问题具体到作为密钥封装的哈希证明系统如下:对于随机的有效密文 $C_0\in\mathcal{V}$和随机的无效密文 $C_1\in\mathcal{C}\setminus\mathcal{V}$,$C_0$ 和 C_1 是计算不可区分的,即对于多项式时间的敌手$\mathcal{A}$,区分密文 C_0 和 C_1 的优势 $\mathrm{Adv}^{\mathrm{SM}}_{\mathrm{HPS},\mathcal{A}}(\kappa)$是可忽略的,$\mathrm{Adv}^{\mathrm{SM}}_{\mathrm{HPS},\mathcal{A}}(\kappa)$的定义如下:

$$\mathrm{Adv}^{\mathrm{SM}}_{\mathrm{HPS},\mathcal{A}}(\kappa)=|\Pr_{C_0\leftarrow\mathcal{V}}[\mathcal{A}(\mathcal{C},\mathcal{V},C_0)=1]-\Pr_{C_1\leftarrow\mathcal{C}\setminus\mathcal{V}}[\mathcal{A}(\mathcal{C},\mathcal{V},C_1)=1]|$$

其中,集合$\mathcal{C}$和$\mathcal{V}$由函数 $Param(1^\kappa)$生成。

【例 6-1】 基于 DDH 的哈希证明系统。

以下哈希证明系统基于判定性 DDH 假定。

设$\mathbb{G}$是一个阶为素数 q 的群,随机化算法 $Param(1^\kappa)$生成系统的一个实例$(group,\mathcal{K},\mathcal{C},\mathcal{V},SK,PK,\Lambda,\mu)$,其中:

(1) $group=(\mathbb{G},g_1,g_2)$,$g_1,g_2\leftarrow_R\mathbb{G}$为生成元。

(2) $\mathcal{C}=\mathbb{G}^2$,$\mathcal{V}=\{(g_1^r,g_2^r):r\leftarrow_R\mathbb{Z}_q\}$,$\mathcal{K}=\mathbb{G}$。

(3) $SK=\mathbb{Z}_q^2$,$PK=\mathbb{G}$。

(4) 对于 $sk=(x_1,x_2)\in SK$,定义 $\mu(sk)=g_1^{x_1}g_2^{x_2}\in PK$。

(5) 对于 $C=(g_1^r,g_2^r)\in\mathcal{V}$和证据 $r\in\mathbb{Z}_q$,定义 $pub(pk,C,r)=pk^r$。

(6) 对于 $C=(c_1,c_2)\in\mathcal{V}$,定义 $Priv(sk,C)=\Lambda_{sk}(C)=c_1^{x_1}c_2^{x_2}$。

容易验证,当 $C\in\mathcal{V}$时,$pub(pk,C,r)$与 $Priv(sk,C)$相等。在基于 DDH 假设下,该系统是 ε-平滑的,其中 ε 是区分$\mathcal{C}\setminus\mathcal{V}$和$\mathcal{V}$的优势。

6.2 密钥泄露攻击模型

1. 选择明文的密钥泄露攻击

如果敌手获得加密机制秘密钥的部分信息时,加密机制仍然是语义安全的,则称它为抗密钥泄露攻击的。在其安全模型中,假定敌手能够适应性地访问泄露谕言机,敌手能够提交任一函数 f 并获得 $f(\text{sk})$,其中 sk 是秘密钥。在有界泄露模型中唯一的限制是所有泄露函数的输出长度总和不能超过预先给定的关于安全参数 κ 的某个界。

下面是正式的定义。设 $\Pi=(\text{KeyGen},\mathcal{E},\mathcal{D})$ 是一个公钥加密方案,SK 和 PK 分别表示由 $\text{KeyGen}(1^\kappa)$ 生成的秘密钥集合和公开钥集合。泄露谕言机用 Leakage(sk)表示,其输入为函数 $f: \text{SK}\to\{0,1\}^*$,输出为 $f(\text{sk})$。如果$\mathcal{A}$提交给泄露谕言机的所有函数的输出长度总和至多为 λ,则称$\mathcal{A}$是 λ 有限的密钥泄露敌手。

定义 6-9(密钥泄露攻击) 设 $\Pi=(\text{KeyGen},\mathcal{E},\mathcal{D})$ 是语义安全的公钥加密机制,若对任意 PPT 的 $\lambda(\kappa)$ 有限的密钥泄露敌手 $\mathcal{A}=(\mathcal{A}_1,\mathcal{A}_2)$,其优势 $\text{Adv}_{\Pi,\mathcal{A}}^{\text{Leakage}}(\kappa)$ 是可忽略的(其中 κ 为安全参数),则称 Π 在抵抗 $\lambda(\kappa)$ 有限的密钥泄露攻击下是语义安全的。$\text{Adv}_{\Pi,\mathcal{A}}^{\text{Leakage}}(\kappa)$ 的定义为

$$\text{Adv}_{\Pi,\mathcal{A}}^{\text{Leakage}}(\kappa)=|\Pr[\text{Exp}_{\Pi,\mathcal{A}}^{\text{Leakage}}(0)=1]-\Pr[\text{Exp}_{\Pi,\mathcal{A}}^{\text{Leakage}}(1)=1]|$$

$\text{Exp}_{\Pi,\mathcal{A}}^{\text{Leakage}}(\beta)$ 的定义如下:

$\underline{\text{Exp}_{\Pi,\mathcal{A}}^{\text{Leakage}}(\beta)}$:

$(\text{sk},\text{pk})\leftarrow\text{KeyGen}(1^\kappa)$;

$(M_0,M_1,\text{state})\leftarrow\mathcal{A}_1^{\text{Leakage(sk)}}(\text{pk})$,其中 $|M_0|=|M_1|$;

$C^*=\mathcal{E}_{\text{pk}}(M_\beta)$;

$\beta'\leftarrow\mathcal{A}_2(C^*,\text{state})$;

输出 β'.

其中 state 表示敌手的状态,包括它掌握的所有量以及产生的所有随机数。$\text{Adv}_{\Pi,\mathcal{A}}^{\text{Leakage}}(\kappa)$ 的定义与第 2 章式(2-2)一致。区别在于挑战者在敌手提交消息 M_0 和 M_1 之前事先选定 β。在定义 6-9 及以后的定义中,不允许敌手在获得挑战密文后继续访问泄露谕言机。这个限制是非常有必要的,因为敌手可以将解密算法、挑战密文和两个消息 M_0、M_1 编码到一个函数,使得该函数输出比特值 β,从而赢得游戏。

2. 选择密文的密钥泄露攻击

将定义 6-9 推广为选择密文安全的,其中敌手可以适应性地询问解密谕言机$\mathcal{D}_{\text{sk}}(\cdot)$,它向解密谕言机输入密文,解密谕言机为它输出用密钥 sk 解密得到的明文。用$\mathcal{D}_{\text{sk},\neq C^*}(\cdot)$表示除 C^* 外谕言机可解密任何密文。在选择密文的密钥泄露攻击的标准定义中,又分为两种情况:非适应性选择密文攻击(CCA1)和适应性选择密文攻击(CCA2)。

定义 6-10(非适应性选择密文的密钥泄露攻击) 设 $\Pi=(\text{KeyGen},\mathcal{E},\mathcal{D})$ 是语义安全的公钥加密机制,若对任意 PPT 的 $\lambda(\kappa)$ 有限的密钥泄露敌手 $\mathcal{A}=(\mathcal{A}_1,\mathcal{A}_2)$,其优势

$\mathrm{Adv}_{\Pi,\mathcal{A}}^{\mathrm{LeakageCCA1}}(\kappa)$是可忽略的(其中 κ 为安全参数),则称 Π 在抵抗 $\lambda(\kappa)$有限的密钥泄露攻击下是 CCA1 安全的。

$\mathrm{Adv}_{\Pi,\mathcal{A}}^{\mathrm{LeakageCCA1}}(\kappa)$的定义如下：

$$\mathrm{Adv}_{\Pi,\mathcal{A}}^{\mathrm{LeakageCCA1}}(\kappa)=|\Pr[\mathrm{Exp}_{\Pi,\mathcal{A}}^{\mathrm{LeakageCCA1}}(0)=1]-\Pr[\mathrm{Exp}_{\Pi,\mathcal{A}}^{\mathrm{LeakageCCA1}}(1)=1]|$$

$\mathrm{Exp}_{\Pi,\mathcal{A}}^{\mathrm{LeakageCCA1}}(\beta)$的定义如下：

$\underline{\mathrm{Exp}_{\Pi,\mathcal{A}}^{\mathrm{LeakageCCA1}}(\beta)}$:

$(\mathrm{sk},\mathrm{pk})\leftarrow \mathrm{KeyGen}(1^{\kappa})$;

$(M_0,M_1,\mathrm{state})\leftarrow \mathcal{A}_1^{\mathrm{Leakage(sk)},\mathcal{D}_{\mathrm{sk}}(\cdot)}(\mathrm{pk})$,其中$|M_0|=|M_1|$;

$C^*=\mathcal{E}_{\mathrm{pk}}(M_\beta)$;

$\beta'\leftarrow \mathcal{A}_2(C^*,\mathrm{state})$;

输出 β'.

定义 6-11(适应性选择密文的密钥泄露攻击)　设 $\Pi=(\mathrm{KeyGen},\mathcal{E},\mathcal{D})$是语义安全的公钥加密机制,若对 PPT 的 $\lambda(\kappa)$有限的密钥泄露敌手$\mathcal{A}=(\mathcal{A}_1,\mathcal{A}_2)$,其优势 $\mathrm{Adv}_{\Pi,\mathcal{A}}^{\mathrm{LeakageCCA2}}(\kappa)$是可忽略的(其中 κ 为安全参数),则称 Π 在抵抗 $\lambda(\kappa)$有限的密钥泄露攻击下是 CCA2 安全的。

$\mathrm{Adv}_{\Pi,\mathcal{A}}^{\mathrm{LeakageCCA2}}(\kappa)$的定义如下：

$$\mathrm{Adv}_{\Pi,\mathcal{A}}^{\mathrm{LeakageCCA2}}(\kappa)=|\Pr[\mathrm{Exp}_{\Pi,\mathcal{A}}^{\mathrm{LeakageCCA2}}(0)=1]-\Pr[\mathrm{Exp}_{\Pi,\mathcal{A}}^{\mathrm{LeakageCCA2}}(1)=1]|$$

$\mathrm{Exp}_{\Pi,\mathcal{A}}^{\mathrm{LeakageCCA2}}(\beta)$的定义如下：

$\underline{\mathrm{Exp}_{\Pi,\mathcal{A}}^{\mathrm{LeakageCCA2}}(\beta)}$:

$(\mathrm{sk},\mathrm{pk})\leftarrow \mathrm{KeyGen}(1^{\kappa})$;

$(M_0,M_1,\mathrm{state})\leftarrow \mathcal{A}_1^{\mathrm{Leakage(sk)},\mathcal{D}_{\mathrm{sk}}(\cdot)}(\mathrm{pk})$,其中$|M_0|=|M_1|$;

$C^*=\mathcal{E}_{\mathrm{pk}}(M_\beta)$;

$\beta'\leftarrow \mathcal{A}_2^{\mathcal{D}_{\mathrm{sk},\neq C^*}(\cdot)}(C^*,\mathrm{state})$;

输出 β'.

3. 弱密钥泄露攻击

弱密钥泄露攻击是指敌手在没有获得公开钥之前,事先选定输出长度为 λ 的泄露函数 f,即 f 的选取独立于公开钥。系统建立后,敌手获得$(\mathrm{pk},f(\mathrm{sk}))$。虽然这个概念看起来很弱,但是它刻画了泄露攻击不依赖于系统参数,而仅依赖于硬件设备的情况。

定义 6-12(弱密钥泄露攻击)　设 $\Pi=(\mathrm{KeyGen},\mathcal{E},\mathcal{D})$是语义安全的公钥加密机制,若对任意 PPT 的 $\lambda(\kappa)$有限的密钥泄露敌手$\mathcal{A}=(\mathcal{A}_1,\mathcal{A}_2)$及可有效计算的函数 f,敌手的优势 $\mathrm{Adv}_{\Pi,\mathcal{A},f}^{\mathrm{WeakLeakage}}(\kappa)$是可忽略的(其中 κ 为安全参数),则称 Π 在抵抗弱 $\lambda(\kappa)$有限的密钥泄露攻击下是语义安全的。

$\mathrm{Adv}_{\Pi,\mathcal{A},f}^{\mathrm{WeakLeakage}}(\kappa)$的定义如下：

$$\mathrm{Adv}_{\Pi,\mathcal{A},f}^{\mathrm{WeakLeakage}}(\kappa)=|\Pr[\mathrm{Exp}_{\Pi,\mathcal{A},f}^{\mathrm{WeakLeakage}}(0)=1]-\Pr[\mathrm{Exp}_{\Pi,\mathcal{A},f}^{\mathrm{WeakLeakage}}(1)=1]|$$

$\mathrm{Exp}_{\Pi,\mathcal{A},f}^{\mathrm{WeakLeakage}}(\beta)$的定义如下：

$\underline{\text{Exp}_{\Pi,\mathcal{A},f}^{\text{WeakLeakage}}(\beta)}$:

$(\text{sk},\text{pk})\leftarrow \text{KeyGen}(1^{\kappa})$;

$(M_0,M_1,\text{state})\leftarrow \mathcal{A}_1(\text{pk},f(\text{sk}))$,其中$|M_0|=|M_1|$;

$C^*=\mathcal{E}_{\text{pk}}(M_{\beta})$;

$\beta'\leftarrow \mathcal{A}_2(C^*,\text{state})$;

输出β'.

6.3 基于哈希证明系统的抗泄露攻击的公钥加密方案

下面是基于平滑哈希证明系统的抗泄露的公钥加密方案,先是通用构造,然后是一个实例。在实例中,基于DDH假设先构造一个简单高效的哈希证明系统,由此得到的加密机制能够抵抗任意$L(1/2-o(1))$比特的密钥泄露,其中L是密钥长度。

6.3.1 通用构造

设哈希证明系统HPS=(Param,Pub,Priv)是ε_1-平滑的,其中$\text{Param}(1^{\kappa})$生成系统的一个实例$(\text{group},\mathcal{K},\mathcal{C},\mathcal{V},\text{SK},\text{PK},\Lambda_{(\cdot)},\mu)$,作为加密机制的公开参数。设$\lambda=\lambda(\kappa)$是泄露的上界,$\text{Ext}:\mathcal{K}\times\{0,1\}^t\rightarrow\{0,1\}^m$是平均情况下的$(\log_2|\mathcal{K}|-\lambda,\varepsilon_2)$提取器,$\varepsilon_1$和$\varepsilon_2$关于安全参数都是可忽略的。下面是方案$\Pi=(\text{KeyGen},\mathcal{E},\mathcal{D})$的描述。

(1) 密钥产生过程:

$\underline{\text{KeyGen}(\kappa)}$:

$\text{sk}\leftarrow_R \text{SK}$;

$\text{pk}=\mu(\text{sk})\in\text{PK}$;

输出(sk,pk).

(2) 加密过程(其中$M\in\{0,1\}^m$):

$\underline{\mathcal{E}_{\text{pk}}(M)}$:

$C\leftarrow_R \mathcal{V}$,$C\in\mathcal{V}$的证据$w$;

$s\leftarrow_R\{0,1\}^t$;

$\Psi=\text{Ext}(\text{Pub}(\text{pk},C,w),s)\oplus M$;

输出(C,s,Ψ).

(3) 解密过程:

$\underline{\mathcal{D}_{\text{sk}}(C,s,\Psi)}$:

输出$\Psi\oplus\text{Ext}(\text{Priv}(\text{sk},C),s)$.

方案的正确性由$\text{Pub}(\text{pk},C,w)=\text{Priv}(\text{sk},C)=\Lambda_{\text{sk}}(C)$得到。方案的安全性(即抗密钥泄露性)由HPS是$\varepsilon_1$-平滑的得到,即对所有的$C\leftarrow_R \mathcal{C}\backslash\mathcal{V}$,以下等式成立:

$$\text{SD}((\text{pk},\Lambda_{\text{sk}}(C)),(\text{pk},K))\leqslant\varepsilon_1$$

其中,$\text{sk}\leftarrow_R \text{SK}$,$K\leftarrow_R\mathcal{K}$且$\text{pk}=\mu(\text{sk})$。因此,已知公开钥pk以及密钥泄露的任意$\lambda$比

特，$\Lambda_{sk}(C)$的分布与平均最小熵至少为 $\log_2|\mathcal{K}|-\lambda$ 的分布是 ε_1-接近的。对 $\Lambda_{sk}(C)$及 $s\leftarrow_R\{0,1\}^t$ 使用平均的$(\log_2|\mathcal{K}|-\lambda,\varepsilon_2)$强提取器 Ext：$\mathcal{K}\times\{0,1\}^t\rightarrow\{0,1\}^m$，保证了明文被隐藏。

由引理 6-3 知，只要 $m\leqslant\log_2|\mathcal{K}|-\lambda-\Omega(\log_2(1/\varepsilon_2))$，Ext 可以提取到几乎均匀的 m 比特。考虑到 ε_2 关于安全参数 κ 是可忽略的（即 $\log_2(1/\varepsilon_2)=\omega(\log_2\kappa)$），当泄露量 $\lambda(\kappa)\leqslant\log_2|\mathcal{K}|-\omega(\log_2\kappa)-m$，该方案在抵抗 $\lambda(\kappa)$有限的密钥泄露攻击下是语义安全的，其中 m 是明文长度。

定理 6-1 论述该方案的安全性。

定理 6-1 设哈希证明系统 HPS 是 ε_1-平滑的，对于任意的$\lambda(\kappa)\leqslant\log_2|\mathcal{K}|-\omega(\log_2\kappa)-m$（$\kappa$ 是安全参数，m 是明文长度），以上加密机制 Π 在抵抗 $\lambda(\kappa)$有限的密钥泄露攻击下是语义安全的。

具体地说，如果 HPS 是 ε_1-平滑的，Ext 是平均情况下的$(\log_2|\mathcal{K}|-\lambda,\varepsilon_2)$强提取器，$\mathcal{A}=(\mathcal{A}_1,\mathcal{A}_2)$是攻击 Π 的 $\lambda(\kappa)$有限的密钥泄露敌手，则存在一个敌手$\mathcal{B}$以至少

$$\mathrm{Adv}_{\mathrm{HPS},\mathcal{B}}^{\mathrm{SM}}(\kappa)\geqslant\frac{1}{2}\mathrm{Adv}_{\Pi,\mathcal{A}}^{\mathrm{Leakage}}(\kappa)-\varepsilon_1-\varepsilon_2$$

的优势解决 HPS 子集成员问题。

证明 敌手$\mathcal{B}$已知$\mathcal{S}\in\{\mathcal{V},\mathcal{C}\backslash\mathcal{V}\}$，为了确定$\mathcal{S}$是$\mathcal{V}$还是$\mathcal{C}\backslash\mathcal{V}$，与$\mathcal{A}$进行以下 $\mathrm{Exp}_{\Pi,\mathcal{A}}^{\mathrm{Leakage}}(S,\beta)$游戏：

(1) 运行随机化算法 $\mathrm{Param}(1^\kappa)$生成系统的一个实例$(\mathrm{group},\mathcal{K},\mathcal{C},\mathcal{V},\mathrm{SK},\mathrm{PK},\Lambda_{(\cdot)},\mu)$，选择 $\mathrm{sk}\leftarrow_R\mathrm{SK}$，令 $\mathrm{pk}=\mu(\mathrm{sk})\in\mathrm{PK}$。

(2) $(M_0,M_1,\mathrm{state})\leftarrow\mathcal{A}_1^{\mathrm{Leakage(sk)}}(\mathrm{pk})$，满足$|M_0|=|M_1|$。

(3) 随机选择 $C\leftarrow_R S,s\leftarrow_R\{0,1\}^t$，求 $\Psi=\mathrm{Ext}(\mathrm{Priv}(\mathrm{sk},C),s)\oplus M_\beta$。

(4) $\beta'\leftarrow\mathcal{A}_2((C,s,\Psi),\mathrm{state})$。

(5) 返回 β'。

由定义 6-9，任意敌手$\mathcal{A}$攻击 Π 的优势为

$$\begin{aligned}\mathrm{Adv}_{\Pi,\mathcal{A}}^{\mathrm{Leakage}}(\kappa)&=|\Pr[\mathrm{Exp}_{\Pi,\mathcal{A}}^{\mathrm{Leakage}}(0)=1]-\Pr[\mathrm{Exp}_{\Pi,\mathcal{A}}^{\mathrm{Leakage}}(1)=1]|\\&=|\Pr[\mathrm{Exp}_{\Pi,\mathcal{A}}^{\mathrm{Leakage}}(\mathcal{V},0)=1]-\Pr[\mathrm{Exp}_{\Pi,\mathcal{A}}^{\mathrm{Leakage}}(\mathcal{V},1)=1]| &(6\text{-}1)\\&\leqslant|\Pr[\mathrm{Exp}_{\Pi,\mathcal{A}}^{\mathrm{Leakage}}(\mathcal{V},0)=1]-\Pr[\mathrm{Exp}_{\Pi,\mathcal{A}}^{\mathrm{Leakage}}(\mathcal{C}\backslash\mathcal{V},0)=1]| &(6\text{-}2)\\&\quad+|\Pr[\mathrm{Exp}_{\Pi,\mathcal{A}}^{\mathrm{Leakage}}(\mathcal{C}\backslash\mathcal{V},0)=1]-\Pr[\mathrm{Exp}_{\Pi,\mathcal{A}}^{\mathrm{Leakage}}(\mathcal{C}\backslash\mathcal{V},1)=1]| &(6\text{-}3)\\&\quad+|\Pr[\mathrm{Exp}_{\Pi,\mathcal{A}}^{\mathrm{Leakage}}(\mathcal{C}\backslash\mathcal{V},1)=1]-\Pr[\mathrm{Exp}_{\Pi,\mathcal{A}}^{\mathrm{Leakage}}(\mathcal{V},1)=1]| &(6\text{-}4)\end{aligned}$$

其中，式(6-1)是由于对于任意的 $C\in\mathcal{V}$及其证据 w，有 $\mathrm{Priv}(\mathrm{sk},C)=\mathrm{Pub}(\mathrm{pk},C,w)$成立，即 $\mathrm{Exp}_{\Pi,\mathcal{A}}^{\mathrm{Leakage}}(\mathcal{V},\beta)$与 $\mathrm{Exp}_{\Pi,\mathcal{A}}^{\mathrm{Leakage}}(\beta)$一样；式(6-2)和式(6-4)表示$\mathcal{B}$解决哈希证明系统中子集成员问题的优势，为 $\mathrm{Adv}_{\mathrm{HPS},\mathcal{B}}^{\mathrm{SM}}(\kappa)$。下面求式(6-3)的上界。

断言 6-1 对于任意的 PPT 敌手$\mathcal{A}$有

$$|\Pr[\mathrm{Exp}_{\Pi,\mathcal{A}}^{\mathrm{Leakage}}(\mathcal{C}\backslash\mathcal{V},0)=1]-\Pr[\mathrm{Exp}_{\Pi,\mathcal{A}}^{\mathrm{Leakage}}(\mathcal{C}\backslash\mathcal{V},1)=1]|\leqslant2(\varepsilon_1+\varepsilon_2)$$

证明 哈希证明系统的平滑性保证对于任意的 $C\in\mathcal{C}\backslash\mathcal{V}$，当 pk 和 C 已知时，$\Lambda_{sk}(C)$的值在集合$\mathcal{K}$上是 ε_1-接近均匀分布的，即

$$\mathrm{SD}((\mathrm{pk},C,\Lambda_{sk}(C)),(\mathrm{pk},C,K))\leqslant\varepsilon_1$$

其中,$sk \leftarrow_R SK, K \leftarrow_R \mathcal{K}, pk=\mu(sk)$。然而敌手可通过访问泄露谕言机获得额外的 λ 比特的信息,下面用 aux 表示泄露谕言机的输出,它是关于公开钥 pk 和秘密钥 sk 的函数。然而 aux 的分布完全由 pk、C 和 $\Lambda_{sk}(C)$ 决定:已知 pk、C 和 $\Lambda_{sk}(C)$,可以从秘密钥的边缘分布中随机选取秘密钥 sk′,这样选取的秘密钥和 pk、C、$\Lambda_{sk}(C)$ 是一致的,然后计算 $aux=aux(pk,sk')$。下面将泄露表示为 pk、C 和 $\Lambda_{sk}(C)$ 的函数,即 $aux=aux(pk,C,\Lambda_{sk}(C))$。由于将同一函数用到两个分布上不会增加这两个分布的统计距离,所以

$$\mathrm{SD}((pk,C,\Lambda_{sk}(C),aux(pk,C,\Lambda_{sk}(C))),(pk,C,K,aux(pk,C,K)))\leqslant\varepsilon_1 \quad (6\text{-}5)$$

其中,$sk \leftarrow_R SK, K \leftarrow_R \mathcal{K}, pk=\mu(sk)$。将提取器 Ext 用在 $\Lambda_{sk}(C)$ 上,得

$$\mathrm{SD}((pk,C,\mathrm{Ext}(\Lambda_{sk}(C),s),s,aux),(pk,C,K,s,aux))\leqslant\varepsilon_1 \quad (6\text{-}6)$$

再考虑 $(pk,C,K,aux(pk,C,K))$ 的分布。因为 aux 的长度为 λ 比特,由引理 6-1 知

$$\widetilde{H}_\infty(K\mid pk,C,aux)\geqslant\widetilde{H}_\infty(K\mid pk,C)-\lambda=\log|\mathcal{K}|-\lambda$$

对 K 应用强提取器 Ext 有

$$\mathrm{SD}((pk,C,\mathrm{Ext}(K,s),s,aux),(pk,C,y,s,aux))\leqslant\varepsilon_2 \quad (6\text{-}7)$$

其中,$s\leftarrow_R\{0,1\}^t$ 是随机选取的种子,$y\leftarrow_R\{0,1\}^m$。

结合式(6-6)和式(6-7),由三角不等式得

$$\mathrm{SD}((pk,C,\mathrm{Ext}(\Lambda_{sk}(C),s),s,aux),(pk,C,y,s,aux))\leqslant\varepsilon_1+\varepsilon_2 \quad (6\text{-}8)$$

其中,$sk\leftarrow_R SK, y\leftarrow_R\{0,1\}^m$ 和 $s\leftarrow_R\{0,1\}^t, pk=\mu(sk)$。

所以在 $\mathrm{Exp}_{\Pi,\mathcal{A}}^{\mathrm{Leakage}}(\mathcal{C}\backslash\mathcal{V},\beta)$ 中,挑战密文中的 Ψ 是 $(\varepsilon_1+\varepsilon_2)$-接近均匀分布的。$\mathrm{Exp}_{\Pi,\mathcal{A}}^{\mathrm{Leakage}}(\mathcal{C}\backslash\mathcal{V},\beta)$ 在 $\beta=0$ 和 $\beta=1$ 两种情况下仅 Ψ 不同,由三角不等式,敌手的视图分布在两种情况下的统计距离至多为 $2(\varepsilon_1+\varepsilon_2)$,所以有

$$|\Pr[\mathrm{Exp}_{\Pi,\mathcal{A}}^{\mathrm{Leakage}}(\mathcal{C}\backslash\mathcal{V},0)=1]-\Pr[\mathrm{Exp}_{\Pi,\mathcal{A}}^{\mathrm{Leakage}}(\mathcal{C}\backslash\mathcal{V},1)=1]|\leqslant2(\varepsilon_1+\varepsilon_2)。$$

(断言 6-1 证毕)

所以

$$\mathrm{Adv}_{\Pi,\mathcal{A}}^{\mathrm{Leakage}}(\kappa)\leqslant2\mathrm{Adv}_{\mathrm{HPS},\mathcal{B}}^{\mathrm{SM}}(\kappa)+2(\varepsilon_1+\varepsilon_2)$$

由此得

$$\mathrm{Adv}_{\mathrm{HPS},\mathcal{B}}^{\mathrm{SM}}(\kappa)\geqslant\frac{1}{2}\mathrm{Adv}_{\Pi,\mathcal{A}}^{\mathrm{Leakage}}(\kappa)-\varepsilon_1-\varepsilon_2$$

(定理 6-1 证毕)

6.3.2 基于 DDH 哈希证明系统的抗泄露公钥加密方案

设 $\mathbb{G}$ 是阶为素数 q 的群,$\lambda=\lambda(\kappa)$ 为泄露参数,$\mathrm{Ext}: \mathbb{G}\times\{0,1\}^t\rightarrow\{0,1\}^m$ 是平均情况下的 $(\log_2 q-\lambda,\varepsilon)$-强提取器,其中 $\varepsilon=\varepsilon(\kappa)$ 是可忽略的量。基于 DDH 哈希证明系统的抗泄露公钥加密方案如下:

(1) 密钥产生过程:

$\underline{\mathrm{KeyGen}(\kappa)}$:

$x_1,x_2\leftarrow_R\mathbb{Z}_q$;

$g_1,g_2\leftarrow_R\mathbb{G}$;

$h=g_1^{x_1}g_2^{x_2}$;

$sk=(x_1,x_2), pk=(g_1,g_2,h)$.

(2) 加密过程(其中 $M \in \{0,1\}^m$):

$$\underline{\mathcal{E}_{pk}(M)}:$$
$$r \leftarrow_R \mathbb{Z}_q;$$
$$s \leftarrow_R \{0,1\}^t;$$
$$输出(g_1^r, g_2^r, s, \mathrm{Ext}(h^r, s) \oplus M).$$

(3) 解密过程:

$$\underline{\mathcal{D}_{sk}(u_1, u_2, s, e)}:$$
$$输出\ e \oplus \mathrm{Ext}(u_1^{x_1} u_2^{x_2}, s).$$

其中的哈希证明系统在例 6-1 已给出,设它是 ε_1-平滑的。因为 Ext 是平均情况下的$(\log_2 q-\lambda, \varepsilon)$-强提取器,$L=|sk|=2\log_2 q$,由定理 6-1 得 $\lambda(\kappa) \leqslant \log_2 q-\omega(\log_2 \kappa)-m=\frac{L}{2}-\omega(\log_2 \kappa)-m$

由此得到以下推论。

推论　假设 DDH 是困难的,以上加密机制在抵抗 $\lambda(\kappa)=\left(\frac{L}{2}-\omega(\log_2 \kappa)-m\right)$有限的密钥泄露攻击下是语义安全的,其中 κ 是安全参数,$L=L(\kappa)$是密钥长度,$m=m(\kappa)$是明文长度。

6.4　基于推广的 DDH 假设的抗泄露攻击的公钥加密方案

下面是基于推广的 DDH 假设的抗泄露的公钥加密方案,能够抵抗任意 $L(1-o(1))$ 比特的密钥泄露,其中 L 是密钥长度。

6.4.1　推广的 DDH 假设

设 GroupGen 是以安全参数 1^κ 为输入的概率多项式时间算法,其输出为$(\mathbb{G}, q, g)$,其中 q 是 κ 比特的素数,$\mathbb{G}$是阶为 q 的群,g 是群$\mathbb{G}$的生成元。

对于任意正整数 ℓ,定义以下两个集合:

$\mathcal{P}_{\mathrm{GDDH}}=\{(g_1, g_2, \cdots, g_\ell, g_1^r, g_2^r, \cdots, g_\ell^r): g_i \leftarrow_R \mathbb{G}(i=1,2,\cdots,\ell), r \leftarrow_R \mathbb{Z}_q\}$

$\mathcal{R}_{\mathrm{GDDH}}=\{(g_1, g_2, \cdots, g_\ell, g_1^{r_1}, g_2^{r_2}, \cdots, g_\ell^{r_\ell}): g_i \leftarrow_R \mathbb{G}, r_i \leftarrow_R \mathbb{Z}_q(i=1,2,\cdots,\ell)\}$

推广的 DDH(简称为 GDDH)问题是指,敌手$\mathcal{B}$得到 T,判断 $T \in \mathcal{P}_{\mathrm{GDDH}}$还是 $T \in \mathcal{R}_{\mathrm{GDDH}}$。优势定义为

$$|\Pr[\mathcal{B}(T \in \mathcal{P}_{\mathrm{GDDH}})=1]-\Pr[\mathcal{B}(T \in \mathcal{R}_{\mathrm{GDDH}})=1]|$$

GDDH 假设:没有多项式时间的敌手能以不可忽略的优势解决 GDDH 问题。

6.4.2　方案构造

基于推广的 DDH 假设的抗泄露攻击的公钥加密方案如下:

(1) 密钥产生过程:

$\underline{\text{KeyGen}(\kappa)}$:

$s_1, s_2, \cdots, s_\ell \leftarrow_R \mathbb{Z}_q$;

$g_1, g_2, \cdots, g_\ell \leftarrow_R \mathbb{G}$;

$y = \prod_{i=1}^{\ell} g_i^{s_i}$;

$\text{sk} = (s_1, s_2, \cdots, s_\ell), \text{pk} = (g_1, g_2, \cdots, g_\ell, y)$.

其中 ℓ 是关于 κ 的多项式。

(2) 加密过程(其中 $M \in \mathbb{G}$):

$\underline{\mathcal{E}_{\text{pk}}(M)}$:

$r \leftarrow_R \mathbb{Z}_q$;/加密指数

输出$(c_1, c_2, \cdots, c_{\ell+1}) = (g_1^r, g_2^r, \cdots, g_\ell^r, y^r M)$.

(3) 解密过程:

$\underline{\mathcal{D}_{\text{sk}}(c_1, c_2, \cdots, c_\ell, c_{\ell+1})}$:

返回$\dfrac{c_{\ell+1}}{\prod_{i=1}^{\ell} c_i^{s_i}}$.

这是因为

$$\frac{c_{\ell+1}}{\prod_{i=1}^{\ell} c_i^{s_i}} = \frac{\left(\prod_{i=1}^{\ell} g_i^{rs_i}\right) M}{\prod_{i=1}^{\ell} g_i^{rs_i}} = M$$

定理 6-2 在 GDDH 假设下,以上加密机制(仍记为 Π)在抵抗 $\lambda(\kappa) = |L|(1 - o(1))$ 密钥泄露攻击下是语义安全的,其中$|L|$是秘密钥长度。

具体地说,如果$\mathcal{A}$是攻击 Π 的 $\lambda(\kappa)$有限的密钥泄露敌手,$\mathcal{A}$的优势是 ε,则存在一个敌手$\mathcal{B}$以至少 ε 的优势解决 GDDH 问题。

证明 设$\mathcal{B}$收到 $T = (g_1, g_2, \cdots, g_\ell, c_1, c_2, \cdots, c_\ell)$。如果 $T \in \mathcal{P}_{\text{GDDH}}$,则 $T = (g_1, g_2, \cdots, g_\ell, g_1^r, g_2^r, \cdots, g_\ell^r)$;如果 $T \in \mathcal{R}_{\text{GDDH}}$,则 $T = (g_1, g_2, \cdots, g_\ell, g_1^{r_1}, g_2^{r_2}, \cdots, g_\ell^{r_\ell})$。$\mathcal{B}$通过与$\mathcal{A}$进行以下游戏,以判断是 $T \in \mathcal{P}_{\text{GDDH}}$还是 $T \in \mathcal{R}_{\text{GDDH}}$。

(1) 从$\mathcal{A}$收到泄露函数 f。

(2) 运行 KeyGen(1^κ)得到(sk,pk),将 pk 和 $f(\text{sk}, \text{pk})$给$\mathcal{A}$。

(3) 收到$\mathcal{A}$发来的 M_0 和 M_1。

(4) 随机选 $\beta \leftarrow_R \{0,1\}$,计算 $C^* = \mathcal{E}_{\text{pk}}(M_\beta) = \left(c_1, c_2, \cdots, c_\ell, \left(\prod_{i=1}^{\ell} c_i^{s_i}\right) M_\beta\right)$。

(5) $\mathcal{A}$输出对 β 的猜测 β'。如果 $\beta' = \beta$,$\mathcal{B}$输出 1,表示 $T \in \mathcal{P}_{\text{GDDH}}$;如果 $\beta' \neq \beta$,$\mathcal{B}$输出 0,表示 $T \in \mathcal{R}_{\text{GDDH}}$。

下面计算$\mathcal{B}$的优势。

当 $T \in \mathcal{P}_{\text{GDDH}}$时 $T = (g_1, g_2, \cdots, g_\ell, g_1^r, g_2^r, \cdots, g_\ell^r)$,模拟过程中敌手$\mathcal{A}$的视图与其在

真实攻击中的视图相同，于是

$$\left|\Pr[\beta'=\beta]-\frac{1}{2}\right|>\varepsilon(\kappa)$$

当 $T\in\mathcal{R}_{\mathrm{GDDH}}$ 时，$\mathcal{A}$ 的视图为 $\left(\mathrm{pk},f(\mathrm{pk},\mathrm{sk}),g_1^{r_1},g_2^{r_2},\cdots,g_\ell^{r_\ell},\left(\prod_{i=1}^{\ell}g_i^{r_is_i}\right)^{M_\beta}\right)$。下面证明它以某个微小的误差与 $(\mathrm{pk},f(\mathrm{pk},\mathrm{sk}),g_1^{r_1},g_2^{r_2},\cdots,g_\ell^{r_\ell},U)$ 是统计上不可区分的。称区分这两个多元组为问题 1；称区分 $(\mathrm{pk},f(\mathrm{pk},\mathrm{sk}),r_1,r_2,\cdots,r_\ell,\langle\boldsymbol{r},\boldsymbol{s}\rangle)$ 与 $(\mathrm{pk},f(\mathrm{pk},\mathrm{sk}),r_1,r_2,\cdots,r_\ell,U)$ 这两个多元组为问题 2，其中 $\boldsymbol{r}=(r_1,r_2,\cdots,r_\ell)$，$\boldsymbol{s}=(s_1,s_2,\cdots,s_\ell)$。首先证明问题 2 可归约到问题 1，因此问题 1 至少与问题 2 一样困难。

设 g 是 $\mathbb{G}$ 的生成元，对每个 g_i，存在 δ_i 使得 $g_i=g^{\delta_i}$。问题 1 的两个多元组变为 $\left(\mathrm{pk},f(\mathrm{pk},\mathrm{sk}),g^{\delta_1r_1},g^{\delta_2r_2},\cdots,g^{\delta_\ell r_\ell},\left(\prod_{i=1}^{\ell}g^{\delta_ir_is_i}\right)M_\beta\right)$ 和 $(\mathrm{pk},f(\mathrm{pk},\mathrm{sk}),g^{\delta_1r_1},g^{\delta_2r_2},\cdots,g^{\delta_\ell r_\ell},U)$，令 $r_i'=\delta_ir_i\,(i=1,2,\cdots,\ell)$，记 $\boldsymbol{r}'=(r_1',r_2',\cdots,r_\ell')$，则上面两个多元组变为 $\left(\mathrm{pk},f(\mathrm{pk},\mathrm{sk}),g^{r_1'},g^{r_2'},\cdots,g^{r_\ell'},\left(\prod_{i=1}^{\ell}g^{r_i's_i}\right)M_\beta\right)=(\mathrm{pk},f(\mathrm{pk},\mathrm{sk}),g^{r_1'},g^{r_2'},\cdots,g^{r_\ell'},g^{\langle\boldsymbol{r}',\boldsymbol{s}\rangle}M_\beta)$ 和 $(\mathrm{pk},f(\mathrm{pk},\mathrm{sk}),g^{r_1'},g^{r_2'},\cdots,g^{r_\ell'},U)$。所以，如果能解决问题 2，就能解决问题 1。

下面证明问题 2 是困难的，即 $(\mathrm{pk},f(\mathrm{pk},\mathrm{sk}),r_1,r_2,\cdots,r_\ell,\langle\boldsymbol{r},\boldsymbol{s}\rangle)$ 与 $(\mathrm{pk},f(\mathrm{pk},\mathrm{sk}),r_1,r_2,\cdots,r_\ell,U)$ 是统计上接近的。设哈希函数族 $\mathcal{H}$ 由函数 $h_r(\boldsymbol{s})=\langle\boldsymbol{r},\boldsymbol{s}\rangle\bmod q$ 构成，可以看出这是一个通用哈希函数族。为了使用引理 6-3，需要

$$H_\infty(\boldsymbol{s})\geqslant\log q+2\log(1/\varepsilon')$$

因为秘密钥 $\boldsymbol{s}$ 为 $\ell\log_2 q$ 比特长，λ 是泄露函数 f 的输出比特长，$\langle\boldsymbol{r},\boldsymbol{s}\rangle$ 泄露的比特长是 $\log_2 q$，所以有

$$H_\infty(\boldsymbol{s})=\ell\log_2 q-\lambda-\log_2 q$$

因此，只要

$$H_\infty(\boldsymbol{s})=\ell\log_2 q-\lambda-\log_2 q\geqslant\log_2 q+2\log_2(1/\varepsilon')$$

即

$$\lambda\leqslant\ell\log_2 q-2\log_2 q-2\log_2(1/\varepsilon')=|L|(1-o(1))$$

其中 $|L|$ 是秘密钥长度。由引理 6-3 可知，$\langle\boldsymbol{r},\boldsymbol{s}\rangle$ 与 U 的统计距离至多是 ε'。

由此证明了，当 $T\in\mathcal{R}_{\mathrm{GDDH}}$ 时，$\mathcal{A}$ 的视图为 $\left(\mathrm{pk},f(\mathrm{pk},\mathrm{sk}),g_1^{r_1},g_2^{r_2},\cdots,g_\ell^{r_\ell},\left(\prod_{i=1}^{\ell}g_i^{r_is_i}\right)^{M_\beta}\right)$ 以某个微小的误差与 $(\mathrm{pk},f(\mathrm{pk},\mathrm{sk}),g_1^{r_1},g_2^{r_2},\cdots,g_\ell^{r_\ell},U)$ 是统计上不可区分的，所以

$$\Pr[\beta'=\beta]=\frac{1}{2}$$

$$|\Pr[\mathcal{B}(T\in\mathcal{P}_{\mathrm{GDDH}})=1]-\Pr[\mathcal{B}(T\in\mathcal{R}_{\mathrm{GDDH}})=1]|\geqslant\left|\left(\frac{1}{2}\pm\varepsilon(\kappa)\right)-\frac{1}{2}\right|=\varepsilon(\kappa)$$

（定理 6-2 证毕）

取 ε 为 $n^{-\log_2 n}$,$\mathcal{B}$攻破 GDDH 假设的优势依然是不可忽略的,可容忍的泄露变为

$$\ell\log_2 q-2\log_2 q-2\log_2^2 n=|\mathrm{sk}|(1-o(1))$$

6.5 抗选择密文的密钥泄露攻击的公钥加密方案

6.5.1 通用构造

2.2 节介绍的 Naor-Yung 的双加密范式是 IND-CCA1 安全的。为了将其用于抵抗密钥泄露攻击的场景,需要对其中的适应性安全的非交互式零知识证明系统(见 1.4.6 节中的定义 1-17)加上一个额外的性质——模拟可靠性(见下面的定义 1-17′),称之为模拟可靠的适应性安全的非交互式零知识证明系统。

定义 1-17′ 模拟可靠性:对任意 PPT 敌手$\mathcal{A}$,存在一个可忽略的函数 $\varepsilon(\cdot)$,使得

$$\mathrm{Adv}_{\mathcal{A}}^{\mathrm{SS}}(\kappa)=|\Pr[\mathrm{Exp}_{\mathcal{A}}^{\mathrm{SS}}(\kappa)=1]|\leqslant\varepsilon(\kappa)$$

其中 $\mathrm{Exp}_{\mathcal{A}}^{\mathrm{SS}}(\kappa)$如下定义:

$\underline{\mathrm{Exp}_{\mathcal{A}}^{\mathrm{SS}}(\kappa)}$:

$(\sigma,\tau)\leftarrow\mathrm{Sim}_1(\kappa)$;

$(x,\pi)\leftarrow\mathcal{A}^{\mathrm{Sim}_2(\kappa,\cdot,\tau)}(\kappa,\sigma)$;

用 Q 表示$\mathcal{A}$对 Sim_2 询问的应答构成的集合;

当且仅当 $x\notin L,\pi\notin Q$ 且$\mathcal{V}(\kappa,x,\pi,\sigma)=1$ 时返回 1.

设公钥加密机制 $\Pi=(\mathrm{KeyGen},\mathcal{E},\mathcal{D})$是在 $\lambda(\kappa)$-有限的密钥泄露攻击下语义安全的,$\Sigma_{\mathrm{ZK}}=(\mathrm{CRSGen},\mathcal{P},\mathcal{V},\mathrm{Sim}_1,\mathrm{Sim}_2)$是对下述 NP 语言模拟可靠的适应性安全的非交互式零知识证明系统:

$$L=\{(c_0,c_1,\mathrm{pk}_0,\mathrm{pk}_1)\mid\text{存在 } m,r_0,r_1 \text{ 使得 } c_0=\mathcal{E}_{\mathrm{pk}_0}(m;r_0),c_1=\mathcal{E}_{\mathrm{pk}_1}(m;r_1)\}$$

加密机制 $\Pi^*=(\mathrm{KeyGen}^*,\mathcal{E}^*,\mathcal{D}^*)$定义如下:

(1) 密钥产生过程:

$\underline{\mathrm{KeyGen}^*(1^\kappa)}$:

$(\mathrm{sk}_0,\mathrm{pk}_0),(\mathrm{sk}_1,\mathrm{pk}_1)\leftarrow\mathrm{KeyGen}(1^\kappa)$;

$\sigma\leftarrow\mathrm{CRSGen}(1^\kappa)$;/公共参考串

$\mathrm{sk}=\mathrm{sk}_0,\mathrm{pk}=(\mathrm{pk}_0,\mathrm{pk}_1,\sigma)$.

(2) 加密过程:

$\underline{\mathcal{E}_{\mathrm{pk}}^*(M)}$:

$r_0,r_1\leftarrow_R\{0,1\}^*$;

$c_0=\mathcal{E}_{\mathrm{pk}_0}(M;r_0)$;

$c_1=\mathcal{E}_{\mathrm{pk}_1}(M;r_1)$;

$\pi\leftarrow\mathcal{P}(\sigma,(c_0,c_1),(r_0,r_1,M))$;

输出(c_0,c_1,π).

(3) 解密过程:

$\mathcal{D}^*_{sk_0}(c_0, c_1, \pi)$：

如果 $\mathcal{V}(\sigma, (c_0, c_1, \pi)) = 0$

　输出 $\perp$；

否则

　输出 $\mathcal{D}_{sk_0}(c_0)$.

在该方案的安全性证明中，将敌手$\mathcal{A}$对 Π^* 的攻击归约到敌手$\mathcal{B}$对 Σ_{ZK} 或 Π 的攻击。

定理 6-3　设公钥加密机制 Π 在 $\lambda(\kappa)$-有限的密钥泄露攻击下是语义安全的，Σ_{ZK} 是模拟可靠的适应性安全的非交互式零知识证明系统。那么，Π^* 是在 $\lambda(\kappa)$ 有限的密钥泄露攻击下 CCA2 安全的。

证明　设攻击 Π^* 的 PPT 敌手$\mathcal{A}$是 $\lambda(\kappa)$-有限的，下面描述一个思维实验，将$\mathcal{A}$对 Π^* 的攻击转化为对思维实验的攻击。思维实验与真实攻击的区别是$\mathcal{A}$收到的挑战密文可能是不正确生成的(两个密文可能不是由同一消息得到的)，而非交互式零知识(NIZK)证明是由 NIZK 模拟器 $S = (\text{Sim}_1, \text{Sim}_2)$ 产生的。思维实验 $\text{Exp}_{\mathcal{A}}^{\text{Sim}}(\beta_0, \beta_1)$ 定义如下：

(1) 密钥生成：

$$(\sigma, \tau) \leftarrow \text{Sim}_1(1^\kappa);$$
$$(sk_0, pk_0), (sk_1, pk_1) \leftarrow \text{KeyGen}(1^\kappa);$$
$$sk = sk_0, pk = (pk_0, pk_1, \sigma).$$

(2) $(M_0, M_1, \text{state}) \leftarrow \mathcal{A}_1^{\text{Leakage}(sk), \mathcal{D}^*_{sk}(\cdot)}(pk)$。

(3) 生成挑战密文 $c = (c_0, c_1, \pi)$：

$$c_0 \leftarrow \mathcal{E}_{pk_0}(M_{\beta_0});$$
$$c_1 \leftarrow \mathcal{E}_{pk_1}(M_{\beta_1});$$
$$\pi \leftarrow \text{Sim}_2((c_0, c_1, pk_0, pk_1), \sigma, \tau).$$

(4) $\beta' \leftarrow \mathcal{A}_2^{\mathcal{D}^*_{sk, \neq c}(\cdot)}(c, \text{state})$。

敌手$\mathcal{A}$攻击 Π^* 的优势为

$$\text{Adv}_{\Pi^*, \mathcal{A}}^{\text{LeakageCCA2}}(\kappa) = |\Pr[\text{Exp}_{\Pi^*, \mathcal{A}}^{\text{LeakageCCA2}}(1) = 1] - \Pr[\text{Exp}_{\Pi^*, \mathcal{A}}^{\text{LeakageCCA2}}(0) = 1]|$$

$$\leqslant |\Pr[\text{Exp}_{\Pi^*, \mathcal{A}}^{\text{LeakageCCA2}}(1) = 1] - \Pr[\text{Exp}_{\mathcal{A}}^{\text{Sim}}(1,1) = 1]| \tag{6-9}$$

$$+ |\Pr[\text{Exp}_{\mathcal{A}}^{\text{Sim}}(1,1) = 1] - \Pr[\text{Exp}_{\mathcal{A}}^{\text{Sim}}(0,1) = 1]| \tag{6-10}$$

$$+ |\Pr[\text{Exp}_{\mathcal{A}}^{\text{Sim}}(0,1) = 1] - \Pr[\text{Exp}_{\mathcal{A}}^{\text{Sim}}(0,0) = 1]| \tag{6-11}$$

$$+ |\Pr[\text{Exp}_{\mathcal{A}}^{\text{Sim}}(0,0) = 1] - \Pr[\text{Exp}_{\Pi^*, \mathcal{A}}^{\text{LeakageCCA2}}(0) = 1]| \tag{6-12}$$

断言 6-2 证明式(6-9)和式(6-12)是可忽略的。

断言 6-2　对任意 PPT 的$\mathcal{A}$和 $\beta \in \{0,1\}$，

$$|\Pr[\text{Exp}_{\Pi^*, \mathcal{A}}^{\text{LeakageCCA2}}(\beta) = 1] - \Pr[\text{Exp}_{\mathcal{A}}^{\text{Sim}}(\beta, \beta) = 1]|$$

是可忽略的。

证明　设挑战者建立一个模拟可靠的适应性安全的非交互式零知识证明系统。若对任意 PPT 的$\mathcal{A}$和 $\beta \in \{0,1\}$，存在不可忽略的函数 $\varepsilon(\kappa)$，使得

$$|\Pr[\text{Exp}_{\Pi^*, \mathcal{A}}^{\text{LeakageCCA2}}(\beta) = 1] - \Pr[\text{Exp}_{\mathcal{A}}^{\text{Sim}}(\beta, \beta) = 1]| \geqslant \varepsilon(\kappa)$$

则能够构造另一个 PPT 敌手$\mathcal{B}$,以 $\varepsilon(\kappa)$的优势攻击非交互式零知识证明系统的零知识性。

$\mathcal{B}$按以下方式与$\mathcal{A}$交互：$\mathcal{B}$收到公共参考串 σ 后建立密钥对(sk_0,pk_0),$(sk_1,pk_1)\leftarrow KeyGen(1^\kappa)$,将公开钥 $pk=(pk_0,pk_1,\sigma)$给$\mathcal{A}$,使用 $sk=sk_0$ 为$\mathcal{A}$模拟解密谕言机和泄露谕言机(任何人都能在解密时验证非交互式零知识证明系统的证明)。$\mathcal{A}$输出(M_0,M_1)作为挑战明文,$\mathcal{B}$计算 $c_0\leftarrow\mathcal{E}_{pk_0}(M_\beta)$和 $c_1\leftarrow\mathcal{E}_{pk_1}(M_\beta)$,挑战者为$\mathcal{B}$产生$(c_0,c_1,pk_0,pk_1)\in L$ 的证明π。$\mathcal{B}$将挑战密文(c_0,c_1,π)发送给$\mathcal{A}$,输出$\mathcal{A}$的输出。如果π 是真实的证明,$\mathcal{B}$则完美地模拟了实验 $\mathrm{Exp}_{\Pi^*,\mathcal{A}}^{\mathrm{LeakageCCA2}}(\beta)$;如果 π 是模拟的证明,$\mathcal{B}$则完美地模拟了实验 $\mathrm{Exp}_{\mathcal{A}}^{\mathrm{Sim}}(\beta,\beta)$。因此,如果$\mathcal{A}$能以 $\varepsilon(\kappa)$的优势区分 $\mathrm{Exp}_{\Pi^*,\mathcal{A}}^{\mathrm{LeakageCCA2}}(\beta)$和 $\mathrm{Exp}_{\mathcal{A}}^{\mathrm{Sim}}(\beta,\beta)$,$\mathcal{B}$就能以同样的优势区分 π 是真实的证明还是模拟的证明。

(断言 6-2 证毕)

下一断言证明在实验 $\mathrm{Exp}_{\mathcal{A}}^{\mathrm{Sim}}(\beta_0,\beta_1)$中,$\mathcal{A}$向$\mathcal{B}$询问的密文,如果有可接受的非交互式零知识证明系统的证明,则该密文是以压倒性的概率为有效的。无效密文是指 $c=(c_0,c_1,\pi)$满足$\mathcal{V}((c_0,c_1,pk_0,pk_1),\sigma,\pi)=1$ 但$\mathcal{D}_{sk_0}(c_0)\neq\mathcal{D}_{sk_1}(c_1)$。

断言 6-3 对于任意 PPT 敌手$\mathcal{A}$和 $\beta_0,\beta_1\in\{0,1\}$,在实验 $\mathrm{Exp}_{\mathcal{A}}^{\mathrm{Sim}}(\beta_0,\beta_1)$中,$\mathcal{A}$能向$\mathcal{B}$询问无效密文的概率是可忽略的。

证明 反证。如果$\mathcal{A}$能以不可忽略的概率向$\mathcal{B}$询问无效密文,则$\mathcal{B}$能以相同的概率攻击 Σ_{ZK}的模拟可靠性。

$\mathcal{B}$作为主体和$\mathcal{A}$运行 $\mathrm{Exp}_{\mathcal{A}}^{\mathrm{Sim}}(\beta_0,\beta_1)$,在收到挑战者生成的公共参考串 σ 后,以断言 6-2 证明中的方式运行实验 $\mathrm{Exp}_{\mathcal{A}}^{\mathrm{Sim}}(\beta_0,\beta_1)$(唯一的不同是$\mathcal{B}$计算 $c_0=\mathcal{E}_{pk_0}(M_{\beta_0})$和 $c_1=\mathcal{E}_{pk_1}(M_{\beta_1})$)。在模拟过程中,如果$\mathcal{A}$向$\mathcal{B}$询问无效密文,$\mathcal{B}$输出这个密文及其证明 π(由挑战者产生)并且停止(这是因为$\mathcal{B}$知道解密密钥并且可以验证非交互式零知识证明系统的证明的正确性,因此$\mathcal{B}$能判断$\mathcal{A}$提交的密文是否无效),即$\mathcal{B}$成功攻击了 Σ_{ZK}的模拟可靠性。

(断言 6-3 证毕)

下面证明式(6-10)和式(6-11)是可忽略的。

断言 6-4 对于任意 PPT 敌手$\mathcal{A}$,

$$|\Pr[\mathrm{Exp}_{\mathcal{A}}^{\mathrm{Sim}}(1,1)=1]-\Pr[\mathrm{Exp}_{\mathcal{A}}^{\mathrm{Sim}}(0,1)=1]|$$

是可忽略的。

证明 反证。若存在不可忽略的函数 $\varepsilon(\kappa)$,使得

$$|\Pr[\mathrm{Exp}_{\mathcal{A}}^{\mathrm{Sim}}(1,1)=1]-\Pr[\mathrm{Exp}_{\mathcal{A}}^{\mathrm{Sim}}(0,1)=1]|\geqslant\varepsilon(\kappa)$$

就可构造另一 PPT 敌手$\mathcal{B}$以 $\varepsilon(\kappa)$的优势攻击 $\Pi=(KeyGen,\mathcal{E},\mathcal{D})$的语义安全性。

挑战者建立 $\Pi=(KeyGen,\mathcal{E},\mathcal{D})$,将 $pk\leftarrow KeyGen(1^\kappa)$给$\mathcal{B}$。$\mathcal{B}$与$\mathcal{A}$如下交互：

(1) 密钥生成。$\mathcal{B}$取 $pk_0=pk$,$(sk_1,pk_1)\leftarrow KeyGen(1^\kappa)$及$(\sigma,\tau)\leftarrow Sim_1(1^\kappa)$,设定 $pk=(pk_0,pk_1,\sigma)$。

(2) 泄露询问。当$\mathcal{A}$发出泄露询问 f 时,$\mathcal{B}$将 f 转发给与 pk 相应的泄露谕言机。

(3) 解密询问。当$\mathcal{A}$发出 $c=(c_0,c_1,\pi)$的解密询问时,$\mathcal{B}$调用非交互式零知识证明系统的验证者$\mathcal{V}$验证 π 是否为关于σ 可接受的证明。如果是,$\mathcal{B}$输出$\mathcal{D}_{sk_1}(c_1)$;否则输出$\perp$。

(4) $\mathcal{A}$输出消息(M_0, M_1)，$\mathcal{B}$将(M_0, M_1)转发给挑战者，得到$c_0 = \mathcal{E}_{pk_0}(M_\beta)$(其中$\beta \in \{0,1\}$是随机的)，然后向$\mathcal{A}$输出挑战密文$(c_0, c_1, \pi)$，其中：

$$c_1 = \mathcal{E}_{pk_1}(M_1)$$

$$\pi \leftarrow \text{Sim}_2((c_0, c_1, pk_0, pk_1), \sigma, \tau)$$

π 是模拟的非交互式零知识证明系统的证明。

(5) $\mathcal{A}$输出 β'，$\mathcal{B}$也输出 β'。

在$\mathcal{A}$看来，$\mathcal{B}$产生的视图和实验 $\text{Exp}_{\mathcal{A}}^{\text{Sim}}(\beta, 1)$的视图区别是$\mathcal{B}$执行解密时使用 sk_1 而不是 sk_0。只要$\mathcal{A}$不提交具有可接受证明的无效密文，则二者的视图是完全相同的。断言 6-3 保证了后者事件发生的概率是可忽略的。若 $\beta=0$，上述交互过程就是 $\text{Exp}_{\mathcal{A}}^{\text{Sim}}(0,1)$；若 $\beta=1$，上述交互过程就是 $\text{Exp}_{\mathcal{A}}^{\text{Sim}}(1,1)$。所以，$\mathcal{A}$以 $\varepsilon(\kappa)$的优势区分 $\text{Exp}_{\mathcal{A}}^{\text{Sim}}(0,1)$ 和 $\text{Exp}_{\mathcal{A}}^{\text{Sim}}(1,1)$，就是以 $\varepsilon(\kappa)$的优势区分 $\beta=0$ 还是 $\beta=1$，$\mathcal{B}$也以同样的优势区分了 $\beta=0$ 和 $\beta=1$，即攻击了 Π 的语义安全性。

（断言 6-4 证毕）

断言 6-5 的证明和断言 6-4 基本相同，区别在于，$\mathcal{B}$应答$\mathcal{A}$泄露询问的方式不同。在断言 6-4 中，$\mathcal{B}$未知 sk_0，只能将$\mathcal{A}$的泄露询问转发给泄露谕言机；而在断言 6-5 中，$\mathcal{B}$知道 sk_0，可直接应答$\mathcal{A}$的泄露询问。

断言 6-5　对于任意 PPT 敌手$\mathcal{A}$，

$$|\Pr[\text{Exp}_{\mathcal{A}}^{\text{Sim}}(0,1)=1] - \Pr[\text{Exp}_{\mathcal{A}}^{\text{Sim}}(0,0)=1]|$$

是可忽略的。

证明　反证。若存在不可忽略的函数 $\varepsilon(\kappa)$，使得

$$|\Pr[\text{Exp}_{\mathcal{A}}^{\text{Sim}}(0,1)=1] - \Pr[\text{Exp}_{\mathcal{A}}^{\text{Sim}}(0,0)=1]| \geqslant \varepsilon(\kappa)$$

就可构造另一 PPT 敌手$\mathcal{B}$以 $\varepsilon(\kappa)$的优势攻击 $\Pi=(\text{KeyGen}, \mathcal{E}, \mathcal{D})$的语义安全性。

挑战者建立 $\Pi=(\text{KeyGen}, \mathcal{E}, \mathcal{D})$，将 $pk \leftarrow \text{KeyGen}(1^\kappa)$给$\mathcal{B}$。$\mathcal{B}$与$\mathcal{A}$如下交互：

(1) 密钥生成。$\mathcal{B}$取 $pk_1 = pk$，$(sk_0, pk_0) \leftarrow \text{KeyGen}(1^\kappa)$及$(\sigma, \tau) \leftarrow \text{Sim}_1(1^\kappa)$，设定 $pk=(pk_0, pk_1, \sigma)$。

(2) 泄露询问。当$\mathcal{A}$发出泄露询问 f 时，$\mathcal{B}$输出 $f(sk_0)$。

(3) 解密询问。当$\mathcal{A}$发出 $c=(c_0, c_1, \pi)$的解密询问时，$\mathcal{B}$调用非交互式零知识证明系统的验证者$\mathcal{V}$验证 π 是否为关于 σ 可接受的证明。如果是，则$\mathcal{B}$输出$\mathcal{D}_{sk_0}(c_0)$；否则输出$\perp$。

(4) $\mathcal{A}$输出消息(M_0, M_1)，$\mathcal{B}$将(M_0, M_1)转发给挑战者，得到$c_1 = \mathcal{E}_{pk_1}(M_\beta)$(其中$\beta \in \{0,1\}$是随机的)，然后向$\mathcal{A}$输出挑战密文$(c_0, c_1, \pi)$，其中：

$$c_0 = \mathcal{E}_{pk_0}(M_0)$$

$$\pi \leftarrow \text{Sim}_2((c_0, c_1, pk_0, pk_1), \sigma, \tau)$$

π 是模拟的非交互式零知识证明系统的证明。

(5) $\mathcal{A}$输出 β'，$\mathcal{B}$也输出 β'。

在$\mathcal{A}$看来，$\mathcal{B}$产生的视图和实验 $\text{Exp}_{\mathcal{A}}^{\text{Sim}}(0, \beta)$的视图是不可区分的，类似于断言 6-4，得证。

（断言 6-5 证毕）

（定理 6-3 证毕）

6.5.2 抗泄露攻击的 CCA1 安全的公钥加密方案

下面的方案是 Cramer-Shoup 轻型加密机制的一个变形。

设$\mathbb{G}$是阶为素数 q 的群，$\lambda=\lambda(\kappa)$是泄露参数，对可忽略的 $\varepsilon=\varepsilon(\kappa)$，Ext: $\mathbb{G}\times\{0,1\}^t\rightarrow\{0,1\}^m$ 为平均情况的$(\log_2 q-\lambda,\varepsilon)$-强提取器。

在下面的加密方案中，秘密钥长度为 $4\log_2 q$ 比特(4 个群元素)，当 $\lambda\leqslant\log_2 q-\omega(\log_2\kappa)-m$ 时是 CCA1 安全的，其中 m 是明文的长度。方案如下：

(1) 密钥产生过程：

$\underline{\text{KeyGen}(\kappa)}$:

$x_1,x_2,z_1,z_2\leftarrow_R\mathbb{Z}_q$;

$g_1,g_2\leftarrow_R\mathbb{G}$;

$c=g_1^{x_1}g_2^{x_2},h=g_1^{z_1}g_2^{z_2}$;

$\text{sk}=(x_1,x_2,z_1,z_2),\text{pk}=(g_1,g_2,c,h)$.

(2) 加密过程(其中 $M\in\{0,1\}^m$)：

$\underline{\mathcal{E}_{\text{pk}}(M)}$:

$r\leftarrow_R\mathbb{Z}_q$;/加密指数

$s\leftarrow_R\{0,1\}^t$;/提取器种子

输出$(g_1^r,g_2^r,c^r,s,\text{Ext}(h^r,s)\oplus M)$.

(3) 解密过程：

$\underline{\mathcal{D}_{\text{sk}}(u_1,u_2,v,s,e)}$:

如果 $v\neq u_1^{x_1}u_2^{x_2}$

则输出$\perp$;

否则

输出 $e\oplus\text{Ext}(u_1^{z_1}u_2^{z_2},s)$.

这是因为

$$u_1^{x_1}u_2^{x_2}=(g_1^{x_1}g_2^{x_2})^r=c^r=v,u_1^{z_1}u_2^{z_2}=(g_1^{z_1}g_2^{z_2})^r=h^r$$

定理 6-4 假设 DDH 是困难的，上述加密方案在$(L/4-\omega(\log_2\kappa)-m)$-有限的密钥泄露攻击下是 CCA1 安全的，其中 κ 为安全参数，$L=L(\kappa)$是秘密钥长度，$m=m(\kappa)$是明文长度。

证明 若存在攻击本加密方案的有效敌手$\mathcal{A}$，则能够构造另一有效敌手$\mathcal{B}$以不可忽略的优势区分 DH 实例和非 DH 实例。设$\mathcal{B}$的输入为$(g_1,g_2,u_1,u_2)\in\mathbb{G}^4$，$\mathcal{B}$与$\mathcal{A}$按以下方式交互：

(1) 初始化。$\mathcal{B}$选取 $x_1,x_2,z_1,z_2\leftarrow_R\mathbb{Z}_q$，设置

$$c=g_1^{x_1}g_2^{x_2},h=g_1^{z_1}g_2^{z_2},\text{sk}=(x_1,x_2,z_1,z_2),\text{pk}=(g_1,g_2,c,h)$$

将 pk 给$\mathcal{A}$。

(2) 阶段 1。$\mathcal{B}$使用 sk 模拟$\mathcal{A}$的泄露谕言机和解密谕言机。

(3) 挑战。$\mathcal{A}$输出消息 M_0 和 M_1。$\mathcal{B}$选取 $\beta\leftarrow_R\{0,1\}$和 $s\leftarrow_R\{0,1\}^t$，将挑战密文$(u_1,$

$u_2, u_1^{x_1}u_2^{x_2}, s, \mathrm{Ext}(u_1^{z_1}u_2^{z_2}, s)\oplus M_\beta$)发送给$\mathcal{A}$。

(4) 猜测。$\mathcal{A}$输出 β'。如果 $\beta'=\beta$，$\mathcal{B}$输出 1，表示(g_1, g_2, u_1, u_2)是一个 DH 实例；否则，$\mathcal{B}$输出 0，表示(g_1, g_2, u_1, u_2)是一个非 DH 实例。

若 $\log_{g_1} u_1 \neq \log_{g_2} u_2$，则称密文($u_1, u_2, v, s, e$)是无效的。

下面给出证明思路。

首先证明，若(g_1, g_2, u_1, u_2)是一个 DH 实例，那么$\mathcal{A}$在上述交互过程中的视图与实际攻击时的视图相同。然后证明，在实际攻击和上述模拟攻击中，$\mathcal{B}$以不可忽略的概率拒绝无效密文。最后证明，若(g_1, g_2, u_1, u_2)是一个非 DH 实例，并且$\mathcal{B}$拒绝所有的无效密文，那么$\mathcal{A}$只能以可忽略的优势输出 $\beta'=\beta$。因此得出如下结论：若在实际攻击中$\mathcal{A}$有不可忽略的优势，那么$\mathcal{B}$在区分 DH 实例和非 DH 实例时具有不可忽略的优势。

断言 6-6　若(g_1, g_2, u_1, u_2)是 DH 实例，那么$\mathcal{B}$的模拟是完备的。

证明　模拟攻击和实际攻击在挑战阶段以前是相同的。如果(g_1, g_2, u_1, u_2)是 DH 实例，即 $u_1=g_1^r, u_2=g_2^r$，其中 $r\in\mathbb{Z}_q$，则在上述交互过程中 $u_1^{x_1}u_2^{x_2}=c^r, u_1^{z_1}u_2^{z_2}=h^r$。挑战密文具有正确的分布，所以在模拟攻击中的挑战密文和实际攻击时具有相同的分布。

(断言 6-6 证毕)

断言 6-7　在实际攻击和模拟攻击中，$\mathcal{B}$以不可忽略的概率拒绝无效密文。

证明　实际攻击和模拟攻击在挑战阶段以前是相同的。因此，在两种攻击下$\mathcal{B}$拒绝所有无效密文的概率是相同的。

从$\mathcal{A}$的角度考虑点(x_1, x_2)$\in\mathbb{Z}_q^2$的分布，假设此时$\mathcal{A}$有无限的计算能力，可由公开钥(g_1, g_2, c, h)得到 $\log_{g_1} c$ 和 $\gamma=\log_{g_1} g_2$，建立方程 $\log_{g_1} c=x_1+\gamma x_2$。再者$\mathcal{A}$无法从提交给$\mathcal{B}$的有效密文中得到关于($x_1, x_2$)的信息。事实上，从提交的有效密文中$\mathcal{A}$仅能获得关系 $\log_{g_1} h=z_1+\gamma z_2$，而这个关系可以从公开钥中获得，且仍然不含($x_1, x_2$)的任何信息。因此在$\mathcal{A}$看来($x_1, x_2$)是 $\log_{g_1} c=x_1+\gamma x_2$ 条件下均匀随机的。

用(u_1', u_2', v', s', e')表示$\mathcal{A}$首次提交的无效密文，其中 $u_1'=g_1^{r_1'}, u_2'=g_2^{r_2'}, r_1'\neq r_2'$，aux 表示在提交无效密文之前$\mathcal{A}$提交的所有泄露函数的输出，aux 的取值最多为 2^λ 个。在$\mathcal{A}$看来，在提交无效密文之前，(x_1, x_2)满足

$$\widetilde{H}_\infty((x_1, x_2)\mid \mathrm{pk}, \mathrm{aux})\geqslant H_\infty((x_1, x_2)\mid \mathrm{pk})-\lambda\geqslant \log_2 q-\lambda$$

其中应用引理 6-1，(x_1, x_2)的熵为 $\log_2 q$。

由平均最小熵的定义可知，在提交无效密文之前$\mathcal{A}$猜中(x_1, x_2)的概率至多为 $2^{-\widetilde{H}_\infty((x_1, x_2)\mid \mathrm{pk}, \mathrm{aux})}\leqslant 2^\lambda/q$。然而，若$\mathcal{B}$接受无效密文，假设此时$\mathcal{A}$有无限的计算能力，可由($u_1', u_2', v', s', e'$)得到 $\log_{g_1} v'$，$r_1'=\log_{g_1} u_1'$，$r_2'=\log_{g_2} u_2'$，并由公开钥(g_1, g_2, c, h)得到 $\log_{g_1} c$，$\mathcal{A}$就能建立以下线性方程组：

$$\begin{cases}\log_{g_1} v'=r_1'x_1+\gamma r_2'x_2\\ \log_{g_1} c=x_1+\gamma x_2\end{cases}\tag{6-13}$$

只要 $\gamma(r_1'-r_2')\neq 0$，方程组(6-13)就有解，$\mathcal{A}$因此获得(x_1, x_2)。所以$\mathcal{B}$接受第一个无效密文的概率至多为 $2^\lambda/q$。

对于$\mathcal{A}$提交的其他无效密文，$\mathcal{B}$接受的概率求法和上面相同。区别在于$\mathcal{B}$每拒绝一个

无效密文,$\mathcal{A}$就可以从集合$\{(x_1,x_2)\in\mathbb{Z}_q^2: \log_{g_1}c=x_1+\gamma x_2\}$中排除一个$(x_1,x_2)$。因此$\mathcal{B}$接受第 i 个无效密文的概率至多为 $2^\lambda/(q-i+1)$。因为 i 是多项式有限的,$\lambda\leqslant\log_2 q-\omega(\log_2\kappa)$,因此对每一个 i,$\frac{2^\lambda}{q-i+1}=\frac{q}{2^{\omega(\log_2\kappa)}(q-i+1)}$是可忽略的。

(断言 6-7 证毕)

断言 6-8 若(g_1,g_2,u_1,u_2)是非 DH 实例,并且$\mathcal{B}$拒绝所有无效密文,那么$\mathcal{A}$只能以可忽略的优势输出比特 $\beta'=\beta$。

证明 证明思路是:若(g_1,g_2,u_1,u_2)是非 DH 实例,并且$\mathcal{B}$以不可忽略的概率拒绝所有无效密文,那么以不可忽略的概率 $u_1^{z_1}u_2^{z_2}$ 的平均最小熵至少为 $\log_2 q-\lambda\geqslant m+\omega(\log_2\kappa)$。对 $u_1^{z_1}u_2^{z_2}$ 应用强提取器,在$\mathcal{A}$的视图已知的情况下,挑战密文的第 5 项(与 β 有关)是 ε-接近均匀分布的,其中 $\varepsilon=\varepsilon(\kappa)$是可忽略的。

下面从$\mathcal{A}$的角度考虑点$(z_1,z_2)\in\mathbb{Z}_q^2$的分布。$\mathcal{A}$已知公开钥$(g_1,g_2,c,h)$,在$\mathcal{A}$看来$(z_1,z_2)$在条件 $\log_{g_1}h=z_1+\gamma z_2$ 下是均匀随机的,其中 $\gamma=\log_{g_1}g_2$。因为$\mathcal{B}$拒绝所有无效密文,$\mathcal{A}$无法从提交给$\mathcal{B}$的有效密文中得到更多的信息,除了关系 $\log_{g_1}h=z_1+\gamma z_2$ 外。因此$\mathcal{A}$通过解密询问不能获得任何关于(z_1,z_2)的信息。

设 $u_1=g_1^{r_1}$,$u_2=g_2^{r_2}$,aux 表示$\mathcal{A}$选取的所有泄露函数的输出。假设此时$\mathcal{A}$有无限的计算能力,可求出 $\gamma=\log_{g_1}g_2$,$r_1=\log_{g_1}u_1$,$r_2=\log_{g_2}u_2$。但在$\mathcal{A}$看来,在挑战阶段 $u_1^{z_1}u_2^{z_2}$ 满足

$$\widetilde{H}_\infty(u_1^{z_1}u_2^{z_2}\mid g_1,g_2,c,h,\text{aux},u_1,u_2)=\widetilde{H}_\infty(r_1z_1+\gamma r_2z_2\mid\gamma,c,h,\text{aux},r_1,r_2)$$

由于 aux 的取值最多为 2^λ 个,因此

$$\widetilde{H}_\infty(r_1z_1+\gamma r_2z_2\mid\gamma,c,h,\text{aux},r_1,r_2)\geqslant\widetilde{H}_\infty(r_1z_1+\gamma r_2z_2\mid\gamma,c,h,r_1,r_2)-\lambda$$

因为当 γ、r_1、r_2 已知时,在 $r_1z_1+\gamma r_2z_2$ 中,如果 z_1、z_2 中有一个确定了,另一个也就确定了。所以

$$\widetilde{H}_\infty(r_1z_1+\gamma r_2z_2\mid\gamma,c,h,r_1,r_2)=\log_2 q$$

综上

$$\widetilde{H}_\infty(u_1^{z_1}u_2^{z_2}\mid g_1,g_2,c,h,\text{aux},u_1,u_2)\geqslant\log_2 q-\lambda$$

以不可忽略的概率成立。

由引理 6-3,$\text{Ext}(u_1^{z_1}u_2^{z_2},s)$是 ε-接近均匀分布的,所以$\mathcal{A}$输出比特 $\beta'=\beta$ 的优势是可忽略的。

(断言 6-8 证毕)

(定理 6-4 证毕)

6.5.3 抗泄露攻击的 CCA2 安全的公钥加密方案

本节是 Cramer-Shoup 加密机制的另一个变形,在抵抗密钥泄露攻击下是 CCA2 安全的。它与 6.5.2 节 CCA1 安全的方案主要的区别在密钥的结构上。在抗泄露方面,6.5.2 节的方案可以抵抗长度为 $L/4$ 比特的泄露,本节的方案可以抵抗长度至多为 $L/6$ 比特的泄露,其中 L 是密钥的长度。

设$\mathbb{G}$是阶为素数 q 的群，$\lambda=\lambda(\kappa)$是泄露参数，对可忽略的 $\varepsilon=\varepsilon(\kappa)$，Ext：$\mathbb{G}\times\{0,1\}^t\to\{0,1\}^m$ 为平均情况的$(\log_2 q-\lambda,\varepsilon)$-强提取器。又设$\mathcal{H}$是一族通用的单向哈希函数 H：$\mathbb{G}^4\to\mathbb{Z}_q$。

下面的加密方案密钥长度为 $6\log_2 q$ 比特，在泄露长度 $\lambda\leqslant\log_2 q-\omega(\log_2\kappa)-m$ 下是 CCA2 安全的，其中 m 是明文长度。方案如下：

(1) 密钥产生过程：

$\underline{\text{KeyGen}(\kappa)}$：

$x_1,x_2,y_1,y_2,z_1,z_2\leftarrow_R\mathbb{Z}_q$；

$g_1,g_2\leftarrow_R\mathbb{G}$；

$H\leftarrow_R\mathcal{H}$；

$c=g_1^{x_1}g_2^{x_2},d=g_1^{y_1}g_2^{y_2},h=g_1^{z_1}g_2^{z_2}$；

$\text{sk}=(x_1,x_2,y_1,y_2,z_1,z_2),\text{pk}=(g_1,g_2,c,d,h,H)$.

(2) 加密过程(其中 $M\in\{0,1\}^m$)：

$\underline{\mathcal{E}_{\text{pk}}(M)}$：

$r\leftarrow_R\mathbb{Z}_q$；

$s\leftarrow_R\{0,1\}^t$；

$u_1=g_1^r,u_2=g_2^r,e=\text{Ext}(h^r,s)\oplus M,\alpha=H(u_1,u_2,s,e),v=c^rd^{r\alpha}$；

输出(u_1,u_2,v,s,e).

(3) 解密过程：

$\underline{\mathcal{D}_{\text{sk}}(u_1,u_2,v,s,e)}$：

$\alpha=H(u_1,u_2,s,e)$；

如果 $v=u_1^{x_1+y_1\alpha}u_2^{x_2+y_2\alpha}$

输出 $e\oplus\text{Ext}(u_1^{z_1}u_2^{z_2},s)$；

否则

输出$\perp$.

这是因为

$$u_1^{x_1+y_1\alpha}u_2^{x_2+y_2\alpha}=c^rd^{r\alpha}=v,u_1^{z_1}u_2^{z_2}=h^r$$

方案的安全性可归约到 DDH 假定或通用的单向哈希函数的抗碰撞性。

定理 6-5　假设 DDH 是困难的，上述加密方案在$(L/6-\omega(\log_2\kappa)-m)$-有限的密钥泄露攻击下是 CCA2 安全的，其中 κ 为安全参数，$L=L(\kappa)$是秘密钥长度，$m=m(\kappa)$是明文长度。

证明　若存在攻击本方案的有效敌手$\mathcal{A}$，则能够构造另一有效敌手$\mathcal{B}$以不可忽略的优势区分 DH 实例和非 DH 实例。设$\mathcal{B}$的输入为$(g_1,g_2,u_1,u_2)\in\mathbb{G}^4$，$\mathcal{B}$与$\mathcal{A}$按以下方式交互：

(1) 初始化。$\mathcal{B}$选取 $x_1,x_2,y_1,y_2,z_1,z_2\leftarrow_R\mathbb{Z}_q$ 和 $H\leftarrow_R\mathcal{H}$，设置

$c=g_1^{x_1}g_2^{x_2},d=g_1^{y_1}g_2^{y_2},h=g_1^{z_1}g_2^{z_2},\text{sk}=(x_1,x_2,y_1,y_2,z_1,z_2)$，

$\text{pk}=(g_1,g_2,c,d,h,H)$

将 pk 给$\mathcal{A}$。

(2) 阶段1。$\mathcal{B}$使用 sk 模拟$\mathcal{A}$的泄露谕言机和解密谕言机。

(3) 挑战。$\mathcal{A}$输出消息 M_0 和 M_1,$\mathcal{B}$选取 $\beta \leftarrow_R \{0,1\}$ 和 $s \leftarrow_R \{0,1\}^t$,计算

$$e=\mathrm{Ext}(u_1^{z_1}u_2^{z_2},s)\oplus M_\beta,\alpha=H(u_1,u_2,s,e),v=u_1^{x_1+y_1\alpha}u_2^{x_2+y_2\alpha}$$

将挑战密文(u_1,u_2,v,s,e)发送给$\mathcal{A}$。

(4) 猜测。$\mathcal{A}$输出 β'。如果 $\beta'=\beta$,$\mathcal{B}$输出1,表示(g_1,g_2,u_1,u_2)是一个 DH 实例;否则,$\mathcal{B}$输出0,表示(g_1,g_2,u_1,u_2)是一个非 DH 实例。

断言 6-9 如果(g_1,g_2,u_1,u_2)是 DH 实例,那么$\mathcal{B}$的模拟是完备的。

证明 模拟攻击和实际攻击除挑战密文外是相同的。当(g_1,g_2,u_1,u_2)是一个 DH 实例时,模拟攻击中的挑战密文具有正确的分布,这是因为存在 $r\in\mathbb{Z}_q$,使得 $u_1=g_1^r$,$u_2=g_2^r$,因此,$u_1^{x_1+y_1\alpha}u_2^{x_2+y_2\alpha}=c^rd^{r\alpha}$,$u_1^{z_1}u_2^{z_2}=h^r$。所以$\mathcal{A}$在上述交互过程中的视图与实际攻击时的视图相同。

(断言6-9证毕)

下面证明当(g_1,g_2,u_1,u_2)是一个非 DH 实例时,$\mathcal{A}$仅以可忽略的优势输出 $\beta'=\beta$。从现在起,假设(g_1,g_2,u_1,u_2)是一个非 DH 实例,其中 $\log_{g_1}u_1=r_1$,$\log_{g_2}u_2=r_2$,并且 $r_1\neq r_2$。

下面用$(u_1^*,u_2^*,v^*,s^*,e^*)$表示发送给$\mathcal{A}$的挑战密文。Collision 表示事件:$\mathcal{A}$的解密询问中有一个$(u_1,u_2,v,s,e)$满足$(u_1,u_2,s,e)\neq(u_1^*,u_2^*,s^*,e^*)$但 $H(u_1,u_2,s,e)=H(u_1^*,u_2^*,s^*,e^*)$。如果 $\log_{g_1}u_1'\neq\log_{g_2}u_2'$,则称密文$(u_1',u_2',v',s',e')$是无效的。

首先证明,如果事件 Collision 没有发生,那么$\mathcal{A}$仅以可忽略的优势输出比特 $\beta'=\beta$。具体证明分两步:①如果事件 Collision 没有发生,那么$\mathcal{B}$拒绝无效密文的概率是不可忽略的;②如果$\mathcal{B}$拒绝所有无效密文,那么$\mathcal{A}$仅以可忽略的优势输出 $\beta'=\beta$。而证明事件 Collision 以可忽略的概率发生是由于通用的单向哈希函数$\mathcal{H}$的抗碰撞性。

断言 6-10 如果(g_1,g_2,u_1,u_2)是非 DH 实例,并且事件 Collision 不发生,那么$\mathcal{B}$以不可忽略的概率拒绝所有的无效密文。

证明 从$\mathcal{A}$的角度考虑点$(x_1,x_2,y_1,y_2)\in\mathbb{Z}_q^4$的分布。先不考虑泄露函数,假设此时$\mathcal{A}$有无限的计算能力,可从公开钥$(g_1,g_2,c,d,h,H)$及挑战密文$(u_1,u_2,v,s,e)$求出 $\log_{g_1}c$、$\log_{g_1}d$、$\log_{g_1}v$ 以及 $\gamma=\log_{g_1}g_2$、$r_1=\log_{g_1}u_1$、$r_2=\log_{g_2}u_2$,$\mathcal{A}$就能建立以下线性方程组:

$$\begin{cases}\log_{g_1}c=x_1+\gamma x_2\\ \log_{g_1}d=y_1+\gamma y_2\\ \log_{g_1}v=r_1x_1+r_2\gamma x_2+\alpha r_1y_1+\alpha r_2\gamma y_2\end{cases}\tag{6-14}$$

该方程组有无穷多个解,因此从$\mathcal{A}$的角度看,点(x_1,x_2,y_1,y_2)是均匀随机的。如果$\mathcal{A}$向$\mathcal{B}$提交有效密文(u_1',u_2',v',s',e'),则由于$(u_1')^{z_1}(u_2')^{z_2}=g_1^{r'z_1}g_2^{r'z_2}=h^{r'}$,$\mathcal{A}$通过$(u_1',u_2',v',s',e')$得到的方程 $r'\log_{g_1}h=r'z_1+r'\gamma z_2$ 仍是 $\log_{g_1}h=z_1+\gamma z_2$,而这个关系可从公开钥中得到。

用$(u_1',u_2',v',s',e')\neq(u_1,u_2,v,s,e)$表示$\mathcal{A}$首次提交的无效密文,其中 $u_1'=g_1^{r_1'}$,$u_2'=$

$g_2^{r_2'}$，$r_1' \neq r_2'$，$\alpha' = H(u_1', u_2', s', e')$。用 view 表示$\mathcal{A}$在提交无效密文之前的视图。考虑泄露，$\mathcal{A}$可获得至多 λ 比特的泄露，因此

$$\widetilde{H}_\infty((x_1, x_2, y_1, y_2) \mid \text{view}) \geqslant \widetilde{H}_\infty(x_1, x_2, y_1, y_2) - \lambda$$

由方程组(6-14)知，(x_1, x_2, y_1, y_2)中任意给定 3 个变量的值，则第 4 个变量的值也就确定了，所以 $\widetilde{H}_\infty(x_1, x_2, y_1, y_2) = \log_2 q$。综上，$\widetilde{H}_\infty((x_1, x_2, y_1, y_2) \mid \text{view}) \geqslant \log_2 q - \lambda$。由平均最小熵的定义可知，在提交无效密文之前$\mathcal{A}$猜中$(x_1, x_2, y_1, y_2)$的概率至多为 $2^{-\widetilde{H}_\infty((x_1, x_2, y_1, y_2) \mid \text{view})} \leqslant 2^\lambda / q$。

有 3 种情况需要考虑：

(1) $(u_1', u_2', s', e') = (u_1, u_2, s, e)$。此时，$\alpha' = \alpha$ 但 $v \neq v'$，因此$\mathcal{B}$拒绝。

(2) $(u_1', u_2', s', e') \neq (u_1, u_2, s, e)$且 $\alpha' = \alpha$。这是不可能的，因为假设事件 Collision 不会发生。

(3) $(u_1', u_2', s', e') \neq (u_1, u_2, s, e)$且 $\alpha' \neq \alpha$。在这种情况，若$\mathcal{B}$接受无效密文，那么$\mathcal{A}$会得到以下线性方程组：

$$\begin{cases} \log_{g_1} c = x_1 + \gamma x_2 \\ \log_{g_1} d = y_1 + \gamma y_2 \\ \log_{g_1} v = r_1 x_1 + r_2 \gamma x_2 + \alpha r_1 y_1 + \alpha r_2 \gamma y_2 \\ \log_{g_1} v' = r_1' x_1 + r_2' \gamma x_2 + \alpha' r_1' y_1 + \alpha' r_2' \gamma y_2 \end{cases} \tag{6-15}$$

只要 $\gamma^2 (r_1 - r_2)(r_1' - r_2')(\alpha - \alpha') \neq 0$，式(6-15)就有解，因此$\mathcal{A}$得到$(x_1, x_2, y_1, y_2)$，$\mathcal{B}$接受首个无效密文的概率至多为 $2^\lambda / q$。

对于$\mathcal{A}$提交的其他无效密文，$\mathcal{B}$接受的概率求法和上面相同。区别在于$\mathcal{B}$每拒绝一个无效密文，$\mathcal{A}$就可以排除一个(x_1, x_2, y_1, y_2)。因此解密算法接受第 i 个无效密文的概率至多为 $2^\lambda / (q - i + 1)$。因为 i 是多项式有限的，$\lambda \leqslant \log_2 q - \omega(\log_2 \kappa)$，因此，对每一个 i，$\frac{2^\lambda}{q - i + 1} = \frac{q}{2^{\omega(\log_2 \kappa)}(q - i + 1)}$是可忽略的。

(断言 6-10 证毕)

断言 6-11　如果(g_1, g_2, u_1, u_2)是非 DH 实例，并且$\mathcal{B}$拒绝所有无效密文，那么$\mathcal{A}$仅以可忽略的优势输出比特 $\beta' = \beta$。

证明　证明思路是：如果(g_1, g_2, u_1, u_2)是非 DH 实例，并且$\mathcal{B}$拒绝所有无效密文，那么 $u_1^{z_1} u_2^{z_2}$ 的平均最小熵至少为 $\log_2 q - \lambda \geqslant m + \omega(\log_2 \kappa)$。强提取器保证密文的第 5 项是 ε-接近均匀分布的，$\varepsilon = \varepsilon(\kappa)$是可忽略的。

下面从$\mathcal{A}$的角度考虑点$(z_1, z_2) \in \mathbb{Z}_q$的分布。假设此时$\mathcal{A}$有无限的计算能力，可由公开钥$(g_1, g_2, c, d, h, H)$得到 $\log_{g_1} h$，建立方程 $\log_{g_1} h = z_1 + \gamma z_2$，其中 $\gamma = \log_{g_1} g_2$。而$\mathcal{A}$无法从提交给$\mathcal{B}$的有效密文中得到关于(z_1, z_2)的信息。事实上，从提交的有效密文中$\mathcal{A}$仅能获得关系 $\log_{g_1} h = z_1 + \gamma z_2$(证法与断言 6-10 相同)，而这个关系已从公开钥中获得了。因此，在$\mathcal{A}$看来，(z_1, z_2)是条件 $\log_{g_1} h = z_1 + \gamma z_2$ 下均匀随机的。

设 $u_1 = g_1^{r_1}$，$u_2 = g_2^{r_2}$，aux 表示$\mathcal{A}$选取的所有泄露函数的输出。假设此时$\mathcal{A}$有无限的

计算能力,可求出 $\gamma=\log_{g_1}g_2$,$r_1=\log_{g_1}u_1$,$r_2=\log_{g_2}u_2$。但在$\mathcal{A}$看来,在挑战阶段 $u_1^{z_1}u_2^{z_2}$ 满足

$$\widetilde{H}_\infty(u_1^{z_1}u_2^{z_2}\mid g_1,g_2,c,d,h,H,\mathrm{aux},u_1,u_2)=\widetilde{H}_\infty(r_1z_1+\gamma r_2z_2\mid\gamma,c,d,h,H,\mathrm{aux},r_1,r_2)$$

与断言 6-8 类似,可得

$$\widetilde{H}_\infty(u_1^{z_1}u_2^{z_2}\mid g_1,g_2,c,d,h,H,\mathrm{aux},u_1,u_2)\geqslant\log_2 q-\lambda$$

由引理 6-3,$\mathrm{Ext}(u_1^{z_1}u_2^{z_2},s)$是 ε-接近均匀分布的,所以$\mathcal{A}$输出比特 $\beta'=\beta$ 的优势是可忽略的。

(断言 6-11 证毕)

断言 6-12 如果(g_1,g_2,u_1,u_2)是非 DH 实例,那么事件 Collision 发生的概率是可忽略的。

证明 证明思路是:若存在敌手$\mathcal{A}$使得事件 Collision 以不可忽略的概率发生,那么能构造另一个敌手$\mathcal{B}'$攻击通用的单向哈希函数的抗碰撞性。$\mathcal{B}'$的构造与上文构造的$\mathcal{B}$本质上是相同的,除了在选定函数 H 前选择(u_1,u_2,s,e),其中 $e\in\{0,1\}^m$ 不是通过消息 M_0 和 M_1 产生的,而是均匀随机选取的。只要事件 Collision 不发生,则$\mathcal{A}$就无法区分$\mathcal{B}$和$\mathcal{B}'$(证明过程与断言 6-10、断言 6-11 相同)。$\mathcal{B}'$通过下面的游戏,利用$\mathcal{A}$就可以不可忽略的概率找出(u_1,u_2,s,e)的碰撞。

(1) $\mathcal{B}'$选取$(g_1,g_2,u_1,u_2)\leftarrow_R\mathbb{G}^4$,$s\leftarrow_R\{0,1\}^t$ 和 $e\leftarrow_R\{0,1\}^m$(e 不是对消息加密的密文),公开(u_1,u_2,s,e)。

(2) $\mathcal{B}'$得到意欲攻击的哈希函数 $H\in\mathcal{H}$,目的是得到 H 关于(u_1,u_2,s,e)的碰撞。

(3) $\mathcal{B}'$选取 $x_1,x_2,y_1,y_2,z_1,z_2\leftarrow_R\mathbb{Z}_q$,设置 $c=g_1^{x_1}g_2^{x_2}$,$d=g_1^{y_1}g_2^{y_2}$,$h=g_1^{z_1}g_2^{z_2}$,$\mathrm{sk}=(x_1,x_2,y_1,y_2,z_1,z_2)$,$\mathrm{pk}=(g_1,g_2,c,d,h,H)$,将 pk 给$\mathcal{A}$。

(4) $\mathcal{B}'$使用 sk 模拟$\mathcal{A}$的泄露谕言机和解密谕言机。

(5) 在挑战阶段,$\mathcal{B}'$不考虑$\mathcal{A}$发来的消息 $M_0,M_1\in\{0,1\}^m$,直接计算 $\alpha=H(u_1,u_2,s,e)$,$v=u_1^{x_1+y_1\alpha}u_2^{x_2+y_2\alpha}$,以$(u_1,u_2,v,s,e)$作为挑战密文,发送给$\mathcal{A}$。

(6) 如果$\mathcal{A}$提交的解密询问(u_1',u_2',v',s',e')满足$(u_1',u_2',s',e')\neq(u_1,u_2,s,e)$但 $H(u_1',u_2',s',e')=H(u_1,u_2,s,e)$,即 Collision 发生,$\mathcal{B}'$输出$(u_1',u_2',s',e')$作为$(u_1,u_2,s,e)$的碰撞。

断言 6-10 保证了只要事件 Collision 不发生,那么$\mathcal{B}'$就以不可忽略的概率拒绝所有的无效密文;断言 6-11 保证了只要$\mathcal{B}'$拒绝所有的无效密文,那么$\mathcal{A}$就无法区分$\mathcal{B}$和$\mathcal{B}'$。特别地,在$\mathcal{A}$与$\mathcal{B}$和与$\mathcal{B}'$的交互过程中,密文的第 5 个成分是 ε-接近均匀分布的。因此,当$\mathcal{A}$提交满足$(u_1',u_2',s',e')\neq(u_1,u_2,s,e)$且 $H(u_1',u_2',s',e')=H(u_1,u_2,s,e)$的密文$(u_1',u_2',v',s',e')$时,$\mathcal{B}'$以不可忽略的概率找到了 H 的一个碰撞。这与 H 的抗碰撞性矛盾,所以 Collision 发生的概率是可忽略的。

(断言 6-12 证毕)

(定理 6-5 证毕)

6.6 抗弱密钥泄露攻击的公钥加密方案

本节考虑弱密钥泄露攻击(定义 6-12),其中敌手在得到公开钥之前就首先选定输出长度为 λ 的泄露函数。本节介绍的是一个通用方案,可将任意加密方案转化为抵抗 $L(1-o(1))$ 比特的弱密钥泄露的加密机制,其中 L 为密钥长度。转化后的方案与原方案效率一样,并且不需要额外的计算假设。

设 $\Pi=(\text{KeyGen},\mathcal{E},\mathcal{D})$ 是任意公钥加密机制,$m=m(\kappa)$ 表示 $\text{KeyGen}(1^\kappa)$ 中使用的随机串的长度。给定泄露参数 $\lambda=\lambda(\kappa)$,设 $\text{Ext}:\{0,1\}^{k(\kappa)}\times\{0,1\}^{t(\kappa)}\rightarrow\{0,1\}^{m(\kappa)}$ 是平均情况下的 $(k-\lambda,\varepsilon)$-强提取器,其中 $\varepsilon=\varepsilon(\kappa)$ 是可忽略的。定义加密机制 $\Pi^\lambda=(\text{KeyGen}^\lambda,\mathcal{E}^\lambda,\mathcal{D}^\lambda)$ 如下:

(1) 密钥产生过程:

$\underline{\text{KeyGen}^\lambda(\kappa)}$:

$x\leftarrow_R\{0,1\}^{k(\kappa)},s\leftarrow_R\{0,1\}^{t(\kappa)}$;

$(\text{pk},\text{sk})=\text{KeyGen}(\text{Ext}(x,s))$;

输出 $\text{SK}=x,\text{PK}=(\text{pk},s)$.

(2) 加密过程(其中 $\text{PK}=(\text{pk},s)$):

$\underline{\mathcal{E}^\lambda_{\text{PK}}(M)}$:

$r\leftarrow_R\{0,1\}^*$;

输出 $\mathcal{E}_{\text{pk}}(M,r)$.

(3) 解密过程:

$\underline{\mathcal{D}^\lambda_{\text{SK}}(c)}$:

$(\text{pk},\text{sk})=\text{KeyGen}(\text{Ext}(x,s))$;

输出 $\mathcal{D}_{\text{sk}}(c)$.

定理 6-6 表明如果 Π 是语义安全的,那么 Π^λ 可以抵抗 λ 比特的密钥泄露。

定理 6-6　设公钥加密机制 $\Pi=(\text{KeyGen},\mathcal{E},\mathcal{D})$ 是语义安全的,那么对任意的多项式 $\lambda=\lambda(\kappa)$,$\Pi^\lambda=(\text{KeyGen}^\lambda,\mathcal{E}^\lambda,\mathcal{D}^\lambda)$ 在抵抗弱 $\lambda(\kappa)$-有限的密钥泄露攻击下是语义安全的。

具体地说,对有效可计算的泄露函数族 $\mathcal{F}$,如果存在 PPT 敌手 $\mathcal{A}$ 以 $\text{Adv}^{\text{WeakLeakage}}_{\Pi^\lambda,\mathcal{A},\mathcal{F}}(\kappa)$ 的优势攻击 Π^λ 的语义安全性,则存在另一 PPT 敌手 $\mathcal{B}$ 以至少

$$\text{Adv}^{\text{CPA}}_{\Pi,\mathcal{B}}(\kappa)\geqslant\text{Adv}^{\text{WeakLeakage}}_{\Pi^\lambda,\mathcal{A},\mathcal{F}}(\kappa)-2\varepsilon(\kappa)$$

的优势攻击加密机制 Π 的语义安全性。

证明　设敌手 $\mathcal{A}$ 已选定泄露函数 $f_n\leftarrow\mathcal{F}$。对于 $\beta\in\{0,1\}$,$\mathcal{B}$ 与 $\mathcal{A}$ 进行以下游戏 $\text{Exp}_{\Pi,\mathcal{A},\mathcal{F}}(\beta)$,游戏主体是 $\mathcal{B}$:

(1) 选取 $x\leftarrow_R\{0,1\}^{k(\kappa)}$、$s\leftarrow_R\{0,1\}^{t(\kappa)}$ 和 $y\leftarrow_R\{0,1\}^{m(\kappa)}$。计算 $(\text{pk},\text{sk})=\text{KeyGen}(y)$。设 $\text{PK}=(\text{pk},s)$ 和 $\text{SK}=\text{sk}$。

(2) $(M_0,M_1,\text{state})\leftarrow\mathcal{A}_1(\text{PK},f_n(x))$ 满足 $|M_0|=|M_1|$。

(3) $C=\mathcal{E}_{\text{pk}}(M_\beta)$。

(4) $\beta' \leftarrow \mathcal{A}_2(C, \text{state})$。

(5) 输出 β'。

由定义 6-12 及三角不等式,对于任意的敌手$\mathcal{A}$有

$$\begin{aligned}
\mathrm{Adv}_{\Pi^\lambda,\mathcal{A},\mathcal{F}}^{\text{WeakLeakage}}(\kappa) &= |\Pr[\mathrm{Exp}_{\Pi^\lambda,\mathcal{A},\mathcal{F}}^{\text{WeakLeakage}}(0)=1] - \Pr[\mathrm{Exp}_{\Pi^\lambda,\mathcal{A},\mathcal{F}}^{\text{WeakLeakage}}(1)=1]| \\
&\leqslant |\Pr[\mathrm{Exp}_{\Pi^\lambda,\mathcal{A},\mathcal{F}}^{\text{WeakLeakage}}(0)=1] - \Pr[\mathrm{Exp}_{\Pi,\mathcal{A},\mathcal{F}}(0)=1]| + \quad (6\text{-}16) \\
&\quad |\Pr[\mathrm{Exp}_{\Pi,\mathcal{A},\mathcal{F}}(0)=1] - \Pr[\mathrm{Exp}_{\Pi,\mathcal{A},\mathcal{F}}(1)=1]| + \quad (6\text{-}17) \\
&\quad |\Pr[\mathrm{Exp}_{\Pi,\mathcal{A},\mathcal{F}}(1)=1] - \Pr[\mathrm{Exp}_{\Pi^\lambda,\mathcal{A},\mathcal{F}}^{\text{WeakLeakage}}(1)=1]| \quad (6\text{-}18)
\end{aligned}$$

除了密钥产生过程 KeyGen 外,游戏 $\mathrm{Exp}_{\Pi,\mathcal{A},\mathcal{F}}(\beta)$和游戏 $\mathrm{Exp}_{\Pi^\lambda,\mathcal{A},\mathcal{F}}^{\text{WeakLeakage}}(\beta)$是相同的。在 $\mathrm{Exp}_{\Pi,\mathcal{A},\mathcal{F}}(\beta)$中,KeyGen 的输入是随机串 y;而在 $\mathrm{Exp}_{\Pi^\lambda,\mathcal{A},\mathcal{F}}^{\text{WeakLeakage}}(\beta)$中,KeyGen 的输入是 $\mathrm{Ext}(x,s)$。然而,已知泄露信息 $f_n(x)$,x 的平均最小熵是$k-\lambda$,强提取器保证了在上述两个游戏中敌手视图之间的统计距离至多为 ε。关键点是泄露函数不依赖于公开钥,也不依赖于种子 s。因此,式(6-16)和式(6-18)的上限为 ε。

式(6-17)的上限是 $\mathrm{Adv}_{\Pi,\mathcal{B}}^{\text{CPA}}(\kappa)$。

(定理 6-6 证毕)

习题

1. 在密钥泄露攻击模型中,为什么不允许敌手获得挑战密文后继续访问泄露谕言机?

2. 弱密钥泄露攻击是指敌手在没有获得公开钥之前事先选定泄露函数。这个模型为什么弱?

3. 提取器在设计抗密钥泄露攻击的加密方案中是一个基本工具。6.4 节基于推广的 DDH 假设的抗泄露攻击的公钥加密方案中为什么没有使用提取器?

参考文献

[1] 杨波. 网络空间安全数学基础[M]. 北京：清华大学出版社，2020.

[2] 杨波. 现代密码学[M].5 版. 北京：清华大学出版社，2022.

[3] Salomaa A. Public-Key Cryptography[M]. 2nd ed. New York：Springer-Verlag，1996.

[4] Delfs H，Knebl H. Introduction to Cryptography[M]. New York：Springer-Verlag，2002.

[5] Katz J，Lindell Y. Introduction to Modern Cryptography[M]. Boca Raton：CRC Press，2007.

[6] Mao W B. Modern Cryptography：Theory and Practice[M]. Upper Saddle River：Prentice Hall PTR，2004.

[7] Goldreich O. Foundation of Cryptography：Basic Tools[M]. Cambridge：Cambridge University Press，2001.

[8] Goldreich O. Foundation of Cryptography：Basic Applications [M]. Cambridge：Cambridge University Press，2004.

[9] Yan S Y. Number Theory for Computing[M]. 2nd ed. New York：Springer-Verlag，2002.

[10] Knuth D E. The Art of Computer Programming Ⅱ-Seminumerical Algorithms[M]. 3rd ed. Boston：Addison-Wesley，1998.

[11] Racko C，Simon D. Noninteractive zero-knowledge proof of knowledge and chosen ciphertext attack[C]//Advances in Cryptology-Crypto 1991：433-444.

[12] Beimel A. Secure Schemes for Secret Sharing and Key Distribution[D]. Haifa：Israel Institute of Technology，1996.

[13] Goldwasser S，Micali S. Probabilistic encryption[J]. Journal of Computer and System Sciences，1984(28)：270-299.

[14] Goldreich O，Levin L. A Hard-Core Predicate for All One-way Functions[C]//Proceedings of the 21st Annual. ACM Symposium on Theory of Computing，1989：25-32.

[15] Naor M，Yung M. Public-key Cryptosystems Provably Secure Against Chosen Ciphertext Attacks [C]//Proceedings of the ACM Symposium on the Theory of Computing，1990：427-437.

[16] Dolev D，Dwork C，Naor M. Non-Malleable Cryptography[C]//Proceedings of the 23rd Annual ACM Symposium on Theory of Computing，1991：542-552.

[17] Sahai A. Non-Malleable Non-Interactive Zero Knowledge and Adaptive Chosen Ciphertext Security [C]//Symposium on Foundations of Computer Science. IEEE，1999. DOI：10.1109/SFFCS.1999.814628.

[18] Kiltz E，Pietrzak K，Stam M，et al. A New Randomness Extraction Paradigm for Hybrid Encryption[C]//Advances in Cryptology—EUROCRYPT2009，2009：590-609.

[19] Paillier P. Public-key Cryptosystems Based on Composite Degree Residuosity Classes[C]//Advances in Cryptology—Eurocrypt1999，1999：223-238.

[20] Cramer R，Shoup V. Design and Analysis of Practical Public-key encryption Schemes Secure Against Adaptive Chosen Ciphertext Attack[J]. SIAM Journal on Computing，2003，33(1)：167-226.

[21] Boneh D，Boyen X，Shacham H. Short Group Signatures[C]//Advances in Cryptology—CRYPTO2004，2004：41-55.

[22] Boneh D, Franklin M K. Identity-based Encryption from the Weil Pairing[C]//Advances in Cryptology—CRYPTO2001, 2001: 213-229.

[23] Boneh D, Boyen X. Efficient Selective Identity-based Encryption without Random Oracles[J]. Journal of Cryptology, 2011, 24(4): 659-693.

[24] Waters B R. Efficient Identity-based Encryption without Random Oracles[C]//Advances in Cryptology—EUROCRYPT2005, 2005: 114-127.

[25] Waters B. Dual System Encryption: Realizing Fully Secure IBE and HIBE under Simple Assumptions[C]//Advances in Cryptology—CRYPTO2009. 2009: 619-636.

[26] Lewko A, Waters B. New Techniques for Dual System Encryption and Fully Secure HIBE with Short Ciphertexts[C]//Theory of Cryptography2010, 2010: 455-479.

[27] Gentry C, Silverberg A. Hierarchical ID-Based Cryptography[C]//Advances in Cryptology — ASIACRYPT2002. 2002: 548-566.

[28] Boneh D, Goh E, Boyen X. Hierarchical Identity based Encryption with Constant Size Ciphertext [C]//Advances in Cryptology—EUROCRYPT2005, 2005: 440-456.

[29] Cramer R, Shoup V. Universal Hash Proofs and a Paradigm for Adaptive Chosen Ciphertext Secure Public-Key Encryption//Advances in Cryptology—EUROCRYPT2002, 2002: 45-64.

[30] Cramer R, Shoup V. Design and Analysis of Practical Public-Key Encryption Schemes Secure against Adaptive Chosen Ciphertext Attack[J]. SIAM Journal on Computing, 2003, 33(1): 167-226.

[31] Boyen X, Mei Q, Waters B. Direct Chosen Ciphertext Security from Identity-based Techniques [C]//ACM Conference on Computer and Communications Security—CCS2005, 2005: 320-329.

[32] Canetti R, Halevi S, Katz J. Chosen-Ciphertext Security from Identity-based Encryption[C]// Advances in Cryptology—EUROCRYPT2004, 2004: 207-222.

[33] Boneh D, Katz J. Improved Efficiency for CCA-Secure Cryptosystems Built Using Identity based Encryption[C]//Proceedings of RSA-CT 2005. New York: Springer-Verlag, 2005.

[34] Sahai A, Waters B. Fuzzy Identity based Encryption [C]//Advances in Cryptology—EUROCRYPT2005, 2005: 457-473.

[35] Goyal V, Pandey O, Sahai A, et al. Attribute-based Encryption for Fine-Grained Access Control of Encrypted Data [C]//Proceedings of the 13th ACM Conference on Computer and Communications Security, 2006: 89-98.

[36] Waters B. Ciphertext-Policy Attribute-Based Encryption: An Expressive, Efficient, and Provably Secure Realization[C]//International Workshop on Public Key Cryptography. Berlin Heidelberg: Springer, 2008. DOI: 10.1007/978-3-642-19379-8_4.

[37] Lewko A, Okamoto T, Sahai A, et al. Fully Secure Functional Encryption: Attribute-based Encryption and (Hierarchical) Inner Product Encryption [C]//Advances in Cryptology—EUROCRYPT2010, 2010: 62-91.

[38] Kocher P C. Timing Attacks on Implementations of Diffie-Hellman, RSA, DSS, and Other Systems[C]//Advances in Cryptology—CRYPTO1996, 1996: 104-113.

[39] Biham E, Shamir A. Differential Fault Analysis of Secret Key Cryptosystems[C]//Advances in Cryptology—CRYPTO1997, 1997: 513-525.

[40] Kocher P C, Jaffe J, Jun B. Differential Power Analysis [C]//Advances in Cryptology—CRYPTO1999, 1999: 388-397.

[41] Halderman J A, Schoen S D, Heninger N, et al. Lest We Remember: Coldboot Attacks on Encryption keys[J]. Communications of the ACM, 2009, 52(5): 91-98.

[42] Akavia A, Goldwasser S, Vaikuntanathan V. Simultaneous Hardcore Bits and Cryptography Against Memory Attacks[C]//Theory of Cryptography2009, 2009: 474-495.

[43] Alwen J, Dodis Y, Wichs D. Leakage-resilient Public-key in the Bounded-retrieval Model[C]//Advances in Cryptology—CRYPTO2009, 2009: 36-54.

[44] Brakerski Z, Kalai Y T, Katz J, et al. Overcoming the Hole in the Bucket: Public Key Cryptography Resilient to continual Memory Leakage[C]//The 51st Annual IEEE Symposium on Foundations of Computer Science—FOCS2010, 2010: 501-510.

[45] Zhang M, Yang B, Takagi T. Bounded Leakage-resilient Functional Encryption with Hidden Vector Predicate[J]. The Computer Journal, 2013, 56(4): 464-477.

[46] Vaikuntanathan V. Signature Schemes with Bounded Leakage Resilience [C]//Advances in Cryptology—ASIACRYPT2009, 2009: 703-720.

[47] Naor M, Segev G. Public-key Cryptosystems Resilient to Key Leakage [C]//Advances in Cryptology—CRYPTO2009, 2009: 18-35.

[48] Faust S, Rabin T, Reyzin L, et al. Protecting Circuits from Leakage: the Computationally-bounded and Noisy Cases[C]//Advances in Cryptology—EUROCRYPT2010, 2010: 135-156.

[49] Dodis Y, Kalai Y, Lovett S. On Cryptography with Auxiliary Input[C]//Proceedings of the 41st annual ACM Symposium on Theory of Computing, 2009: 621-630.

[50] Dodis Y, Goldwasser S, Kalai Y T, et al. Public-key Encryption Schemes with Auxiliary Inputs [C]//Theory of Cryptography—TCC2010, 2010: 361-381.

[51] Yuen T H, Chow S S M, Zhang Y, et al. Identity-based Encryption Resilient to Continual Auxiliary Leakage[C]//Advances in Cryptology—EUROCRYPT2012, 2012: 117-134.

[52] Yuen T H, Yiu S M, Hui L C. Fully Leakage-resilient Signature with Auxiliary Inputs[C]//Information Security and Privacy—ACISP2012, 2012: 294-307.

[53] Faust S, Hazay C, Nielsen J B, et al. Signature Schemes Secure Against Hard-to-invert Leakage [C]//Advances in Cryptology—ASIACRYPT2012, 2012: 98-115.

[54] Micali S, Reyzin L. Physically Observable Cryptography (extended abstract)[C]//Theory of Cryptography2004, 2004, 278-296.

[55] Dodis Y, Ostrovsky R, Reyzin L, et al. Fuzzy Extractors: How to Generate Strong Keys from Biometrics And Other Noisy Data[J]. SIAM Journal on Computing, 2008,38(1): 97-139.

[56] Cramer R, Shoup V. Universal Hash Proofs and a Paradigm for Adaptive Chosen Ciphertext Secure Public-key Encryption[C]//Advances in Cryptology—EUROCRYPT2002, 2002: 45-64.